Namibia -

Zauberwelt edler
Steine und Kristalle

Namibia

Zauberwelt edler Steine und Kristalle

Ein praktischer Ratgeber zum Entdecken, Bestimmen und Sammeln in Namibia

Steffen Jahn, Olaf Medenbach, Gerhard Niedermayr, Gabi Schneider

bode

2. Auflage 2006
Gedruckt in der Bundesrepublik Deutschland
Gestaltung, Produktion: Rainer Bode
Lithografie: Kruse-Repro, Vreden
Druck: Rehms-Druck, Borken

Verlagsadresse:
Bode Verlag GmbH
Oerter Pütt 28, 45721 Haltern
Deutschland
Tel. 02364-16107, Fax 02364-169273
e-mail: geoagentur@aol.com
www.bodeverlag.de

ISBN 3-925094-86-5

Inhalt

ANGOLA
BOTSWANA
SÜDAFRIKA
Atlantischer Ozean
Kunene
Marienfluss
Swartbooisdrif
Ondjiva
Epembe
Ruacana
Cuangar
Calai
Rundu
Okavango
Cubango
Oshakati
Ondangwa
Opuwo
Omaue
Kaokoland
Skeleton Coast National Park
Etosha National Park
Etosha Pan
Sesfontein
Kowares
Okaukuejo
Abenab
Tsumeb
Berg Aukas
Grootfontein
Otavi
Guchab
Kombat
Kamanjab
Grootberg
Palm
Terrace Bay
Copper Valley
Outjo
Okorusu
Waterberg
Otjiwarongo
Khorixas
Ugab
Omatako
Otjozonjou
Eiseb
Epukiro
Okahua
Uis
Omaruru
Brandberg
Tubussis
Erongo
Okahandja
Karibib
Otjua
Onganja
Henties Bay
Spitzkoppen
Khan
Usakos
Otjihase
Rössingberge
Hoffnungsstrahl
Eureka
Swakop
Windhoek
Gobabis
Swakopmund
Aris
Walvis Bay
Kuiseb
Rehoboth
Sandwich Bay
Gamsberg
Nossob
Olifants
Namib-Naukluft-Park
Aranos
Fish
Mariental
Maltahöhe
Auob
Helmeringhausen
Brukkaros
Bethanie
Keetmanshoop
Lüderitz
Aus
Löwen
Molopo
Skorpion
Rosh Pinah
Karasburg
Orange R.
Oranjemund
Alexander Bay
Vioolsdrif
Oranje Rivier
Orange River
Onseepkans
Pofadder
N
100 km
St. Jahn 2/06

Aus dem Erongo:
Ein 5,5 cm großer Zepter-Rauchquarz mit pseudohexagonaler Flächenentwicklung sitzt als zweite Generation auf dünnen, milchigen Quarz-Kristallen. Sammlung Heini Soltau, Foto Medenbach.

Vorwort

„Namibia ist faszinierend, da mußt Du hin."

Diese Worte hörte ich von einem guten Freund in den letzten Jahren immer und immer wieder. Aber irgendwie verhallten sie auch - Namibia? Das liegt doch weit unten im Süden Afrikas. Weit weg, und die elendig langen Flugstunden. Nein, ich konnte mich mit diesem Gedanken nicht anfreunden, so schön Namibia auch sein mochte.

Ende 1999 ergab sich - innerhalb von Stunden - die Situation, mit nach Namibia fliegen zu können. Ein weiterer Freund mußte geschäftlich, in Sachen „Steine", nach „Südwest". Alles klang verlockend - doch da waren der lange Flug, die Ungewißheit eines fremden Landes, und dann: mitten im Hochsommer durch Namibia reisen? Da stirbt man doch tausend Hitzetode!

Um es kurz zu machen: Ich habe mich entschieden, mitzufliegen, um dann das zu spüren, wovon mein Freund seit Jahren sprach - nämlich das Namibia-Fieber zu bekommen. Dieses Land ist wirklich faszinierend, spannend, einmalig. Anders kann man es wohl nicht umschreiben, obwohl das andere Leute, die vor mir in Namibia waren, sicher noch viel eleganter umschrieben haben. Natürlich muß es ja faszinierend sein. Schließlich sehen wir dort gänzlich andere Bilder als wir sie hier in Europa in unserem täglichen Trott vor Augen haben: freilebende, wilde Tiere, Wüste, gebirgige Traumlandschaften und die endlose Weite, verbunden mit einer unsagbaren Ruhe. Einmalig auch die klare, trockene Luft, die Nachts einlädt, einen „anderen", um-gekehrten Sternenhimmel als in Europa zu erleben ... Und die Menschen: nett, einladend, immer freundlich.

Sie merken schon - mich hat es wirklich „erwischt"! Es dauerte nach der ersten Reise dann auch nicht lange, als ich wieder im Hosea-Kutako-International-Airport in Windhoek durch die Passkontrolle ging und erneut namibischen Boden betrat. Diesmal mit weiteren Freunden und dem Ziel, die schon bei der ersten Reise angetroffenen „Schätze aus dem Wüstensand" einem breiten Publikum vor Augen zu führen und so quasi die „Missionarstätigkeit" meines Freundes fortzuführen.

Herausgekommen ist dabei ein Buch, das einen ersten Versuch unternimmt, einige der schönsten Mineralien- und Edelsteinschätze Namibias in Wort und Bild vorzustellen. Unterstützt bei diesem Vorhaben haben uns Sammler aus Namibia und Südafrika, die gern und bereitwillig ihre Sammlungsschränke öffneten und es so ermöglichten, daß sich nun die ganze (Mineralien-) Welt an diesen außergewöhnlichen „Kleinoden" erfreuen können. Ihnen gilt mein besonderer Dank ebenso wie allen Autoren, die es geschafft haben, in dieser doch recht kurzen Zeit ein Buch mit so vielen spannenden Beiträgen zu ermöglichen.

Rainer Bode, Dezember 2000

Fünf Jahre sind seit der ersten Auflage mittlerweile vergangen - viele weitere faszinierende Reisen nach Namibia sind inzwischen erfolgt. Und es ist viel passiert in Sachen 'Mineralien' in Namibia. Wir haben deshalb die bisher in der Zeitschrift MINERALIEN-Welt erschienenen Beiträge in diese Neuauflage mit eingefügt und außerdem die Beiträge aktualisiert. Das kleinere und damit handlichere Format soll diese Neuauflage zu einem steten Begleiter auf den Reisen durch Namibia werden lassen.

Rainer Bode, im Februar 2006

Namibias Geologie - Bilderbuch der Erdgeschichte

Gabi Schneider

Namibias Landschaftsformen faszinieren viele Besucher durch ihre auffallende Geologie. Es gibt nicht viele Länder auf dieser Welt, in denen Prozesse, die sich tief im Inneren der Erde abgespielt haben, so offen und zugänglich zu Tage treten wie in Namibia. Das trockene Klima und das daraus resultierende Fehlen einer üppigen Vegetation sowie die geringe Bevölkerung und daher limitierte Infrastruktur-Entwicklung sind wichtige Gründe hierfür. Im Gegensatz zu beispielsweise Europa, wo die Geologie oftmals unter Wäldern, Feldern, Städten und Dörfern „versteckt" ist, liegt Namibias Geologie offen und lädt Laien und Wissenschaftler ein, sie zu studieren. Es ist daher nicht verwunderlich, daß Namibia-Reisende, die oftmals vorher kein Interesse an Gesteinen hatten, sich mit einem Mal für Geologie interessieren.

Die guten Aufschlüsse sind jedoch nicht der einzige Grund, warum Namibias Geologie so faszinierend ist. Das Land im Südwesten von Afrika, das beim ersten Hinsehen so wirkt, als hätte die Natur es vergessen, hat eine höchst interessante geologische Geschichte, die vor mehr als 2 Milliarden Jahren begann. Sie umfasst die Entstehung eines kompletten Ozeans, den Aufbau einer riesigen Gebirgskette, zusammen mit der Entstehung des alten Superkontinents Gondwanaland, der anschließenden Abtragung der Gebirgskette, einer weitverbreiteten Vereisung, der die Ablagerung von ungeheueren Sediment-Massen und ein anschließender katastrophaler Vulkanismus folgte, als Gondwanaland wieder auseinanderbrach, der Südatlantik entstand und Afrika und Südamerika auseinanderdrifteten. Danach bildete sich die große Randstufe und die Namib- und Kalahari-Wüsten entstanden.

All diese Prozesse wurden begleitet von der Entstehung einiger der reichsten und bekanntesten Mineral-Lagerstätten dieser Welt sowie der Entwicklung einer reichen Fauna und Flora, die interessante Hinweise auf die Entwicklung des Lebens auf unserem Planeten gibt, und dies durch die gesamte geologische Entwicklungsgeschichte hindurch.

Wir wissen heutzutage, dass Plattentektonik der Antriebsmotor für die Bildung der Ozeane und Kontinente, Gebirge und Ebenen, Vulkanismus und Erdbeben - in kurz der Landschaftsformen, wie wir sie kennen - ist. Die Erdgeschichte gibt zahlreiche Hinweise auf die Entstehung neuer Ozeane und Kontinente, die mit der Zeit ihre Form änderten und schließlich wieder verschwanden, um für neue Platz zu machen. Ein kompletter plattentektonischer Zyklus beginnt gewöhnlich mit dem Auseinanderbrechen kontinentaler Erdkruste, was zur Bildung eines Grabens führt. Der ostafrikanische Graben ist ein modernes Beispiel hierfür. Während die Gesteinsmassen zu beiden Seiten des Grabens sich weiter auseinanderbewegen, kann sich ein schmaler Ozean bilden, in dem sich gewöhnlich Karbonatgesteine zu beiden Seiten ablagern. Schließlich entsteht ein voll entwickelter Ozean, mit einem mittelozeanischen Rücken, einer Zone vulkanischer Aktivität, wie wir sie heute aus dem Atlantik und besonders aus dem Roten Meer kennen. Bis zu diesem Entwicklungsstadium haben sich Kontinente auseinanderbewegt. Um den Zyklus zu vollenden, muss dieser Prozess umgekehrt werden. Während sich die Kontinente nun aufeinander zubewegen, wird der Ozean zwischen ihnen schmaler und schmaler, so wie wir es heute im Mittelmeer sehen. Schließlich stoßen die Kontinente zusammen, und die Sedimente, die zwischen ihnen in dem sterbenden Ozean abgelagert worden sind, falten sich zu gewaltigen Gebirgsketten, wie etwa die Alpen und der Himalaya, auf. Schiebt sich dabei ozeanische Kruste unter einen Kontinent, kann dieser Prozess noch verstärkt werden, die Anden sind ein modernes Beispiel. Schließlich werden die Gebirge wieder abgetragen, und der Prozess beginnt von neuem.

Namibia ist eines der wenigen Länder auf dieser Welt, in dem ein solcher kompletter plattentektonischer Zyklus in der geologischen Geschichte des Landes nachvollzogen werden kann. Berühmte Geologen und zahlreiche Wissenschaftler haben hier geologische Geschichte und Plattentektonik am Beispiel des berühmten Damara-Orogens studiert. Ein Spaziergang durch Namibias geologische Entwicklungsgeschichte kann dies verdeutlichen.

Das Foto zeigt eine durch starke seitliche Einengung entstandene Falte mit fast parallelen Schenkeln (sogenannte Isoklinal-Falte) einer turbiditischen Sequenz in der südlichen Kaokozone des Damara-Gürtels. Die Aufnahme entstand am Ugab-Rivier. Foto Schneider.

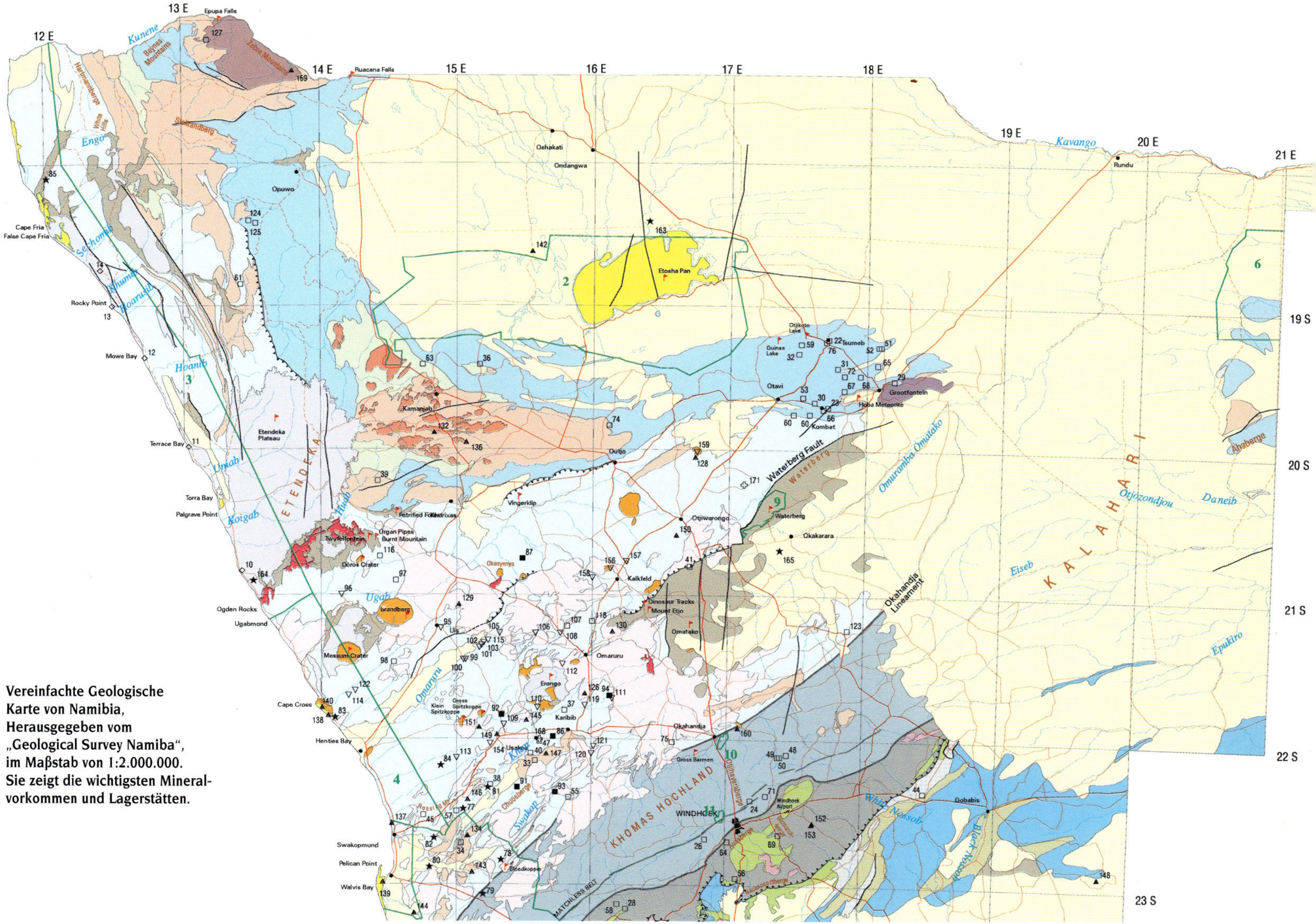

Vereinfachte Geologische Karte von Namibia, Herausgegeben vom „Geological Survey Namiba", im Maßstab von 1:2.000.000. Sie zeigt die wichtigsten Mineralvorkommen und Lagerstätten.

MAJOR MINERAL OCCURRENCES

1 - Diamond Concessions
2 - Bogenfels
3 - Pomona
4 - Elizabeth Bay
5 - Kolmanskop
6 - Saddle Hill
7 - Spencer Bay
8 - Meob Bay
9 - Conception Bay
10 - Toscanini
11 - Terrace Bay
12 - Mowe Bay
13 - Rocky Point
14 - Sarusas
15 - Offshore Areas
16 - Oranjemund In- and Foreshore Areas
17 - Auchas/Daberas
18 - Lorelei
19 - Seven Pillar Mine
20 - Arriesdrift
21 - Sendelingsdrift
22 - Tsumeb Mine
23 - Kombat Mine
24 - Otjihase Mine
25 - Rosh Pinah Mine
26 - Matchless Mine
27 - Swartmodder Mine
28 - Natas Mine
29 - Berg Aukas Mine
30 - Gross Otavi Mine
31 - Nosib Mine?
32 - Uris/Toenessen Mines
33 - Ubib Mine
34 - Ida Mine
35 - Lorelei Deposit
36 - Kopermyn
37 - Onguati Mine
38 - Kainkaghas Mine
39 - Copper Valley Area
40 - Henderson Mine
41 - Joumbira
42 - Sinclair Mine
43 - Klein Aub Mine
44 - Witvlei Pos
45 - Namib Lead Mine
46 - Ai Ais Mine
47 - Klein Aukas Mine
48 - Onganja Mine
49 - Otjozonjati Mine
50 - Thorntree Mine
51 - Abenab Mine
52 - Abenab West Mine
53 - Baltika Mine
54 - Kobos Copper Mine
55 - Pot Mine
56 - Oamites Mine
57 - Khan Mine
58 - Jan Jonker Mine
59 - Tschudi Deposit
60 - Neuwerk-Askevold South Area
61 - Tsongoari
62 - Skorpion Deposit
63 - Gelbingen
64 - Regenstein
65 - Khusib Springs Mine
66 - Asis Prospect
67 - Nosib Block/Olifantsfontein
68 - Border Prospect
69 - Hohewarte Deposit
70 - Gorob-Hope Deposit
71 - Ongeama Deposit
72 - Harasib Deposit
73 - Haib Deposit
74 - Tzamin Copper Deposit
75 - Elbe Deposit
76 - Tsumeb West Deposit
77 - Rossing Mine
78 - Langer Heinrich Deposit
79 - Tumas Deposit
80 - Tubas Deposit
81 - Valencia Deposit
82 - Goanikontes Deposit
83 - Mile 72 Deposit
84 - Klein Trekkopje Deposit
85 - Engo Valley Deposit
86 - Navachab Gold Mine
87 - Ondundu Gold Fields
88 - Neuras Gold Workings
89 - Golden Valley Mine
90 - Witkrans Gold Workings
91 - Sphinx Mine
92 - Sandamap Deposit
93 - Gamikaubmund Mine
94 - Otjimbojo Deposit
95 - Uis Mine
96 - Brandberg West Mine
97 - De Rust Pegmatite Swarm
98 - Karlowa Pegmatite
99 - Nainais Mine
100 - Etemba Mine
101 - Nomgams Mine
102 - Humdigams Mine
103 - Ganschow Pegmatites
104 - Aukam Tin Mine
105 - Paukuab Mine
106 - Kohero Mine
107 - Crystal Tin Mine
108 - Kompaneno Mine
109 - Sandamap Tin Mine
110 - Ameib Tin Mine
111 - Otjimbojo Tin Mine
112 - Kranzberg Mine
113 - Arandis Tin Mine
114 - Petalite Mine
115 - Tsomtsaub Mine
116 - Goantagab Deposit
117 - Tantalite Valley Mine
118 - Otjua Deposit
119 - Etiro Pegmatite Mine
120 - Rubicon Mine
121 - Helikon Mine
122 - SP14 Pegmatite Mine
123 - Otjosondu Manganese Mine
124 - Ongaba Deposit
125 - Ovihende Deposit
126 - Giftkuppe Deposit
127 - Kunene Complex
128 - Okorusu Mine
129 - Otjonamewa Mine
130 - Omburo Mine
131 - Garub Mine
132 - Blydskap Deposit
133 - Jerusalem Mine
134 - Husab Mine
135 - Aukam Fluorite Mine
136 - Rhineland Deposit
137 - Panther Beacon Salt Pan
138 - Cape Cross Salt Pan
139 - Walvis Bay Salt Works
140 - White Lady Salt Pan
141 - Vertwall Salt Pan
142 - Otjivalunda Pan
143 - Tumas Deposit
144 - Kuiseb Deposit
145 - Goabeb Quarry
146 - Doppelgipfel Quarry
147 - Mon Repos Quarry
148 - Nui-Sie Pan
149 - Sandamap Mine
150 - Okanjande Deposit
151 - Black Range Deposit
152 - Aukam Graphite Mine
153 - White Ridge Mine
154 - Eureka Deposit
155 - Marinkas Quelle Deposit
156 - Kalkfeld Complex
157 - Ondumakorume Complex
158 - Osongombo Complex
159 - Okorusu Complex
160 - Otjisazu Complex
161 - Offshore Phosphates
162 - Offshore Diatomite
163 - Owambo Basin
164 - Toscanini Coal Deposit
165 - Waterberg Basin
166 - Aranos Coal Basin
167 - Kudu Gas Field
168 - Usakos Tourmaline Mine
169 - Swartbooisdrif Mine
170 - Charlottenfelder
171 - Platveld Mine

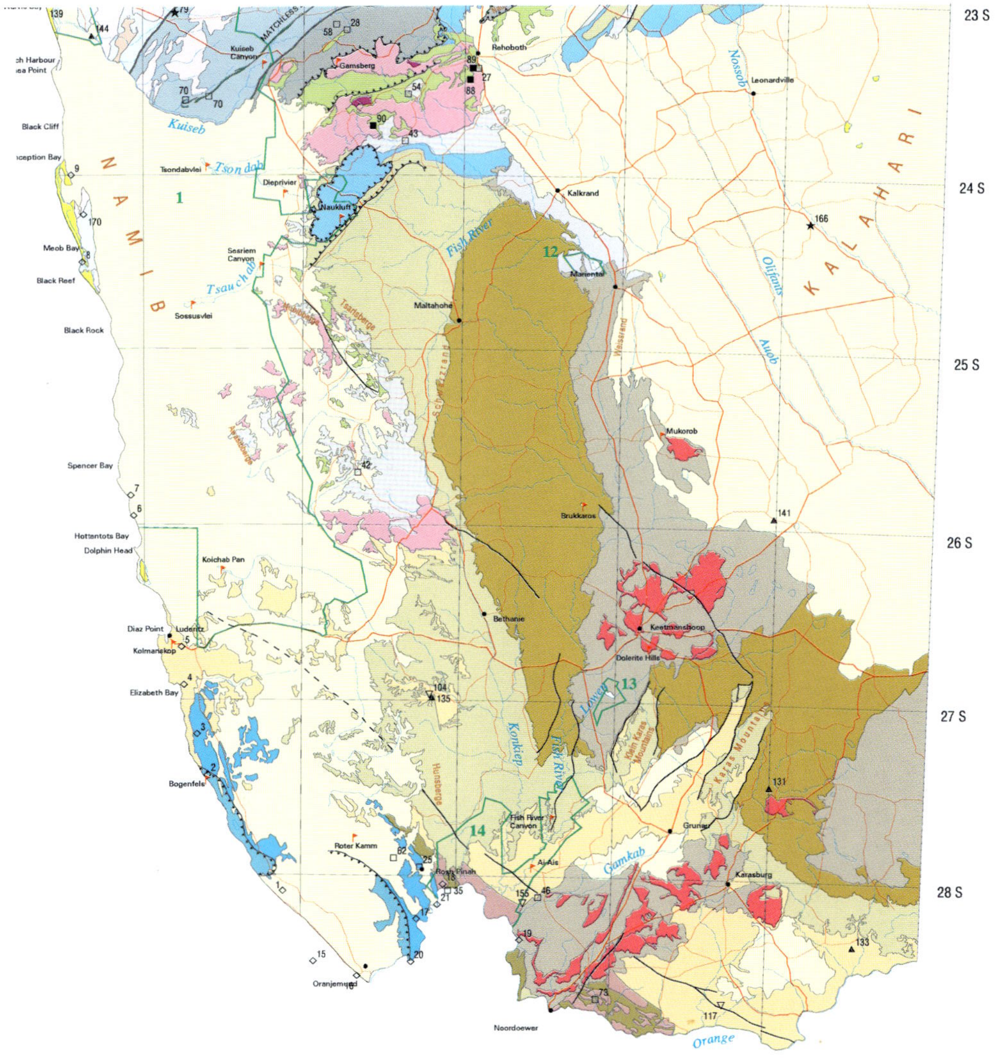

Die ältesten Gesteine in Namibia treten im Norden des Landes, im sogenannten Epupa-Komplex, auf. In die Gneise dieses Komplexes sind vor etwa 2,1 Milliarden Jahren magmatische Gesteine des Kunene-Komplexes eingedrungen. Gneise mit einem ähnlichen Alter finden sich westlich von Outjo, im Gebiet zwischen Tsumeb und Grootfontein, zwischen Okahandja und Swakopmund sowie südlich und südwestlich von Windhoek.

Die vulkanischen Gesteine der Orange-River-Gruppe im extremen Süden des Landes haben ein Alter von 2 Milliarden Jahren. In sie sind die etwas jüngeren magmatischen Gesteine der Vioolsdrif-Folge eingedrungen. Die Khoabendus-Gruppe nordwestlich von Kamajab besteht aus einer unteren vulkanischen und einer oberen sedimentären Abfolge. Die Granite der Fransfontein-Folge sind anschließend sowohl in die Vulkanite als auch in die Sedimente eingedrungen. Im zentralen Namibia findet sich die Elim-Formation, die ebenfalls aus einer Mischung von Vulkaniten und Sedimenten besteht.

Quarzite, Schiefer, Basalte und Rhyolithe sind die Hauptbestandteile der Rehoboth-Folge, die sich in der Landesmitte vor etwa 1,7 Milliarden Jahren bildete. Im südlichen Namibia wurden die Gneise des Namaqualand-Komplexes vor etwa 1200 Millionen Jahren aufgefaltet und anschließend von Granit intrudiert. Während einer Zeitspanne zwischen 1,3 und 1 Milliarde Jahren entstand die Sinclair-Folge im südlichen zentralen Namibia in drei Zyklen vulkanischer, magmatischer und sedimentärer Aktivität.

Die Damara-Folge steht im größten Teil des zentralen und nördlichen Namibia an. Die Basis dieser Folge besteht aus Sedimenten, die in einem sich langsam entwickelnden Rift-Graben

Eine der malerischsten Landschaften Namibias durchquert man bei der Fahrt von Sendlingsdrift nach Oranjemund. Südlich der Straße befindet sich der Orange River, der das Wasser für zahlreiche Obst- und Gemüseplantagen liefert. Nördlich davon begleiten einen die in allen Pastelltönen gefärbten Metamorphite der Namaqualand-Formation. Durch die fehlende Vegetation in diesen Bergen ist die geologische Situation unmittelbar erkennbar.

Rechts. Intensiv verfaltete Bereiche der Damara-Sequenz bei Sesputein. Fotos Schneider.

Seite 14. Blick von „Corona“ (Gamsberg-Region) nach Südwesten. Foto Bode.

vor 900 bis 700 Millionen Jahren abgelagert wurden. Ein limitierter Vulkanismus begleitete diese frühe Rift-Phase und die Ablagerung der Sedimente. Nachdem sich der Rift-Graben in einen sich öffnenden Ozean zwischen dem Kongo und dem Kalahari-Kraton entwickelt hatte, lagerten sich Karbonatgesteine im Schelfbereich dieses Ozeans ab. In den tieferen Bereichen wurden anschließend Grauwacken abgelagert, und ein Mittelozeanischer Rücken, der heute noch in einer Länge von 350 km erhalten ist, entstand. Etwa vor 650 Millionen Jahren begann der Ozean sich wieder zu schließen. Der Kalahari- und der Kongo-Kraton kollidierten schließlich, wobei Teile der ozeanischen Kruste unter den Kongo-Kraton subduziert wurden. Dies führte zu einer massiven Deformation der Sedimente und zur Auffaltung des Damara-Gebirges, die von der Intrusion von Graniten vor etwa 500 Millionen Jahren begleitet wurde. Die so hergestellte Verbindung zweier Kratone durch einen Gebirgsgürtel ist Teil eines größeren Prozesses, der zur Bildung des Superkontinents Gondwanaland führte. Die Gesteine des Gariep-Komplexes haben eine ähnliche Entstehungsgeschichte wie die der Damara-Folge.

Reiche Erzvorkommen bildeten sich zusammen mit den Gesteinen der Damara-Folge. Die Kupfer-Blei-Zink-Vorkommen des Otavi-Berglandes, einschließlich der weltbekannten Tsumeb-Mine, kommen in Karbonatgesteinen des Schelfbereichs des Kongo-Kratons vor. Reiche Kupfer-Lagerstätten, wie zum Beispiel die Otjihase-Mine, sind an den oben beschriebenen mittelozeanischen Rücken gebunden. Damara- Granite führen weitverbreitete, wenn auch niedrig-gradige Uran-Vererzungen; heutzutage ist die Rössing-Mine einer der größten Uranerz-Tagebaue der Welt, und Namibia ist der viertgrößte Uranproduzent der Welt.

Die Nama-Gruppe bedeckt den zentralen südlichen Teil des Landes. Sie besteht aus Sedimenten, die teilweise der Erosion des Damara-Gebirges entstammen. Die Sedimentation der Nama-Gruppe begann während einer geologischen Periode vor etwa 520 Millionen Jahren, die auch als Präkambrisch-Kambrische Grenze bezeichnet wird. Während dieser Zeit traten signifikante Veränderungen in den Umweltbedingungen ein, die bisher die größere Entwicklung von Lebewesen behindert hatten. Primitive Lebensformen verwandelten sich explosionsartig in eine Vielzahl von komplizierteren Spezies, und ihre frühesten Vertreter waren schwamm- und quallenartige Kreaturen, die nahe dem Meeresboden wohnten. Die Gesteine der Nama-Gruppe enthalten Fossilien dieser seltenen und sehr alten Tiere. Durch die zerstörerische Natur geologischer Prozesse, wie Metamorphose und Abtragung, wurden solche Fossilien nur an weniger als zehn Stellen auf der Erde gefunden.

Auf die Nama-Gruppe folgte die Ablagerung der Karoo-Folge, die einen Zeitraum von etwa 350 Millionen Jahren umfasst. Sie begann mit der weitverbreiteten Ablagerung glazialer Sedimente vor etwa 400 Millionen Jahren. Die Verbreitung dieser Gesteine gibt eine gute Indikation von dem Ausmaß der damaligen Vereisung. Über den Glazialgesteinen liegt

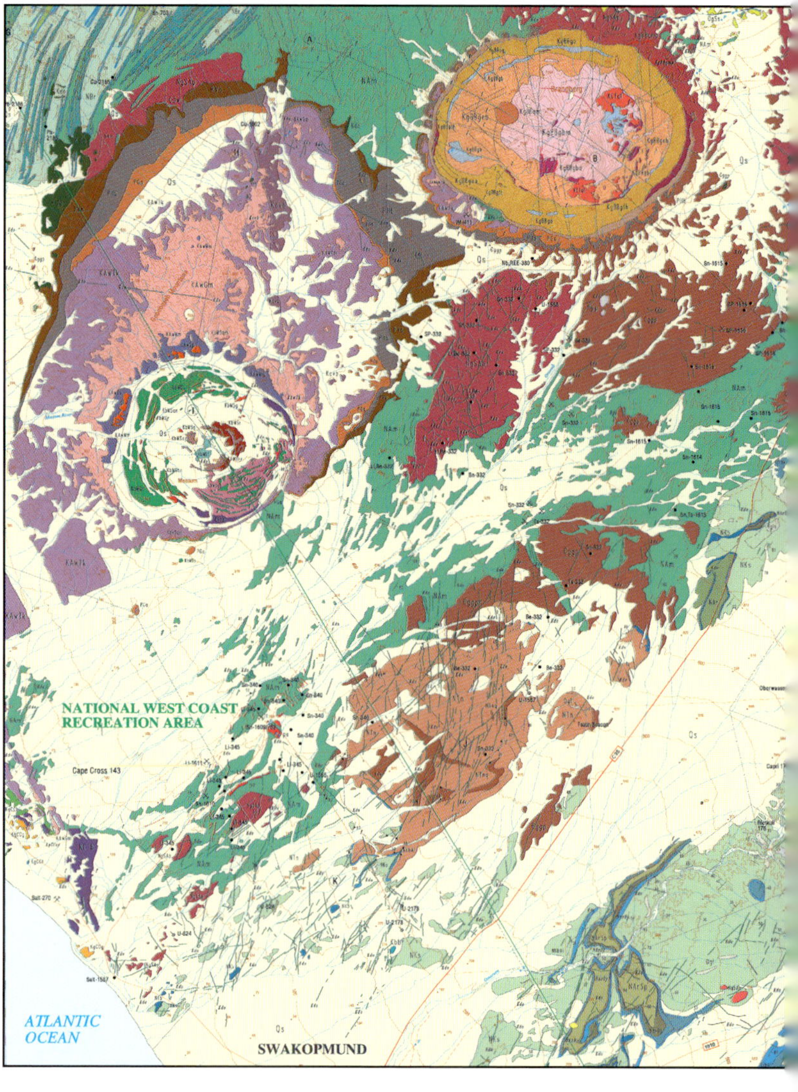

Ausschnitt aus der Geologischen Karte von Namibia 1:250.000, Blatt Omaruru (2000). Im linken, oberen Bereich sind sehr schön das Massiv des Brandberges, der südwestlich von ihm befindlichen Messum-Komplex sowie die sich dazwischen erstreckenden, in lila und rosa Farbtönen gehaltenen Goboboseb-Berge zu sehen. Im rechten Teil des Kartenblattes erkennt man das Massiv des Erongo, in der Mitte unten befinden sich die Große und Kleine Spitzkoppe.

eine enorm mächtige Folge von Sedimenten, die von Flüssen und in Süßwasserseen abgelagert wurden. Vor etwa 200 Millionen Jahren verweisen die Gesteine auf eine dramatische Veränderung des Klimas. Die Sedimente, die sich zu dieser Zeit gebildet haben, sind äolische Sandsteine, die durch Wind in einem Wüstenklima abgelagert wurden. Das letzte Stadium der Karoo-Folge bildet ein weitverbreiteter Vulkanismus, der im Zusammenhang mit dem Auseinanderbrechen von Gondwanaland vor etwa 180 bis 120 Millionen Jahren gesehen werden muss. Die Tatsache, dass die vulkanischen Gesteine in Namibia und in Brasilien übereinstimmen, war einst ein Beweisstück

Das Bild des Satelliten Landsat TM zeigt die fast kreisrunde Struktur des Brandberg-Komplexes. Durch eine geeignete Bearbeitung des digitalen Satellitenfotos am Computer werden die Morphologie des Brandberges sowie die den Komplex entwässernden Riviere deutlich sichtbar. Ganz oben rechts erkennt man das Ugab-Rivier, unten links das in Richtung Goboboseb-Berge fließende Messum-Rivier.

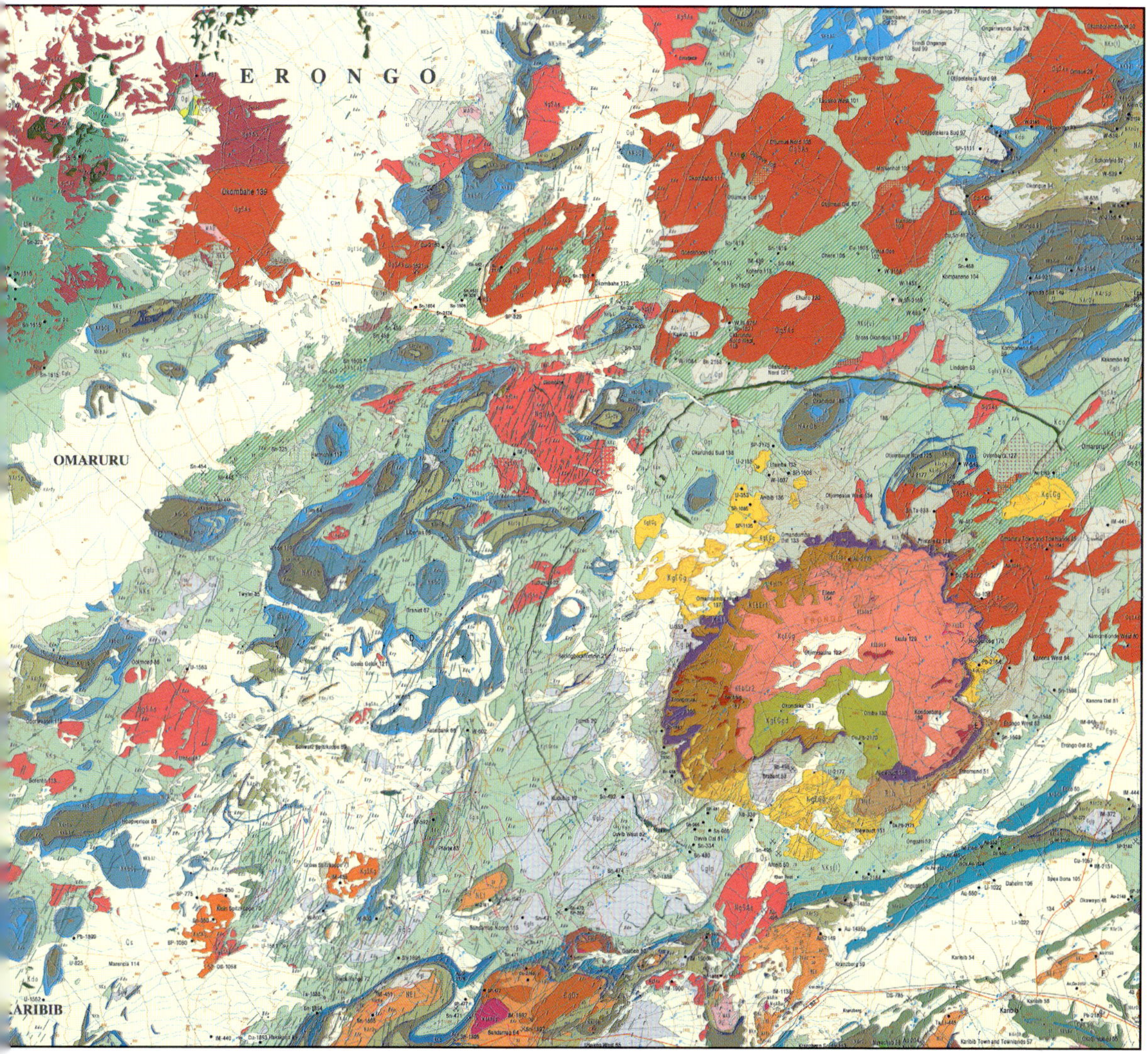

für die Theorie der Kontinentaldrift. Die Lava-Ergüsse dieser vulkanischen Aktivität waren enorm und müssen katastrophale Folgen für die damalige Umwelt gehabt haben. Sie bedeckten ein Gebiet von mehreren tausend Quadratkilometern, und einzelne Eruptionen produzierten mehr als 100 m mächtige Lagen von Lava und Asche.

Während der Karoo-Zeit vervielfältigte sich das Leben weiter, und eine Anzahl außergewöhnlicher Fossilien wurde in Karoo-Gesteinen in Namibia gefunden. Eine kleine Echse mit Namen *Mesosaurus* fand sich in Sedimenten in Namibia und Brasilien und lieferte damit einen weiteren Beweis dafür, dass Afrika und Südamerika während der Gondwana-Zeit Nachbarn waren. Ein Vorfahr der Dinosaurier, der als *Erythrosuchus africanus* bezeichnet wird, wurde in Karoo-Sedimenten mit einem Alter von etwa 225 Millionen Jahren gefunden,

Links. In die Damara-Sequenz gehören diese am Ugab-Rivier aufgeschlossenen, steilstehenden Gesteine. Foto Schneider.

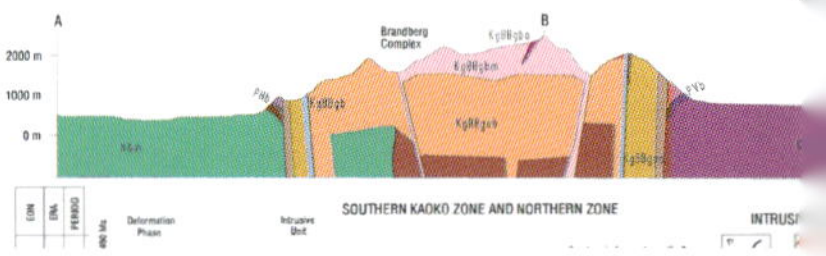

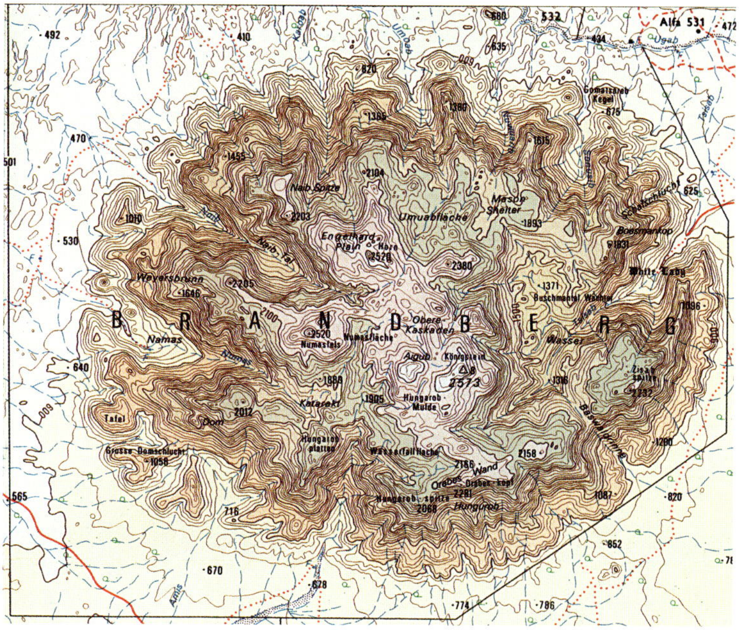

Bild links oben. Seit dem Mesozoikum sind aus den durch Lavaströme gebildeten Plateau-Basalten der Etendeka-Formation im Damaraland charakteristische Tafelberge entstanden. Foto Schneider.

Der Ausschnitt aus der topographischen Karte Namibias zeigt den Brandberg, der mit einem Alter von ca. 130 Millionen Jahren geologisch zu den jüngsten Bildungen Namibias gehört.

Oben. Die beiden Spitzkoppen, vor deren malerischer Kulisse hier Schafe weiden, werden aus anorogen gebildeten Graniten aufgebaut, stehen also wie der Brandberg in keinem Zusammenhang mit einer Gebirgsbildung. Foto Schneider.

während Dinosaurier-Spuren reativ häufig in jüngeren Karoo-Gesteinen vorkommen, kurz bevor sich das Klima wüstenartig veränderte. Ein vor kurzem entdecktes Fossil der Dinosaurier-Gattung *Massospondylus* in Gesteinen mit dem selben Alter führte zu der Spekulation, dass die Spuren ebenfalls von *Massospondylus* hinterlassen wurden.

Das Auseinanderdriften von Afrika und Südamerika während der jüngeren Karoo-Zeit und die damit verbundene Bildung des südlichen Atlantischen Ozeans hat auch zur Bildung von verschiedenen sedimentären Becken im Bereich des namibischen Kontinentalschelfes geführt. Die Erosion der Gebirgsgürtel auf dem Festland hat beachtliche Mengen von Sedimenten in diese Becken befördert, und heute werden sie deshalb auf ihr Potential an Öl untersucht. Ein großes Gas-Feld wurde bereits gefunden.

Nach dem Ende der Karoo-Zeit bildeten sich mehrere Granit-Plutone, die in keinem Zusammenhang mit einer Gebirgsbildungsphase stehen. Zu ihnen gehören bekannte geographische Wahrzeichen, wie die Große und Kleine Spitzkoppe und der Brandberg, der ein riesiges Massiv von über 420 Quadratkilometern bildet, das mehr als 2.000 m über die umliegende Ebene der Namib herausragt. Der höchste Gipfel des Brandberges, der Königstein, ist mit einer Höhe von 2.573 m über dem Meeresspiegel der höchste Berg Namibias.

Die Abbildung unten zeigt einen geologischen Profilschnitt in Richtung NS-WE. Links befindet sich der Brandberg und rechts der Erongo-Komplex.

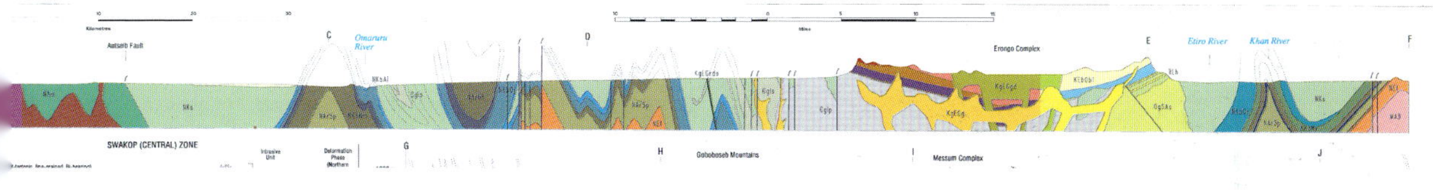

Die jüngsten Gesteine in Namibia gehören der Kalahari-Folge an, deren Ablagerung etwa vor 65 Millionen Jahren begann. Sie bedeckt große Gebiete im Norden und Osten des Landes sowie im Bereich der Namib-Wüste. Neben unverfestigtem Sand treten Sandsteine, Konglomerate und Calcrete auf. Unter den modernen Dünen der Namib finden sich fossile Dünen mit einem Alter von etwa 30 Millionen Jahren, was der Namib ihren Ruf, sie sei die älteste Wüste der Welt, eingebracht hat.

Außer den nördlichen Grenzflüssen und dem Orange River im Süden gibt es keine ganzjährig fließenden Flüsse in Namibia. Es gibt allerdings eine ganze Anzahl von Trockenflüssen, die fluviatile Sedimente ablagern, wenn sie „abkommen". Calcrete bildet sich ebenfalls im Bereich dieser Trockenflüsse.

Gesteine der Kalahari-Folge enthalten Namibias wichtigsten Rohstoff, den Diamanten. Die wertvollen Steine finden sich längs der Küste in alten Strandterrassen sowie auf dem Meeresboden. Die Erosion diamanthaltiger Gesteine im zentralen südlichen Afrika, und der darauf folgende Abtransport der Erosionsprodukte durch den Orange River nach Westen ließ die Diamanten in den Atlantischen Ozean gelangen. Der nach Norden verlaufende Benguelastrom verteilte anschließend seine wertvolle Fracht entlang der namibischen Küste auf verschiedenen Niveaus entsprechend der Schwankungen des Meeresspiegels während der letzten 15 Millionen Jahre. Während dieses langen Prozesses fand eine natürliche Auslese statt, und nur die besten Diamanten überstanden den langen Transport. Als Konsequenz haben heute 95% aller namibischen Diamanten Schmuckstein-Qualität, und die namibische Produktion enthält die in der Welt meistgesuchten Steine. Der Diamanten-Bergbau ist heute mit Abstand der wichtigste Sektor der namibischen Industrie.

Oben. An der Großen Spitzkoppe bilden sich durch die erodierende Wirkung abfließenden Regenwassers Granitkugeln auf mit der Zeit immer dünner werdenden Sockeln. Im Extremfall löst sich die Kugel und rollt bei geeigneter Neigung auch ohne fremde Hilfe hangabwärts.

Rechts. Das Bild zeigt einen Teil des Deckengebirges der Naukluft, das in seiner Entstehung Parallelisierungen zu den Alpen zulässt. Die durch ein großes Gesteinspaket gebildete Decke wurde auf einer Art Schmiermittel aus salzhaltigen Sedimenten nach SE verschoben. „Naukluft" leitet sich von afrikaans „enge Schlucht" her.

Blick auf die von Dünengürteln umgebenen, von tonigen Sedimenten gefüllten Pfannen des Sossusvlei. Wenn der Fluss Tsauchab in guten Regenjahren das Sossusvlei erreicht, spaltet er sich hier auf, ergießt sich in die verschiedenen Mulden (Pfannen) des Vleis und versickert schließlich.

Nicht nur Kupfer: Zur Geschichte des Bergbaus in Namibia

Gabi Schneider

Die ältesten Hinweise auf Bergbau in Namibia sind etwa 400 Jahre alt. Es handelt sich um Überreste von einfachen Kupferschmelzen, die Archäologen nahe der späteren Matchless-Mine westlich von Windhoek fanden. Darüber hinaus gibt es in den meisten frühen Reiseberichten Hinweise darauf, dass die Einheimischen Kupfererz abgebaut und verhüttet sowie mit Kupfer Tauschhandel betrieben haben.

Die Bewohner des Otavi-Berglandes nutzten die reichhaltigen Kupfervorräte der Gegend von Alters her, was sich besonders deutlich in ihren Waffen und in ihrem Schmuck zeigt. Es wurde berichtet, dass verheiratete Frauen Kupfer-Armreifen mit einem Gewicht von bis zu 4 kg trugen. Das Kupfererz wurde in Termitenhügeln mit Hilfe von Holzkohle geschmolzen.

Der älteste schriftliche Hinweis auf Namibias Bodenschätze stammt aus dem Tagebuch von Hendrik Hop, der 1761-1762 ins südliche Namibia reiste und von Kupfervorkommen berichtete. Wilhelmus van Reenen erreichte 1790-1792 Rehoboth und fand dort Kupfer- und Goldvorkommen.

Zwei wichtige Herren von der Firma „Diamond South West Africa Ltd". Diamanten waren seit je her der wichtigste Bodenschatz in Namibia.

Oben, kleines Foto. In einem Abbauort in der berühmten Khan-Mine.

Guano wird zum Exportschlager

Internationales Interesse an den namibischen Bodenschätzen wurde durch die Entdeckung von Guano auf der Insel Itchaboe vor der namibischen Küste durch Kapitän Benjamin Morrel vom amerikanischen Schoner „Antarctic" am 6. Oktober 1828 geweckt. Guano wurde erstmals zwischen 1844 und 1845 auf Itchaboe abgebaut. Zu dieser Zeit lagen 451 Segelboote in der 3 km weiten Straße zwischen der Insel und dem Festland vor Anker, und Hunderte von Seeleuten gewannen ungefähr 250.000 Tonnen des wertvollen Düngers. Danach belagerten Segelschiffe aus aller Welt das gesamte Gebiet um Itchaboe und die benachbarten Inseln auf der Suche nach weiteren Vorkommen, die auch bald gefunden wurden. Die oft blutdurstigen Seeleute mit ihren ungeschliffenen Manieren lebten jedoch in unglaublichen Verhältnissen. Zahlreiche Gräber auf den Inseln und längs der Küste zeugen von den weniger Glücklichen unter ihnen, die ihre Suche nach Reichtum mit dem Leben bezahlt haben. 1845 musste sogar die Königliche Marine einschreiten, um die chaotischen Zustände zu schlichten. Aus dieser Zeit wird berichtet, dass sich die Seeleute gegenseitig mit faulen Pinguin-Eiern bewarfen, um Konkurrenz auszuschalten.

„Überall" Kupfer

1837 durchquerte James Alexander Namaland auf seiner Reise nach Walvis Bay und traf unterwegs auf Kupfervorkommen. 1850 bis 1851 reiste Francis Galton ins nördliche Namibia und berichtete von den Kupfervorkommen des Otavi-Berglandes. Etwa zur selben Zeit begann Chief Jonker Afrikaner Kupfer in der Natas-Mine abzubauen und das Erz in Walvis Bay zu verkaufen.

Nachdem 1853 Kupfer in der nordwestlichen Kapkolonie bei O'okiep entdeckt worden war, brach ein Kupferrausch aus, von dem auch Namibia wegen der früheren Berichte über Kupfer betroffen war. 1854 wurden die *Walvisch Bay Mining Company* und die *Great Namaqua Mining Company* gegründet. Diese beiden Firmen hatten die Suche nach Kupfer und die Ausbeute von Kupfervorkommen im zentralen und südlichen Namibia zum Geschäftsinteresse. Im März 1855 kamen die ersten Mitarbeiter der *Walvisch Bay Mining Company* per Schiff in Walvis Bay an. Die Gruppe von acht Leuten unter der Leitung von Prospektor Stead brachte drei Pferde, vier Ochsenwagen und einige Ausrüstungsgegenstände mit. Nachdem sie schnell einige vielversprechende Kupfervorkommen gefunden hatten, wahrscheinlich in der Gegend von Klein Aub bei Rehoboth, suchten sie zunächst Chief Swartbooi auf. Danach wird allerdings von diesem ersten Kupfervorkommen nichts mehr erwähnt, und die Firma konzentrierte sich ab 1856 auf den Kupferabbau in der Matchless Mine westlich von Windhoek. Obwohl nicht geklärt ist, wer die Matchless-Mine zuerst gefunden hat, wird im Volksmund diese Errungenschaft Chief Jonker Afrikaner zusammen mit dem englischen Händler Frank Bassingthwaighte zugeschrieben. Die *Walvisch Bay Mining Company* begann, ebenfalls 1856, auch mit dem Abbau von Kupfererzen bei Tsaobis und in der Pot-Mine im Swakoptal. In der Zwischenzeit hatte die Great Namaqua Mining Company Abbaurechte mit Chief David Christiaan im südlichen Namibia ausgehandelt. Es ist jedoch nichts über irgendwelche Abbautätigkeiten bekannt.

Der berühmte Jäger Charles John Anderson wurde 1856 Direktor der Matchless Mine. Während die Mine für heutige Verhältnisse äußerst hochgradiges Erz mit 20 bis 25% Kupfer förderte, war Anderson damit keineswegs zufrieden. Es war zu schwierig und teuer, das Erz mit Ochsenwagen über Remhoogte, Otjimbingwe, Tsaobis und Tinkas bis nach Walvis Bay zu transportieren, um es von dort verschiffen zu können. Zusätzliche Komplikationen ergaben sich aus der Tatsache, dass die ortsansässigen Chiefs der Firma nicht

gerade wohlgesonnen waren. Verträge, die eingegangen worden waren, wurden regelmäßig von beiden Seiten gebrochen. Als Konsequenz schloss die Grube 1860.

1857 kam Kapitän John Spence von den Orkney-Inseln in Angra Pequena, dem späteren Lüderitzbucht, an. Er schloss sich der Firma A. & E. *DePass* an, die sich auf den Export von Haifischleberöl und getrockenetem Fisch spezialisiert hatte. Der Firmenname wurde später in *DePass, Spence & Company* geändert, und, nachdem England die Inseln vor der namibischen Küste zum Hoheitsgebiet erklärt hatte, wandte man sich dem Guano-Geschäft zu. Während Spence mit dem Abbau von Guano auf der Pomona-Insel beschäftigt war, fiel ihm auf, dass die Gesteine auf dem Festland eine in Quarzgängen sitzende Vererzung mit Bleiglanz und Chalkopyrit aufwiesen. DePass beantragte daraufhin eine Prospektionserlaubnis, und

Chief David Christiaan zeigte daraufhin Kapitän Benjamin Sinclair ein Kupfervorkommen, das er bisher geheim gehalten hatte. Aus diesem Vorkommen, der heutigen Sinclair-Mine, wurden einige Ochsenwagenladungen Kupfererz gefördert. Die Kosten waren jedoch sehr hoch, sodass diese Grube bald wieder geschlossen wurde.

Sinclair behielt seine Abbaurechte jedoch weiterhin, um Handel in der Gegend treiben zu können. In der Zwischenzeit hatte 1883 aber auch der Kaufmann Adolf Lüderitz aus Bremen Land von Chief Joseph Frederiks gekauft, und zwar ohne Berücksichtigung anderer, früherer Verträge. Lüderitz hatte anfangs von den Abbaurechten von *DePass, Spence und Company* und ihrer *Pomona Mining Company* nichts gewusst. Als er davon erfuhr, schloss er schnell einen anderen Vertrag mit Chief Joseph Frederiks, um seine Position zu stärken. *DePass, Spence und Company* zogen dagegen vor Gericht und erhielten daraufhin Rechte bei Pomona, Hottentott's Bay und Sandwich Harbour sowie die Erlaubnis, weiterhin Guano auf den Inseln abzubauen, zugesprochen. Jahrelang waren sie mit dieser Entscheidung sehr unzufrieden und hielten sie für unfair, bis viel später - und für *DePass, Spence & Company* zu spät - klar wurde, welch eine reiche Diamantenlagerstätte man ihnen zugesprochen hatte!

Links. Stollenmundloch der Tsumeb-Mine mit Bergbeamten und Minenarbeitern. Foto August Sander.

Unten. Schippen im Wüstensand: Mit Schaufeln wird der Sand wegtransportiert, Schürfgräben durch die diamanthöffige Zone angelegt.

1863 handelte Kapitän Benjamin Sinclair im Auftrag von *DePass, Spence & Company* einen Vertrag mit dem Nama-Chief David Christiaan aus, der der Firma Abbaurechte im gesamten Einflussgebiet des Chiefs sicherte. Der Vertrag wurde 1864 unterzeichnet, und *DePass, Spence & Company* gründeten die *Pomona Mining Company*, um Kupfer, Silber und Blei abzubauen. Leider war das Unterfangen nicht sehr erfolgreich, und die Pomona-Mine schloss nach kürzester Zeit.

Die Kolonialgesellschaften

Mit Ausnahme einiger kleiner Schächte im Otavi-Bergland, die um 1860 bis 1870 geteuft wurden und zu denen es keine schriftliche Dokumentation gibt, sind keine anderen Bergbautätigkeiten bis zu dem Zeitpunkt bekannt, als das heutige Namibia Deutsches Schutzgebiet wurde. In der Hoffnung, Diamanten zu finden, hatte Adolf Lüderitz ursprünglich Land zwischen dem Orange River und dem 26. Breitengrad gekauft und seinen Besitz rasch ausgedehnt. Da er aber kurzfristig keine Lagerstätten finden konnte, ging ihm das Geld aus. Er bat die deutsche Regierung um Hilfe. 1885 wurde daraufhin die *Deutsche Kolonialgesellschaft für Südwestafrika* (DKG) gegründet, deren Ziel es war, in den zuvor von Lüderitz besessenen Gebieten nach mineralischen Rohstoffen zu suchen. Leider war die DKG zunächst wenig erfolgreich, bis wesentlich später endlich Diamanten im damaligen Südwestafrika entdeckt wurden. In der Zwischenzeit bemühte sich die deutsche Regierung, der Gesellschaft behilflich zu sein, indem sie 1888 ein Bergrecht verabschiedete, welches der DKG Abbaurechte für fast das gesamte Schutzgebiet gab. Das Bergrecht sah auch eine Bergbau-Kommission vor, die umgehend von der DKG in Otjimbingwe eingerichtet wurde. Nur ein Jahr später verabschiedete die deutsche Regierung allerdings ein neues Bergrecht, welches alle Rechte dem Staat unterstellte, der dann wiederum Lizenzen vergeben konnte. Bis auf den heutigen Tag basiert das Bergrecht in Namibia auf dieser Grundlage. Als Konsequenz beendete die Bergbau-Kommission ihre Tätigkeit. Aufgrund fehlender Finanzen unternahm die DKG in den folgenden Jahren so gut wie keine Exploration. Einige wenige Konzessionen wurden an private Unternehmen vergeben, allerdings mit wenig Erfolg. Im Südosten des Landes allerdings, in einem Landstrich, der erst 1890 Teil des Schutzgebietes wurde, explorierte ein privates Konsortium unter der Leitung von Theophilus Hahn mit englischem Kapital. Die Gruppe nannte sich Kharaskhoma-Syndikat und wurde 1894 in die sogenannte *South West African Territories Company* umgewandelt.

Am 18. August 1892 wurde in London die *South West Africa Company Ltd.* gegründet. Diese Firma wurde hauptsächlich wegen des fehlenden Erfolgs der DKG und dem daraus resultierenden Willen der deutschen Regierung, deren Monopol zu brechen und anderen Firmen Konzessionen zu erteilen, ins Leben gerufen. Bei ihrer Suche nach zusätzlichen Finanzen warfen die Deutschen einen Blick über den Kanal nach England, wo traditionell Kapital für den risiko-reichen Bergbau einfacher zu beschaffen war. Man war jedoch von Anfang an besorgt, die deutschen Interessen zu wahren, weswegen eine loyale Person, ein gewisser George Wilson, als Vorsitzender der *South West Africa Company* angestellt wurde. Es ist nicht überraschend, dass der südafrikanische Bergbaumagnat Cecil John Rhodes die ganze Sache mit Interesse verfolgte, da von ihm bekannt war, dass er den englischen Einfluß auf den namibischen Bergbau auszudehnen versuchte. Gegen Ende 1892 zwangen Missstimmigkeiten George Wilson, seinen Vorsitz niederzulegen. Er wurde durch George Cawston ersetzt, der auch Direktor von Rhodes' *British South Africa Company* war. Dies sicherte Cecil Rhodes eine gewisse Kontrolle über die South West Africa Company Ltd.

Mitglieder der Tsumeber Bergwerksdirektion, alles „alte Siegerländer", mit ihrem Begleitpersonal. Foto Otto Sander.

Im September 1892 erhielt die *South West Africa Company* die sogenannte Damaraland-Konzession, die unter anderem alle Kupferlagerstätten des Otavi-Berglandes einschloss. Zwei Expeditionen wurden noch im selben Jahr organisiert, eine davon untersuchte unter der Leitung von Mathew Rogers die Lagerstätte von Tsumeb, wo zwei Schächte abgeteuft wurden. Die zweite untersuchte die Anbindung des Otavi-Berglandes an die Küste durch eine Eisenbahn.

Die Gründung der *Hanseatischen Land-, Minen- und Handelsgesellschaft* am 19. Mai 1893 war das Resultat früherer Ereignisse. Am 11. Oktober 1884 hatte ein Geologe namens Dr. C. Hoeffner im Auftrag von Adolf Lüderitz einen Vertrag mit dem Kapitän von Rehoboth, Hermanus van Wyk, ausgehandelt, der ihm exklusive Rechte für den Bergbau im gesamten Rehoboth-Gebiet garantierte. Eine Bedingung dieses Vertrages war, dass Hoeffners Firma mit der Abbautätigkeit innerhalb eines Jahres beginnen sollte. Die DKG, die alle Rechte von Lüderitz übernommen hatte, konnte diese Bedingung nicht erfüllen. Die Leute von Rehoboth verloren nach einiger Zeit die Geduld und vergaben neue Rechte an einen gewissen Ludwig von Lilienthal, der selbst ein wichtiger Aktionär der DKG war.

Lilienthal, recht unglücklich über die schlechte Leistung der DKG, gründete die *Hanseatische Land-, Minen- und Handelsgesellschaft* mit der *South West Africa Company* als Hauptaktionär, um die

Konzessionen im Rehobother Gebiet zu erforschen. Der Firmenname änderte sich später zu *Hanseatische Minengesellschaft*.

Am 12. August 1893 verkaufte die DKG alle Rechte im Kaokoveld an L. *Hirsch & Company*, die die *Kaoko Land- und Minengesellschaft* am 11. April 1895 in Berlin registrierte. Hauptaktionär war wiederum die South West Africa Company. Die ersten Expeditionen in das abgelegene Gebiet wurden 1894, 1895 und 1897 unter der Leitung von Dr. Georg Hartmann durchgeführt. Begrenzter Erfolg stellte sich erst sehr viel später ein. In der Zwischenzeit musste die *South West Africa Company Ltd.* eine Entscheidung bezüglich ihrer Damaraland-Konzession fällen. Unter dem Einfluss ihrer britischen Aktionäre, die hauptsächlich im Gold- und Diamanten-Geschäft investierten, hatte die Firma kein rechtes Interesse am Kupferbergbau.

Am 6. April 1900 wurde daher in Berlin die *Otavi Minen- und Eisenbahngesellschaft* mit den Hauptaktionären *Deutsche Disconto-Gesellschaft* und *South West Africa Company Ltd.* gegründet. Die Erforschung der reichen Kupferlagerstätten des Otavi-Berglandes begann sofort, und eine erste Expedition wurde von Christopher James geführt. Die Eisenbahnlinie zwischen Tsumeb und Swakopmund wurde 1906 fertiggestellt und der Abbau begann. Außerdem war 1903 auch noch die *Gibeon Schürf- und Handelsgesellschaft* gegründet worden, um die bekannten Vorkommen von Kimberlit im Gebiet von Gibeon zu untersuchen. Leider wurden keine Diamanten gefunden, und die Firma wurde 1910 wieder aufgelöst.

Unten. Ansichten von historischen Tsumeb. Im Vordergrund entwickeln sich die ersten Anfänge der später mächtigen Berge-Halden.

Erste Entdeckungen und der Beginn von Bergbauaktivitäten

Trotz ausgeprägter Explorationstätigkeit und der Gründung zahlreicher Kolonialgesellschaften zur Erforschung der namibischen Bodenschätze gelangen bis zur Jahrhundertwende keine spektakulären Entdeckungen.

Tsumebs Ruhm beginnt

Das meistgesuchte Metall in Namibia war um die Jahrhundertwende zweifellos Kupfer. Namibia hat verschiedenste Kupferlagerstätten, aber diejenigen des Otavi-Berglandes sollten es zu Weltruhm bringen.

Christopher James schätzte die Erzreserven von Tsumeb 1902 auf 300.000 t mit 12,6% Kupfer und 25,3% Blei, zusätzliches niedriggradiges Erz nicht mitgerechnet. Der Abbau begann 1906 und fand bis 1909 hauptsächlich in einem Tagebau statt. Das Abteufen eines ersten Schachtes auf 220 m markierte später den Beginn des Abbaus unter Tage. Anfangs belief sich die Jahresproduktion auf ungefähr 15.000 t Erz; sie erreichte ihren Höhepunkt mit 70.000 t Erz direkt vor dem Ausbruch des 1. Weltkrieges. 1907 wurde auch das Otavi-Tal an die Eisenbahnlinie Tsumeb-Swakopmund angeschlossen, und die Kupferlagerstätten von Gross Otavi, Asis und Guchab gingen in Förderung.

1906 wurde in Tsumeb mit dem Bau einer Hütte begonnen, die 1907 fertiggestellt wurde. Die Betriebskosten waren extrem hoch, denn die Holzkohle, die man zum Befeuern benutzte, wurde aus Deutschland importiert! Der Verbrauch an Holzkohle konnte später zumindest verringert werden, indem man Eisenerz als Zuschlagsstoff benutzte. Das Eisenerz kam aus dem ungefähr 300 km von Tsumeb entfernten Kalkveld, das aber wenigstens nahe an der Eisenbahnlinie gelegen war.

Im Laufe der Zeit entwickelte sich die Otavi Minen- und Eisenbahngesellschaft zu einer der profitabelsten Firmen in der Geschichte Namibias. Zwischen 1907 und 1914 wurde ein Nettoprofit von 26,6 Millionen Reichsmark erzielt, und 6 Millionen Reichsmark wurden als Dividenden ausgezahlt.

Auch andere Landesteile wurden auf ihr Kupferpotential hin untersucht. Zwischen 1899 und 1900 unternahm die *Hanseatische Land-, Minen- und Handelsgesellschaft* eine Expedition in das Gebiet um Rehoboth und suchte die Kupfervorkommen von Kamtsas, Gelkop, Duruchaus, Swartmodder und Neuras auf. Verschiedene Schürfgräben wurden gezogen und ein Schacht bei Swartmodder abgeteuft. Bei Swartmodder und Neuras wurde später Kupfer gefördert, hauptsächlich jedoch nur deshalb, weil das Kupfererz hier mit Gold vergesellschaftet ist.

Ein Engländer namens Stanley steckte 1900 Claims bei Otjizonjati östlich von Windhoek ab. Offensichtlich war das Vorkommen der lokalen Bevölkerung bereits lange bekannt gewesen, und Einwohner aus dem Norden reisten bis zu 500 km, um das Erz von Otjizonjati bis zu einer Teufe von 7 m abzubauen. Die Firma Wecke & Voigts gründete 1907 das Otjizonjati Minensyndikat und steckte Claims neben denen von Stanley ab. Zwischen 1903 und 1912 wurden ungefähr 3.000 Tonnen Erz mit durchschnittlich 20% Kupfer produziert. Die Grube erwies sich nichtsdestotrotz als Verlustgeschäft, da das Erz rund 100 km mit dem Ochsenwagen bis zur nächsten Eisenbahnstation transportiert werden musste, was vier bis fünf Tage in Anspruch nahm. Von dort aus musste es über 300 km mit der Eisenbahn transportiert werden, bis es verschifft werden konnte.

Ramdohr untersucht die Khan-Mine

1905 wurde mit der Erschließung der Khan Kupfermine 60 km östlich von Swakopmund begonnen, wobei man den Erzkörper über eine streichende Länge von 400 m auffuhr. Ein 11 km langer Anschluss an die Otavi-Bahn wurde gebaut, eine große Aufbereitungsanlage errichtet, und Grundwasser aus den Sanden des Khan-Flusses gepumpt. Die Lagerstätte wurde später vom berühmten deutschen Mineralogen Dr. Paul Ramdohr untersucht, der die Reserven mit 157.000 t Erz mit 4-11% Kupfer abschätzte. Der Bergbau ging bis 1922 um, zu diesem Zeitpunkt waren alle Reicherzzonen abgebaut.

Erste Explorationsarbeiten im Gebiet von Gorob und Hope gehen auf das Jahr 1886 zurück, als J. M. Stapff Übersichtskartierungen durchführte. Zwischen 1901 und 1903 wurden von J. L. Gathman und J.G. Steiger, die auch mehrere, bis heute zu sehende Schächte abteuften, verschiedene Schürfgräben gezogen. Die Kupfervorkommen befinden sich ungefähr 150 km südöstlich von Swakopmund am Nordufer des Kuiseb-Flusses. Im Jahre 1907 unternahm das Gorob-Syndikat in Berlin detaillierte Untersuchungen, woraufhin in Gorob Reicherz mit 31-35% Kupfer, 3 g/t Gold und 150 g/t Silber gefördert werden konnte, während Hope Erz mit 3,4% Kupfer lieferte. Da die Erzlinsen sich nicht in der Teufe fortsetzen, kam es jedoch zu keiner weiteren Entwicklung.

Die Matchless-Mine, die demselben Vererzungstyp wie Gorob und Hope angehört, konnte um die Jahrhundertwende erneutes Interesse verzeichnen. In der von Adolf Lüderitz in den Besitz der DKG übergewechselte Lagerstätte teufte man 1893 einen 24 m tiefen Explorationsschacht ab. Zwischen 1902 und 1903 wurde die Lagerstätte vom *Damara Kupfer Syndikat* evaluiert, war aber durch die hohen Transportkosten noch immer unwirtschaftlich.

Viele kleine Zinnpegmatite

Die ersten Zinnfunde gelangen 1908 im nordwestlichen Omaruru-Distrikt. 1909 wurde Zinn bei Ameib im Karibib-Distrikt gefunden. Als Folge dieser Entdeckungen setzte eine rege Pro-

Links. Förderturm der Tsumeb-Mine, im Vordergrund befindet sich der Tagebau.

Unten. Starke Winde in der Küstenregion um Lüderitz führten immer wieder zu Verwehungen, die natürlich auch vor den Schienen nicht halt machten.

spektionstätigkeit ein, woraufhin schnell andere Vorkommen aufgefunden wurden. Große Firmen wie die *Consolidated Mining and Smelting Company of Canada* und *DeBeers Consolidated Mines* waren an der Suche nach Zinn beteiligt. Das erste Zinnerz wurde 1912 gefördert, aber alle Gruben waren ausnahmslos kleine Betriebe. Die Aufbereitung des Erzes erfolgte dort, wo Wasser zur Verfügung stand, mit Mühlen, Trommelsieben und Rütteltischen. Wo es kein Wasser gab, wurde das Erz mit Hilfe des Windes in kleinen Sichertrögen konzentriert, ein Verfahren, das bis auf den heutigen Tag auch noch im Kleinbergbau-Sektor angewandt wird.

1910 eröffnete die *Central Mining and Investment Corporation* die Kohero Zinn Mine. Die Otjimbojo Zinn-Mine begann mit der Produktion 1912 und war zu diesem Zeitpunkt die am meisten mechanisierte Grube ihrer Art auf der Welt. Die Zinnvorkommen von Uis wurden erstmals 1913 durch *DeBeers Consolidated Mines* untersucht. Außerdem produzierten noch Plögers Schürffelder, Neineis, Aubinhonis, Nomgams, Humdigams, Tsomtsaub, Meridas, Paukwab, Thelma Mine, Crystal Tin Mine, Okandjou, Davib und Irles Feld, allesamt Vorkommen im zentralen Westen von Namibia. Die gesamte Zinnerzgewinnung vor dem 1. Weltkrieg belief sich auf ungefähr 220 t Konzentrat mit 70% Zinn.

Die große Sensation: Diamanten unter dem Wüstensand

Bereits 1898 waren zwei Diamanten in der Gegend von Berseba und Gibeon gefunden worden, in der Umgebung später auch anstehender Kimberlit. Nichtsdestotrotz ergaben Untersuchungen, dass der Kimberlit dieses Gebietes taub ist. Der große Durchbruch erfolgte, als Zacharias Lewala 1908 den ersten Diamanten nahe der Eisenbahnstrecke nach Lüderitz bei Kolmanskuppe (Kolmanskop) fand. Er las ein paar Steine auf und gab sie seinem Vormann August Stauch. Nachdem Stauch sich davon überzeugt hatte, dass der grobe, angewehte Sand in Mulden im anstehenden Gestein noch mehr Diamanten enthielt, belegte er große Gebiete mit Claims, ohne daß irgend jemand davon Notiz nahm.

Oben. Die historische Postkarte zeigt die Übertageanlagen des seit 1905 erschlossenen Kupferbergbaus der Khan-Grube.

Mitte. Blick auf die im Khangebirge südlich von Arandis angelegte Khan-Grube.

Unten. Es gibt etwas zu essen! Im Hintergrund ist die Sanitätsdienststelle zu sehen.

Zwei Monate später jedoch, nachdem der Regierungsgeologe Dr. Paul Range den Diamanten-Fund bestätigt hatte, brach ein Diamanten-Fieber aus, woraufhin in kürzester Zeit praktisch der ganze Küstenstreifen zwischen Marmora und Lüderitz mit Claims belegt war. Klinghardt entdeckte die Diamantenfelder bei Bogenfels noch im selben Jahr, und Anfang 1909 fanden Stauch und Scheibe die sagenhaft reichen Vorkommen im Gebiet um Pomona. In einigen der dortigen Täler, wie zum Beispiel dem Idatal und dem Scheibetal, hatte der anhaltende Wind die Diamanten so angereichert, dass die Arbeiter einfach nur auf dem Bauch krochen und die Diamanten dabei einsammelten. Bereits 1913 kamen 20% der Weltproduktion an Diamanten aus dem Gebiet zwischen Hottentott's Bay im Norden und 25 km südlich von Bogenfels im Süden. Bald war eine große Anzahl von Firmen gegründet, die sich alle Bergrechte verschafft hatten. Dazu gehörten die *Koloniale Bergbaugesellschaft*, die *Vereinigte Diamanten-Minen AG*, die *Diamanten Aktiengesellschaft (vormals Weiß de Meillon & Co.)*, die *Pomona Diamantengesellschaft*, die *Bahnfelder Abbaugesellschaft mbH*, die *Diamanten Abbaugesellschaft mbH Lüderitzbucht*, die *Lüderitzbuchter Bergbaugesellschaft mbH*, die *Kolmanskop Diamond Mines Ltd.* und die *Diamantengesellschaft Grillental mbH*.

Die Zustände auf den Diamantenfeldern waren chaotisch, und die deutsche Regierung war besorgt über die hohe Anzahl der Rechtsstreitigkeiten wegen überlappender Bergrechte, die Sicherheit der Diamanten und die Verhinderung des illegalen Diamanten-Abbaus. Sie wollte außerdem sicherstellen, dass der deutsche Fiskus einen größtmöglichen Anteil an dem neuentdeckten Reichtum des Deutschen Schutzgebietes haben sollte. Staatssekretär Bernhard Dernburg deklarierte daher am 22. September 1908 das sogenannte Sperrgebiet, welches alles Land zwischen dem Orange-River im Süden und dem 26. Breitengrad im Norden und einer Linie 100 km landeinwärts von der Atlantik-Küste einschloss. Exklusive Abbaurechte in diesem Gebiet wurden der DKG zuerkannt.

Oben. Die Übertage-Anlagen der Khan-Grube, etwa aus südlicher Richtung gesehen. Hier wurden eine Maschinenzentrale mit Rohölantrieb, eine elektrische Zentrale mit 560 PS und eine Aufbereitung errichtet.

Mitte. In der Khan-Grube und den Aufbereitungsanlagen waren zeitweise 80 Europäer und 400 Afrikaner beschäftigt.

Unten. Die Khan-Grube hatte einen eigenen Anschluss an die Schmalspurbahn in das Otavibergland. Der Haltepunkt in Arandis lag etwa 11 km entfernt.

Die DKG hatte jedoch nicht die geringsten Absichten, sich direkt am Diamanten-Abbau zu beteiligen und gründete daher im März 1909 eine Tochtergesellschaft, die *Deutsche Diamantengesellschaft*. Zusammen mit anderen Gesellschaften beteiligte sich die *Deutsche Diamantengesellschaft* schnell an dem lukrativen Diamantengeschäft, und zwischen 1908 und 1913 wurden ungefähr 4,7 Millionen Karat im Wert von mehr als 150 Millionen Reichsmark gewonnen.

Innovationen wurden nötig

Der eigentliche Abbauprozess begann mit der Erzgewinnung per Schaufel. Die größeren Firmen benutzten elektrische Bagger, besonders für die tiefer gelegenen Teile der Vorkommen. Das feine Material wurde abgesiebt, dazu benutzte man Schwingsiebe, die sogenannten „Babies" oder Trommelsiebe. Das gesiebte Material wurde dann mit der Hand gewaschen. Das Ausbringen war bei dieser Methode sehr niedrig, und man entwickelte daher zentrale Aufbereitungsanlagen, in denen das Erz mechanisch aufbereitet wurde. Der meistgebrauchte Apparat war hierbei der „Schiechel-Separator", der aus einem zylindrischen, von einer geschlossenen Luftkammer umgebenen Behälter bestand. Im Zentrum hatte dieser ein Sieb mit einer Öffnung von 1 mm. Der Behälter wurde bis zur Oberfläche des Siebes mit Wasser gefüllt, und die Luftkammer war an eine Pumpe angeschlossen. Das diamanthaltige Sediment wurde auf das Sieb aufgebracht, und die Luftpumpe bewirkte, dass das Wasser sich im Sediment nach oben und unten bewegte. Dabei wurden die schwereren Partikel einschließlich der Diamanten zum Zentrum des Siebes befördert, während die leichteren Partikel über den Rand weggespült wurden. Der Schiechel-Separator hatte eine Kapazität von etwa 4,2 m^3 Sand pro Tag, und die größeren Aufbereitungsanlagen waren mit bis zu zwölf dieser Apparate ausgerüstet. Anschließend wurde das gewonnene Konzentrat noch einer Magnetscheidung in einem „Wetherill-Apparat" unterworfen, woraufhin die Diamanten schließlich von Hand verlesen werden konnten.

Oben. Ein Förderturm der Khan-Mine mit Schrägaufzug.

Mitte. Die Aufbereitungs-Anlagen der Khan-Grube hatten eine Tagesleistung von 100 Tonnen.

Unten. Der Abbau mittels Drucklufthämmer in der Khan-Grube. Der Hauptgang war auf einer streichenden Länge von 400 m und einer flachen Teufe von 230 m aufgeschlossen.

Anschluss an die Wasserleitung der Kolonialen Bergbaugesellschaft gebaut wurde.

Die Diamanten-Aktiengesellschaft entstand 1912 aus der Weiß de Meillon & Co. Minengesellschaft mbH und war südlich von Lüderitz aktiv. Die Pomona-Diamantengesellschaft war ein Zusammenschluss mehrerer Firmen und Privatpersonen, ihr Lizenz-Gebiet umfasste das berühmte Idatal und mehrere andere Täler. Wegen eines Land-Disputes mit der Deutschen Diamantengesellschaft konnte die Pomona-Diamantengesellschaft allerdings erst 1912 mit dem Abbau beginnen. Trotzdem entwickelte sie sich zum bei weitem erfolgreichsten Unternehmen, da die Steine in ihrem Lizenzgebiet größer als in den anderen Gebieten waren.

Die *Kolmanskop Diamond Mines Ltd.* bearbeitete die Vorkommen um Kolmanskop, wo auch die ersten Diamanten gefunden worden waren. Handbetriebene Siebe wurden später durch Schiechel-Apparaten ersetzt. Die *Bahnfelder Abbaugesellschaft mbH* wurde erst 1913 gegründet und produzierte nur für eine kurze Zeit. Die *Diamanten Abbaugesellschaft mbH*, die *Lüderitzbuchter Bergbaugesellschaft mbH* und die *Diamantengesellschaft Grillental mbH* waren allesamt kleine Gesellschaften mit geringer Produktion.

Oben. Suche nach Diamanten in den Austernbänken bei Alexanderbay um 1927. Links, mit weißem Sonnenhut, Hans Merensky.

Rechts. Diamantenabbau südlich von Lüderitz.

Unten. Hans Merensky (1871-1952), Entdecker der nach ihm benannten Platinlagerstätte des Merensky-Reefs in Südafrika, war einer der berühmtesten Geologen im südlichen Afrika. Sein Name ist auch eng mit den im Januar 1927 bei Alexanderbay unter dem Dünensand aufgefundenen marinen Diamantlagerstätte verknüpft.

1909 baute die *Koloniale Bergbaugesellschaft* eine 30 km lange Schmalspurbahn von Lüderitz nach Süden, auf der das Erz in Loren von Maultieren gezogen wurde. Parallel zur Bahn wurde eine Wasserleitung mit einer Pumpstation (Kapazität von 1.000 m³ pro Tag) installiert. 1912 wurde eine mechanisierte Aufbereitungsanlage in Betrieb genommen, die Bahnlinie auf 70 km erweitert und Lokomotiven eingeführt. Im südlichen Teil des Lizenzgebietes bei Elisabethbucht wurde Erz abgebaut und dann zur Aufbereitungsanlage bei Kolmanskop transportiert. Die Vereinigte Diamant-Minen AG bearbeitete 18.000 Hektar zwischen Elisabethbucht und Pomona, wo anfangs noch handbetriebene Siebe und Mühlen benutzt wurden. Wasser wurde in Fässern auf dem Seeweg angeliefert, bis schließlich ein

Nachdem 1908 das Sperrgebiet proklamiert worden war, hatten viele Prospektoren keinen Zugang zu den südlich von Lüderitz gelegenen Diamantenfeldern mehr. Sie orientierten sich daher nach Norden, und bald wurden die Vorkommen von Meob Bay und Conception Bay gefunden. Die ersten Claims wurden zwischen 1908 und 1910 von privaten Prospektoren aus Lüderitz und Swakopmund abgesteckt. Der erste Diamant wurde auf den sogenannten Orloff-Feldern

errichtete Lagerhäuser an der Landungsstelle in Conception Bay und eine Pumpstation 8 km südöstlich davon. Die Stationen wurden durch eine Schmalspurbahn miteinander verbunden und eine 2-Inch-Wasserleitung wurde durch die Dünen zum 23 km entfernten Favorit-Feld verlegt. 1914 wurden die Felder wegen des Kriegsausbruches verlassen. Ungefähr 600.000 Karat waren hier produziert worden, wenngleich die Steine auch sehr klein waren.

Am 16. Januar 1909 erließ die deutsche Regierung ein Gesetz, durch das die *Diamanten-Regie-Gesellschaft* ins Leben gerufen wurde. Diese Gesellschaft sollte Überproduktion und damit verbundene Preisstürze verhindern. Alle Diamanten mussten fortan durch die Diamanten-Regie-Gesellschaft verkauft werden, der

Oben. Anfangs konnten, nachdem der angewehte Sand beiseite gescharrt war, die Diamanten im wahrsten Sinne des Wortes aus den Mulden im anstehenden Gestein geklaubt werden.

Rechts wird das diamanthaltige Gestein mit primitiven Geräten zerkleinert.

gefunden, und die *Diamantenfelder Verwertungsgesellschaft* wurde gegründet, um das Vorkommen auszubeuten. Die geringe Größe der Diamanten, die Abgelegenheit der Gegend und hohe Steuern verhinderten allerdings eine systematische Bearbeitung des Gebietes, bis 1912 seitens der deutschen Regierung eine günstigere Besteuerung eingeführt wurde. Ebenfalls 1912 räumte die Diamantenfelder Verwertungsgesellschaft der DKG eine Option ein, worauf diese 300.000 Reichsmark für Exploration und Entwicklung der Diamantenfelder ausgab. Die Gesellschaft

Diamantenhandel war künftig ein vollständiges Monopol der deutschen Regierung.

Naturstein Marmor

Eine Anzahl Firmen beschäftigte sich auch mit der Suche nach Marmor. Die *Afrika-Marmor-Kolonialgesellschaft* wurde 1909 in Hamburg gegründet, es folgte das *Koloniale Marmorsyndikat*, das schließlich 1912 von der *Afrika-Marmor-Kolonialgesellschaft* übernommen wurde. Kurz vor dem Ausbruch des I. Weltkrieges hatten eine Anzahl von Steinbrüchen in der Gegend um Karibib ein Stadium erreicht, in dem eine größere Produktion mittels aus Deutschland eingeführter Geräte möglich war. Die Steinbrüche auf den Farmen

Mit Hammer und langen Meißeln lockern Arbeiter den diamanthöffigen Horizont zum Abtransport auf.

Dernburg und Etusis und der Karibib-Steinbruch waren an die Eisenbahnlinie angeschlossen, und Marmor aus diesen Brüchen wurde nach Deutschland transportiert. Die Produktion blieb allerdings recht gering, und bis zum Ausbruch des Krieges wurden nur ungefähr 600 Tonnen Marmor abgebaut.

Edel- und Schmucksteine

Der erste Bericht über einen Edelsteinfund in Namibia stammt aus den späten 80er Jahren des 19. Jahrhunderts und handelt von Topas von der Kleinen Spitzkoppe. Später wurden die Beryll-Varietäten Aquamarin und Heliodor beim Rössing-Pegmatit und in den Pegmatiten der Gegend um Karibib geschürft. Heliodor vom Hoffnungsstrahl-Pegmatit bei Rössing wurde in einem Anhänger für die Kaiserin Auguste Victoria verwendet. Gefleckter, leuchtend dunkelblauer Dumortierit wurde auf der Farm Etemba im Erongo abgebaut, und eine Schale und ein Obelisk aus diesem Material waren damals im Museum der Preußischen Geologischen Landesanstalt in Berlin ausgestellt. Das erste bedeutende Turmalin-Vorkommen fand man noch vor dem Ausbruch des 1. Weltkrieges in den Bergen 3 km östlich von Usakos, wo die DKG Zinn abbaute. Eine große Druse wurde gerade zu dem Zeitpunkt gefunden, als man den Abbau eigentlich einstellen wollte. Die Turmaline wurden geborgen und zur Aufbewahrung in Fässer gefüllt. Diese Fässer standen nun für mehrere Jahre in Usakos, ohne dass irgend jemand ihren Wert erkannt hätte. Schließlich wurden sie nach Hamburg verschifft, wo ein Steinschleifer aus Idar-Oberstein sie zufällig entdeckte und sehr preisgünstig erwarb.

Gold, Wolfram, Mangan ...

Gold spielte von Anfang an eine große Rolle in der Erforschungsgeschichte von Namibia. Seit dem 18. Jahrhundert wurden Expeditionen nach Namibia unternommen, die hauptsächlich die Suche nach Gold zum Ziel hatten. Die *Hanseatische Minengesellschaft* führte 1910 Untersuchungen im Gebiet von Neuras bei Rehoboth durch, trotzdem kam es vor dem 1. Weltkrieg zu keiner Goldproduktion.

Oben. Sieb- und Rüttelanlagen südlich von Lüderitz.

Mitte. Transport des diamanthaltigen Gesteins mit einer Lokomotive. Links Abbau mittels Löffelbagger und per Handarbeit ...

Unten. Kleine Anlage zum Sieben von Diamanterz.

Wolfram wurde zum ersten Mal 1911 von Prospektor Hansen von der DKG von der Natas Mine beschrieben. Diese Grube war zuvor schon von Jonker Afrikaner auf Kupfer abgebaut worden. Auch hier fand vor dem 1. Weltkrieg kein Abbau statt. Die Manganvorkommen von Otjosondu waren bereits 1904 entdeckt worden, sie wurden jedoch nicht weiter untersucht.

Die Zeit bis 1945

Beim Ausbruch des 1. Weltkrieges kam der Bergbau in Namibia völlig zum Erliegen. Die Diamantenproduktion begann allerdings bereits 1915 wieder, kurz nachdem die Truppen der Südafrikanischen Union das Land übernommen hatten. Die Zeit zwischen den Weltkriegen war jedoch überschattet von der Weltwirtschaftskrise und der folgenden Depression der 30er Jahre. Seitens Südafrikas wurde Namibia eine drastische Einschränkung der Diamantenproduktion auferlegt, andererseits wurden die reichen Diamantenvorkommen von Oranjemund während dieser Zeit entdeckt und neue Gruben gingen trotz der schlechten Wirtschaftslage in Abbau.

Die Tsumeb-Mine stand 1921/22 wieder in voller Produktion, und die Otavi-Minen- und Eisenbahngesellschaft behielt die Abbaurechte in der Gegend. Die Produktion erreichte 1930 einen Höhepunkt, als mehr als 200.000 Tonnen Erz abgebaut wurden. Danach zwang ein Zusammenbruch des Kupfer- und des Bleimarktes 1932 die Grube allerdings zeitweilig zur Stilllegung. Sie wurde jedoch weiterhin instandgehalten, und konnte 1938 wieder Erz produzieren, allerdings nur, um 1939 beim Ausbruch des 2. Weltkrieges wiederum geschlossen zu werden. Andere Gruben im Otavi-Tal förderten aber während dieser Periode zeitweilig auch Erz.

In der Zwischenzeit wurde das Gebiet, in dem Prospektor Sinclair während des 18. Jahrhunderts etwas Kupfererz abgebaut hatte, neu evaluiert. Geringe Mengen Erz förderte man 1938 in der Sinclair-Mine. Das Gebiet um Gorob und Hope wurde 1925 erneut von H. Heiberg von der *Otavi Minen- und Eisenbahn-Gesellschaft* untersucht, es kam aber zu keiner weiteren Entwicklung. Einige Schürfgräben wurden 1927 auf der Kupfervererzung von Klein Aub angelegt und ein

Oben. Umfüllanlage, bei der auf der einen Seite die Loren mit Pferden, auf der hinteren Seite mit Lokomotiven transportiert werden.
Mitte. Südlich von Lüderitz befand sich diese Anlage.
„Höhere Beamte" hatten das Privileg, mit einem besonders komfortablen Gerät befördert zu werden ...

Schacht unter der Leitung von Dr. H. Merensky abgeteuft.

Das seltene Metall Germanium wurde 1922 in den komplexen Erzen der Tsumeb-Mine nachgewiesen und daraufhin 28 Tonnen Germaniumerz gefördert. Man stellte weiterhin fest, dass das Erz Cadmium enthält; die Abtrennung von Cadmium während des Verhüttungsprozesses begann 1931.

Während bereits 1912 bekannt war, dass Vanadium in den Erzen von Tsumeb-West vorkommt, begann eine intensive Exploration auf dieses Metall erst nach dem 1. Weltkrieg, während dessen Dauer eine große Nachfrage nach diesem strategisch wichtigen Metall entstanden war. Die *Otavi-Minen- und Eisenbahngesellschaft* nahm 1924 in Deutschland eine Ferrovanadium-Hütte in Betrieb, und danach blühte der Bergbau in der Abenab-Mine und ab 1931 auch in der Baltika-Mine und einigen kleineren Vanadiumgruben auf. Zwischen 1925 und 1928 wurden außerdem eluviale Erze in kleinen Tagebauen der Berg Aukas-Mine abgebaut. Die *South West Africa Company* übernahm 1936 alle diese Gruben. Die Baltika-Mine schloss 1942, während Abenab weiter produzierte.

Das Erzvorkommen der Namib-Lead-Mine wurde im Zuge von Prospektionsarbeiten zwischen 1932 und 1934 entdeckt. Intensive geophysikalische Untersuchungen wurden 1934 und dann wieder 1944 durchgeführt. Es kam jedoch zu keiner Produktion.

Der Zinn-Abbau wurde nach dem 1. Weltkrieg wieder aufgenommen, und besonders Uis wurde mit der Inbetriebnahme einer Aufbereitungsanlage mit einer Tageskapazität von 30 Tonnen Erz entwickelt. Die Besitzer von Uis, Namib Tin Mines, betrieben gleichzeitig auch die Vorkommen von Nainais, Kohero, Sandamap und Otjimbojo. Eluviales Zinnerz wurde bei Paukwab und Kohero abgebaut und ein Stollen auf der Thelma Mine vorgetrieben.

Wolframerz wurde in geringer Menge zwischen 1923 und 1933 gefördert. Die Ausbeutung der beiden Vorkommen von Krantzberg und Natas begann im größeren Maßstab erst nach 1933. Beide Gruben waren im Privatbesitz der Herren O. Ortner (Krantzberg) und J. Schurz (Natas).

Etwas Flussspat wurde 1920 bei Okorusu von einem privaten Syndikat abgebaut; im Haupterzkörper wurden dafür zwei Stollen vorgetrieben.

Kurioser Lastwagen, der den Weg durch den Wüstensand erleichtern sollte.

Kleine Goldlagerstätten

Die hydrothermalen Goldvorkommen von Ondundu nordwestlich von Omaruru im Otjohorongo-Gebiet waren bereits 1917 entdeckt worden. Zwischen 1922 und 1927 konnten alluviale und eluviale Anreicherungen ausgebeutet und unter Tage geringe Mengen von oxidiertem Erz abgebaut werden. 1934 wurde das erste raffinierte Gold hergestellt. Die Grube schloss 1945, nachdem 600 kg Gold produziert worden waren.

Im Gebiet von Rehoboth lebte die Suche nach Gold 1933 wieder auf, nachdem das *South West Gold Exploration Syndicate Ltd.* gegründet worden war. Nur ein Jahr später erschien die *Rehoboth Consolidated Goldfields Ltd.* auf der Bildfläche und kontrollierte schnell die Goldexploration in dem gesamten Gebiet. Darüber hinaus wurde 1934 die *Rehoboth Central Gold Areas Ltd.* gegründet. Die Swartmodder-Mine war während dieser Zeit die mit Abstand größte Grube. Andere, kleinere Gruben im Gebiet von Rehoboth waren Neuras, Kumab, Auchas und Weener.

Blühende Diamantengewinnung

Die Diamantenproduktion war nach dem 1. Weltkrieg auf neun große und mehrere kleine Firmen aufgeteilt worden, nachdem die südafrikanische Regierung die Verwaltung von Namibia übernommen hatte. 1920 vereinigte Sir Ernest Oppenheimer fast alle diese Firmen zur *Consolidated Diamond Mines of South West Africa Ltd.* (CDM). Lediglich die Kolmanskop Diamond Mines Ltd. mit ihren Abbaurechten über 41 km^2 nördlich von Kolmanskop blieb unabhängig. 1924 errichtete die CDM eine große, neue Aufbereitungsanlange mit 200 Schiechel-Apparaten bei Elisabethbucht, die eine Kapazität von 8.000 m^3 Erz pro Tag hatte.

Die Lagerstätte von Elisabethbucht wurde zwischen 1926 und 1931 systematisch abgebaut, wobei etwa 1,25 Millionen Karat mit Hilfe von elektrischen Baggern gewonnen wurden. In Folge der weltweiten Depression schloss sie 1931.

1927 entdeckte Dr. H. Merensky die reichen Diamantenvorkommen in Strandterrassen südlich des Orange-Flusses in Südafrika. Nur ein Jahr später fand CDM nördlich des Flusses die reichsten Schmuckdiamant-Vorkommen der Welt. Der Abbau begann im kleinen Stil, wurde jedoch zwischen 1932 und 1934 wegen der Depression auf dem Weltmarkt ausgesetzt. Abbau im großen Stil begann erst 1935, ein Jahr später wurde die Ortschaft Oranjemund gegründet. Als Folge der immer größer werdenden Bedeutung der Vorkommen von Oranjemund wurde die Verwaltung von CDM 1943 von Lüderitz nach Oranjemund verlegt. Nachdem F. Knacke die *Great Namaqua Diamonds (Pty) Ltd.* gegründet hatte, die die Rechte der *Diamantenfelder Verwertungsgesellschaft* übernahm, begann 1920 die Förderung auf den Diamantenfeldern weiter im Norden, in der Gegend um Meob Bay und Conception Bay, erneut. Hier wurden monatlich bis zu 800 Karat gefördert, bis E. Adler 1921 die Firmenleitung übernahm und die Menge auf 2.000 bis 2.500 Karat pro Monat erhöhte. Die Firma schloss sich 1924 mit der *Kolmanskop Diamond Mines Ltd.* zusammen und war fortan als *Namaqua Diamonds Ltd.* bekannt. Im Laufe der Zeit wurden kleine Siedlungen bei Charlottenfelder, Holsatia und Fischersbrunn aufgebaut. Als das Wasser im nördlichen Teil der Felder bei Conception Bay knapp wurde, erweiterte man die Wasserleitung bis nach Fischersbrunn, wiederum zusammen mit einer Telefonlinie. Der Transport wurde mit dem Ochsenwagen abgewickelt, wobei die Ochsen auch gleichzeitig das Frischfleisch lieferten. 1930 übernahm CDM die Felder, legte sie aber wegen zu geringer Erträge noch im selben Jahr permanent still.

Entwicklungen der jüngeren Zeit

Nach dem Ende des 2. Weltkrieges bot die *Custodian of Enemy Property* den Besitz der *Otavi Minen- und Eisenbahn-Gesellschaft* zum Verkauf an. Die *Tsumeb Corporation*, ein Syndikat, an dem die *Newmont Mining Corporation*, die *American Metal Company*, der *Selection Trust*, die *British South Africa Company*, die *Union Corporation*, die *South West Africa Company* und die *O'okiep Copper Company* beteiligt waren, kaufte die Gruben 1947. Außerdem wurde mit der *South West Africa Company* ein Abkommen zur Gründung der *Tsumeb Exploration Company*, die die Prospektion im Otavi-Bergland aufnehmen sollte, abgeschlossen. Die exklusiven Rechte über die Vanadium-Vorkommen behielt sich die *South West Africa Company* selbst vor.

1948 wurde das erste Erzkonzentrat, produziert von den Erzhalden bei Tsumeb, per Eisenbahn zur Küste transportiert. Die Tsumeb-Mine war 1949 wieder vollständig entwässert, die Untertageabbaue konnten so in vollem Umfang wieder in Betrieb genommen werden. Eine neue Hütte wurde 1962 fertiggestellt. Von diesem Zeitpunkt an stand die Tsumeb-Mine bis 1996 in Förderung.

Zum Zeitpunkt ihrer Schließung hatte sie mehr als 27 Millionen Tonnen Erz mit einem Metallgehalt von ungefähr 6 Millionen Tonnen (1,9 Millionen Tonnen Kupfer, 3 Millionen Tonnen Blei, 1 Million Tonnen Zink und zahlreiche Nebenprodukte wie Cadmium, Antimon, Arsen und Germanium) gefördert. Im Vergleich mit der ersten Erzreserve-Abschätzung von Christopher James aus dem Jahre 1902 nehmen sich diese Zahlen mehr als gut aus!

1956 und in den darauffolgenden Jahren wurde ein intensives Bohrprogramm durchgeführt, was zur Entdeckung großer Kupfer-Blei-Erzkörper im Gebiet um Asis führte. Daraus entwickelte sich die Kombat-Mine, die 1962 in Förderung ging.

Die Matchless-Mine wurde 1961 neu untersucht, wobei mehrere neue Erzkörper erbohrt werden konnten. Ein Schacht wurde bis auf 350 m abgeteuft; 1970 begann man mit der Erzförderung. Als das Bergwerk 1983 schloss, waren insgesamt 1,35 Millionen Tonnen Erz mit einem durchschnittlichen Gehalt von 2% Kupfer gefördert worden.

Der Erzkörper der Otjihase-Mine wurde 1970 im Zuge eines ausführlichen Explorationsprogrammes entdeckt. Die Grube wurde dann zwischen 1973 und 1975 von der *Otjihase Mining Company* entwickelt. Wegen des niedrigen Kupferpreises musste sie 1977 schließen, wurde jedoch 1980 wieder eröffnet. Erneuter Kupfer-Abbau bei Gorob und Hope durch die *Mineral Trading Company of South West Africa* begann im Jahre 1956, die Gruben mussten allerdings bereits 1957 wieder stillgelegt werden, nachdem 700 Tonnen Erz gefördert worden waren. Obwohl weitere Explorationsarbeiten in dem Gebiet durchgeführt wurden, standen die Gruben seitdem nicht wieder in Förderung.

Ausgiebige Explorationarbeiten im Gebiet von Klein Aub konnten 1959 einen Erzkörper mit einem Potential von 1 Million Tonnen Kupfererz nachweisen, woraufhin die Klein Aub-Mine 1966 von der Klein-Aub Koper Maatskapy in Betrieb genommen wurde. Die Grube war bis 1987, als der niedrige Kupferpreis sie zur Schließung zwang, aktiv. Zwischen 1960 und 1962 entdeckte man den Erzkörper der Oamites-Mine südlich von Windhoek, der jedoch zu diesem Zeitpunkt als nicht wirtschaftlich erachtet wurde. 1966 kaufte Falconbridge Exploration (Pty) Ltd. die Abbaurechte und brachte die Grube 1971 in Produktion. Sie schloss 1984, nachdem keine Erzreserven mehr vorhanden waren. Seit 1957 wurden sowohl die Otjizonjati Mine als auch die Onganja Mine zeitweilig ausgebeutet. Bis in die 1990er Jahre wurde bei Onganja Haldenlaugung betrieben; heute liegen die Gruben still.

Rosh Pinah und Skorpion - große Zinklagerstätten werden entdeckt

Das Blei-Zink-Vorkommen von Rosh Pinah im Süden von Namibia wurde 1964 im Zuge von Kartierarbeiten entdeckt. ISCOR begann im Jahr 1969 mit dem Abbau der Erze, der bis heute anhält.

Westlich von Rosh Pinah im Diamanten-Sperrgebiet wurde bereits in den 70er Jahren oxidisches Zinkerz in großer Konzentration entdeckt. Schwierigkeiten mit der Aufbereitung sorgten jedoch dafür, dass die Lagerstätte nicht entwickelt werden konnte. Neuere Entwicklungen machen die Zinkgewinnung aus sekundärem Erz nun möglich, und seit 2003 steht die Lagerstätte mit dem bezeichnenden Namen „Skorpion" in lebhafter Förderung. Zusammen mit Rosh Pinah, den Zink-Minen im nördlichen Südafrika und dem guten Potential für weitere Endeckungen hat sich das Gebiet im südlichen Namibia damit zu einer der bedeutendsten Zink-Provinzen der Welt entwickelt.

Ein intensives Bohrprogramm im Jahre 1960, bei dem neue Erzreserven nachgewiesen werden konnten, erlaubte es, die Namib-Lead-Mine 1965 zu eröffnen. Probebohrungen im Bereich der Zink-Blei-Vanadium-Grube Berg Aukas fanden ebenfalls neue Erzkörper, sodass 1957 mit dem untertägigen Abbau begonnen werden konnte. Die Vanadiumgrube von Abenab produzierte

Der Diamant-Tagebau der 1990 eröffneten Auchas-Mine liegt rund 40 Kilometer nördlich von Oranjemund in einer fossilen Flussschleife.

bis 1948. In der Zwischenzeit wurde bei Abenab-West ein neuer Erzkörper gefunden, der zwischen 1947 und 1958 abgebaut wurde.

Die Uis-Zinn-Mine wurde erfolgreich ausgebeutet und entwickelte sich zur größten Pegmatit-Zinnmine der Welt. Leider zwang der Zusammenbruch des Zinnkartells zu Beginn der 80er Jahre die Grube schließlich 1989 zur Einstellung. Zinn wurde außerdem in größerem Maßstab zwischen 1979 und 1986 bei Nainais abgebaut.

Eine Produktion von Wolframerz fand in der Krantzberg-Mine von 1933 bis 1956 statt. 1968 wurde ein großangelegtes Explorationsprogramm von der Firma *Nord Mining and Exploration* durchgeführt, das schließlich zur Wiedereröffnung der Grube im Jahre 1979 führte. Wegen Mangels an Erzreserven schloss sie bereits ein Jahr später - nun für immer.

1949 berichtete Prospektor J. Paulsen, dass er die größten Manganerz-Vorkommens im südlichen Afrika bei Otjosondu entdeckt hätte. Er verkaufte seine Rechte an die SA *Minerals Corporation Ltd.*, die mit dem Abbau im Tagebau im Oktober 1950 begannen. 1958 wurden drei Schächte abgeteuft, und der untertägige Abbau begann. Im August 1961 zwang ein Zusammenbruch des Weltmarktpreises von Mangan, die Grube zu schließen. Sie nahm die Produktion nochmals zwischen 1965 und 1968 und dann wieder zwischen 1980 und 1981 auf. In jüngster Zeit wurde wieder alluviales Erz gefördert.

1949 übernahm ISCOR die Rechte am Flussspat-Vorkommen von Okorusu und baute dieses zwischen 1950 und 1955 ab. Heute wird das Vorkommen von der *Okorusu Fluorspar (Pty) Ltd.* betrieben, die die Grube 1988 wiedereröffnete. Seit 1951 wurden Lithiummineralien, Beryll und der seltene Pollucit in der Rubicon-Mine südlich von Karibib abgebaut, die aber derzeit stillgelegt ist (MINERALIEN-Welt 3/94, S. 25).

Im Laufe der Zeit hat sich Namibia auch als bedeutender Salzproduzent einen Namen gemacht. Salzgewinnung durch Verdunstung wurde zuerst 1952 in der Panther-Beacon-Pfanne nördlich von Swakopmund durchgeführt, die *Walvis Bay Salt Works* folgten 1966. Die Salzwerke von Cape Cross sind ein weiterer bedeutender Produzent.

Trotz langjähriger intensiver Bemühungen, in der Gegend von Karibib Gold zu finden und der Tatsache, dass alluviales Gold von hier bereits in der Kolonialzeit beschrieben worden war, wurde die Gold-Lagerstätte von Navachab erst 1984 im Zuge eines geochemischen Untersuchungsprogrammes entdeckt. Das Bohrprogramm begann 1985; der Golderz-Tagebau konnte bereits 1989 nach einer extrem kurzen Entwicklungsphase in Betrieb genommen werden. Die Mine gehört der *Erongo Mining and Exploration Company Ltd.* und produziert ungefähr 2.000 kg Gold pro Jahr.

Einer der größten Urantagebau der Welt

Obwohl das Vorkommen von radioaktivem Gestein in der Gegend der heutigen Rössing-Mine bereits seit 1910 bekannt war, dauerte es bis 1956, bevor im Zuge eines Explorationsprogrammes die bekannte Anomalie systematisch untersucht wurde. 1965 begann *Rio Tinto South Africa* mit einer großangelegten Beprobung unter Tage sowie mit verschiedenen Aufbereitungsversuchen. Die Untersuchung war 1973 abgeschlossen und ergab reiche Reserven von niedriggradigem Uranerz, was zur Öffnung der Rössing-Mine im Jahre 1976 führte. Heute ist die Rössing-Mine einer der größten Uran-Tagebaue der Welt.

Der Diamanten-Abbau bei Oranjemund entwickelte sich weiterhin gut. 1948 wurde die erste von insgesamt 18 mechanisierten Siebanlagen in Betrieb genommen, 1952 ersetzte der erste Schweretrennungs-Zyklon die alten Schüttelsiebe und die erste Aufbereitungsanlage mit einem Fettband nahm 1959 ihre Arbeit auf. Zwischen 1968 und 1977 wurden vier Brechanlagen in Betrieb genommen und in derselben Zeitspanne hydraulische Bagger zur Erz-Ausbeutung eingeführt. 1975 kaufte man einen großen Schaufelradbagger zur Abraumbeseitigung, die alten Fettbänder wurden durch Röntgenanlagen ersetzt. Bis heute hat die Lagerstätte von Oranjemund mehr als 70 Millionen Karat Diamanten mit Schmucksteinqualität produziert. Seit 1994 ist die Firma eine Kooperation zwischen *DeBeers Centenary* sowie der namibischen Regierung und nennt sich *Namdeb Diamond Corporation*.

Diamanten vom Meeresboden

Das Potential von Diamanten auf dem Meeresboden wurde bereits in der deutschen Kolonialzeit erkannt. Abbaurechte wurden damals der DKG zuerkannt, aber wegen der technischen Schwierigkeiten kam es niemandem in den Sinn, auch nur zu versuchen, Diamanten vom Meeresboden zu gewinnen. 1961 wurde mit dem Abbau von Diamanten in geringer Meerestiefe bei Chameis begonnen. Eine Flotte von vier Schiffen arbeitete hier mehrere Jahre und wurde schließlich von der größeren „Pomona" und dem Explorationsschiff „Rockeater" ersetzt. Der Abbau wurde 1969 nach Hottentott's Bay verlegt, aber schließlich 1971 eingestellt, weil die Vorräte scheinbar aufgebraucht waren. Das Interesse an marinen Diamanten verlagerte sich schließlich auf Gebiete in größerer Wassertiefe. Heute fördert eine hochtechnisierte Flotte zahlreicher Schiffe, die von *DeBeers Marine*, *Ocean Diamond Mining*, *Namco* und *Diamond Fields International* entwickelt wurden, Diamanten vom Meeresboden in einer Wassertiefe von bis zu 200 m. Diese Schiffe sind einmalig und bedienen sich verschiedener Abbaumethoden, die weltweit nirgendwo anders angewandt werden.

Erneute Untersuchungen der Diamanten-Vorkommen von Elisabethbucht seit 1986 führten schließlich 1991 dazu, dass die Grube wieder geöffnet wurde. Der Tagebau arbeitet mit riesigen Erdbewegungsmaschinen, die das niedrig-gradige Erz zu einer neugebauten Aufbereitungsanlage transportieren. Die Auchas-Mine, die diamanthaltige Schotter aus den Flussterrassen des Orange Flusses verarbeitet, wurde 1990 eröffnet. Der Tagebau bedient sich ebenfalls großer Erdbewegungsmaschinen.

Erneutes Interesse in der namibischen Natursteinindustrie wurde in der Mitte der 50er Jahre geweckt, als einige Marmorbrüche wiedereröffnet wurden. Der Abbau von Granit begann 1980, und heute sind eine ganze Anzahl von Marmor- und Granitbrüchen in Betrieb. Darüber hinaus wird wunderschön blauer Sodalith seit 1964 zeitweilig bei Swartbooisdrif am Südufer des Kunene abgebaut.

Von bescheidenen Anfängen hat sich der namibische Bergbau zu einem der wichtigsten Wirtschaftsfaktoren im Lande entwickelt. Sein großer Beitrag zu Bruttosozialprodukt, Steuereinnahmen, Deviseneinnahmen und Arbeitsplatzbeschaffung ist von herausragender Bedeutung für Namibia. Mit einem guten Potential zur Auffindung neuer Lagerstätten sollte der Bergbau im neuen Jahrtausend in Namibia auch weiterhin florieren.

Literatur

BÜRG, G. (1942): Die nutzbaren Minerallagerstätten von Deutsch-Südwestafrika. - Mitt. Gruppe Kolonialwirtschaftlicher Unternehmungen, Berlin (W. de Gryuter).

DRECHSIER, H. (1996): Südwestafrika unter deutscher Kolonialherrschaft. - Stuttgart (Franz Steiner Verlag).

GEOLOGICAL SURVEY OF NAMIBIA (EDITOR) (1992): The Mineral Resources of Namibia. - Windhoek.

LAU, B. (1987): The Matchless Copper Mine in 1857. - Charles Andersson Pap. 1, Archaia 7 (Windhoek).

Der Brandberg und die Mineralienfunde in seiner Umgebung

Gabi Schneider und
Steffen Jahn

Das Massiv des Brandberges im Nordwesten Namibias ist eine der faszinierendsten und spektakulärsten geologischen Erscheinungen im südlichen Afrika. Der höchste Gipfel, der Königstein, ragt mit einer Gesamthöhe von 2.573 m über dem Meeresspiegel mehr als 2.000 m über die umliegende Ebene der Namib-Wüste hinaus. Er ist nicht nur die höchste Erhebung in Namibia, sondern auch einer der höchsten Gipfel im südlichen Afrika.

Der Brandberg hat die Form einer Ellipse von ungefähr 21 x 26 km und ist mit diesen Dimensionen eine höchst auffallende Struktur. Dank seiner enormen Größe ist er auch aus dem Weltall gut zu erkennen, wie es Satellitenbilder vom südlichen Afrika deutlich zeigen.

Der Brandberg ist ein Nationales Monument und steht auf der Vorschlagsliste der UNESCO für Weltkulturerbe-Denkmäler. Die Gründe hierfür sind vielfältig, und die interessante Geologie des Brandberges gehört mit dazu. Als isolierter Gebirgsstock inmitten der Namib-Wüste konnte sich im Brandberg ein spezielles Kleinklima entwickeln. Diese klimatischen Verhältnisse sorgen dafür, dass Wasser, wenn auch sehr begrenzt, im Brandberg vorhanden ist, auch wenn in der umliegenden Namib keine Feuchtigkeit zur Verfügung steht. Im Brandberg-Massiv entwickelte sich daher eine spezielle Flora und Fauna von besonderem Artenreichtum. Dies wiederum lockte bereits in prähistorischen Zeiten nomadisierende Einwohner Namibias an, die sich dort in einer unglaublich reichhaltigen Anzahl von Felsmalereien verewigten. Die „Weiße Dame", 1948 zuerst von Abbé Breuil beschrieben, ist die bekannteste Felsmalerei in Afrika. Sie hat weltweiten Ruhm erlangt, nicht zuletzt wegen ihrer lang diskutierten Herkunft. Entgegen den Annahmen von Breuil, sie sei europäischer, vielleicht phönizischer Herkunft, weiß man heute, dass es sich um die Abbildung eines Mannes und einer „Initiation Ceremony" und nicht um eine weiße Dame handelt.

Die Geologie des Brandberges wurde in einer klassischen Studie zuerst 1931 von dem berühmten deutschen Geologen Professor Hans Cloos beschrieben. Später bearbeiteten auch die in Namibia so bekannten Geologen Henno Martin und Hermann Korn den Brandberg. Mitarbeiter des Geologischen Landesamtes von Namibia beschäftigten sich mit dem Phänomen Brandberg, und derzeit ist das Massiv auch Gegenstand einer größeren Studie des Geoforschungszentrums Potsdam in Deutschland.

In Uis befindet sich ein wichtiger touristischer „Handelsplatz" für Brandberg-Mineralien. Manchmal kann man dabei auch hochwertige Kristalle wie diesen Rauchquarz-Zepter „erwischen". Foto Bode.

Der Brandberg gehört zu einer Reihe magmatischer Komplexe, die in einer Zone zwischen dem Kreuzkap und Paresis nördlich von Otjiwarongo auftreten. Diese magmatischen Komplexe, von denen der Brandberg bei weitem der Größte ist, entstanden während der Kreidezeit durch Aufschmelzungsprozesse in der Erdkruste, die wiederum durch das Eindringen von Magmen aus größerer Erdtiefe ausgelöst wurden. Diese Magmen und die aufgeschmolzene Erdkruste vermischten sich und stiegen nach oben, wo sie nahe der damaligen Erdoberfläche als Granitkörper auskristallisierten. Mittels Isotopen-Untersuchungen kann man heute den Zeitpunkt dieser Kristallisation bestimmen; für den Brandberg liegt er vor ungefähr 130 Millionen Jahren.

Die Granite des Brandberges intrudierten in ältere Granite und Meta-Sedimente der Damara-Folge sowie in Sedimente und Vulkanite der überlagernden Karoo-Folge. Die Verwitterung hat im Laufe der Jahrmillionen die weicheren Gesteine der Damara- und Karoo-Folge abgetragen, während der härtere Granit des Brandberges stehenblieb. Lediglich die Gesteine der Karoo-Folge bilden noch einen Gürtel um den Brandberg, der besonders im Süden und Norden gut zu sehen ist. Im Kontaktbereich zwischen dem Brandberg-Granit und den Karoo-Gesteinen hat sich eine magmatische Breccie gebildet, ein Gestein, welches mit seiner chaotischen Struktur

Blick über das im Mai 2000 aufgrund der vielen Regenfälle „grüne", südliche Vorland hin zum Massiv des Brandberges mit dem höchsten Berg Namibias, dem 2.573 m hohen Königsstein. Foto Bode.

Perfekte, 2 cm große Gruppe von Amethyst-Kristallen vom Tafelkop. Solche auf Matrix sitzenden Kristalle sind an den Fundstellen am Tafelkop nicht allzu häufig. Sammlung Nägele, Foto Bode.

Zeugnis davon ablegt, welche Kräfte am Werk waren, als der heiße und unter Druck stehende Brandberg-Granit aus der Tiefe in die ungestörten Karoo-Sedimente eindrang. Bruchstücke der Karoo-Sedimente wurden in dem granitischen Magma förmlich „gekocht", sodass sich örtlich ein weiches, Pyrophyllit-haltiges Gestein gebildet hat, welches in der Amis-Schlucht sporadisch abgebaut und in Uis und Swakopmund zu Gebrauchsgegenständen und Souvenirs verarbeitet wird („Brandberg Pyrophyllite"). Der dominierende Gesteins-

der Brandberg, gemessen an der sehr alten geologischen Geschichte Namibias, ein „Teenager". Seine geologische, biologische und kulturelle Geschichte ist jedoch so reichhaltig und von größter Bedeutung, nicht nur für Namibia, sondern weltweit, dass die Nominierung als Weltkulturerbe mehr als gerechtfertigt ist. Ein ständig zunehmender Besucherstrom hinterlässt schon jetzt seine nicht immer positiven Spuren auf dem Berg. Es bleibt somit zu hoffen, dass ein ökologisch verträgliches Nutzungskonzept des „National Monuments Councils" mit Hilfe der UNESCO verwirklicht werden kann, um dieses Weltkulturerbe auch für zukünftige Generationen zu erhalten.

Wahrscheinlich aufgrund der landschaftsbeherrschenden Stellung des Brandberges gilt er seit vielen Jahrzehnten als Fundpunkt der

Unten. Fast 4 cm groß ist dieser auf Matrix sitzende Bergkristall vom Tafelkop. Für von hier stammende Quarze sind Flüssigkeitseinschlüsse außerordentlich typisch. Sammlung und Foto Bode.

typ im Brandberg ist ein mittelkörniger Biotit-Hornblende-Granit. Dieser Granit wird von zahlreichen hellen Gängen durchzogen. Untergeordnet treten im zentralen Bereich ein Monzonit, und in der Amis-Schlucht ein Alkaligranit auf. Die Granite des Brandberges weisen eine rötliche Verwitterungsfarbe auf, was besonders bei Sonnenauf- und -untergang den Eindruck einer glühenden Masse vermittelt. Diese Tatsache spiegelt sich sowohl im ursprünglichen Namen aus der Damarasprache für den Berg „Doreb", was einen Haufen Asche bedeutet, als auch in der deutschen Bezeichnung „Brandberg" wider.

Mit einem Alter von 130 Millionen Jahren ist

bekannten Amethyste. Diese und die anderen Quarze wie auch die Prehnite stammen aber aus basaltischen Gesteinen der Awahab-Formation (der stratigraphisch untere Teil der Etendeka-Group) aus dem Gebiet westlich des Brandberges in den Goboboseb-Bergen. Als etwas genauere „Landmarke" hat sich hierbei der sehr prominente, 3.356 ft. (= ca. 1.023 m) hohe Tafelkop ganz im Norden der Goboboseb-Berge eingebürgert, in dessen unmittelbarer westlicher bzw. vor allem südlicher Umgebung sich die Fundstellen befinden.

In diesem Zusammenhang sind zwei in der Sammlung des Naturhistorischen Museums in Wien befindliche Amethyste (Inv.-Nr. K 4669 und K 4670) erwähnenswert, die im Jahre 1940 durch Kauf von Anton Berger/Mödling an das NHM kam. Die vom „Brandberg bei Swakopmund, S.W.Afrika" stammenden, 10,5 x 7 x 6,5 cm messende Stufen zeigen auf leicht fleischfarbenem Granit Zepterquarze (weißer Quarz in erster und Amethyst mit charakteristischen Hämatiteinschlüssen in zweiter Generation sowie deutlich sichtbarer Libelle in einem Kristall), die neben Albit und Mikroklin von Laumontit, Stilbit sowie Uranhaltigem Opal (Hyalit) als letzter Bildung begleitet werden. Die Paragenese und vor allem die Granit-Matrix (wodurch die Goboboseb-Berge als Fundort ausscheiden) veranlassten den Zweitautor ursprünglich dazu, den Fundort in den Graniten der Kleinen Spitzkoppe oder sogar des Erongo zu vermuten. Nachdem in den vergangenen Jahren in den granitischen Gesteinen vom Brandberg selbst nun aber auch Amethyste - verbotenerweise! - geborgen worden sind und diese auch schon lange vorher bekannt waren (vgl. z.B. MENZER 1936), kann der Fundort „Brandberg" für diese Quarze und Amethyste nicht länger angezweifelt werden.

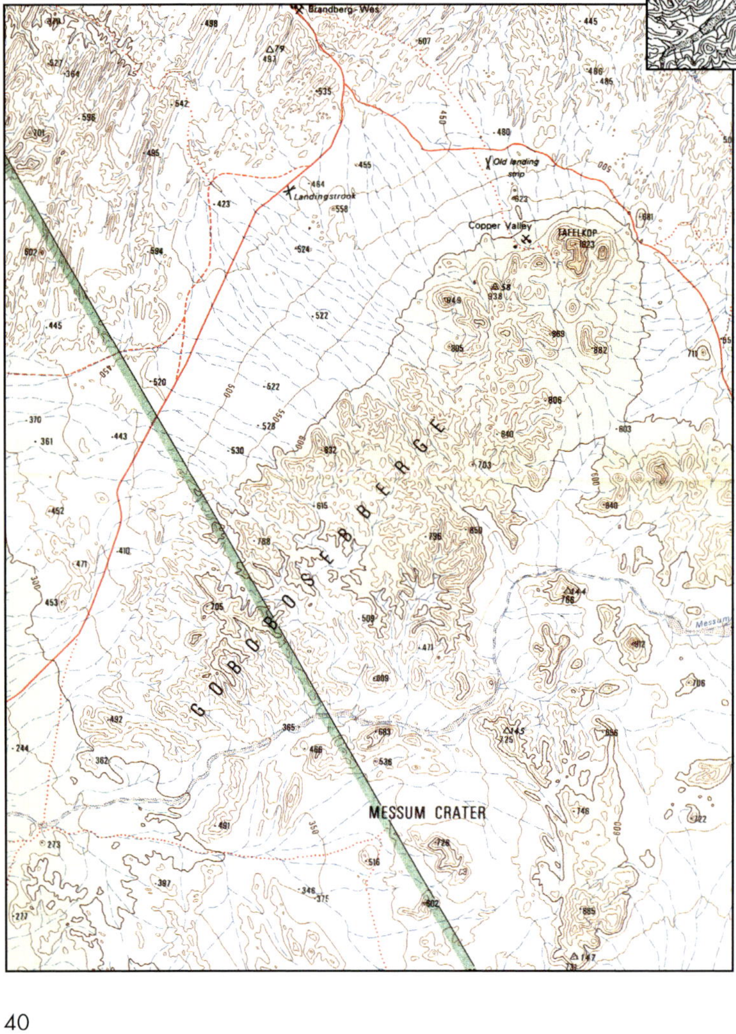

Oben. Skizze der Umgebung des Tafelkops mit eingetragenen Claims. Die Claims konzentrieren sich im Bereich westlich und südlich des Tafelkops.

Links. Ausschnitt aus der topographischen Karte Namibias mit den westlich des Brandberges liegenden Goboboseb-Bergen und dem Messum-Crater. Tafelkop und Copper Valley, wichtige Fundstellen für Quarz und Prehnit, befinden sich am Nordrand der Goboboseb-Berge.

Die Fundstellen um den Tafelkop in den Goboboseb-Bergen

Die Goboboseb-Berge wie auch der Messum-Komplex stellen ein im Mesozoikum (jurassische bis frühkretazische Alter zwischen 135 und 130 Millionen Jahren) entstandenes Eruptionszentrum in der aus kontinentalen Plateau-Basalten bestehenden Etendeka-Group dar. Das Etendeka-Gebiet repräsentiert dabei einen nur kleinen Teil der größeren Etendeka-Paraná-Provinz, welche durch gigantische vulkanische Deckenergüsse etwa 5 bis 10 Millionen Jahre vor der Atlantiköffnung auf diesem Breitengrad gebildet wurde. Der größere Teil befindet sich auf der anderen Seite des Atlantiks und wird von der Serra-Geral-Formation im Paraná-Becken, Brasilien, gebildet. Die Geologie der Goboboseb-Berge wurde erstmalig erst 1989 dargestellt (MILNER & EWART 1989).

In der 600 m mächtigen Awahab-Formation sind hier (vom älteren zum jüngeren) 250 bis 300 m Tafelkop-Basalt, die drei diskreten, durch dünne Basaltflüsse getrennten Schichten des Goboboseb-Quarzlatits, 130 m Messum Mountain-Basalt und mehr als 70 m Springbok-

Oben. Solche Schilder sieht man an den Pisten um die NE-Ecke der Goboboseb-Berge herum. Im Hintergrund liegt der Tafelkop mit seinem charakteristischen Gipfelplateau. Foto Bode.

Links. Es ist Knochenarbeit, den extrem harten Basalt nach Quarz-führenden Geoden zu „durchörtern" und die Kristalle dann auch noch möglichst auf Matrix zu bergen. Foto Bode.

Unten. Unter primitivsten Bedingungen leben die Quarz-Sucher direkt unterhalb der Fundstellen um den Tafelkop. Wasser muß z.B. aus rund 50 Kilometern Entfernung „herangeschafft" werden. Foto Jahn.

Quarzlatit zusammengefasst. Zwischen dem Quarzlatit I und II liegt stratigraphisch der 130 m mächtige Copper-Valley-Basalt oder auch Copper-Valley-Icelandit, dessen Basaltfluss nördlich des Messum-Komplexes ein N/S-streichendes Paläotal füllt (EWART et al. 1998). Die Fundstellennamen Tafelkop und Copper Valley repräsentieren also stratigraphisch etwas differierende Gesteine. Die maximale Mächtigkeit der mesozoischen Vulkanite der Goboboseb-Berge ist am Tafelkop zu beobachten, wo 300 m Vulkanite aufgeschlossen sind.

Zum Tafelkop in den nördlichen Goboboseb-Bergen gelangt man am leichtesten von Uis, das man bequem aus Südwesten von Swakopmund über Hentiesbai (C 35), aus dem Norden von Khorixas (C 35) sowie von Süden von Usakos erreicht. Von hier führt eine ca. 70 km lange, südlich des Brandberges verlaufende Schotterpiste zum Tafelkop, zu dem man aber auch über eine 20 km lange Schotterpiste von der Brandberg-

West-Mine kommt. Wenn man es - allein bzw. besser in Begleitung eines erfahrenen Führers - geschafft hat, mit dem unbedingt geländegängigen und allradgetriebenen Wagen in die Einöde am Tafelkop vorzudringen, kommen die Mineure dann auch (sehr langsam!) herbei und präsentieren ihre Funde. Natürlich wird das schlechtere Material immer zuerst gezeigt...

Das Gebiet um den Tafelkop ist weitestgehend vegetationslos, zwischen Brandberg und Goboboseb-Bergen findet sich dagegen eine arten-, aber nicht unbedingt individuenarme Vegetation mit der bekannten Welwitschia (*Welwitschia mirabilis*). Diese z.T. über 1.000 Jahre alten Pflanzen besitzen nur zwei breite Blätter, die sich aber unter dem Einfluss des Windes spalten und weiter aufreißen, wodurch bei ihrem stetigen Nachwachsen ein riesiges, den Boden im Umkreis mehrere Meter bedeckendes Blattknäuel entsteht.

Seit geraumer Zeit sind in diesem vollständig auf staatlichem Grundbesitz (also nicht auf privatem Farmland) befindlichen Gebiet Schürfrechte angemeldet, auf denen insbesondere seit 1992 nach Amethysten und anderen Quarzen geschürft wird. Vor einigen Jahren war hier auch die staatlich unterstützte „Small Mines Association of Namibia" (vgl. weiter unten) aktiv. An mehreren Stellen dürfte allerdings auch illegaler Abbau ohne Schürflizenz stattfinden. Lokale Strahler aus dem Stamm der Ovambos arbeiten hier unter extrem einfachen Bedingungen - auch das Trinkwasser muss über viele Kilometer herangeschafft werden - und holen die Kristalle aus den Geoden im teuflisch harten Basalt.

Eine Abbaustelle im harten Basalt der Goboboseb-Berge. Im Hintergrund sind die typischen Bergformen dieser Landschaft - Tafelberge mit breitem Plateau und spitzere Kegel mit schmalen Gipfelbereichen - zu erkennen. Foto Bode.

Die ersten Funde: Amethyste

Anscheinend ist Material aus diesem Gebiet erst zu Beginn der 1990er Jahre wieder auf den Mineralienbörsen aufgetaucht. MENZER (1936) hat das Amethyst-Material vom „Brandberg" allerdings bereits während seiner Zeit als Assistent am Mineralogisch-Petrographischen Institut der Universität Berlin erhalten und beschrieben. Nach Auskunft des ehemaligen Kustos der Mineralogischen Sammlung des Museums für Naturkunde in Berlin, Dr. Gert Wappler, sind diese Amethyste heute aber nicht mehr in der Sammlung vorhanden und entweder während der Kriegswirren 1944/45 verschollen bzw.

Rechts. Gruppe von teilweise als Schwimmer ausgebildeten, bis 3,2 cm großen Amethysten auf Matrix. Wie im vorliegenden Fall, weisen solche Kristalle im Innern sehr oft schöne Phantombildungen auf. Sammlung König, Foto Bode.

Oben. Fast wasserklar sind diese bis zu 2,4 cm langen Quarzkristalle.

Links. Auch solche Stufen sind nicht allzu selten. Es handelt sich um einen auf Matrix sitzenden, 2,8 cm großen Schwimmerkristall, der an den durchsichtigen Enden Amethyst-Färbung aufweist. Sammlung und Foto Bode.

(vielleicht durch Verlust der Etiketten) nicht mehr zuzuordnen gewesen.

Wie MENZER ausführte, handelte es sich um Kristalle mit für Amethyst außergewöhnlichen Formenkombinationen, wie sie eher für alpine Quarze typisch sind. Zu diesen Formen zählen das Prisma I. Stellung {100}, Haupt-Rhomboeder {101}, Neben-Rhomboeder {011}, das steilere Rhomboeder {301} sowie oft auch die „Rhombenflächen" der trigonalen Dipyramide {111} und, seltener, die Trapezoederflächen des Trapezoeders {511}. Im Allgemeinen sind die Kristalle nicht nach dem Brasilianer Gesetz, sondern nach dem Dauphinéer Gesetz verzwillingt. Einzelne Kristalle sind in ihrem mittleren und oberen Teil Dauphinéer Zwillinge, am unteren, aufgewachsenen Ende dagegen Brasilianer Zwillinge.

Bitte lesen Sie weiter auf Seite 46

Die verrückten Quarze aus dem Brandberg-Gebiet

Vom Geheimnis der Fernsehturmquarze

In der Brandberg-Region gibt es einen Fundpunkt, der womöglich noch faszinierendere Quarzkristalle liefert als die Fundstellen um den Tafelkop. Das Fundgebiet wird als Messum-Gebiet bezeichnet und liefert die nebenstehend abgebildeten, etwa 1 bis 2 cm großen Zepter-Amethyste, die recht skurril ausgebildet sind und dabei außerordentlich ästhetisch wirken.

Die Fundstellenbilder sollen einen Eindruck des kargen, aber faszinierenden Geländes vermitteln. Fotos Bast.

Amethyst-Zepter auf Quarz, Länge 1,5 cm. Sammlung Bast.

Die Quarz-Funde werden in kleinen Löchern gemacht.

Oben links.
Zepter-Amethystkristall, etwa 2 cm lang. Sammlung Nägele.

Oben. „Fernsehturm-Quarz“, ein Amethyst-Zepter, bei dem die Spitze weitergewachsen ist und sich dann verjüngt. Länge 2 cm. Sammlung Bast.

Links. Treppenartig aufgebauter Amethyst-Zepter, 2,7 cm lang. Sammlung Nägele.

Rechts. Ein in Auflösung befindlicher „Fernsehturmquarz“. Länge 1,7 cm. Sammlung Bast.
Alle Fotos Bode.

Die Amethyste waren kräftig violett gefärbt, allerdings meist nur in ihrem mittleren Bereich. MENZER führt ferner das Auftreten von farblosen Schichten um einen violetten Kern, zonare Farbverteilung nach Prismen- und Rhomboederflächen sowie sanduhrförmige Farbverteilungen auf. Die von HENN & LIEBER (1993) beobachteten Einschlüsse in Form idiomorpher Negativkristalle waren MENZER bereits 60 Jahre früher bekannt: „*An Einschlüssen weisen die Kristalle zahlreiche mit Flüssigkeit und meist Libelle ausgefüllte, gut begrenzte negative Kristalle, sowie feine, meist mehrfach ein wenig geknickte Nadeln auf*".

Die Goboboseb-Berge sind insbesondere für die Vielfalt ihrer Quarzkristalle berühmt. Dabei sind es nicht nur die Quarzvarietäten allein - es gibt neben Amethyst auch Rauchquarz und Bergkristall - die Kristalle zeigen in sehr vielen Fällen auch noch Wachstumsbesonderheiten. Dazu zählen Phantom-, Zepter- und Fensterbildungen, Flüssigkeits- und Mehrphaseneinschlüsse („Libellen") sowie doppelendige „Schwimmer", oft auch mehrere dieser Besonderheiten an einem Kristall. Insgesamt müssen hier im Verlaufe der Jahre Tonnen von Material geborgen und verkauft worden sein. Wie CAIRNCROSS (2000) ausführt, sind mehrere tausend Stufen gesammelt worden. Matrixstücke sind eher selten, matrixfreie Einzelkristalle und Kristallgruppen überwiegen bei weitem. Die Einzelkristalle weisen im Durchschnitt eine Größe von ca. 10 cm auf, größere Kristalle sind fast 40 cm groß.

Oben. So erlebt man die „Fundstellen"rund um den Tafelkop. Quarz-Sucher präsentieren ihre säuberlich aufgereihten Funde in Bierdosenkartons oder Styropor-Verpackungen. Kauft man nicht gleich das erste Angebot und bleibt eine Weile vor Ort, werden die gezeigten Quarze in ihrer Qualität meistens deutlich besser. Foto Bode.

Die Quarze aus den Goboboseb-Bergen unterscheiden sich hinsichtlich ihrer Ausbildung beträchtlich, was selbst für solche Spezies gilt, die aus nur wenig (vertikal und/oder horizontal) voneinander entfernten Geoden geborgen wurden. Die Unterschiede bestehen im verstärkten/verminderten Auftreten von Amethyst, Rauchquarz, Zepterbildung, bevorzugt lang- bzw. kurzprismatische Ausbildung, Auftreten von sternförmigen Bildungen sowie Besonderheiten in der Paragenese (z.B. Epidot). So können einzelne Stufen nur schwer zugeordnet werden, wenn man die genauen Fundorte nicht kennt. (CLOETE & VON BEZING 2000).

Die Quarze werden in Geoden gefunden, die in den Kieselsäure-reichen Basalten der Goboboseb-Berge örtlich in großer Anzahl auftreten. Nach HENN & LIEBER (1993) variieren diese Geoden in Anzahl und Größe pro Kubikmeter Basalt von ein bis zwei Geoden mit ca. 20 cm Durchmesser bis zu 20 Geoden mit ca. 5 cm Durchmesser. Diesen Autoren zufolge ist die Form der Geoden eher eckig bis unregelmäßig und nicht, wie in vergleichbaren Bildungen, rund, ei- oder linsenförmig. Die große Anzahl loser, doppelendiger oder zerbrochener und wieder verheilter Kristalle ist danach ein Indiz für eine nachträgliche, durch tektonische Kräfte bedingte Verformung der zunächst eher regelmäßig ausgebildeten Geoden.

Farbvarietäten beim Quarz

Für die Fundstellen um den Tafelkop sind vor allem die Amethyste berühmt. Wenn es auch einfache, gleichmäßig gefärbte Amethystkristalle gibt, ist in sehr vielen Fällen die violette Farbe auf die mittleren Bereiche der Kristalle beschränkt, wobei diese Bereiche oft nur wolkig-undulöse Formen aufweisen. Viele Amethyste zeigen aber eine mit Phantombildungen kombinierte Farbzonierung. Hierbei sind unterschiedlich intensive violette Farbtöne, aber auch Kombinationen von Amethyst- und Rauchquarz-Zonen zu nennen. Recht häufig sind auch Zepterbildungen, während das Phänomen der Fensterbildung bei den Amethysten seltener als beim Rauchquarz auftritt. Nahezu jeder zweite Amethyst weist Einschlüsse auf!

Rauchquarze vom Tafelkop beeindrucken durch ihre enorme Größe, die oftmals vorhandene Parallelverwachsung und dadurch mögliche Bildung von reizvollen Gruppen sowie insbesondere durch die „Fenster". Sehr viele der Rauchquarze sind nämlich gleichzeitig auch Fensterquarze, wobei die Fensterflächen durch gelbbraune Toneinschlüsse intensiv betont werden. Hingewiesen werden muss auf Stufen, auf denen sowohl Amethyst- als auch Rauchquarze sitzen, sowie auf Einzelkristalle, deren ein Ende aus Amethyst, das andere Ende hingegen aus Rauchquarz besteht.

Weniger Beachtung finden hingegen die farblosen bzw. milchweißen Bergkristalle und Milchquarze, da sie farblich eher unattraktive Varietäten darstellen.

Fantastisch: die Einschlüsse

Es ist kaum vorstellbar, welche Mengen von Quarzen dieses Fundortes Einschlüsse aufweisen. Hierbei handelt es sich einerseits um die gelbbraunen Einschlüsse tonigen Materials in den Rauchquarzen, vor allem aber um die Ein-und Zweiphaseneinschlüsse (gasförmige und/oder flüssige Phase) in den Amethysten. Bei letzteren gehen bereits vorsichtige Schätzungen von Einschlüssen in jedem dritten Kristall aus! Solche Fluideinschlüsse in Mineralien sind sonst ohne optische Hilfsmittel meist nicht sichtbar - oft deutet nur die Trübung eines Kristalls oder Minerals auf ihre Anwesenheit. Nur in wenigen Lokalitäten weltweit, darunter in den Quarzen der Goboboseb-Berge, finden sich Fluideinschlüsse, die aufgrund des schnellen Wachstums ihres Wirtsminerals Größen erreichen, die mehrere Millimeter oder gar Zentimeter betragen können.

Besonders faszinierend ist die Länge der meist kanalartigen, bis 5 mm Durchmesser aufweisenden Einschlüsse. Die „Blase" (in einem Zweiphaseneinschluss die gasförmige in der flüssigen Phase) kann so beim Schwenken des Kristalls drei und mehr Zentimeter zurücklegen.

Seite 47. Prächtiger, 5 cm großer Fensterquarzkristall auf einer nahezu Sternquarz-Qualität zeigenden Quarzmatrix. Sammlung Soltau, Foto Medenbach.

Spitzenstufen haben sogar mehrere parallel angeordnete Einschlüsse, in denen diese Gasblasen förmlich „Wettrennen" veranstalten. Auf die mitunter idiomorphe Gestalt der Hohlräume, in denen sich die Einschlüsse finden, wurde bereits weiter oben hingewiesen. HENN & LIEBER (1993) bildeten einen solchen Einschluss, der einen perfekten, 2 mm großen Quarznegativkristall darstellt, ab. Nach den genannten Autoren überschreitet das Volumen des flüssigen Anteils in einem Einschluss nicht selten 1 cm^3!

Zuletzt soll auf das charakteristische und relativ häufige Auftreten von ca. 2 x 2 mm großen, roten, blättchenförmigen und meist unregelmäßig konturierten Hämatit-Einschlüssen hingewiesen werden, die in manchen Kristallen massenhaft zu beobachten sind. Solche, oft auch charakteristisch geformten Hämatiteinschlüsse sind für viele Amethyst-Vorkommen, auch in den Alpen, typisch. In der Edelsteinkunde wurde und wird gelegentlich noch immer prosaisch von „Käferbeinen" gesprochen. Diese Einschlüsse hielt man früher für Lepidokrokit; neuere Untersuchungen mittels Raman-Spektroskopie zeigten aber, dass es sich immer um Hämatit handelt.

Rechts. Fast 6 cm lang ist dieser attraktive Amethyst mit deutlicher Phantomzeichnung und zusätzlicher Farbzonierung. Sammlung Tutt, Foto Kraus.

Besondere Ausbildungsformen

Auf die meisten der in diesem Kapitel beschriebenen Phänomene ist bereits weiter oben hingewiesen worden. Die unter diesen häufigste Variante stellen die sogenannten Phantomkristalle dar. Hierbei handelt es sich meist um amethyst- oder rauchfarbige Phantome in ansonsten wasserklaren Quarzkristallen, wobei mitunter mehrere „gestaffelte" Phantome, auch abwechselnd als Rauchquarz und Amethyst, beobachtet werden. Die Vielfalt dieser Varianten interner Zonierung ist außerordentlich!

Zepterkristalle sind ebenfalls recht häufig, wobei der Durchmesser der aufgewachsenen Generation größer oder kleiner als der der zuerst gebildeten Generation sein kann. Die zweite Generation kann aus Rauchquarz und/oder Amethyst bestehen, während die erste Generation oft, aber nicht immer, farblos oder milchig ist. Zepterkristalle zeigen im allgemeinen nur die Flächen der Hauptrhomboeder und das Prisma. RYKART (1989) weist darauf hin, dass die amethystfarbigen Zepter vom „Brandberg

Der früher in Uis lebende Patrik de Villet präsentiert einen ausgezeichneten Amethyst-Zepterquarz mit Einschlüssen von Libellen. Foto Bode.

in Namibia ... negative Trapezoederfolgen und s-Flächen" (also Flächen der Bipyramide 2. Stellung {1-11} bzw. {21-1}) zeigen, und nennt sie „zepterartig ausgebildete Bambauerquarze". In einer Reihe von Fällen weisen die Zepter zusätzlich Fensterbildungen auf, was nicht ungewöhnlich ist, da beide Bildungen unter ähnlichen Vorausetzungen entstehen und damit zueinander überleiten.

Fensterquarz, in extrem gefensterter Form besser Skelettquarz genannt, kommt in den Goboboseb-Bergen recht häufig und vor allem unter den Rauchquarzen vor. Nach der Theorie entstehen Fensterquarze immer bei sehr schnellem Wachstum, bei dem die Stoffanlagerung bevorzugt längs von Kristallkanten und Ecken erfolgt.

Damit eilt das Wachstum der Kanten dem der Flächen voraus, es entstehen „Fenster" (bzw., um beim Bild zu bleiben, „geöffnete" Fenster), die sich in Form von Vertiefungen v.a. auf den Rhomboederflächen äußern.

Bei den gefensterten Rauchquarz-Zeptern kommt es auf diesen Rhomboederflächen, bedingt durch rhythmische Veränderungen der Zusammensetzung der Fluide sowie pulsierender tektonischer Vorgänge mit Kluftraumerweiterung, häufig zur Ausbildung einer Anzahl übereinanderliegender Anwachslamellen - die durch die terrassenförmig abgestuften „Fenster" gut erkennbar sind.

Die zahlreichen und oft vorhandenen großen Fluideinschlüsse mit beweglicher Gasblase in den hier gefundenen Zepter-Fensterquarzen sind nach RYKART (1989) für solche Bildungen sehr charakteristisch.

Schwimmerkristalle, d.h. mehr oder weniger vollständig ausgebildete Kristalle ohne Anwachs- oder Bruchstellen, sind ebenfalls nicht allzu selten. Paradestufen sind dabei als Schwimmer ausgebildete Zepter, die dazu noch Phantom- und/oder Fensterausbildung sowie interessante Einschlüsse zeigen.

Die Paragenese der seltenen Matrixstufen mit Quarz ist relativ eintönig. Gelegentlich sind die Geoden mit dünnen Lagen eines Pumpellyit-artigen Minerals ausgekleidet, auf dem dann der Quarz kristallisierte. Zwischen und auf den Quarzkristallen sitzen Calcit sowie recht selten auch Epidot sowie Prehnit. Baryt in weißen, bis 3 cm großen und ca. 2 mm dünntafeligen, subparallel verwachsenen Kristallen wurde in den Geoden zusammen mit klaren, 3 cm großen Quarzkristallen auf bräunlichem Calcit ebenfalls beobachtet. In Geoden mit Prehnit hat man daneben selten Fluor(?)-Apophyllit, Heulandit und Reste von Laumontit gefunden (CLOETE & VON BEZING 2000).

Heini Soltau ist seit Jahren ein begnadeter Sammler mit sehr viel Sinn für Perfektionismus. Vor einer Ölzeichnung von Rainer Jäckle/Südafrika, die einen attraktiven Zepter-Amethyst-Phantom-Fensterquarz-Kristall vom Tafelkop in den Goboboseb-Bergen zeigt, hält Heini einen tiefdunklen Amethyst-Zepter vom gleichen Fundort.

Diskussion zur Genese der Quarzkristalle

Die in vielerlei Hinsicht spektakulär ausgebildeten Quarze aus den Goboboseb-Bergen sind hinsichtlich ihrer Genese noch nicht detailliert untersucht, sodass hier nur ganz allgemeine Aussagen möglich sind. Zweifelsfrei handelt es sich bei diesen Quarzen um unter hydrothermalen Bedingungen gebildete Bambauerquarze, die sich durch einen mimetischen Aufbau aus niedrigsymmetrischen Lamellen auszeichnen. Solche Bambauerquarze bilden sich (gegenüber den einen Makromosaikbau aufweisenden Friedlaenderquarzen) *„bei eher tiefen Temperaturen in einem unruhigen Milieu mit Konzentrations- und pH-Schwankungen, bei stärkerer Übersättigung der hydrothermalen Lösung. Bei genügender Übersättigung der hydrothermalen Lösung konnten Bambauerquarze spontan gebildet werden. Solche*

den Goboboseb-Bergen erfüllt. Dass diese Zepter-Fensterquarze außerordentlich schnell und unruhig gewachsen sein müssen, wurde bereits weiter oben dargelegt.

Die Beeinflussung der Quarzbildung durch tektonische Vorgänge wird durch die zahlreichen Einzelkristalle sowie durch die Anwachslamellen auf vielen Zepterquarzen deutlich. RYKART (1989) fasst vier Szenarien zusammen, die zur Bildung von Zepter- und/oder Fensterquarzen führen. Vereinfacht ausgedrückt besagen diese Hypothesen, dass nach dem Wachstum ursprünglich prismatischer Kristalle in tektonisch ruhigem Milieu nachfolgende tektonische Bewegungen zu einer Erweiterung des Kluftraumes bzw. zu einem Außenleck des Kluftsystems führten. Durch die folgende Druckentlastung entstand eine rasche und starke Übersättigung der hydrothermalen Lösung mit anschließendem Sieden, was ein schnelles Wachstum von Fenster- und/oder Zepterquarzen zur Folge hatte. Die aus der siedenden Lösung austretenden Gasbläschen (CO_2 oder CH_4?) blieben am erstgebildeten Kristall hängen und verhinderten ein geordnetes Wachstum. Bei Einstellung des ursprünglichen Drucks kam es wieder zur Bildung „geordneter", prismatischer Kristalle, wobei sich dieser Vorgang mehrere Male wiederholen konnte. Es sei aber abschließend noch einmal zum Ausdruck

Oben. Der 3,8 cm große, vom Tafelkop stammende Amethystkristall sitzt in einer Limonitmatrix. Sammlung und Foto Bode.

Rechts. Baryt tritt in den Geoden am Tafelkop recht selten auf. Das weiße, etwa 2,4 cm breite Kristallaggregat sitzt auf kleinen, farblosen Quarzkristallen. Sammlung Bast, Foto Bode.

Kristalle sind dann doppelendig ausgebildet" (RYKART 1989). Gegenüber den Friedlaenderquarzen enthalten Bambauerquarze einen bedeutend höheren Anteil an Spurenelementen, der aber infolge der variablen Wachstumsbedingungen im Kristall zonal wie auch sektorial schwankt. Wie RYKART anführt, können deshalb durch künstliche γ-Bestrahlung zonal alternierende Farben erzeugt werden. Denkbar ist ein solches Szenario aber auch bei natürlicher Bestrahlung, womit die Phantombildung in unseren Kristallen möglicherweise erklärbar wäre.

Da die Quarzkristalle in Geoden in basaltischen Vulkaniten kristallisierten, ist die RYKART'sche Voraussetzung des Wachstums von Zepter-Fensterquarzen in CO_2- oder kohlenwasserstoffreichen Lösungen wohl auch in

gebracht, dass diese Genesediskussion den Charakter von Hypothesen hat und lediglich auf den grundlegenden Ausführungen von RYKART basiert, die in seiner Quarz-Monographie nachzulesen sind. Solange z.B. qualitative Aussagen zu den Fluideinschlüssen oder zur tektonischen Geschichte dieses Gebietes nicht zugänglich sind, können solche Aussagen nur spekulativen Charakter haben.

Optisch den Quarzen vom Tafelkop sehr ähnlich sind vergleichbare, z.T. noch kuriosere Bildungen vom ca. 20 km SSW gelegenen, mineralogisch bisher weitgehend unerforschten Messum-Gebiet, aus dem hier einige der sehr ästhetischen Stufen in Bildern vorgestellt werden (Seiten 44/45).

Schwarzgrüner, zwischen Quarz und Calcitkristallen sitzender Epidot ist ein weiteres, in den Goboboseb-Bergen nicht häufiges Mineral. Die Bildbreite beträgt 4 cm. Sammlung NHM Wien, Foto Bode.

Prehnite vom „Copper Valley“

Einige Kilometer westlich des Tafelkops befindet sich das Copper Valley, in dem die Paragenese in den Drusen eine etwas andere als am Tafelkop ist (vgl. ENTERICH 1992, COOK 1998). Hier findet sich in den Drusen sehr häufig lind- bis dunkelgrüner, mitunter auch farbloser Prehnit in kugeligen Aggregaten bis zu 10 cm Durchmesser, auch mit kleineren Prehnitkristallen förmlich ausgekleidete Geoden sind bekannt. Die nach {001} tafeligen und nach {110} prismatischen, immer leicht gekrümmten Prehnitkristalle bilden in einigen Fällen kugelige Aggregate mit nahezu glatter Oberfläche, in den meisten Fällen sind sie aber zu fächer-, wulst- und hahnenkammförmigen Gruppen zusammengetreten. Das Charakteristische an diesen Bildungen ist, dass die einzelnen, gekrümmten und subparallel verwachsenen Kristalltafeln aus den Fächern und Wülsten noch bis zu mehreren Millimetern herausragen und so gut identifizierbar sind.

Diese Aggregate kristallisierten fast generell auf wasserklarem bis weißen Quarz, der das älteste Mineral der Drusen und Geoden bildet, aber auf einer dünnen Schicht aus einen Pumpellyit-artigen Mineral sitzen kann (frdl. Hinweis Ludi von BEZING 2000). Undurchsichtig weiße, raue, kuboktaedrische Analcimkristalle sowie farblose bis weiße, mehrere Zentimeter große, skalenoedrische Calcitkristalle sitzen den Prehnitaggregaten gelegentlich auf und sind folglich jünger als diese. Analcim scheint dabei älter als der Calcit zu sein. Sehr selten wird in der Paragenese auch Amethyst beobachtet (CAIRNCROSS 2000). Nach von BEZING (mdl. Hinweis 2000) sind unter den Begleitern des Prehnits in den Geoden des Copper-Valley-Basaltes recht häufig Chrysokoll und sogar gediegenes Kupfer beobachtet worden. ENTERICH (1992) berichtet darüber hinaus von einer 2. Generation farbloser, tafeliger, nur wenige Millimeter großer Prehnitkristalle, die einzeln und regellos verteilt auf der Matrix sitzen. In der Paragenese des Prehnits wohl nicht allzu häufig, da bisher nur in wenigen Exemplaren beobachtet, ist Babingtonit. Das Mineral sitzt in Form bis 5 mm großer, grünlichschwarzer, zu etwa 2 cm großen Aggregaten subparallel verwachsener Kristalle neben Prehnit auf Calcit und Quarz. Auf manchen Stufen findet sich dann auch noch schwarzgrüner Epidot (z.B. Sammlung Herbert Nägele, Windhoek).

Die Prehnitstufen aus dem Copper Valley erregten auf den Mineralientagen in München 1992 beträchtliches Aufsehen, was insofern erstaunt, da es sich um eine alte, gut bekannte Fundstelle handelt (CAIRNCROSS 2000). Der Hinweis von RAMDOHR & STRUNZ (1978) auf Doros als namibische Prehnitfundstelle ist zweideutig. Der 40 km nördlich des Tafelkops liegende Doros-Krater selbst ist eine in die Etendeka-Formation gehörende Quellkuppe mit konzentrischer Struktur, die sich aus einem äußeren, kompakten Diabas-Ring, einem inneren, grobkörnigen Diabas-Ring und einem gabbroiden Kern aufbaut. Bereits hier in den Kerndiabasen im Krater gibt es Prehnit, der REUNING & MARTIN (1957) zufolge von Kupfererzen, „Delessit“ und Chalcedon begleitet wird, daneben ist Prehnit aber auch zwischen den markanten Bergen Awahab und Khuab, ca. 20 km NW des Doros-Krater, in Lavaströmen aus der Etendeka-Formation nachgewiesen worden (REUNING & MARTIN (1957). Er wird hier in Vergesellschaftung mit Calcit, Zeolithen und Delessit angetroffen, die von Malachit, gediegenem Kupfer und Chalkosin - also einer recht ähnlichen Paragenese wie im Copper Valley - begleitet werden.

Sehr schöne Prehnitstufen stammen schließlich auch vom Kudukop bei Keetmanshoop im Süden Namibias. Zum Unterschied zu den Prehniten vom „Copper Valley“ zeigen die kugeligen Prehnitaggregate vom Kudukop aber eine auffallend glatte Oberfläche.

Weitere Mineralienfundstellen rund um den Brandberg

Zu weiteren Mineralienfundstellen in der näheren Umgebung des Brandberges gehört u.a. das einstmals größte im Festgestein arbei-

Oben. Aus dem „Messum-Gebiet" im Süden der Goboboseb-Berge, d.h. dem Fundpunkt der „Fernsehturm-Quarze", stammt dieser außergewöhnliche Allanit. Der perfekt ausgebildete, 2,3 cm lange bräunliche Kristall sitzt auf Quarzkristallen.

Rechts. Im Material aus den Prehnitfundstellen im Copper Valley sind Bildungen wie dieses 3 cm breite Aggregat aus Babingtonitkristallen bisher weitgehend unerkannt geblieben. Alles Sammlung Bast, Fotos Bode.

tende Zinnbergwerk der Welt. Es handelt sich um die Uis-Mine, die besonders für schöne Kassiteritkristalle bekannt geworden ist. Zwischen Uis und dem Brandberg findet sich ferner ein dem NE-SW streichenden Pegmatitgürtel Cape Cross-Uis zuzurechnender, temporär in Abbau stehender Turmalinpegmatit, aus dem blaue Turmaline sowie Lepidolith und Feldspat stammen. In diesem Gebiet NW Uis gab es auch verschiedene Aktivitäten innerhalb des „Small-Scale Mining Sector" an mehreren kleinen, zum selben Pegmatitgürtel zählenden Pegmatiten mit Ta-Nb-Mineralisationen. Diese sind für den Abbau durch große Bergwerkskonzerne zu klein, wurden aber z.T. von den durch verschiedene

Regierungsprojekte unterstützten „kleinen Bergleuten“ (small miners) bearbeitet.

Das Pyrophyllitvorkommen in der Amis-Schlucht am Brandberg selbst wurde bereits kurz erwähnt, während in der WNW des Brandberges im unteren Ugab-Rivier liegende Brandberg West-Mine bis in das Jahr 1980 Sn-W-mineralisierte Quarzgänge abgebaut wurden.

Links. Prehnit kommt in den Goboboseb-Bergen, insbesondere in Copper Valley, oft in typisch kugeligen Kristallaggregaten vor, an deren Oberfläche die einzelnen Kristalle deutlich erkennbar sind. Der Durchmesser dieses Aggregates beträgt 2,8 cm. Sammlung Nägele, Foto Bode.

Im Gebiet nordwestlich Uis gab es verschiedene Aktivitäten innerhalb des „Small-Scale Mining Sector“ an mehreren kleinen, zum selben Pegmatitgürtel zählenden Pegmatiten mit Ta-Nb-Mineralisationen. Diese sind für den Abbau durch große Bergwerkskonzerne zu klein, wurden aber z.T. von den durch verschiedene Regierungsprojekte unterstützten „kleinen Bergleuten“ (small miners) bearbeitet. Foto Bode.

Literatur

CAIRNCROSS, B. (2000): The Desmond Sacco collection focussed on Southern Africa. - 408 S.

CLOETE, G.; BEZING, L. v. (2000): freundl. schriftl. Mitt.

CLOOS, H.; CHUDOBA, K. (1931): Der Brandberg - Bau, Bildung und Gestalt der jungen Plutone in Südwestafrika.- N. Jb. Miner. etc. Abt. B, **Beil.-Bd. 66**, 1-130.

COOK, R.B. (1999): Connoisseur's Choice: Prehnite, Brandberg, Namibia. - Rocks & Minerals **74** (3), 178-180.

ENTERICH, D. (1992): Aktueller Neufund: Prehnit-Kristalle vom Brandberg-Plateau, Namibia. - Lapis **17** (10), 45 f.

EWART, A.; MILNER, S.C.; ARMSTRONG, R.A.; DUNCAN, A.R. (1998): Etendeka volcanism of the Goboboseb Mountains and Messum Igneous Complex, Namibia. Part I: Geochemical evidence of early cretaceous Tristan Plume Melts and the role of crustal contamination in the Paraná-Etendeka CFB. - Journ. Petrol. **39**, 191-225.

HENN, J.; LIEBER, W. (1993): Amethyst vom Brandberg in Namibia. - Lapis **18** (10), 44-48.

MENZER, G. (1936): Über Amethyst vom Brandberg in Deutsch-Südwestafrika. - Zentralbl. Mineral. etc. **Abt. A**, 289 f.

MILNER, S.C.; EWART, A. (1989): The geology of the Goboboseb Mountaun volcanics and their relationship to the Messum Complex, Namibia. - Communications Geol. Surv. Namibia **5**, 31-40.

NIEDERMAYR, G. (2000): freundl. schriftl. Mitt.

RYKART, R. (1989): Quarz-Monographie. - 413 S., Thun (Ott-Verlag).

REUNING, E.; MARTIN, H. (1957): Die Prä-Karroo-Landschaft, die Karroo-Sedimente und Karroo-Eruptivgesteine des südlichen Kaokofeldes in Südwestafrika. - N. Jb. Mineral. Abh. **91**, 193-212.

Neue Amethyst- und Rauchquarzfunde aus den Goboboseb-Bergen

Gerhard Niedermayr,
Andreas Palfi und
Ralf Wartha

Ein 2,5 cm hoher Rauchquarz-Zepter aus dem neuen Claim in den Goboboseb-Bergen. Sammlung NHM Wien, Foto Bode.

Schon seit mehr als 60 Jahren sind die Amethyste und Rauchquarze, beide gelegentlich auch als Zepter ausgebildet, aus den Goboboseb-Bergen in Namibia bekannt. In den letzten zwei Jahrzehnten gelangte ziemlich viel Material davon auf den internationalen Mineralienmarkt.

Das meiste derzeit angebotene Material stammt aus dem nördlichen Teil der Goboboseb-Berge, wo sich die Claims hauptsächlich um den wegen seiner markanten Bergform so bezeichneten Tafelkop gruppieren. Auch die bekannten Prehnite aus dem „Copper-Valley" stammen aus dieser Gegend.

Hier soll nun über einen neuen Claim aus dem mittleren Bereich der Goboboseb-Berge berichtet werden. Es ist eine genau so öde und wasserlose Gegend, wie sie die gesamte Region der Goboboseb-Berge auszeichnet. Nur eine kleine Quelle versorgt die hier Arbeitenden sporadisch mit dem lebensnotwendigen Nass. Das meiste Wasser muss viele Kilometer weit antransportiert werden.

Es handelt sich um ein blasenreiches, basaltisches Gestein, im frischen Bruch hell- bis dunkelgrau gefärbt, bräunlich anwitternd und extrem feinkörnig, splittrig brechend. Die Härte des Gesteins behindert auch ganz wesentlich die Bergung der Quarzkristalle. In vielen Fällen müssen die die Amethyste oder Rauchquarze führenden Geoden mit der Trennsäge aus dem Fels geschnitten werden, um eine Beschädigung der Kristalle zu vermeiden. Eine mühselige und zeitraubende Arbeit! Der Erfolg lohnt nur knapp den Aufwand. Trotzdem konnten in der letzten Zeit gelegentlich sehr schöne Stufen geborgen werden. Der größte Amethyst hatte eine Länge von ca. 18 cm, war beidseitig beendet und tief dunkelviolett gefärbt; er zählt damit schon zu den „Riesen" aus dem Gebiet der Goboboseb-Berge.

Die erste Beschreibung der Amethyste aus den Goboboseb-Bergen stammt von MENZER (1936; vgl. S. 42). Bemerkenswert ist dabei seine Feststellung, dass die Amethyste meist nicht nach dem Brasilianer Gesetz verzwillingt sind, sondern es sich hauptsächlich um „Schweizer Zwillinge" (l.c. S. 289) handelt. Ob mit „Schweizer Zwillinge" nach dem Dauphineér Gesetz verzwillingte Quarze gemeint sind, wie das SCHNEIDER & JAHN (vgl. Seite 37 ff) interpretieren, ist aus diesem Text aber nicht klar ersichtlich. Jedenfalls ist der weitaus größte Teil der uns aus dem Gebiet der Goboboseb-Berge vorliegenden Quarze nach dem Brasilianer Gesetz verzwillingt. Fehlende Suturen weisen schon darauf hin, daß hier keine Dauphineér Zwillingsdomänen zu erwarten sind (vgl. dazu auch RYKART 1995).

Bild ganz oben. Eine Sammlergruppe auf dem neuen Amethyst- und Rauchquarz-Claim. Im Hintergrund ein Abbau. Foto Niedermayr.

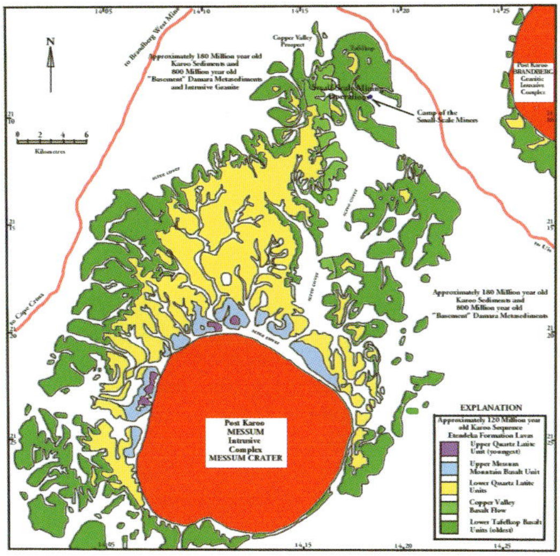

Vereinfachte Geologische Karte der Goboboseb-Berge.

Das Leben der Quarz-Schürfer in den Goboboseb-Bergen spielt sich in diesem einfachen Camp ab. Foto Niedermayr.

Meistens nur wenige Zentimeter große Kavernen zeichnen das basaltische Gestein aus, hier mit Amethyst und Bergkristall gefüllt. Foto Niedermayr.

Rechts. Die neue Fundstelle liegt in einer landschaftlich äußerst malerischen Umgebung. Foto Palfi.

Links. Sammler beim Verpacken der Funde. Foto Palfi.

Dagegen ist im Dünnschliff am Rand der Kristalle manchmal ein Lamellenbau zu beobachten. Lamellenbau kennzeichnet aber vor allem Zepter- und Fensterquarze. Die für Amethyste charakteristische Sektorenteilung ist sowohl im Schliff als auch in senkrecht zu c geschnittenen Platten und auch in Kristallen gut zu erkennen. Brasilianer Zwillingsdomänen sind die Regel. Nur bei Zepterquarzen weist die erste Generation im Kernbereich gelegentlich Dauphineér Verzwillingung auf, die oft von einer Haut einer nach dem Brasilianer Gesetz verzwillingten jüngeren Generation ummantelt wird.

An Einschlüssen sind die für Amethyst so typischen Hämatitaggregate zu nennen. Das deutlich zonare, in einzelnen Schüben erfolgende Wachstum der Amethystkristalle kann oft gerade an diesen charakteristischen Hämatitaggregaten gut verfolgt werden. Schon MENZER (1936) weist auf das häufige Auftreten von typischen Zweiphasen-Einschlüssen mit teilweise ziemlich großen „Libellen" hin.

An weiteren Wachstumsbesonderheiten sind Phantom- und Fensterquarzbildungen zu nennen. Auch beidseitig ausgebildete „Schwimmer" sind nicht allzu selten.

Rauchquarz tritt gegenüber Amethyst in dem neuen Vorkommen zurück, kann aber sehr schöne Zepter, teilweise mit schöner Fensterung, bilden, hochglänzend und mit charakteristischer fleckiger Farbverteilung. Amethystzepter treten dagegen eher zurück.

Oben. Gänzlich untypisch für die Goboboseb-Berge: ein 4,5 cm großes Amethyst-Aggregat, welches im kleinen Bild links noch im Hohlraum sitzt und beim Bergen leider herausbrach. Sammlung S. Hagen, Foto Bode.

Links. 4,2 cm hoher Amethyst-/ Rauchquarz-Zepter aus dem neuen Claim. Sammlung NHM Wien, Foto Bode.

Neben Quarz ist für das neue Vorkommen auch noch Baryt sehr typisch, der in dünnen, bis etwa 2 cm großen, farblosen, gelblichweißen bis gelegentlich rotorange gefärbten Täfelchen zu beobachten ist. Calcit in Form von skalenoedrischen bis dick-linsenförmigen Kristallen ist ziemlich häufig. Calcit und Fe-reicher Dolomit kleiden die Kavernenwände aus, wobei Calcit immer jünger als der Dolomit ist. Dolomit bildet hell- bis dunkelbraune rhomboedrische Kristalle, die oft in eine pulvrige Masse von Goethit umgesetzt sind. Die Angabe der lokalen Prospektoren, dass auch Siderit in dichten Kristallrasen häufig auftreten würde, konnte bisher nicht bestätigt werden.

Nach CAIRNCROSS (2000) sind in den verschiedenen Claims der Goboboseb-Berge viele tausend Quarzkristalle und -stufen gesammelt worden. Allerdings sind Matrixstücke bisher eher selten, lose Kristalle und Kristallgruppen überwiegen bei weitem. Der neu angelegte Claim hat aber bisher eine große Anzahl von mehr oder weniger schönen Matrixstücken geliefert und ist damit insbesondere für Quarzsammler von besonderem Interesse.

Hinsichtlich der Genese der Quarze in den Basalten der Goboboseb-Berge soll auf die Überlegungen und Diskussionen von SCHNEIDER & JAHN (vgl. S. 37) verwiesen werden.

Die Spitzkoppen

Steffen Jahn

Das Gebiet der beiden Spitzkoppen befindet sich ca. 110 km NE von Swakopmund entfernt im Distrikt Damaraland. Aus der auf etwa 1.000 m Seehöhe liegenden, nahezu tischglatten Hochebene ragen hier zwei steile Inselberge heraus. Die kuppenreiche Große Spitzkoppe, auch als „Matterhorn von Afrika" bezeichnet, überragt mit einer Höhe von 1.728 m die Kleine Spitzkoppe (1.584 m). Beide sind aus granitischen, sich petrographisch aber etwas voneinander unterscheidenden Gesteinen aufgebaut.

Die Granite der Kleinen und Großen Spitzkoppe intrudierten in der frühen Kreidezeit, vor ca. 135 Millionen Jahren, in die heute nur noch eine Rumpffläche bildenden Gesteine des Damara-Gebirges, sind also ca. 400 Millionen Jahre jünger. Die Kleine Spitzkoppe besteht aus einem gleichkörnigen, mittel- bis grobkörnigen, blassgelben bis blassbraunen Granit, der sich aus Quarz, Plagioklas, Mikroklin, Mikroklinperthit, Siderophyllit sowie akzessorisch vorhandenem Magnetit, Hämatit, „Limonit" und nur mikroskopisch sichtbarem Fluorit, Topas und Zirkon zusammensetzt (DIEHL 1992, CAIRNCROSS et al. 1998).

Die interessante Farbe des Granits führte dazu, dass er als Naturstein in einem Steinbruch nahe der Stiepelmannschen Beryllfundstelle unter den Namen „Tropical Sun", „Kalahari Sands" und „African Pearl" kommerziell abgebaut wurde. Er ist im Gegensatz zu den präkambrischen, kalkalkalischen Graniten der einzige anorogene Granit, der in Namibia als Werkstein gewonnen wurde. Seine schöne, durch oberflächliche Verwitterung entstande gelbe Farbe verliert sich in der Tiefe.

Man gelangt zu den Spitzkoppen am besten von Usakos. Etwa 25 km nach Usakos in Richtung Swakopmund auf der Teerpad B 2 zweigt in nordwestlicher Richtung die Gravelpad D1918 ab.

Nach ca. 20 km auf dieser Pad biegt man auf die in nördliche Richtung führende Gravelpad D 3716, auf der man direkt die Große Spitzkoppe oder die östlich davon liegenden Pontok-Berge erreicht.

Will man zur Kleinen Spitzkoppe weiter, biegt man nicht auf die D 3716 ab, sondern fährt noch 10 km auf der D 1918 weiter, um dann auf der D 1925 die Kleine Spitzkoppe zu erreichen.

Die Mineralien

Die Kleine Spitzkoppe stellt eines der ersten in Europa bekannt gewordenen Mineralvorkommen im heutigen Namibia dar.

HINTZE beschrieb die bekannten Topase bereits im Jahre 1889 unter dem heute ungebräuchlichen Lokalitätsnamen „Keius-Berge" (allerdings mit dem Hinweis darauf, dass diese von den Holländern „*wie aber auch noch andere Berge - als Spitzkoppjes bezeichnet*" werden).

Oben. Blick auf das überwältigende Panorama der Großen Spitzkoppe, im Hintergrund rechts die Kleine Spitzkoppe. Foto Medenbach.

Rechts. Ausschnitt aus der von FROMMURZE, GEVERS & ROSSOUW bearbeiteten Geologischen Karte von 1942 mit der Lage der Kleinen und Großen Spitzkoppe.

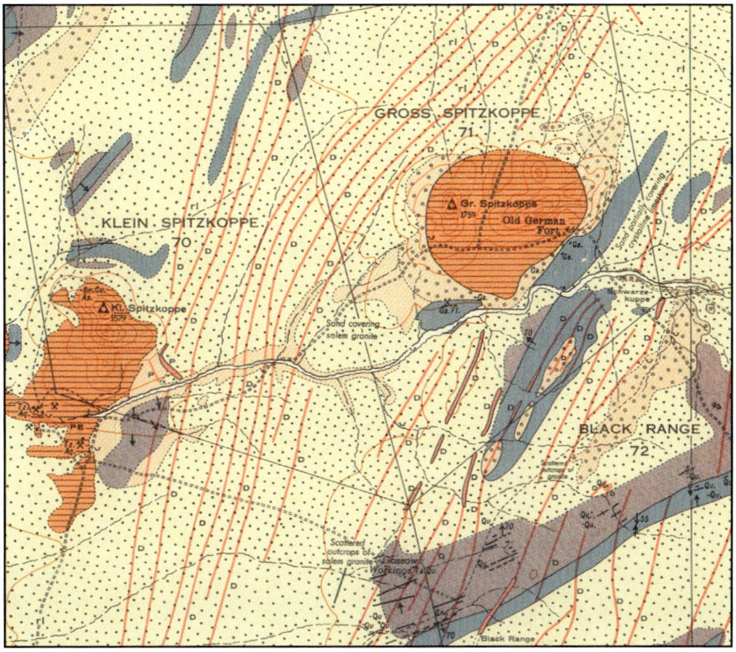

Die schönen Mineralien, für die die Kleine Spitzkoppe berühmt geworden ist, treten primär in miarolithischen Hohlräumen, seltener auch in pegmatitischen Gängen auf. Die Topase, die meist nur in abgebrochenen Einzelkristallen angeboten werden, sind aus diesen Miarolen im harten Granit oft nur herausgebrochen worden oder sind auf seifenartiger, sekundärer Lagerstätte (in den Rivieren (= trockenliegende Bach- und Flussbetten) in der näherem Umgebung) gefunden worden. Wie CAIRNCROSS (2000) darstellt, hat hier nie Bergbau auf Edelsteine in großem Stil stattgefunden, und nahezu alle jener tausenden von Stufen auf dem Sammlermarkt sind durch lokale Damara-Prospektoren geborgen worden.

Im Anschluss sollen nur die wichtigsten Mineralien der Kleinen Spitzkoppe beschrieben werden, wobei vor allem auf die sehr detaillierte Arbeit von BEYER (1980) zurückgegriffen werden konnte. Die Mineralien stammen aus dachnahen Miarolen im Granit der Kleinen Spitzkoppe sowie aus Feldspat-Quarz-Gängen, die in einem Gebiet von 14 x 5 km beobachtet werden.

Die für das Stiepelmannsche Beryllvorkommen berühmten Spezies (Bertrandit, Phenakit, der früher Stiepelmannit genannte Florencit-(Ce) etc.) bleiben hiervon ausgenommen, da sie in einem eigenen Artikel (vgl. ab Seite 64) behandelt werden. Dieses Vorkommen ist im Vergleich zu den Miarolen im Granit der Kleinen Spitzkoppe auch insofern eine Besonderheit, weil es einerseits viel größer als diese ist und andererseits klare Kennzeichen einer pegmatitischen Bildung mit signifikanter pneumatolytisch-hydrothermaler Überprägung aufweist. Beschreibungen dieser Mineralien finden sich in der klassischen Arbeit von RAMDOHR (1940) sowie in BEYER (1980).

Topas

stellt sicherlich das bekannteste Mineral von der Kleinen Spitzkoppe dar und wurde hier in „bis zigarrenkistengroßen" Exemplaren gefunden (RAMDOHR 1968). Das von HINTZE (1889) beschriebene Material bestand in der Mehrzahl aus losen, meist völlig wasserklaren und daneben gelbgrünlichen oder wolkig getrübten

Oben. Auf Rauchquarz aufgewachsener, ca. 1,5 cm großer, gelblicher Topas mit für die Kleine Spitzkoppe kennzeichnender, deutlich ausgeprägter, großer Kopffläche. Sammlung Naturhistorisches Museum Wien.

Links. Neben gelblichen Topasen liefert die Kleine Spitzkoppe vor allem farblose Kristalle. Hier sitzt ein 2 cm großes Exemplar im derben Quarz. Sammlung Bode. Fotos Bode.

Kristallen, die sich hinsichtlich Tracht, Habitus und Flächenbeschaffenheit fast alle voneinander unterscheiden. Die Endflächen der Kristalle sind in aller Regel glatt und glänzend mit wenig Wachstumserscheinungen oder Ätzfiguren und fast immer ohne die vertikale, sonst so typische Riefung. Nach BÜRG (1942) konnte man *„den Topas säckeweise auf der Oberfläche aufsammeln"*.

Große, immer idiomorphe, über 10 cm lange Kristalle sind auch in der jüngeren Vergangenheit relativ häufig geborgen worden. Sie sind meist farblos (sogenannter „Silbertopas"), jedoch wurden auch gelbe, hellblaue und hellgrüne

Es sei hier darauf hingewiesen, dass die Stiepelmannsche Beryllfundstelle an der Kleinen Spitzkoppe nur wenige, dafür sehr große (15 x 12 x 8 cm mit einem Gewicht > 12 kg) Topase geliefert hat (RAMDOHR 1940).

Beryll

kommt in seinen Varietäten Aquamarin und Goldberyll (Heliodor) in einigen Miarolen zusammen mit Topas vor, nach BÜRG (1942) in schleifwürdigen, bis 400 g schweren Kristallen. Dabei können die beiden Varietäten zwar in nur 10 cm auseinanderliegenden Drusen, aber niemals zusammen in einer Druse, beobachtet werden.

Goldberyll tritt oft in dicht beieinanderliegenden, eher kleineren Drusen auf und weist tiefgoldgelbe über licht topasgelbe bis gelbgrüne Farbtöne auf, wobei letztere schon an Aquamarin erinnern. Der längste hier je beobachtete Goldberyll war 12 x 5 cm groß (RAMDOHR 1940). Typische Begleiter sind hellgelber Fluorit, feinkörniger Glimmer, mitunter auch Mikroklin. Goldberyll ist oft eigenartig angeätzt, was sich u.a. in hakenförmigen Löchern auf den Flächen des Prismas {101} oder in von der Basisfläche {001} ausgehenden, steil kegel- bis schlauchförmigen Löchern äußert (LEITHNER 1984).

Oben. Für die Kleine Spitzkoppe ist das Auftreten langer und dünner Aquamarinkristalle typisch. Im dargestellten Fall ist ein 2,5 cm großer Kristall partiell in Rauchquarz eingewachsen. Sammlung Jahn.

Rechts. Aus der 1936 an das Berliner Museum für Naturkunde gekommenen ehemaligen Sammlung Reuning stammt dieser 1,5 cm große und 1,25 g schwere, ideal ausgebildete, gelbliche Heliodorkristall mit schönen Kopfflächen. Fotos Bode.

Kristalle bekannt. Zu den häufigsten Begleitern auf den recht seltenen Matrixstufen gehören Quarz und Rauchquarz sowie Aquamarin, Mikroklin (auch als Amazonit), grüner Fluorit und Muskovit, wobei die schönsten Stufen aus auf Rauchquarzdoppelendern aufgewachsenem „Silbertopas" bestehen.

Viele Kristalle sind aber abgerollt, was sich in lediglich verrundeten Kanten, aber auch vollständigem Geröll (mit allen Übergängen) äußern kann. Topase von der Kleinen Spitzkoppe sind zu Steinen bis 60 ct und mehr verschliffenen worden.

Aquamarin kommt in zwei verschiedenen Ausbildungsformen vor, die BEYER (1980) ausführlich beschrieben hat. Die eine ist in Quarz, seltener Mikroklin, eingewachsen und bildet hier bis 6 x 1 cm lange Kristalle, die nur das Prisma zeigen und denen die Endflächen oft fehlen. Sie sind blau bis grünblau und trüb, bereichsweise aber auch klar.

Die zweite Form bildet idiomorphe, charakteristisch langprismatische, fast nadelige, hexagonale Kristalle mit Prismen I. und II. Stellung {100} bzw. {110}, die neben der Basis {001} auch Endflächen aufweisen, die den hexagonalen Bipyramiden {201} und {111} sowie (sehr selten und nur an wasserklaren Kristallen) auch der dihexagonalen Bipyramide {211} zuzurechnen sind. Solche Kristalle sind bei 3 bis 4 cm Länge nur maximal 5 mm dick und sitzen sehr häufig auf Rauchquarz. Von hier stammende, facettierte Aquamarine bis zu 20 ct und mehr waren im Edelsteinhandel relativ häufig. Auch hier sind Kristalle nicht selten, die leichte bis sehr komplexe Ätzungserscheinungen aufweisen, wobei komplex geätzte Kristalle recht bizarr aussehen und oft keine Kristallflächen mehr zu erkennen sind. BEYER (1980) zufolge ist auch ein Kristall eines farblosen Berylls mit einem rosaroten Kern von 2 x 1 cm Größe und dickprismatischem Habitus bekannt.

Fluorit

ist nicht nur von der Stiepelmannschen Beryllfundstelle bekannt, sondern kommt an der Kleinen Spitzkoppe auch in anderen Drusen vor. Charakteristisch sind teilweise sogar auf einem Handstück wechselnde Farben (von farblos bis grün und lichtblau bis tiefviolett), die auch innerhalb eines Kristalls hinsichtlich Farbton und -sättigung stark schwanken können. Nach BEYER (1980) bildet Fluorit in pegmatitischen Drusen wenige und nur kleine, farblose bis grüne, würfelige Kristalle zwischen Quarz und Mikroklin, die von Topas, Schörl, Columbit und Euxenit begleitet werden können. Die würfeligen, z.T. tief- bis smaragdgrünen Fluorite können Größen bis knapp 4 cm erreichen.

Schörl bzw. Turmalin

ist an der Kleinen Spitzkoppe wesentlich unauffälliger als z.B. im Erongo-Granit. Er sitzt in sehr dünnen, mitunter filzartig aggregierten Kristallen großen Mikroklin- und Quarzkristallen auf.

Mikroklin

ist an der Kleinen Spitzkoppe das häufigste Mineral, das hier in Miarolen und Pegmatiten in bis 10 cm großen Kristallen vorkommt. BEYER (1980) unterscheidet drei Trachttypen. Trachttyp I, als einziger gelegentlich in Zwillingen nach dem Karlsbader Gesetz, tritt in elfenbein- bis fleischfarbenen Kristallen auf und zeigt kaum Verwachsungen mit anderen Mineralien. Der flächenreichste Trachttyp II weist einen variablen Habitus auf und ist meist sehr frisch. Seine Farbe ist sehr hell elfenbeinfarben, wobei häufig türkisgrüne Flecke (Amazonit!) zu beobachten sind. Gelegentlich fanden sich Kristalle, an denen die Flächen der Form c {001} grün, die anderen Flächen hell elfenbeinfarben waren. Insbesondere die großen Kristalle sind häufig verzwillingt, wobei das Bavenoer Gesetz dominiert. Der sehr flächenarme Trachttyp III, mitunter in nahezu Rhomboeder-ähnlichen Kristallen, ist

Ohne die Früchte des Botterbooms gesehen zu haben, möchte man kaum glauben, dass er zu den Weinrebengewächsen gehört. In der trockenen Jahreszeit werden die Blätter dieses Baumes, den man an der Großen Spitzkoppe in schönen Exemplaren findet, abgeworfen - im feuchten Mai 2000 war dieser Baum allerdings überwältigend grün. Foto Bode.

selbst in frischem Zustand trüb und beigefarben und schon typisch für eine pneumatolytische Bildungsphase.

Albit

tritt an der Kleinen Spitzkoppe meist in schönen, oft bis 2 cm großen und vollkommen klaren Kristallen auf, die immer einen gedrungenen, nach [001] dicksäuligen und nie nadeligen oder plattigen Habitus aufweisen. Sie können orientiert auf Mikroklin I aufgewachsen (Albit I) oder verstreut in Drusen als Albit II kristallisiert sein.

Quarz

kommt an der Kleinen Spitzkoppe in hervorragenden, farblich von wasserklarem Bergkristall bis tiefbraun gefärbtem Rauchquarz reichenden Individuen vor, deren Formenreichtum den alpiner Quarze zuweilen noch übertrifft. Rauchquarz bildet in perfekt kristallisierten, bis 15 cm langen Kristallen auf den seltenen Matrixstufen häufig die Unterlage für große Topase. Recht selten sind farblose, oberflächlich matte Kristalle mit identisch großem positiven und negativen Rhomboeder, die, da dazu nur noch das Prisma tritt, pseudohexagonale Ausbildung zeigen. Aus sicher pegmatitischen Bereichen stammen kleine, aber völlig frische Rosenquarzstücke mit schöner, tiefer Färbung.

Auf die bei BEYER (1980) beschriebenen Mineralien, die er dem pegmatitischen Bildungsbereich zuordnet und die in meist nur geringer Anzahl bekannt sind, soll hier nicht weiter eingegangen werden. Dies betrifft unter anderem Glimmermineralien, Columbit, Euxenit, Wolframit, Molybdänit und Rutil, aber auch hier eher nicht zu vermutende Spezies, wie zum Beispiel Axinit.

Im Gebiet der Kleinen Spitzkoppe ist ferner ein Fluoritvorkommen in Quarzgängen (mit violetten Fluoritoktaedern) bekannt. An ihrem Westhang, ca. 5 km E vom Brusius-Camp entfernt, gibt es FROMMURZE et al. (1942) zufolge eine Verwitterungszone im Granit, in der im drusigen, Quarz-reichen Gestein gut ausgebildete Kassiteritkristalle zusammen mit Malachit, Chrysokoll, Shattuckit, Skorodit und Chenevixit sowie „Limonit" vorkamen.

In der Arsenopyrit, Covellin und Chalkopyrit führenden Zone supergener Sulfide findet sich dagegen kein Kassiterit. Rubinroter Kassiterit ist auch vom Ostabhang der Kleinen Spitzkoppe bekannt.

Auch an der Großen Spitzkoppe gibt es Miarolen mit ähnlichem, aber artenärmeren Mineralinhalt, die allerdings sehr viel seltener sind als an der Kleinen Spitzkoppe. Etwas bekannter sind von dort Funde mit Topas geworden.

Der leicht vergrusende Granit der Großen Spitzkoppe verwittert zu skurrilen Gebilden, deren Faszination sich kein Besucher dieser Felsenkulisse entziehen kann. Foto Bode.

Literatur

BEYER, H. (1980): Mineral-Beobachtungen an der Kleinen Spitzkoppe (SW-Afrika). - Der Aufschluss **31**, 4-32.

BÜRG, G. (1942): Die nutzbaren Minerallagerstätten von Deutsch-Südwestafrika. - 305 S., Berlin (de Gruyter & Co.).

CAIRNCROSS, B. (2000): Topaz, aquamarine, and associated minerals from Klein Spitzkoppe, Namibia. - Rocks & Minerals **75**, 171.

CAIRNCROSS, B.; CAMPBELL, I.C.; HUIZENGA, J.M. (1998): Topaz, aquamarine, and other beryls from Klein Spitzkoppe, Namibia. - Gems and Gemmology **34**, 114-125.

FROMMURZE, H.F.; GEVERS, T.W.; ROSSOUW, P.J. (1942): The geology and mineral deposits of the Karibib area South West Afrika. Explanation Sheet 79. - 172 S., Pretoria (Geol. Surv. S-Africa).

HINTZE, C. (1889): Über Topas aus Südwest-Afrika. - Groths Zeitschr. Kristall. **15**, 505-509.

LEITHNER, H. (1984): Topas und Beryll aus Namibia (Südwestafrika). - Lap. **9** (9), 24-29.

RAMDOHR, P. (1940): Eine Fundstelle von Beryllium-Mineralien im Gebiet der kleinen Spitzkoppe, Südwestafroka, und ihre Paragenesis. - N. Jb. Mineral. etc. Abt. A, **Beil.-Bd. 76 (1)**, 1-35.

RAMDOHR, P. (1968): Aus meinen mineralogisch-geologischen Reisen. - Der Aufschluss **19**, 79-88.

Paul Ramdohr und die Stiepelmannsche Beryll-Fundstelle

Olaf Medenbach

Inmitten einer der schönsten Landschaften des südlichen Afrika liegt eine kleine, aber sehr ungewöhnliche Lagerstätte, die Stiepelmannsche Beryllfundstelle. Im Osten erhebt sich die majestätische Kulisse der Großen Spitzkoppe, wegen ihrer Morphologie auch das Matterhorn Namibias genannt, und gleich benachbart im Nordosten die buckelförmige Kleine Spitzkoppe. Am Fuße eines kleinen Vorbergs der Kleinen Spitzkoppe gelegen, ist die berühmte Lokalität so recht ein Platz um Urlaub zu machen, dabei mineralogische Kuriositäten zu sammeln und die außergewöhnliche Landschaft zu genießen.

Ihre Bekanntheit erlangte die Stiepelmannsche Beryllfundstelle nicht nur wegen ihrer Mineralparagenese, sondern vor allem auch wegen ihres namhaften Bearbeiters. Kein geringerer als Paul Ramdohr, der weltweit berühmte „Erzvater", hat diesen Fundpunkt in einer umfassenden Arbeit und einigen kleineren Publikationen beschrieben und dabei mehrere tausend einzelner Proben untersucht - und das, obwohl er zu

Rechts. Der weltberühmte „Erzvater" der Mineralogie, Prof. Dr. Paul Ramdohr als 84-jähriger auf seiner letzten Reise nach Namibia. Foto Medenbach.

Panoramablick auf das Ensemble der Großen (rechts) und Kleinen (links) Spitzkoppe im Damaraland. Im Vordergrund rechts die Halde der Stiepelmannschen Beryllfundstelle. Foto Medenbach.

dieser Zeit (etwa 1935-1940) eigentlich sein Herz schon völlig der Erzmineralogie verschrieben hatte und die Paragenese dieser Lagerstätte gar keine Erze führt. Es war wohl die Liebe zu diesem wunderschönen Land und dieser phantastischen Landschaft, natürlich neben seinem rein mineralogischen Interesse, die ihn dazu bewog. Ich selbst hatte die große Ehre und das Vergnügen, ihn auf einer seiner Reisen dorthin begleiten zu dürfen und bin seit dieser Zeit selbst infiziert.

Die Spitzkoppen, der im Osten gelegene magmatische Ringkomplex Erongo und der sehr schlecht zugängliche Brandberg im Nordwesten gehören zu den eindrucksvollsten Landschaftsformen dieser Erde. Auch der berühmte Geologe Hans Cloos widmet diesen Monumenten in seinem populären Werk „Gespräch mit der Erde" ein ganzes Kapitel.

Die roten grobkörnigen Granite mit ihren weich gerundeten Verwitterungsformen erheben sich über die fast völlig eingeebneten Flächen der älteren Metamorphite des Damara-Orogens und beherrschen über hunderte von Kilometern den Horizont.

Im Zuge einer Riftbildung und der damit verbundenen Dehnungstektonik bei der Öffnung des südlichen Atlantiks drangen diese Granite über einen langen Zeitraum magmatischer Aktivität vor 180-120 Millionen Jahren in die ca. 600-450 Millionen Jahre alten Schiefer ein und blieben bei der Verwitterung als Härtlinge stehen. Als sogenannte A-Typ-Granite sind sie reich an seltenen Elementen wie z. B. Zinn, Wolfram, Molybdän, Niob, Tantal, Fluor, Bor und Beryllium, die zu besonderen Mineralisationen im pegmatitisch-pneumatolytischen und hydrothermalen Bereich führten. Stellenweise sind die Granite selbst von Miarolen und Turmalinsonnen durchsetzt, und ihre Umgebung steckt voller Pegmatite. Viele Tausend davon wurden schon von den alten

Originale Claim-Markierungstafel der Stiepelmannschen Beryllfundstelle aus dem Jahre 1934. Sammlung Bast.

deutschen Mineralogen und Geologen kartiert, aber nur wenige wurden wirtschaftlich genutzt. Das verleitete Ramdohr zu seinem bekannten Ausspruch: „Südwest (ehemalig Deutsch-Südwestafrika, heute Namibia) ist reich an armen Lagerstätten".

Neben der geographischen und geologischen Lage ist auch die klimatische Situation der Spitzkoppen für den Reiz dieser Region verantwortlich. Am Rande der Küstenwüste Namib gelegen, gehören sie eigentlich zu dem ariden Teil des Landes.

Durch die großen Temperaturunterschiede zwischen dem sehr kalten arktischen Benguelastrom, der direkt an der Küste nach Norden fließt, und der heißen Wüste kommt es Nacht für Nacht zur Ausbildung starker Nebelfelder und morgens und abends zu starken Ost-West bzw. West-Ost Winden. Diese transportieren die Nebel häufig bis zu den Spitzkoppen. Dadurch kommt es hier zu spektakulären Sonnenauf- und -untergängen.

Neben diesen grandiosen Naturschauspielen hat dies aber noch eine Auswirkung auf die Landschaftsformen. Ein Teil der Luftfeuchtigkeit kondensiert an den wollsackartig verwitterten Granitblöcken, die wie riesige Kugeln in der Landschaft liegen. Die Morgensonne lässt die Feuchtigkeit an der Oberseite der Felsen schnell verdampfen, an der Unterseite bleibt aber ein Teil zurück und fördert die chemische Verwitterung erheblich. In Laufe der Zeit vergrusen daher die Blöcke von unten schneller als von oben. Dies führt zu eigenartigen Gebilden, die man Tafoni nennt: Es entstehen Formen, die aussehen wie Backenzähne, bei denen ein Block auf Füßen steht und die Räume dazwischen freigewittert sind, pilzähnliche Felsen mit nur einem Fuß und im Extremfall schalenartige Gebilde, die wie Schildkrötenpanzer in der Gegend liegen und vielen Personen Schutz bieten können. Zuweilen haben diese Naturbehausungen sogar richtige Fenster.

Auch die Vegetation in diesem Randgebiet der Namib ist an diese klimatischen Besonderheiten völlig adaptiert. Regen fällt selten, manchmal jahrelang gar nicht, und Nebel und Morgentau müssen für das Überleben ausreichen. Als exotischste Großgewächse in der Landschaft um die Spitzkoppen sind der Köcherbaum (eine Aloe-Art) und der Cissus (ein enger Verwandter des Weins) besonders auffällig.

Sonderstellung

Unter den Mineralienfundorten Namibias nahm die Kleine Spitzkoppe von jeher eine Sonderstellung ein. Hier gibt es besonders viele Miarolen im Gestein, und offenbar waren die Schmelzen dieser Granite besonders fluorreich, was zur Bildung großer Mengen von Topas in diesen Hohlräumen führte. Der chemisch und mechanisch sehr resistente Topas übersteht die Verwitterung relativ unbeschadet und findet sich im Hangschutt und Granitgrus angereichert.

Unten. „Flacher Riss" der Stiepelmannschen Beryllfundstelle. Die Abbildung stammt aus Ramdohrs Arbeit von 1941, wo auch die hier durch Zahlen markierten, einzelnen Fundstellen erklärt sind.

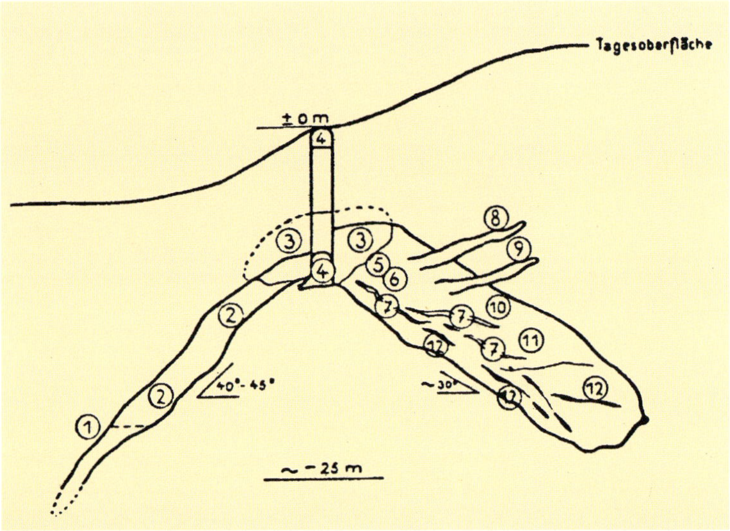

Die Suche nach den wasserklaren bis blauen Kristallen und deren Verkauf an Touristen war schon immer eine wichtige Einnahmequelle der einheimischen Bevölkerung. Diese Topase sind wegen ihrer Reinheit und der schönen Flächenausbildung sehr geschätzt und fehlen in keiner namhaften Mineraliensammlung. Aber auch Aquamarine und „Heliodore" (Goldberylle) von der Kleinen Spitzkoppe sind berühmt. Im Gegensatz zu den Topasen, die über das ganze Gebiet mehr oder weniger gleichförmig verteilt vorkommen, sind diese auf enger begrenzte Fundpunkte beschränkt, von denen die Stiepelmannsche Fundstelle wohl die wichtigste, sicher aber die bekannteste war.

Wann Stiepelmann an dieser Stelle mit dem Abbau begann, ist aus den mir zugänglichen Quellen nicht zu entnehmen, der Höhepunkt der Förderung war jedenfalls in den 30er und 40er Jahren des 20. Jahrhunderts. Offensichtlich war er an der wissenschaftlichen Bearbeitung

Oben. Ansicht der durch das hellere Haldenmaterial relativ gut zu erkennenden und aufzufindenden Stiepelmannschen Beryllfundstelle aus westlicher Richtung. Foto Henkel.

Rechts. Verdienter Mittagsschlaf: Auch mitten in der Namib-Wüste fand Professor Ramdohr immer ein Plätzchen zur „Regeneration". Foto Medenbach.

des Materials sehr interessiert, da er Ramdohr große Mengen an Proben zur Untersuchung zur Verfügung stellte.

Der Abbau erfolgte auf die Edelsteinvarietäten Aquamarin und Heliodor, von denen eigenartigerweise keine oder nur sehr spärliche Belege in den Sammlungen zu finden sind - sie wurden wohl fast quantitativ verschliffen. Die Vielzahl von interessanten Mineralstufen wurde zum großen Teil durch den österreichischen Mineralienhändler Anton Berger aus Mödling bei Wien vertrieben, zu dem Stiepelmann

Eine für die Stiepelmannsche Fundstelle etwas ungewöhnliche Ausbildung weist dieser herrliche, 11 cm lange Quarz-Doppelender auf - vor allem beim Vergleich mit den Quarz-Fotografien auf den nächsten Seiten. Sammlung Universität Heidelberg, Foto Medenbach.

offensichtlich ein enges Verhältnis hatte. Unter den zahlreichen Stücken aus Ramdohrs Sammlung im Institut für Mineralogie in Heidelberg befinden sich Proben, die über diesen Händler bezogen wurden, und auch das Naturhistorische Museum in Wien hat über hundert Stufen aus dieser Quelle erhalten.

Fundstelle ist leicht zu erkennen

Im Gelände erkennt man die Lage der Fundstelle an dem hellgrauen frischeren Haldenmaterial, wenn man, von dem westlichen Tor der Großen Spitzkoppe kommend, der Naturstraße Richtung Kleiner Spitzkoppe folgt. Außer den Halden ist noch das verschüttete Mundloch eines tonnlägigen Schachts und, wenige Zehner Meter davon entfernt, das fast nicht abgesicherte brunnenartige Loch eines Saigerschachts zu erkennen. Der tonnlägige Schacht kann, jahreszeitlich bedingt, in seinem unteren Teil Wasser führen. Obwohl die Halden im Laufe der Jahrzehnte weitgehend umgewühlt wurden, gelingen mit etwas Glück und einem geschulten Auge doch noch interessante Funde.

Die Form der Lagerstätte wurde von Stiepelmann grob skizziert und ist in der umfangreichen Arbeit von RAMDOHR (1941) im Detail beschrieben. Es handelte sich um einen „flachen Riss", der mit etwa 30 Grad einfiel und dessen Dimension immerhin bei etwa 100 Metern Länge und maximal 25 Metern Breite lag. Zum Teil waren es offene Hohlräume mit mehreren Quadratmetern Querschnitt und vielen Metern Länge, die durch miarolische Partien mit kleineren Drusen voneinander abgeteilt waren. Lokal war die Mineralführung sehr unterschiedlich, wie aus Stiepelmanns Skizze und Ramdohrs genetischen Beobachtungen hervorgeht. Sicher ist, dass Mineralbildungen und Reaktionen über einen großen Temperaturbereich erfolgten, da man überall Auslaugungshohlräume ehemaliger Berylle aus einer frühen pegmatitisch-pneumatolytischen Phase fand. Diese Kristalle haben das Beryllium geliefert, das in einer späteren hydrothermalen Phase zur massenhaften Kristallisation von Phenakit, $Be_2[SiO_4]$, und Bertrandit, $Be_4[(OH)_2|Si_2O_7]$, führte. Alle interessanten Mineralbildungen erfolgten dann im hydrothermalen Temperaturbereich. Zu den jungen, wohl subrezenten Bildungen gehören dunkelbraune

Links. Unter den bis mannsgroßen „Bergwerks-Stempeln" ist dieser auch schon große Quarzkristall, den uns Jessica präsentiert, noch einer der kleineren. Die eigentlich meist wasserklaren „Riesenquarze" des Vorkommens sind in typischer Weise durch Siderit und den aus ihm durch Verwitterung entstehenden Limonit überzogen.

Solche stark verzerrten, flachtafeligen und durch einen Aufbau aus Subindividuen gekennzeichneten Kristalle sind in der Vergangenheit häufig als „Messerquarze" bezeichnet worden. Wie auf dem rechts abgebildeten größeren Quarz finden sich auch hier die typischen von Ramdohr beschriebenen Phenakite. Die Länge des Aggregates rechts beträgt 11 cm. Sammlung Universität Heidelberg, Fotos Bode.

Oben. Besonders typisch für die Stiepelmannsche Beryllfundstelle: Diese schlanken Quarz-Kristalle sind zu gitterartigen Gebilden, die Zwillinge nach dem Japaner Gesetz darstellen, verwachsen. Die Bildbreite beträgt 5,2 cm.

Links. Unverkennbare Morphologie: flach-rhomboedrisch entwickelte, aus treppenförmig abgestuften Subindividuen bestehende Sideritkristalle auf Quarz. Bildbreite 6 cm. Beide Stufen Sammlung Universität Heidelberg, Fotos Bode.

bis schwarze Limonit- und Manganoxidkrusten, die typisch für die meisten Stufen von dieser Lagerstätte sind. In vielen Fällen ist darauf dann noch als letzte Bildung eine Kruste von stark fluoreszierendem Hyalit aufgewachsen. Sollten diese jüngsten Ausscheidungen die Ästhetik der Stücke beeinträchtigen, kann man sie ohne

Schaden für die wichtigen Mineralien entfernen, indem man sie zunächst in warme, verdünnte Natronlauge legt, wobei ein Teil des Hyalit angelöst wird, und dann mit starker Salzsäure zum Entfernen der Hydroxide behandelt.

Die Mineralien

RAMDOHR listet in seiner ausführlichen Arbeit von 1941 folgende Mineralien auf (nach abnehmender Häufigkeit):

Quarz - Mikroklin - Fluorit - Glimmer - Albit - Phenakit - Beryll - Siderit - Topas - Bertrandit - Chlorit - Nakrit - Stiepelmannit - Lievrit? - Orthit - Pyrit

BEYER (1980) beschreibt in einem umfangreichen Artikel die Mineralien der Kleinen Spitzkoppe, darunter auch die der Stiepelmannschen Beryllfundstelle, wobei er aber leider nicht zwischen den einzelnen Fundpunkten differenziert.
Von der gesamten Paragenese sollen hier nur die für den Sammler wichtigsten Mineralien beschrieben werden.

Quarz und Feldspäte sind natürlich die häufigsten Mineralien in diesem Lagerstättentyp, wobei dem Quarz der Stiepelmannschen Lokalität eine besondere Bedeutung zukommt. Er war hier in solcher Menge und bemerkenswerter Größe und Ausbildung vorhanden, dass Stiepelmann zutiefst beeindruckt berichtete, dass man unter Tage glauben konnte, die Quarzkristalle würden wie Stempel beim Grubenausbau die Firste stützen. Die größeren Kristalle - dick wie Zaunpfähle und bis über einen Meter lang - sind besonders typisch und für den Kenner sofort dieser Lagerstätte zuzuordnen. Sie sind oft in der Prismenzone abgeplattet und stets von einer braunschwarzen Oxidkruste umhüllt. Auf den Quarzen sitzen in der Regel umgewandelte Siderite, die das Eisen für die Oxidbildung lieferten und die eine unverkennbare Morphologie aufweisen: sie sind 1-2 cm groß, flachrhomboedrisch entwickelt und bestehen in der Regel aus treppenförmig abgestuften Subindividuen.

Oben. Solche bei RAMDOHR als „Quarzfilz" und bei BEYER als „Gitterquarz" bezeichneten, hier bis 3 cm großen Quarzkristalle stellen Zwillinge nach dem Japaner Gesetz dar. Sammlung Universität Heidelberg

Links. Eines der flachtafelig verzerrten „Studenten-ärger-Stücke" von Paul Ramdohr. Auch diesem etwa 8 cm großen Kristall sitzen Phenakite auf. Sammlung Medenbach.

Darüber hinaus sind Aufwachsungen von grünem Fluorit und den Berylliummineralien Phenakit und Bertrandit nicht selten.
Weiterhin gab es hier extrem flachtafelige verzerrte Quarzkristalle, deren Morphologie auch für den geübten Kristallmorphologen nur schwer deutbar ist - die Streifung der Prismenzone bietet den einzigen Hinweis auf die richtige Orientierung. Ich erinnere mich nur zu gut, dass Ramdohr immer ein solches „Studenten-ärger-Stück" an seinem Arbeitsplatz liegen hatte, wurde ich selbst doch auch damit geplagt. Sein verschmitztes Lächeln und die diebische Freude, wenn der sich windende Prüfling das Stück hilflos hin- und herdrehte, sind mir noch gegenwärtig. BEYER nennt diese z.T. sehr scharfkantigen Individuen „Messerquarze" und impliziert, dass sie tatsächlich als Werkzeuge genutzt wurden.

Oben. Einer der eher seltenen, isometrischen Phenakite. Tracht und Habitus des knapp zentimetergroßen Kristalls werden durch die Zeichnung (unten) verdeutlicht.

Rechts und oben rechts. Unter den weltweit bekannten Phenakiten des Stiepelmannschen Beryllvorkommens stellen die jeweils 1 cm großen „Fräserkopf-Zwillinge" besonders begehrte Objekte dar. Alle Stufen dieser Seite Sammlung NHM Wien.

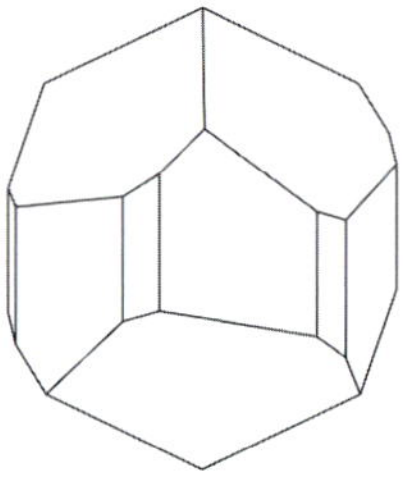

RAMDOHR beschrieb weiterhin einen ungewöhnlichen „Quarzfilz" aus gitterartigen, in etwa nach dem Japaner Gesetz verwachsenen, langprismatischen Quarzen und Albiten, die nach seiner Interpretation in einem kristallographischen Bezug zu ehemaligen, nun weggelösten, Mikroklinen gestanden haben müssen.

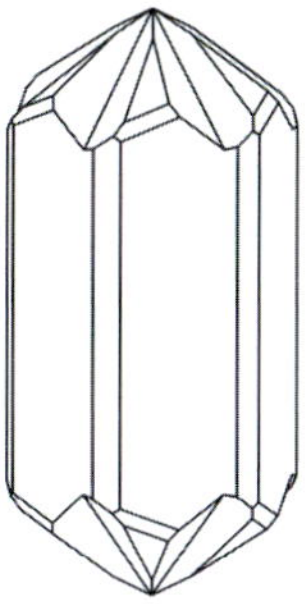

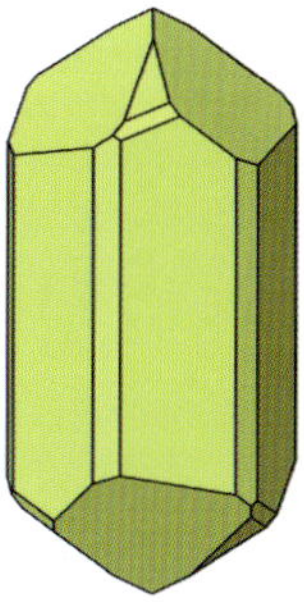

Oben. Kristallzeichnungen von Phenakiten der Stiepelmannschen Beryllfundstelle. Links ein „Fräserkopf-Zwilling", rechts einer der typischen makroskopisch dem Quarz ähnlichen Einzelkristalle. Zeichnungen Medenbach.

Rechts. Zwischen Sideriten sitzt hier ein 7 mm großer, nahezu ideal ausgebildeter Phenakit. Sammlung der Universität Heidelberg.

Unten. Der ideal ausgebildete, knapp 1,5 cm große Phenakit-Einzelkristall sitzt zusammen mit Albit auf Mikroklin. Sammlung NHM Wien. Beide Fotos Bode.

Das wohl bekannteste Mineral der Stiepelmannschen Beryllfundstelle ist der Phenakit $Be_2[SiO_4]$. Anderswo eher zu den seltenen Mineralien gehörend, ist er hier in großen Mengen nach der Auflösung der im pegmatitisch-pneumatolytischen Bereich gebildeten Berylle gewachsen. Die Kristalle sind farblos, häufiger aber weingelb, etwa wie die Topase des Schneckensteins im sächsischen Vogtland, und leicht an ihrem Glanz, der meist gestreiften Prismenzone und der deutlich trigonalen Symmetrie der durch Rhomboeder gebildeten Kopfflächen erkennbar. Ihre Größe erreicht immerhin 3 cm bei einer Dicke von 1 cm. Die herausragende Besonderheit der Stiepelmannschen Phenakite ist die Tatsache, dass eine Vielzahl von Zwillingen gefunden wurde. RAMDOHR erwähnt ein etwa handtellergroßes Stück, auf dem sich 55! große (5-10 mm dicke) Zwillinge neben nur wenigen Einkristallen befinden. Bei dieser Zwillingsbil-

Rechts und oben. Auf hauptsächlich Albit und Bertrandit sitzt dieser prächtige, eigelb gefärbte Phenakitkristall. Sammlung Universität Heidelberg, Foto Bode.

Verschiedene Ausbildungsvarianten von Bertrandit. Unten (Bildhöhe 4 cm) und rechts (Bildbreite 8 mm) sehen wir flachtafelige, bräunliche Individuen, die der Kristallzeichnung unten links entsprechen, ganz rechts dagegen einen dicktafeligen, orangegelben Kristall von 4 mm Größe. Alle Stufen Sammlung Universität Heidelberg, Fotos Bode.

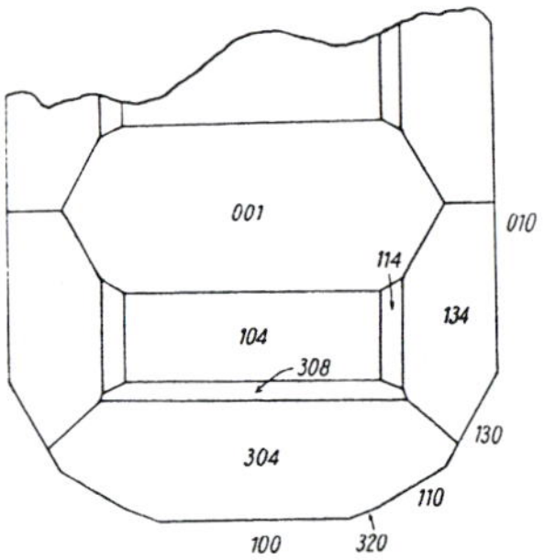

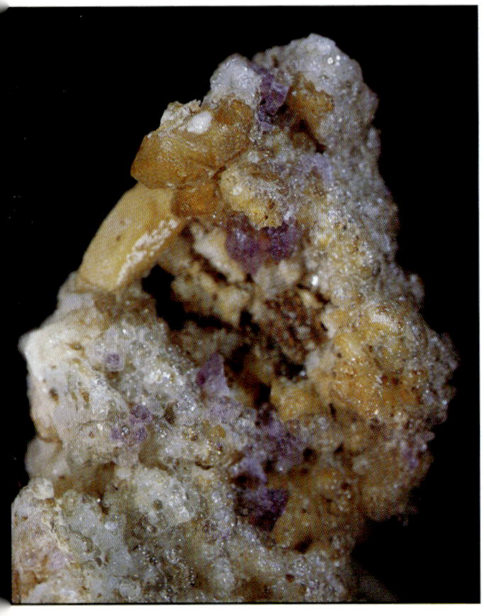

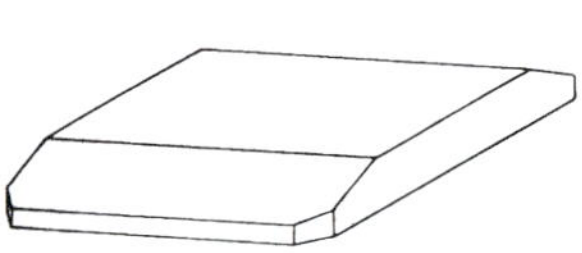

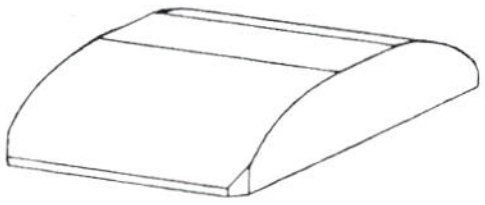

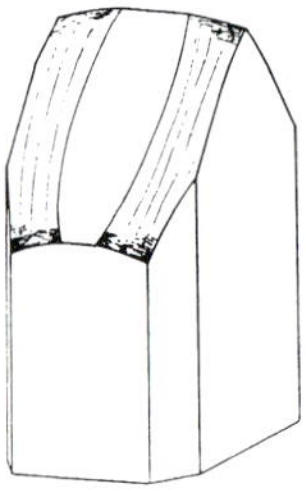

Oben und ganz links. Aus Arbeiten von RAMDOHR (1936 und 1941) stammen diese Darstellungen verschiedener Tracht- und Habitusformen des Bertrandits der Stiepelmannschen Beryllfundstelle.

dung der Phenakite verwachsen zwei Individuen unter 60 Grad Drehung, wobei die c-Achse die Zwillingsachse ist. Es entstehen fräserartige Zwillingsstöcke mit einspringenden Winkeln auf den Kristallköpfen, wie sie in der Kristallzeichnung zu erkennen sind.

Das zweite wichtige hydrothermale Beryllium-Mineral ist Bertrandit, $Be_4[(OH)_2|Si_2O_7]$, obwohl in großer Menge vorkommend, doch für den Ungeübten ungleich schwerer zu erkennen als Phenakit. Bereits 1936 beschrieb RAMDOHR in einer morphologischen Abhandlung Bertrandit von dieser Lagerstätte. Die Kristalle sind wasserklar, allerdings meist von der schon erwähnten Oxidschicht überkrustet, tafelig ausgebildet und deutlich kleiner als der Phenakit (nur 2-4 mm, ein einzelner Kristall erreichte 1 cm). Ihre Bestimmung wird durch die stets sehr gut erkennbare hemimorphe Entwicklung - das heißt, ihrer Eigenschaft, wegen des fehlenden Symmetriezentrums an der Ober-

Oben. Mit 5 cm Kantenlänge ist dieser Fluoritkristall einer der größten, die an der Stiepelmannschen Beryllfundstelle je gefunden worden sind. Deutlich sichtbar ist die typische Eindellung der Flächen und die hellgelbe Farbe im Kristallinnern.

Links. Auch dieses smaragdgrüne, auf Quarz gewachsene Fluoritoktaeder mit einer Kantenlänge von 1,6 cm stammt von der Stiepelmannschen Beryllfundstelle. Beide Stufen Sammlung Universität Heidelberg, Fotos Bode.

Oben. Auf dieser Stufe sind eine ganze Anzahl sehr schöner, nahezu würfelig entwickelter Florencit-(Ce)-Rhomboeder zu erkennen. Alle Stufen dieser Doppelseite Sammlung Universität Heidelberg.

Den Werdegang der oben abgebildeten 7 cm breiten Stufe illustriert das von Paul Ramdohr geschriebene Etikett unten. Ursprünglich wurden die pseudokubischen, würfeligen Kriställchen für Rhodizit gehalten, dann als das neue Mineral Stiepelmannit identifiziert. Erst viel später stellte sich heraus, daß es sich hierbei um eine gelegentlich hohe Gehalte an Yttrium und Ytterbium aufweisende Varietät von Florencit-(Ce) handelt.

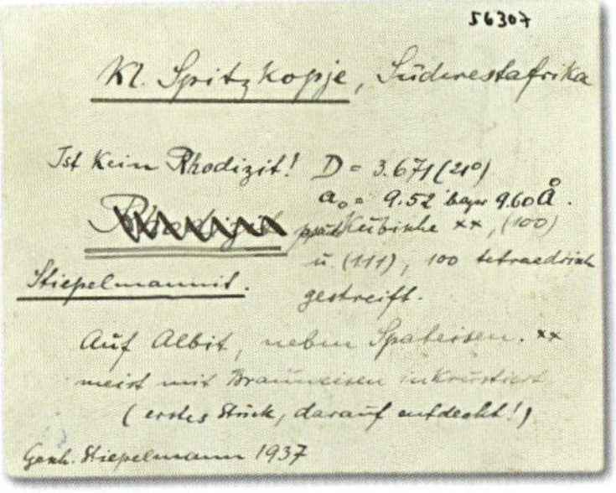

seite andere Kopfflächen auszubilden als an der Unterseite - erleichtert.

Eine besondere Kuriosität stellt auch der Fluorit dieser Lokalität dar. Während die kleineren Kristalle nur grün bis farblos sind, haben die bis zu 10 cm großen Kristalle einen gelblich-orangefarbenen Kern. Bei diesen ist eine Wachstumsanomalie besonders augenfällig: die Würfelflächen sind konkav, d.h. die Flächenmitten sind eingesunken, wodurch sie wie Hohlspiegel erscheinen. Chemische Untersuchungen zeigten, dass im orangefarbenen Zentrum der Kristalle das Element Yttrium das Calcium diadoch ersetzt; aus der Dichte wurde eine Substitution durch immerhin ca. 13 bis 14 Mol-% YF_3 abgeschätzt. Dies erklärt die Wachstumserscheinungen: durch den kleineren Ionenradius des Yttriums ergeben sich kleinere Gitterkonstanten für den Yttriofluorit (YF_3) als für Fluorit (CaF_2). Beim Aufwachsen des Fluorits auf den Yttriofluorit-Kern entstehen daher die eingedellten Zentren der Würfelflächen.

Last but not least: eine so interessante Lagerstätte verdient eine besondere Ehrung, die ihr in Form eines neuen Minerals zuteil wurde. 1940 beschrieb RAMDOHR Stiepelmannit, eigentlich benannt nach dem Betreiber der Mine, aber doch auch die besondere Fundstelle würdigend. Schon bei den ersten Proben fielen ihm ungewöhnliche Kristalle mit würfelförmigem Habitus auf, die er zunächst für kubischen Rhodizit, $(Cs, K, Rb)Al_4Be_4[B_{11}O_{26}(OH)_2]$, hielt. Eine röntgenographische Untersuchung, kombiniert mit chemischen und optischen Befunden, ergab aber bald, dass es sich um ein neues Glied in der trigonalen Alunit-Hamlinit-Beudantit-Gruppe handelte, das dem Florencit-(Ce) $CeAl_3[(OH)_6|(PO_4)_2]$ ähnelt. Heute wird es jedoch „nur" als Varietät von Florencit-(Ce) angesehen, in der Yttrium und Ytterbium das Element Cer z.T. vertreten. Die Kristalle sind, wenn von dem auch hier vorhandenen Oxid-Überzug befreit, farblos, von hohem Glanz und sehen aus wie Würfel mit untergeordneten Oktaederflächen. Erst bei sehr genauer Beobachtung erkennt man die niedrigere Symmetrie des trigonalen Minerals.

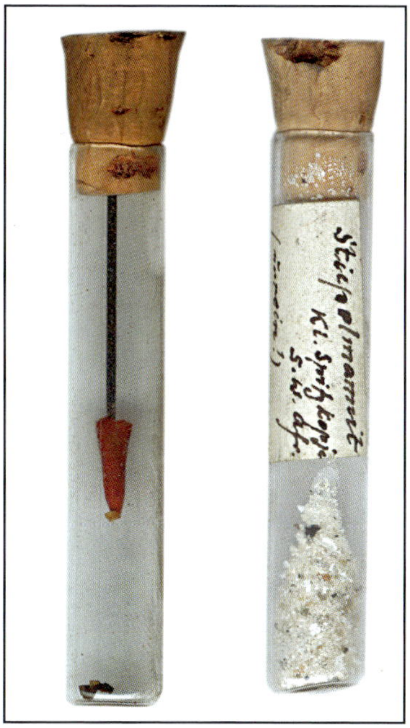

Aus dem Original-Untersuchungsmaterial von Paul Ramdohr stammen diese mit Stiepelmannit gefüllten Röhrchen. Das linke Röhrchen enthält einen aufgekitteten, über 1 mm großen Florencit-(Ce)-Kristall.

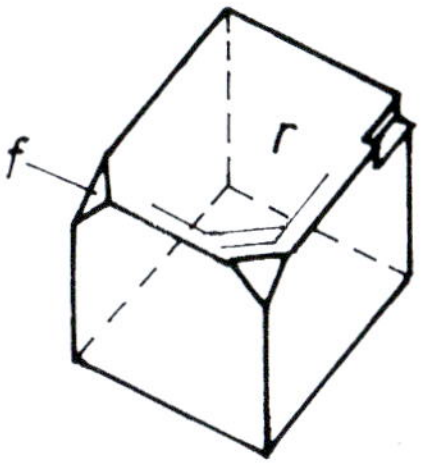

Oben. Die von BEYER (1980) stammende Kristallzeichnung gibt die pseudowürfelige Kristallform des Stiepelmannits mit winzigen, die Kristall-Ecken modifizierenden Flächen wieder.

Unten. Die 2 mm großen, auf Quarz kristallisierten Florencit-(Ce)-Kristalle dieser Stufe gehören sehr wahrscheinlich zu den größten Kristallen dieses Vorkommens. Das dominierende, würfelähnliche Rhomboeder ist gut zu erkennen.

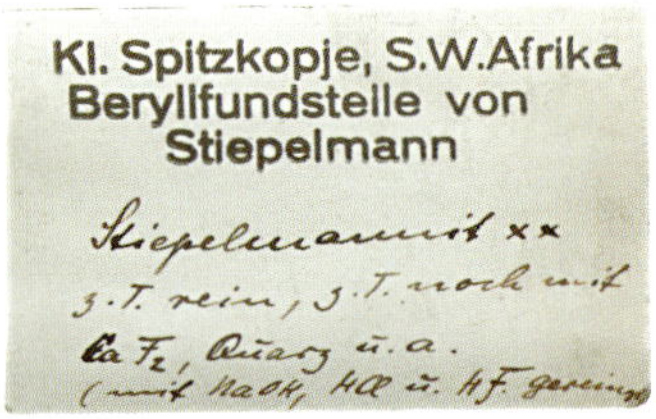

Oben. Wenn es auf den ersten Blick auch nur ein Mikroklin-Kristall von 6 cm Breite ist: beim näheren Hinsehen erkennt man in dem durch Manganoxide schwarz gefärbten Bereich etwas oberhalb der Bildmitte einen relativ großen, ca. 1 mm großen Stiepelmannit-Kristall. Sammlung Universität Heidelberg, Foto Bode.

Rechts. Ursprünglich suchte W. Stiepelmann an der Kleinen Spitzkoppe die edlen Berylle Aquamarin und Heliodor und stolperte dabei im wahrsten Sinne des Wortes über die nach ihm benannte Fundstelle. Matrixstufen mit Heliodor sind heute in den Sammlungen sehr selten. Die abgebildete Stufe mit einem 2 cm langen, hell topasgelben Kristallbruchstück auf Mikroklin gelangte im Jahr 1937 in die Sammlung des Naturkundemuseums Berlin, wie das von Paul Ramdohr (damals Kustos der Berliner Sammlung) geschriebene Etikett (oben) belegt. Foto Bode.

Die Lagerstätte ist nun seit vielen Jahrzehnten aufgelassen, die Zugänge verschüttet oder zugesprengt, lediglich die Bestände der alten Sammlungen und die Haldenfunde zeugen noch von ihrer außergewöhnlichen mineralogischen Bedeutung. Bedauerlicherweise ist auch die Umgebung dieses idyllischen Ortes seit einigen Jahren nicht mehr unberührt. Heute werden die malerischen Granit-Tafoni angebohrt, beprobt, und, wenn geeignet, zu monumentalen Quadern formatiert und abtransportiert. Zurück bleiben Ruinen einer einst grandiosen Landschaft, die nicht nur Ramdohr, sondern auch zahlreiche andere Besucher dieser Region begeisterte.

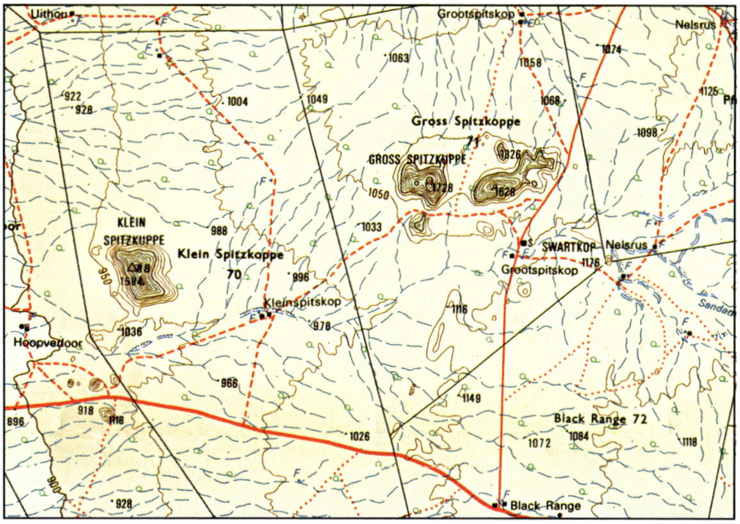

Rechts. Ausschnitt aus der 1978 erschienen Topografischen Karte von Namibia 1:250.000 mit den Farmgrenzen.

Unten. Zwei weitere der Original-Probenröhrchenen von Ramdohr, in dem sich „Stiepelmannite" befinden.

Fast 4,5 cm breit ist der mit Mikroklin vergesellschaftete silbergraue Glimmer-Kristall. Von Ramdohr wurden bis zu 5 x 5 x 2 cm große Kristalle beobachtet, sodass dieser Kristall zu den größten seiner Art gehört. Dieser Glimmer stellt Ramdohr zufolge „ein Glied zwischen Phlogopit und Biotit" dar, nahezu farblose Außenzonen solcher Kristalle sind dagegen Muskovit-ähnlich. Sammlung Universität Heidelberg, Foto Bode.

Literatur

BEYER, H. (1980): Mineral-Beobachtungen an der kleinen Spitzkoppe (SW-Afrika). - Der Aufschluss **31**, 4-32.

RAMDOHR, P. (1936): Bertrandit von Klein-Spitzkoppe, Südwestafrika. - Zentralbl. Mineral. etc. Abt. A., 257-262.

RAMDOHR, P. (1940): Stiepelmannit, ein neues Mineral der Hamlinitgruppe mit Yttrium und seltenen Erden. - Zentralbl. Mineral. etc. Abt. A, 1-8.

RAMDOHR, P. (1941): Eine Fundstelle von Beryllium-Mineralien im Gebiet der kleinen Spitzkoppe, Südwestafrika, und ihre Paragenesis. - N. Jb. Mineral. **76**, Beil. Bd., Abt. A., 1-35

Vorsicht: Fälschungen - Die Stiepelmannsche Mine zu neuem Leben erwacht?

Steffen Jahn

Unten. Gehört zum neuen Material, ist aber echt: Stufe mit Quarz und Fluorit von der Stiepelmann'schen Fundstelle. Foto Bode.

Die Stiepelmannsche Fundstelle an der Kleinen Spitzkoppe - ein Traum nicht nur für Sammler namibischer Mineralien! Diese Fundstelle ist eine der bekanntesten des Landes und die teilweise viele Jahrzehnte alten Stufen sind heiß begehrt. Jeder Liebhaber der Mineralien dieses Landes kennt die eingedellten Fluorite, Phenakite, Siderite, die riesigen Quarze oder „Stiepelmannit" bzw. Florencit-(Ce). Jahrzehntelang versuchte man, an der Kleinen Spitzkoppe neue Fundstellen mit ähnlichem Material zu finden - ohne Erfolg. Die „Stiepelmänner" blieben einmalig.

Nun werden in Namibia seit ca. zwei Jahren den Mineralienhändlern und Sammlern Stufen angeboten, die „aus einem neuen Loch", also einer neuen Fundstelle stammen sollen - insgesamt etwa 300-500 Stücke. Sie sehen genau wie die alten Stiepelmann-Stufen aus, zeigen also z.B. grünen Fluorit, langprismatischen Quarz, braunen bis schwarzen Siderit sowie die sehr typischen, braunen und schwarzen Überzüge aus Eisen- und Manganoxiden. Es handelt sich aber **nicht** um Material von einer neuen Lokalität, alle Stücke stammen von der Halde der Stiepelmannschen Fundstelle. Gelegentlich sind unter diesen Stufen tatsächlich einige schöne und echte Stücke - und es ist schon erstaunlich, dass solche Qualität tatsächlich noch unter dem Material aus den Haldenfunden vorhanden ist.

Darüber hinaus ist der Rest des angebotenen Materials aber in den seltensten Fällen den Kaufpreis wert. Denn nur wenige Stufen verdienen diesen Namen, beim größten Teil von ihnen handelt es sich um „Handgemachtes". Schaut man sich solche Stufen nämlich näher an, merkt man schnell, dass es sich um montierte, im wahrsten Sinne des Wortes „zusammengebaute" Stücke, also Fälschungen, handelt - aus minderwertigem Material von der Halde. Recht charakteristisch ist die Anwesenheit von schwarzem Kerzenruß, der die Montagestellen - mittels des bekannten namibischen „Super-Glue" - kaschieren soll. Man kann davon ausgehen, dass 99% der neuen Stufen Fälschungen darstellen - in vielen Fällen sehr gute Handwerksarbeit „Made in Namibia" ... Hier war ein mit feinmechanischen Arbeiten vertrauter Fälscher am Werk, der dazu auch ein gutes Auge und vor allem gutes Werkzeug haben muss. Schließlich sind hier u.a. kleine Fluorit-Kristalle eingesägt oder gebohrt worden, um andere Mineralien aufzunehmen - auf manchen Stufen wurden bis zu fünf solcher Manipulationen entdeckt.

Wenn einem also Material von einer angeblich neuen Fundstelle angeboten wird, welches aber den Stufen der Stiepelmannschen Fundstelle auffallend ähnelt - heißt es Hände weg oder Augen auf! Ansonsten ist die Wahrscheinlichkeit groß, dass man eine gefälschte Stufe in seiner Sammlung hat!

Namibia - Fälschungsland?

Ein Land wie Namibia, in das der Mineralien wegen - sei es nur allein oder auch mit aus diesem Grund - jährlich tausende von Menschen kommen, stellt ein für Fälscher, Schwindler, Betrüger und Schlimmeres ganz gewiss hochinteressantes „Pflaster" dar. Schon seit langer Zeit kennt man vor allem gefälschte oder montierte Tsumebstufen wie z.B. aufgeklebte Wulfenite, Cerussite oder Azurite. Solche „Stufen" sehen meist viel zu gut aus bzw. sind zu reich besetzt und sind oft viel zu billig, um echt zu sein.

Zu trauriger Berühmtheit ist auch der Erongo gekommen. Natürlich sind relativ schnell nach den ersten größeren Aquamarin-Funden im Jahr 2000 auch aufgeklebte/montierte Aquamarine aufgetaucht. Vor Ort hat man rasch realisiert, dass eine Matrixstufe mehr Geld bringt als ein

abgebrochener Kristall - was lag da näher, als gelegentlich einmal einen Kristall aufzukleben? Allerdings dürfte nur ein verschwindend kleiner Teil der Erongo-Aquamarine geklebt sein - dazu gab es einfach zu viel Material. Im Gegensatz dazu gibt es z.B. unter den Topasen von der Kleinen Spitzkoppe kaum montierte Stufen. Hier war wohl die Nachfrage nach Matrixstufen nicht so hoch oder aber die Kenntnisse zur Anfertigung echt aussehender Montagen zu gering.

Ganz anders sieht das bei einem weiteren Mineral aus dem Erongo aus - dem Metazeunerit. Bei der Attraktivität und vor allem der Seltenheit der Metazeunerit-Stufen liegt es auf der Hand: hier ist das Verhältnis der echten zu den gefälschten/montierten - Stufen umgekehrt - ein sehr großer Teil der „Stufen" mit Metazeunerit dürfte „man made" sein.

Namibia ist ein Fluorit-Land. Okorusu ist ganz sicher einen Weltfundstelle, einige der Fluorite aus dem Erongo sind sensationell und auch einige weitere Lokalitäten in Namibia liefer(te)n hervorragende Stufen. Dass man unter Zuhilfenahme von ein wenig Öl (z.B. Babyöl) den optischen Eindruck, den ein Fluorit macht, ganz erheblich verbessern kann, wissen die meisten spätestens seit den Machenschaften chinesischer Händler. Es dürfte aber weitgehend unbekannt sein, dass auch sehr viele namibische Fluorite solchermaßen behandelt sind …

Oben. Der perfekt kristallisierte Fluorit aus dem Neufund der Stiepelmanschen Fundstelle weist eine Kantenlänge von 2 cm auf. Foto Bode.

„Augen auf!" - das gilt im Übrigen - man kann es gar nicht oft genug wiederholen - generell für alle Mineralstufen. Man kaufe auch in Namibia beim Händler seines Vertrauens und sei bei allen anderen Händlern nicht zu vertrauensselig. Aus dem Traum von der Superstufe könnte man böse erwachen … wenn aus dem Traum ein Trauma geworden ist!

Das blaue Wunder vom Erongo - Auf Aquamarin-Jagd im Innern Namibias

Steffen Jahn

Es war Anfang Mai des Jahres 2000. Kaum in Namibia angekommen, merkten wir auch schon, dass das neue Jahrtausend auch hier mit einigen (wenn auch nicht allzu großen) Paukenschlägen begonnen hatte. Da waren zum Einen die Berichte über die unglaublichen Regenmengen, die sich seit Februar, also im namibischen Herbst, über das Land ergossen hatten.

Alles grünte und blühte, und wer wie ich zum ersten Mal hier war, bekam hinsichtlich der Vegetation ein völlig falsches Bild vermittelt.

Bereits in den ersten Tagen unseres Aufenthaltes, also noch in Windhoek, hörten wir allenthalben auch Begriffe wie „Superfund", „Superpocket", „Wahnsinnsfund", „Jahrhundertfund" - Worte dieser Art nehmen, was das Überschwängliche betrifft, wohl immer und an allen Orten der Welt einerseits mit der Entfernung vom Fundort und andererseits mit wachsendem Abstand vom Zeitpunkt des Fundes zu.

Hier sollte es nun ein um Ostern 2000 herum geöffnetes „Pocket mit sehr viel Aquamarin" im Erongo gewesen sein. Wo wir auch hinkamen, egal ob in Windhoek zu den einzelnen Sammlern und Händlern, in Okahandja, in Omaruru - überall hörte man etwas, allerdings nirgendwo etwas Genaues.

Da traf es sich gut, dass wir uns mit einem Mineraliensammler aus Südafrika zu einer Expedition in den Erongo-Granit verabredet hatten. Diese Lokalität liefert ungefähr seit zwei Jahrzehnten von Zeit zu Zeit schöne Mineralien aus den Miarolen des Erongo-Granits (siehe auch Seite 90).

Erongo - was ist das?

Zur Morphologie des Erongo zeichnet HÜSER (1979) ein eindrucksvolles Bild, dem hier überblicksweise gefolgt wird.

Das Erongo-Gebirge in seiner heutigen Gestalt präsentiert sich als gewaltiger Klotz, der sich mehrere hundert, teilweise über tausend Meter über die Rumpffläche im Damara-Grundgebirge erhebt. Die gewaltigen Außenwände des Massivs zeigen im Idealzustand einen typischen Aufbau. Während der untere Bereich von Gesteinen des Grundgebirges oder dem Erongo-Granit gebildet und durch Basaltlagen unterschiedlicher Mächtigkeit nach oben begrenzt wird, trifft man darüber deckenförmig ergossene Vulkanite, die im Gipfelbereich meist in Glutwolkenabsätze (Ignimbrite) übergehen. Die unterschiedlich harten Gesteine zeigen auch eine unterschiedliche Morphologie. Harte Gesteine, wie dünnere Basaltlagen und Porphyre, sind durch

Nur mit einem geländegängigen, d.h. Allrad-angetriebenen Wagen, gelangt man von Tubussis zum Basislager der professionellen Mineraliensucher unterhalb der südwestlichen Erongo-Wand. Foto Medenbach.

die Verwitterung in der Wand als Gesimse herausmodelliert, oder, wie der Erongo-Granit, in Form von Glatthängen bildenden Felsplatten freigelegt worden. Die extrem harten Ignimbrite bilden dagegen senkrechte Wände, während die weicheren Gesteine (grobe Porphyre oder die Grundgebirgsmetamorphite) von Schuttschleppen verhüllt sind.

Eine Fahrt - fast um den Erongo herum ...

Am 2. Mai gingen wir mit einem allradgetriebenen Geländewagen und einem kleineren, nicht gerade geländegängigen Toyota „Venture" ausgerüstet, „auf Pad". Diese Fahrt führte uns um den Norden, Nordwesten und Westen des Erongomassivs herum zum Treffpunkt, dem Dorf Tubussis am Westrand des Massivs, wo der Führer auf uns warten sollte. Von der Pad aus waren die unterschiedlichen Gesteine, welche den das Ergebnis einer Ringintrusion darstellenden Erongo aufbauen, gut zu erkennen.

Der eigenartige Krantzberg (ein Insel- bzw. Zeugenberg) mit seiner „Basaltkappe" tauchte auf und verschwand wieder, auch sahen wir im Norden, direkt nach Süden blickend, die „Ausraumlandschaft" im Inneren des Erongogebirges ganz deutlich. Dann ging es an den nordwestlichen Ausläufern des Erongo-Granites vorbei wieder Richtung Süden, wo bald der südwestliche, ebenfalls aus Granit bestehende Sporn des Erongo und unser heutiges Ziel, auftauchte. Hier im Westen besteht die geschlossene Außenwand des Massivs aus einer nahezu einheitlichen Stufe vom Hangfuß an bis hin zum Gipfelaufbau, wodurch sich der extrem abweisende, beinahe schon undurchdringliche Charakter des Erongos ergibt.

Immer wieder kam mir bei diesem Anblick auch das in den Sinn, was ich kurz vor dem Beginn der Namibiareise gelesen hatte - im vom berühmten Geologen Hans Cloos knapp 60 Jahre früher geschriebenen „Gespräch mit der Erde":

Oben. Blühende *Hoodia gordonii*. Sie wird von den Buschmännern als Appetitzügler benutzt. Im Hintergrund der Erongo.

Darunter. Blick auf den Erongo - besonders herrlich ist die Ansicht aus dem Restaurant der neuen „Hohenstein-Lodge". Fotos Bode.

„Anfangs zeigte auch das Glas nicht mehr als einen Umriß; nicht mehr als ein langes und rauhes, aufrechtes, oben in stumpfen Winkeln gezacktes Band. Aber nur eine warme, sonnengoldene Wanderstunde später, und schon wurde das Band zur Mauer, die Mauer zum Bauwerk. Säulen und Pfeiler traten vor die blaue Wand, und an ihnen stieg der Blick aus der, unter Gras und Buschwerk wogenden Steppe hinauf zu gestuften Zinnen. Gesimse wurden sichtbar, und der Blick wanderte auf ihnen balancierend und zaghaft, von dem höchsten, zahnscharfen Gipfel zur Rechten bis unter die runde Ecke links, die starr und steinern und mit der furchterregenden Blicklosigkeit einer Sphinx in das schattenlose Meer der Wüste und bis auf die uns unsichtbaren Gestade des Wassermeeres hinausblickte."

Nach etwa einer Stunde Fahrt im Dorf Tubussis angekommen, war außer ein paar spielenden Kindern kein Mensch zu sehen. Nun, man war hier in Afrika, und da sollte man niemals mit irgend etwas rechnen, höchstens damit, dass das Gewünschte nicht eintritt. So auch hier. Der Führer war nicht da, angeblich in Swakopmund, um - da war es wieder! - den Superfund aus dem Erongo an einen Händler zu verkaufen. Das erzählte uns jedenfalls ein Enkel dieses Führers, der uns neben einigen schönen Turmalinen auch eine Aquamarinstufe aus diesem Fund präsentierte. Gemessen an dem, was wir später zu sehen bekamen, gehörte diese Stufe schon zu den absoluten Prachtstücken! Zwei fingerlange, in der oberen Hälfte klare, V-förmig verwachsene Aquamarine auf Matrix - das war schon etwas für das Auge! Nur leider nicht für den Geldbeutel, denn der verlangte Preis rangierte klar unter „völlig überzogenen Vorstellungen".

Auf unsere neugierige (nach tagelangen Andeutungen und Halbwahrheiten war die Neugier sicher berechtigt!) Frage, wie groß der Fund denn insgesamt gewesen sei, sagte der junge Damara nur lakonisch: „large enough!".

Glücklicherweise konnte der südafrikanische Sammler den jungen Mann davon überzeugen, uns als Ersatzführer zu dienen - mit den Gegebenheiten vor Ort wäre er vertraut, wie er sagte. Nun, zumindest daran kamen bald Zweifel auf.

Wir mussten von der Pad, die hier etwa auf 1.150 m über dem Meeresspiegel verläuft, zu dem „Basislager" der lokalen Prospektoren, das natürlich etwas höher und schon weiter drinnen im Erongo-Massiv liegt. Dort hinauf sollte ein schmaler Fahrweg führen, dessen Beginn unserem neuen Führer aber wohl unbekannt war - jedenfalls fand er ihn nicht. Einige im Busch beim nächsten Dorf Kudubis arbeitende Farmarbeiter zeigten uns auf Nachfrage das - verschlossene - Tor zum Fahrweg hoch in den Erongo. Den Schlüssel bekamen wir dann im knapp einen Kilometer entfernten Farmhaus der Farm Davib Ost - als gleichermaßen optisches wie botanisches Highlight stand hier ein Köcherbaum (Quiver Tree, *Aloe dichotoma*) in voller Blüte. Mit dem Schlüssel bekamen wir auch einen zweiten Führer, „Mister" Benny Hoaeb aus Swakopmund.

Dann ging es endlich in Richtung Erongo-Granit! Nach dem Tor auf dem Farmweg kam schon nach wenigen Hundert Metern das erste Rivier (wie die nur sporadisch Wasser führenden Trockentäler in Namibia genannt werden). Während der „Super-Geländewagen" locker hindurchkam, hatten wir mit unserem Venture einige Mühe. Beide Führer sagten danach übereinstimmend, „the Land-cruiser will do it, but not the Venture". Daraufhin blieb nur eines: den Venture versteckt in der Nähe des verfallenenen Farmhauses der Farm Erongorus parken und alle auf den Landcruiser steigen bzw. sich seitlich an ihn klammern. Ich kannte so etwas noch aus Ägypten, wo wir den auf dem Trittbrett Stehenden wie bei den amerikanischen Postkutschen des 19. Jahrhunderts den „shotgun rider" nannten.

Aber das hier war kein Vergnügen! Der Landcruiser war 2,5 m breit, der Fahrweg vielleicht 3 m. Den Kopf konnte man vor den von Zeit zu Zeit sehr tief hängenden Ästen noch in Sicherheit bringen, nicht aber den Körper! Die mit bis zu 5 cm langen Stacheln bewehrten Akazienzweige rissen Löcher in Hosen und Hemden, und wo solches nicht mehr schützte, gab es eben Löcher in der Haut. Aber was tut man nicht alles für solche Momente, wie wir sie uns nach den ersten gesehenen Stufen ausmalen konnten?

Allerdings - die Aussicht entschädigte voll und ganz. Blauer Himmel, pittoreske Wolken; der Blick konnte ungehindert über eine fantastische

Im Dorf Tubussis wurden wir durch diesen jungen Bergdamara, der uns später zu den Aquamarinfundstellen hoch oben in der Erongo-Steilwand führte, zum ersten Mal mit Aquamarinkristallen konfrontiert. Foto Bode.

Landschaft schweifen, mal das Erongomassiv voraus, mal im Rücken und dann freie Sicht über die tischebene Fläche des südwestlichen Erongo-Vorlandes bis hin zu den beiden rund 30 km entfernten Spitzkoppen. Dazu der Anblick von Vögeln, Oryxantilopen und selten Schlangen, die abnorm grüne und reiche Vegetation - eine Faszination, die man bereits beim Lesen in den 50 bis 80 Jahre alten Arbeiten von Cloos, Ramdohr, Reuning und Schneiderhöhn spürt, kam ganz unwillkürlich auf. Dazu kam die Leichtigkeit, mit der der Landcruiser selbst enge Kurven an steilen Anstiegen nahm - auch hier denkt man an die Alten zurück, die entweder Pferde und Maultiere benutzen oder zu Fuß gehen mussten!

Während der knapp einstündigen Fahrt war immer dann, wenn es genau nach Nordosten ging, der ungehinderte Blick auf den höchsten Berg

des Erongo-Massives, den 2.319 m messenden Hohenstein (sic!) möglich. Gegen 11 Uhr waren wir im „Basislager" auf etwa 1.200 m Seehöhe angekommen - bei den Resten der ehemaligen Farm Erongorus. Von hier sollten wir noch einen etwa zweistündigen Fußmarsch hinter uns bringen, um dann das Gebiet mit den höffigen Miarolen auf dem Gebiet der ehemaligen Farm Bergsig zu erreichen. Dazu mussten wir um den vor uns liegenden, „bewaldeten" Vorberg herum und dann bis an die glatte, steil aufragende Granitwand heran.

Turmaline über Turmaline!

Bereits dieser Aufwärtsmarsch war die reine Hölle! Permanente Mittagshitze, immer bergauf, ständig Durst …, da bedurfte es schon einiger Motivation, um immer wieder einen Fuß vor den anderen zu setzen. Den Blick traute man sich gar nicht zu erheben, da sah man nämlich nur die Südwestwand des Erongo wie eine unüberwindliche Mauer vor sich stehen. Da blieb also nur der Blick nach unten. Aber was gab es da alles zu sehen! Überall im anstehenden Granit „Turmalinnester" und kleine, bereits ausgewitterte Miarolen mit Resten von Turmalinkristallen. Man lief überhaupt förmlich auf Turmalinen herum, mit wenig Suche hätte man bereits hier ohne Problem Sammlungsstufen mit bis zu 5 cm großen Kristallen gefunden. Und wieder musste ich an CLOOS denken:

„Im massigen, blanken Granit gab es keine Stufen. Als Tritte und Griffe dienten faustgroße Warzen aus hartem, kohlschwarzem Turmalin. Sie waren auch die Kennzeichen gerade dieser Granitart." (CLOOS 1947)

Noch ist der Weg zu den Miarolen in der Steilwand des Erongo flach und gut begehbar (Bild rechts). Überall liegen große Felsblöcke herum, die vielversprechende Hohlräume mit Quarz und Turmalin zeigten (links). Fotos Bode.

Es war schier unglaublich …

Von oben hörten wir schon Rufe, die Einheimischen verständigten sich untereinander und riefen wohl auch unseren Führern etwas zu.

Mittlerweile ging es immer schwerer weiter. Der Anstieg war eigentlich nicht übermäßig steil, aber die Kombination aller negativen Einflüsse, deren man sich natürlich auch ständig bewusst war, führte immer intensiver zu dem Gedanken: es geht nicht mehr weiter! Und plötzlich war Schluss. Wir standen vor einem der im Erongo-Granit recht häufigen Glatthänge. Mit etwa 50 bis 60° sehr steil, ca. 20 Meter hoch und glatt wie nur irgend etwas. Nur eine vielleicht 15 cm breite, 20 bis 30 cm tiefe Rinne im Granit führte nach oben. Und an dieser Stelle sprach unser Führer noch von etwa 1 bis 2 weiteren Stunden Gehzeit! Warum wir daraufhin noch weiterstiegen, weiß ich bis heute nicht. Eigentlich war klar, dass, wenn wir es schon bis zu den Miarolen schaffen würden, wir aber nie mehr im Hellen zum Landcruiser zurückkämen - hier oben eine äußerst gefährliche Angelegenheit! Aber wir setzten die Füße in die Rinne und quälten uns die 20 m nach oben. Dann noch ein paar Meter steigen, und: wir standen vor den ersten Prospektoren! Wir hatten wohl Stunden verstanden, wo Minuten gemeint waren, aber was auch immer: Nach eineinhalb Stunden Marsch und 200 bis 250 gewonnenen Höhenmetern waren wir endlich vor Ort angekommen.

Hier oben sollen etwa 50 Prospektoren tätig sein, die meisten zu den Damara gehörig und aus dem Spitzkoppen-Gebiet stammend, wo man Erfahrung mit der händischen Gewinnung von Schaustufen hat. Etwa fünf Mann standen unterhalb einer kleinen Felswand im frisch herausgeworfenen Schutt an einer etwas ebeneren Stelle, wo die Tagesausbeute lag. Zum Teil riesige, 50 x 40 cm große Stufen mit viel Feldspat und riesigen, mitunter 10 cm großen Schörlkristallen, aber auch bis 2 cm große Fluoritwürfel fehlten nicht! Nun schlug das Herz nicht nur wegen der dünnen Luft und der Anstrengung schneller! Allein was unbeachtet im Schutt lag, wäre auf Börsen in Deutschland immer noch unter guter Qualität weggegangen ...

Die ersten Miarolen

Eine ca. 50 cm breite, recht steil einfallende Kluft im Granit führte zu den beiden Miarolen, die augenscheinlich sowohl die Ausbeute als auch den Schutt geliefert hatten. Auf „Einladung" eines der Prospektoren stieg ich in die Kluft hinein, worin es nach einem Meter wiederum einen Meter abwärts ging. Von hier zweigten nach rechts und links zwei schmale, niedrige „Stollen" ab, die nach jeweils 1 bis 2 m in die eigentlichen, ca. 2 m hohen Miarolen mündeten. Heiß war es hier unten! Oder nur stickig? Jedenfalls brach mir - 2 bis 3 m gebücktes Gehen ist ja eigentlich keine Anstrengung! - sofort der Schweiß aus, und ich konnte auch nur einen Gedanken fassen: „Bloß 'raus hier!". Der Mut reichte aber doch zumindest dazu, in die Miarolen hineinzuschauen und ein Foto zu versuchen. Viel zu sehen war ja nicht, da feinkörnige Überzüge und/oder zuletzt kristallisierte Mineralien ein wie mit Zucker bestreutes Szenario hinterlassen hatten. Wieder an der frischen Luft zu sein war dann wirklich ein Labsal!

Im Anschluss traversierten wir zu der nur wenige Dutzend Meter entfernten und auf gleicher Höhe gelegenen, uns bereits durch Rufe kenntlich gewordenen zweiten Fundstelle hinüber. Hierbei wurde es allerdings so richtig „haarig", denn verschiedene Abschnitte dieser wenigen Meter waren aufgrund der Steilheit des Geländes einerseits und der Neigung des Erongo-Granites zur Glatthangbildung andererseits nur noch mit Seilen zu bewältigen.

Das „Aquamarinpocket"

Dann standen wir, irgendwie alle erhöht, um ein ca. 40 x 30 cm großes, anscheinend nicht allzu tiefes, senkrecht nach unten gehendes „Loch", um das eine Fläche von höchsten 2 x 1 m ebenen Geländes zu begehen war. Unser Führer rief irgend etwas, was mit einem Schnalzlaut begann und mit dem Buchstaben „i" aufhörte, in das Loch hinein, und: nichts geschah ... Oder doch: nachdem ein Eimer mit einigen von ockerig-lehmigen Krusten bedeckten Steinen emporgezogen wurde, sah man von unserem erhöhten, einen Blick in das Loch gestattenden Standpunkt, sich etwas emporschieben, was sich als geradezu riesiger, völlig verschmierter Bergdamara namens „Natzi" (das war das, was der Führer in das Loch hineingerufen hatte) entpuppte. Das „Loch" war in Wirklichkeit eine schlauchförmige Kaskade von Miarolen mit einer Gesamtlänge von 4 bis 5 m, wo unser Bergdamara sich buchstäblich wie das Würstchen im Hot dog

Seite 87. In der unglaublich steilen SW-Wand des Erongo suchen professionelle Mineraliensucher an verschiedenen Stellen nach Kristallen. Zwei der gerade „in Abbau stehenden" Miarolen sind durch weiße Kreise markiert. Im oberen Kreis entstand das Foto unten, bei dem einer der Einheimischen eine größere Turmalinstufe präsentiert (siehe dazu das Bild auf Seite 89 oben). Fotos Jahn & König.

vorkommen musste! Ich hatte mir ja die anderen Miarolen mit den Turmalinen angeschaut und schon bei 1 m Tiefe sowie 1 m horizontalem Kriechen und dem anschließenden Blick in 2 bis 3 m Höhe kaum noch atmen können. Die aufgrund der Höhe geradezu folgerichtigen Schweißausbrüche par excellence waren auch nicht gerade angenehm. „Was musste dieser Bergdamara hier den ganzen Tag aushalten?“, fragte ich mich. Der hier grinste aber nur und reichte mit seiner Hand den dicksten Aquamarinkristall nach oben, den ich bis dahin (und auch später) gesehen habe, steckte sich dann das Ding wie eine Cohiba zwischen die Zähne und lachte! Ich erkundigte mich beim südafrikanischen Sammler, was dieser Kristall hier vor Ort wohl kosten würde. Er fragte zurück: „Are you interested?“ und meinte, dass er wohl für 500 Rand (ca. 75,- Euro) zu haben sei. Nun, das war mir zu teuer und ich wandte meine Aufmerksamkeit dem Inhalt des mittlerweile entleerten Eimers zu, der nun grob gesäubert auf einem Zeitungsfetzen ausgebreitet worden war. Hier lagen etwa 20 Aquamarinkristalle, alle zwischen 3 und 4 cm lang, manche über 1,5 cm dick, manche aber auch nur etwas über 5 mm. Das war ganz offensichtlich die Ausbeute des gesamten Vormittags, aus der ich nach einigem

Oben. Detailfoto der Tagesausbeute, aufgehaldet unterhalb der ersten von uns besichtigten Miarole. Man erkennt noch bergfrische, von kleinen Albiten überkrustete Turmalin- und Kalifeldspat-Kristalle.

Links. „Natzi“ in seiner Miarole und mit einem riesigen Aquamarinkristall in der Hand. Fotos Medenbach.

Feilschen einen der größeren Kristalle erwarb (wie sich später herausstellte, hatten die Prospektoren mir als Zugabe noch einen dünneren Kristall zusätzlich eingepackt).

In der Zwischenzeit war viel fotografiert worden, so gut es auf den wenigen Quadratmetern Trittfläche eben ging. Den eigentlichen Aufschluss, also die Miarolen, konnten wir leider nicht bildlich festhalten - in der schlauchförmigen Röhre war nicht einmal genug Platz, um die Kamera vor das Gesicht zu bekommen.

Um einigermaßen im Zeitplan zu bleiben, mussten wir, nach vielem Schulterklopfen und dem Versprechen eines Wiederkommens, mit dem Abstieg beginnen. Wer schon einmal solche Extremtouren (kein Weg, Mittagshitze bei senkrecht stehender, stechender Sonne, aussetziger Fels ohne Tritte etc.) absolviert hat, weiß, dass der Abstieg meist wesentlich schlimmer als der Aufstieg ist. Bereits allgemein erschöpft, muss man jeden nach „unten" gelangten Meter mit den Knien abfedern, und wenn es an kritische Stellen geht, federn die Knie rhythmisch wie bei einer Nähmaschine. So auch hier. Wenige dutzend Höhenmeter tiefer kamen wir wieder an den ca. 20 m hohen Glatthang, der nun 'runterwärts in der schmalen Trittrinne garnicht mehr zu bewältigen war. Da blieb nur eines: Reibungsklettern unter Zuhilfenahme der Hände, Füße vorsichtig nach vorn setzen, mit den Händen abstützen, Schwerpunkt nach hinten. Oder nein: es gab noch eine andere Möglichkeit. Benny, unser zweiter Führer, machte sie vor. Sie bestand einfach aus - sich auf den Hintern setzen und nach unten rutschen! Uns Europäern traten wohl allen die Augen aus den Höhlen, als wir das sahen, aber er - nicht jedoch seine Hose! - kam tatsächlich heil am Fuße des Hanges an. Von hier war der Rückmarsch, es ging ja nun wieder gemächlicher abwärts, schnell absolviert. Gegen 14 Uhr waren wir wieder am Landcruiser. Ich muss sagen, dass das Bier, was wir dann tranken, eines der besten war, das ich je in meinem Leben getrunken habe ...

Hier unten, am Basislager, war es dann tatsächlich auch möglich, bei einzelnen Prospektoren die eine oder andere schöne Stufe (meist aber nur große Einzelkristalle) mit Turmalin zu kaufen. Eine weitere Stunde später begann dann die Rückfahrt, wie gehabt unter intensiver Anteilnahme der Akazien. Wenig später dann in unserem Venture sitzend, blieben wir in dem berüchtigten Rivier liegen. Tiefer Sand ist eben doch nur etwas für geländegängige Autos! Aber, dem Landcruiser sei Dank, wir kamen bald wieder frei.

Den Rest des (hellen) Tages verbrachten wir in dem Dorf Tubussis, wo wir unseren Führer absetzten, entlohnten und die Stufen und Stücke in Augenschein nahmen, die uns von allen Seiten präsentiert wurden. Hier gab es eine Menge von Aquamarinkristallen ohne Matrix, dafür öfter nett verwachsen und auch in größeren Bereichen klar.

Auch Turmalin gab es bei so gut wie jedem „Händler", und die eine oder andere Seltenheit wie Quarz und Topas sowie einige Fluorite waren ebenfalls zu sehen. Der Umstand, dass das Material aus dem Neufund zum größten Teil über den Ort Tubussis verhandelt wird, mag auch dazu geführt haben, dass „Tubussis" als Lokalitätsbezeichnung in Europa bekannt wurde. Namibische Sammler und Händler sprechen dagegen von „Erongorus". Der Ort Tubussis dagegen wird für die Demantoidfundstelle angegeben.

Irgendwann war dann aber auch hier nach vielem Schulterklopfen der Zeitpunkt gekommen, wieder in Richtung unseres Übernachtungsquartiers zurückzufahren. Dass hier der Abend unter dem Kreuz des Südens noch lang wurde, versteht sich wohl von allein - war doch eine riesige Zahl von Eindrücken noch einmal zu verarbeiten.

Am anderen Morgen ...

... hatte der südafrikanische Sammler in unserem Quartier einen wundervollen Querschnitt seiner Sammlung mit Erongo-Mineralien aufgebaut. Hier standen nun die ganzen ästhetischen Stufen nebeneinander und ermöglichten noch einmal eine Reminiszenz an den vergangenen Tag mit seinen vielfältigen Impressionen.

Was mich betrifft, bedurfte es erst noch der Riesenstufen aus dem Superpocket, die wir dann später in Swakopmund sahen, um mir darüber klar zu werden, so gut wie alles von einem der spektakulärsten und größten Mineralienfunde vielleicht nicht nur der namibischen jüngeren Vergangenheit gesehen zu haben. Und dass ich vor jenem Loch gestanden habe, aus dem diese Kostbarkeiten kamen - das habe ich wohl erst noch später begriffen. Noch heute sehe ich „Natzi" vor mir, wie er sich lachend aus dem 5 m tiefen Gesteinsschlauch emporschiebt und uns seinen Riesen-Aquamarin präsentiert!

„Japie" freut sich über die Tagesausbeute in „seiner Miarole": eine große, bergfrische Stufe mit Turmalin- und Aquamarinkristallen. Foto Medenbach.

Wie schnell ist man im Sand versackt, wenn man ein Rivier mit einem Wagen quert, der nicht ganz so geländegängig ist ... Foto Bode.

Literatur

HÜSER, K. (1979): Die heutige Gestalt des Gebirges (Morphographie). - In: BLÜMEL, W.D., EMMERMANN, R. & HÜSER, K., Der Erongo. Geowissenschaftliche Beschreibung und Deutung eines südwestafrikanischen Vulkankomplexes. Wissensch. Forsch. in Südwestafrika 16. Folge, 140 S., Windhoek (S.W.A. Wissenschaftliche Gesellschaft).

CLOOS, H. (1947): Gespräch mit der Erde. - 410 S., München (Pieper).

Die Miarolen im Erongo-Granit - ein Eldorado für Aquamarin, Turmalin & Co.

Steffen Jahn und Uli Bahmann

E*rongo, Bergmassiv aus vergleichsweise jungen magmatischen Gesteinen nordöstlich Swakopmund am Ostrand der Namibwüste. Im Erongo selbst kaum Mineralfundpunkte, um so reichlicher aber in den Pegmatiten der geologisch viel älteren Umgebung; ‚Erongo' ist also ein irreführender Sammelname*" (RAMDOHR & STRUNZ 1978). Wer hätte gedacht, dass sich diese Einschätzung aus den „Berühmten Mineralfundpunkten" in wesentlichen Teilen als falsch erweisen wird? Die Mineralogie des eigentlichen Erongo, speziell des Erongo-Granites, ist ähnlich vielfältig wie die der Kleinen Spitzkoppe und bedarf einer intensiven Bearbeitung. Der vorliegende Beitrag stellt eine stark überarbeitete Fassung eines erstmals 2000 erschienenen Artikels dar; er basiert neben Feldbeobachtungen und der Sichtung von namibischem Sammlungsmaterial auf den in den Artikeln von JAHN 2003a, JAHN et al. 2003 und JAHN 2003b vorgestellten mineralogischen Neuigkeiten aus dem Erongo.

Eine Traumstufe vom Erongo: herrlicher, 8 cm großer Aquamarinkristall, der von kleinen Turmalinen und etwas Kalifeldspat begleitet wird. Sammlung Bahmann, Foto Medenbach.

Geschichte der Mineralienfunde im Erongo

Eines der charakteristischsten Kennzeichen des Erongo-Granits ist das allgegenwärtige Vorhandensein eines schwarzen Minerals - eines Vertreters der Turmaline. Hans Cloos war vielleicht nicht der erste Europäer, dem dieses Mineral auffiel, er war aber wohl der erste, der seine Eindrücke in Worte kleidete: „*Im massigen, blanken Granit gab es keine Stufen. Als Tritte und Griffe dienten faustgroße Warzen aus hartem, kohlschwarzem Turmalin. Sie waren auch die Kennzeichen gerade dieser Granitart.*" (CLOOS 1947).

Im bzw. am Erongo gelangen bereits in den vergangenen Jahrzehnten (u.a. durch Walter Kahn, Mitgliedern der Familie Brusius und Sidney Pieters) recht gute Funde von Quarz, Feldspat, Schörl, Beryll (Aquamarin) und Fluorit. Am bekanntesten dürften dabei die Funde auf der Farm Etemba 135 geworden sein, wobei es sich um eine Beryllium-Zinn-Mineralisation in einem Quarz-Albit-Gestein, sehr wahrscheinlich einer dach- bzw. kuppelnahe Fazies des Erongo-Granits, handelt. Neben zahllosen Turmalingängen und -nestern findet sich eine Kassiteritmineralisation in Greisen sowie drusenreiche pegmatitische Bereiche mit Beryll- und Schörlkristallen (PIRAJNO 1990). Die am NE-Rand des Erongos auf dem Gebiet der Farmen Pristelwitz 128 und Omaruru Townlands 85 befindliche, seit 1980 auflässige Lagerstätte des Krantzberges mit ihren Zinn-Wolfram-mineralisierten Gängen und Greisenerzen, die z.T. recht interessante Kassiterite, Wolframite, Turmaline und Berylle lieferten, soll hier nicht behandelt werden.

Der unglaubliche Turmalin-Reichtum des Erongo-Granites fiel allerdings langsam in Vergessenheit, jahrzehntelang waren lediglich die Farmen Anibib 136 und Etemba 135 als Fundstellen für „Schörl" bekannt. Dies sollte sich erst im Herbst 1999 und besonders ab dem Frühjahr 2000 ändern, als im Erongo-Granit kurz nacheinander drei riesige Miarolensysteme geöffnet wurden.

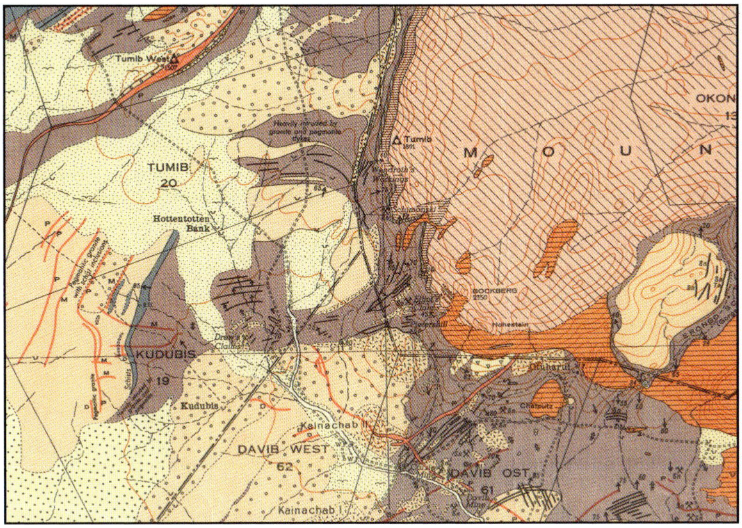

blieben sind, die Anzahl der hier identifizierten Mineralien sich aber seit etwa 2001 von Jahr zu Jahr erhöhte. Zusätzlich verbesserte sich die Qualität der Mineralien immer weiter.

Zu den Fundmöglichkeiten ist zu sagen, dass man für die recht ergiebigen Fundstellen offiziell eine Prospektorlizenz und eine Claim-Eintragung benötigt. Damit wird es aber anscheinend nicht allzu genau genommen, sodass mehr oder weniger alle hier arbeitenden „Kristallsucher" selbständig oder von „Außen" unterstützte „Angestellte" sind. Nach dem großen Aquamarinfund zu Ostern 2000 setzte ein wahrer Run

Links. Ausschnitt aus der Geologischen Karte von 1942 mit der SW-Ecke des Erongo.

Unten. Topographie des zwischen Omaruru im NW und Usakos und Karibib im Süden liegenden Erongo mit Farmgrenzen.

Neben hervorragenden Stufen mit Aquamarin und Kalifeldspat war es vor allem ein schwarzer Turmalin, der in zahllosen, zum Teil sehr großen, perfekt kristallisierten Stufen geborgen wurde. Seitdem ist der Erongo zu einer der besten und ergiebigsten Fundstellen für „schwarzen Turmalin" weltweit geworden.

Nach Informationen von Heini Soltau (Lüderitz), einem der Top-Sammler in Namibia, sind Stufen mit Aquamarinen vom Erongo schon seit mindestens zwei Jahrzehnten bekannt. Spektakuläre Stücke aus einem Neufund der Region wurden ihm im November 1999 erstmals angeboten. Da in Europa bereits zur Börse in Ste.-Marie-aux-Mines 1999 typische Stufen vom Erongo auftauchten (Mineral. Rec. 2000: 193), scheinen diese Funde in neuen Lokalitäten, die mit Erongo I bzw. Erongo II (Farm Bergsig 167) bezeichnet wurden, etwa im April des Jahres 1999 gemacht worden zu sein. Die Fundstelle Erongo I, in namibischen Sammlungen oft Erongorus genannt, wird in Europa aber auch unter Tubussis, der nächstgelegenen Ortschaft, gehandelt. Sowohl Erongorus als auch Tubussis sind jedoch auch Farmen (Erongorus 166 bzw. Tubussis 22), auf deren Gebiet sich die Fundstellen befinden. Die Bezeichnung für die Stufen aus den während des Jahres 2000 gelungenen Funden ist „Farm Bergsig, Erongo". In den Folgejahren haben sich weitere Schwerpunkte auf anderen Farmen ergeben, wozu z.B. Ameib 60 (Jeremejewit) und Tubussis 22 (Uranmineralien) gehören

Insgesamt kann man feststellen, dass über die Jahre hinweg die in den Miarolen des Erongo-Granits gefundenen Mineralvergesellschaftungen anfänglich mehr oder weniger gleich gevon sonst an der Kleinen Spitzkoppe oder an den Quarzfundstellen der Goboboseb-Berge arbeitenden Kristallsuchern ein; Ende August 2000 hatte sich das Geschehen aber wieder beruhigt, sofern man das bei ca. 500 vor Ort tätigen Kristallsuchern so ausdrücken kann. Heute (Januar 2006) ist die Lage wesentlich entspannter - was sich bei einem neuerlichen Großfund aber leicht wieder ändern kann.

Geologisch gehört der Erongo wie der Brandberg oder die Kleine Spitzkoppe zu den „Damaraland-Komplexen", die sämtlich vor 170 bis 120 Millionen Jahren und damit ca. 300 Millionen Jahre nach der letzten Gebirgsbildung (Damara-Orogenese) im südwestlichen Afrika entstanden sind. Aus diesem Grunde werden sie auch als anorogen bezeichnet.

Der Erongo stellt eine gut erhaltene, Caldera-

Diese kleineren, etwa 10 bis 20 cm großen Miarolen im anstehenden Erongo-Granit sind bereits durch die Verwitterung geöffnet worden. Im Innern erkennt man Feldspat- und Turmalinkristalle. Foto König.

artige, vulkano-plutonische Struktur spätjurassischen Alters dar, die aus mafischen Laven, felsischen Produkten und subvulkanischen Intrusivgesteinen besteht. Vereinfacht lassen sich zwei Bildungsphasen aushalten, deren ältere Phase durch basaltischen Vulkanismus charakterisiert ist, deren jüngere, felsische Phase sich hingegen durch drei deutlich voneinander trennbare vulkano-plutonische Ereignisse („Erongorus", „Omba", „Erongo") auszeichnet. Vor ca. 144 Millionen Jahren, während des dritten Ereignisses, intrudierte der Erongo-Granit, möglicherweise ringförmige „Kreisbrüche" als Aufstiegsbahnen nutzend, entlang der äußeren Peripherie des Erongo. Dadurch sitzt er hauptsächlich konzentrisch um die während des „Omba"-Ereignisses gebildeten rhyodazitischen Effusiva sowie granodioritischen Intrusiva, sodass der gesamte Erongo praktisch einen Ringkomplex darstellt. Im NW sowie NE (Omaruru Hills) reicht der Erongo-Granit aber weit in das Vorland und durchbricht hier in Form mächtiger Teilmassive die Gesteine des Grundgebirges.

Die Intrusion des Erongo-Granites wurde durch Effusion rhyolithischer Laven, möglicherweise auch durch äquivalente Tuffe und Ignimbrite, begleitet. In Zusammenhang mit diesem Ereignis steht auch der Zusammenbruch des Vulkangebäudes und die Bildung einer Caldera (Vulkanruine). Ursache für beides ist das durch die rasche Förderung großer Magmenmengen entstandene Massendefizit im Untergrund, wodurch der vulkanische Oberbau in eine Reihe von größeren Blöcken zerbrach, die unterschiedlich stark abgesenkt und gegeneinander verkippt wurden. Da sich dies am stärksten im Zentrum des Komplexes vollzog, fallen heute alle Gesteinsfolgen vom Rand zum Zentrum des Erongo hin ein.

Das letzte, wenn auch untergeordnete, magmatische Ereignis im Erongo war die Intrusion von Lamprophyren, d.h. alkalibasaltischen Gesteinsgängen, die den Erongo-Granit an einer Reihe von Orten durchsetzen.

Geologie

An dieser Stelle kann aus Platzgründen keine ausführliche Zusammenfassung der zweifelsohne ungewöhnlich interessanten geologischen Entwicklung des Erongos stehen, dessen Untersuchung mit den Veröffentlichungen von Hans Cloos (CLOOS 1911, 1919) begann. Wesentlich moderner und z.T. sehr ausführlich sind vor allem die Arbeiten von BLÜMEL et al. (1979) sowie PIRAJNO (1990).

Der Erongo-Granit bildet mindestens zwei unterschiedlichen Typen aus. Der Haupttyp, ein Monzo- bis Syenogranit, ist ein massiver, grob- sowie gleichkörniger Biotitgranit mit folgender Zusammensetzung: 36% Quarz, 33% Mikroklinperthit, 25% Albit, 4,5% Biotit und 1,5% Akzessorien (Turmalin, Zirkon, Fluorit, Apatit, Topas). Eine feinkörnigere, porphyrische Phase, die Tendenzen in Richtung Alkalifeldspatgranit erkennen lässt, wird in der Gegend von Otjimisauna sowie in den Omaruru Hills gefunden. In beiden Typen stellt Biotit ein spätes Mineral dar, das häufig von Muskovit verdrängt und dann meist von Fluorit begleitet wird. U.a. auf der Farm Etemba 135 steht ein Quarz-Albit-Gestein an, bei dem es sich wohl um eine dritte, dachnahe Fazies des Erongo-Granites handelt.

Ein wichtiges, optisch kaum zu übersehendes Merkmal des Erongo-Granites sind die bis 30 cm großen Turmalin-Quarz-Nester, in denen ferner noch Kalifeldspat, Plagioklas, Biotit, Fluorit, Apatit, Topas und Kassiterit identifiziert wurden, sowie Gänge und Zonen mit vergleichbarer Mineralisation. Die lokal sehr verbreiteten Nester durchtränken den gesamten Granit und vereinigen sich vor allem in der Dachzone der einzelnen Granitstöcke mit den vergesellschafteten miarolithischen Bildungen. Ganz offensichtlich stellen sie ein „eingefrorenes" Embryonalstadium eines magmatisch-hydrothermalen Systems dar, das aus der Separation Bor-reicher Fluide in den Dachzonen der Granitstöcke resultierte. Die fluide Phase überprägte die bereits kristallisierten Bildungen und turmalinisierte sogar das Nebengestein im Bereich der Kontakte.

Die Mineralien

Bei der Mineralvergesellschaftung in den Miarolen des Erongo-Granites fällt eine weitgehende Beschränkung auf die Mineralgruppe der Silikate auf. Phosphate - wie in vergleichbaren Bildungen z.B. des Fichtelgebirges mit Apatit, Herderit, Goyazit etc. - findet man nur ganz untergeordnet, was wohl dem geringen P_2O_5-Gehalt des Erongo-Granits (durchschnittlich 0,12%, BLÜMEL et al. 1979) geschuldet ist.

Die Mineralien der „landläufigen" Miaroleninhalte (Quarz, Kalifeldspat, Muskovit und möglicherweise auch Topas) wurden während und/oder nach ihrer Bildung von einer Bor-, Beryllium- und Fluor-haltigen und damit an Fluiden reichen, aggressiven Gasphase attackiert (Bor-Metasomatose) und an- bzw. teilweise auch aufgelöst, wobei sich entsprechende Mineralien wie Turmalin (Bor), Beryll (Beryllium), Fluorit und Topas (Fluor) sowie Muskovit[II] (möglicherweise Lithium-haltig) bildeten.

Was sind Miarolen?

Miarolen oder miarolithische Hohlräume (im Englischen oft als Pockets bezeichnet) treten vor allem in granitischen Gesteinen auf und sind in sehr vielen Fällen hinsichtlich Mineralbestand, -größe und, nicht zu vergessen, der Schönheit der enthaltenen Mineralien Pegmatiten sehr ähnlich. Allerdings sind sie niemals während der pegmatitischen Nachschübe entstanden, sondern gehören zur Hauptkristallisation des jeweiligen Gesteins und stellen im Grunde Weiterwachsungen (und damit frei entwickelte Kristalle) der im Gestein vorhandenen „normalen" Mineralien in Hohlräume dar. Solche Hohlräume liegen im Intrusivkörper meist dachnah und weisen unregelmäßige Formen und im Extremfall Dimensionen bis Zimmergröße auf. In Namibia weit verbreitet, sind solche granitischen Gesteine mit Miarolen z.B. auch in Deutschland (z.B. Epprechtstein/ Fichtelgebirge, Greifensteine bei Ehrenfriedersdorf/Sachsen) anzutreffen. Sehr häufig entstehen durch spätere Auflösung der zuerst gebildeten Mineralvergesellschaftung unter dem Einfluß fluider Phasen entsprechende Paragenesen, oft unter Auflösung und Neubildung der Mineralien bei ihrer gleichzeitigen Veredelung hinsichtlich Farbe und Durchsichtigkeit.

Albit $Na[AlSi_3O_8]$

ist in mindestens zwei verschiedenen Generationen in den Miarolen des Erongo-Granites vorhanden. Albit[I] bildet langnadelige und im Extremfall mehrere Zentimeter große, aber nur millimeterdicke Kristalle, die epitaktisch, d.h. orientiert auf Kalifeldspat aufgewachsen sind. Bei den beobachteten Kalifeldspäten ist dies auf fast allen Flächen, nicht allerdings, wie andernorts auch, auf {001} zu beobachten. Diese epitaktisch aufgewachsenen Kristalle sind für die raue Oberfläche der Kalifeldspäte, wodurch ein „angelöster Eindruck" hervorgerufen wird, verantwortlich. Sie sind in der Regel so dicht und vollständig, dass der Kalifeldspat unter ihnen nicht mehr zu sehen ist. Allerdings sind durch unterschiedlichste Kristallgrößen der Albite[I] ihre „Endflächen" jeweils gut erkenn- und unterscheidbar, wodurch insgesamt eine palisadenartige Ausbildung vorliegt. Diese Palisaden können mitunter auch auf Turmalin beobachtet werden, auf dem sie zwar nicht epitaktisch, dafür aber untereinander streng parallel ausgerichtet sind. Gelegentlich ist der Albit[I] auch normal, d.h. nicht langnadelig-gestreckt, sondern gedrungen-dicksäulig nach [001] entwickelt.

Albit[II] sitzt dagegen in Form kleiner, nur bis maximal 5 mm großer, weißer bis fast farbloser Kristalle als sehr späte Bildung auf den älteren Mineralien wie Albit[I], Kalifeldspat, Turmalin sowie Muskovit[I]. Im Gegensatz zu den von BEYER (1980) beobachteten Albiten von der Kleinen Spitzkoppe, die immer einen nach [001] gedrungen-dicksäuligen Habitus aufweisen, handelt es sich beim Albit[II] vom Erongo um nach (010) dicktafelige Kristalle im „Albit-Habitus", die zudem recht häufig nach dem Albit-Gesetz verzwillingt sind.

Beryll $Be_3Al_2[Si_6O_{18}]$

Beryll ist zweifelsohne das spektakulärste der in den Miarolen des Erongo-Granites gefundenen Mineralien. Insgesamt sind bei diesem Mineral mindestens drei verschiedene Ausbildungen zu unterscheiden.

Die beeindruckendsten Bildungen stellen dabei natürlich die Aquamarine dar. Bei der Verwendung dieses Terminus ist freilich zu berücksichtigen, dass es sich hier nicht um derart klare Kristalle wie beispielsweise aus dem Shigar- oder dem Hunza-Tal (beide Pakistan) handelt. Im Allgemeinen sind nur 5-10% der Kristallindividuen, nämlich der frei kristallisierte Kopfbereich, klar und typisch aquamarinfarben, der Rest ist undurchsichtig bzw. höchstens kantendurchscheinend. Nur ausnahmsweise sind Kristalle zu 50% und mehr durchsichtig oder wenigstens durchscheinend, allerdings dann auch entsprechend begehrt und damit recht teuer.

Die Kristalle weisen hauptsächlich das hexagonale Prisma {100} sowie das Basispinakoid {001} auf; untergeordnet und vor allem bei kleineren und gedrungenen Individuen sind auch {102} und {112} zu beobachten. Im Querschnitt ist die Farbverteilung deutlich zonar, mit fast farblosem Kernbereich und einschlussreicher, intensiv blau gefärbter Hüllzone.

Die größten Kristalle erreichen bis 15 cm Länge. Die Aquamarine sind im allgemeinen von dünnsäuligem Habitus, sodass sie bei 15 cm Länge nur einen Durchmesser von ca. 2 cm aufweisen. Daneben werden aber auch gedrungen wirkende Typen mit z.B. 3 cm Durchmesser bei 5 bis 6 cm Länge beobachtet.

Oben. Attraktive Verwachsung aus Aquamarin- und Turmalinkristallen. Breite der Stufe 12 cm. Fundort aller abgebildeten Stufen ist der Erongo, wobei diese Bezeichnung nur eine grobe Vereinfachung darstellt. Genaue Fundorte sind in den allermeisten Fällen nicht zu erhalten.

Links. Stufen wie diese wurden bisher nur wenige geborgen. Der 4,5 x 1 cm große, auf Glimmer sitzende Aquamarin zeichnet sich durch jeweils millimeterstarke „Kappen" aus farblosem Beryll (Goshenit) an beiden Kristallenden aus. Sammlung Bahmann, Fotos Medenbach.

Die Paragenese der Stufen ist spektakulär. Oft sitzen die Aquamarine auf Turmalin, der wiederum beige-gelbweißen Kalifeldspatkristallen bis 10 cm Größe aufgewachsen ist. Beide Mineralien zeigen gelegentlich Anzeichen von An- oder Auflösung. Zu den weiteren Begleitmineralien gehören schön dunkelgrün gefärbte, bis knapp zentimetergroße Fluoritwürfel sowie graue bis deutlich bräunliche und gelegentlich bis 10 cm lange Quarzkristalle. In seltenen Fällen gesellt sich noch der gelbgrüne, kugelige Aggregate bildende „Hyalit" dazu.

Als besonders interessante Ausbildung haben langprismatische Aquamarine bis ca. 5 cm zu gelten. Diese gelegentlich als Schwimmer entwickelten, z.T. auf Glimmer, z.T. auf Kalifeldspat sitzenden Kristalle weisen an einem oder beiden Enden jeweils millimeterstarke „Kappen"

Herrliche, parallelverwachsene, je 2,5 x 1 cm große und nahezu klare Aquamarinkristalle mit einem kleinen Schörlkristall auf einer aus Rauchquarz und braunbeigem Kalifeldspat bestehenden Miarolenstufe. Sammlung Soltau, Foto Medenbach.

Oben. Auf kleinen, perfekt ausgebildeten Kalifeldspatkristallen sitzt ein 2,5 cm großer, grünlich gefärbter Aquamarin. Es handelt sich um Material aus einem älteren Fund von den „Erongo I" genannten Fundstellen. Sammlung Jahn, Foto Bode.

aus farblosem Beryll (Goshenit) auf, die sich auch durch das Fehlen der auf dem Aquamarin vorhandenen, ausgeprägten Längsstreifung auszeichnen. Als Begleiter treten feinkörnige Glimmeraggregate, Quarz und Topas auf.

Nach Funden vom August/September 2000 kamen Aquamarine in einer neuen Ausbildung in den Handel. Auf bis 20 x 20 cm großen Stufen liegen unzählige streichholzgroße und -starke (z.T. auch größere), blassblaue und meist undurchsichtige Aquamarin-Stängel auf einer Matrix aus Turmalin und/oder schlanken und rauen Quarzkristallen wirr durcheinander.

Beryll-Kristalle älterer Funde sind dagegen mehr grünlich gefärbt. Diese grünlichen Kristalle sitzen im allgemeinen auf fleischfarbenen Kalifeldspatkristallen, die mitunter auch umwachsen und dadurch eingeschlossen sind. In ihrem Kopfbereich sind diese Berylle häufig so klar, dass man hier regelrecht in sie hineinsehen kann und die eingeschlossenen Mineralien wie durch ein Fenster sieht.

Ein dritter im Erongo-Granit vorkommender Beryll, der im Material des Neufundes überdies ziemlich reichlich vorhanden ist, kann aufgrund seiner wasserklaren Ausbildung als Goshenit bezeichnet werden. Hier handelt es sich um maximal 3 cm große, ähnlich den Aquamarinen entwickelte Kristalle, bei denen ganz untergeordnet Flächen der hexagonalen Dipyramiden I. {101} und II. Stellung {112} vorhanden sind. Unter den letzteren dominiert interessanterweise {112} ganz eindeutig gegenüber {101}. Auf ein und derselben Stufe bei selbst benachbarten Kristallen variiert dabei die Tracht enorm, sodass an einem Kristall neben Prisma und Basispinakoid beide Dipyramiden vorhanden sind, am nächsten Kristall nur die Dipyramide II. Stellung {112}, und am nächsten dann auch diese fehlt.

Die Goshenite sitzen als jüngere Bildung auf Turmalin, gelegentlich auch auf Aquamarin, und werden von einem feinschuppigem Hellglimmer begleitet. Leider sind gerade diese Stufen häufig von limonitischen, nicht leicht zu entfernenden Belägen überzogen.

Columbit-Tantalit $(Fe,Mn)(Nb,Ta)_2O_6$

Seit einiger Zeit kennt man bis 6 cm große Einzelkristalle bzw. Kristallbruchstücke, bei denen es sich um Vertreter der Columbit-Tantalit-Reihe handelt. Sie sind offensichtlich bisher noch nicht analysiert worden, sodass eine genaue Zuordnung nicht möglich ist.

Dolomit $CaMg[CO_3]_2$

Bis fast 2 cm große, direkt auf 2 bis maximal 15 cm großen Quarzkristallen sitzende gekurvte, fast warzige Kristallaggregate von Erongo II wurden von Ole V. Petersen/Kopenhagen als Dolomit bestimmt. Auf diesen warzigen Aggre-

gaten sitzt außen Siderit, in ihnen erkennt man bei aufgeplatzten Aggregaten weiße, kugelige Aggregate bildenden Fluorit mit gelegentlich blauem Kern. In der Paragenese werden ferner ein bläulicher Turmalin in kleinen Kristallen, schwarzer Turmalin sowie Hyalit beobachtet. Letzterer überzieht alle anderen Mineralien, stellt also die jüngste Bildung dar.

Fluorapatit $Ca_5[F|(PO_4)_3]$

Stufen mit Apatit aus dem Erongo-Granit sind auf dem Mineralienmarkt nicht häufig. Relativ typisch scheint seine Paragenese zu sein; er findet sich als jüngste Bildung auf bis zu 5 x 5 x 5 cm großen, braunen Kalifeldspatkristallen, die an der Oberfläche rau sind, eine beigegelbe Farbe aufweisen und hier generell einen angelösten Eindruck machen. Zu den Begleitmineralien zählen Turmalin sowie grauer, trüber Quarz. Bei den Apatiten handelt es sich um flachprismatische, hellblaue, trübe, bis maximal 2 cm große Kristalle, die dicht miteinander verwachsen auf Kalifeldspat sitzen. Seltener scheinen etwas dickprismatischere, etwa 5 x 5 mm große und 2-3 mm dicke Apatite zu sein, die außer {100} und {001} keinen weiteren Formen aufweisen. Die Einstufung als Fluorapatit ist zwar analytisch nicht unterlegt, kann aber trotzdem kaum bezweifelt werden.

Fluorit CaF_2

Zu den ästhetischsten Bildungen in den Miarolen gehört der Fluorit. Die etwa seit 2000 gelungenen neueren Funde von Erongo

Oben. Fast 3 cm Durchmesser weist der größere dieser beiden Aquamarinkristalle auf. Sammlung Bahmann.

Links. Neufund: Streichholzgroße Aquamarinkristalle liegen hier wirr verstreut zwischen Quarz- und Turmalinkristallen. Sammlung König.

Rechts. Sehr selten sitzen solche charakteristisch angelösten Apatitkristalle auch auf Matrixstufen. Die Kristallgröße beträgt 1,5 cm. Sammlung Bahmann. Alle Fotos Bode.

II („Erongorus") zeigen vor allem dunkel- bis smaragdgrüne, zwischen 5 und 10 mm, seltener auch 2 cm große Kristalle, die als jüngste Bildung der Mineralvergesellschaftung Kalifeldspat-Turmalin-Beryll (Aquamarin) aufsitzen und so farblich bereits außergewöhnlich attraktiven Stufen noch das „gewisse Etwas" verleihen. Allerdings sitzt der Fluorit dabei nur auf (oftmals nach dem Karlsbader Gesetz verzwillingtem) Kalifeldspat und Turmalin, der Aquamarin wird offensichtlich gemieden und scheint offenbar mit Fluorit gleichalt zu sein. Die Fluoritkristalle werden vom Würfel {100} sowie möglicherweise vom nur kantenabstumpfend in Erscheinung tretenden Rhombendodekaeder {110} aufgebaut, zusätzlich ist, vor allem an größeren Kristallen, auch das Oktaeder {111} zu beobachten. Interessant dabei ist, dass ein großer Teil der Kristalle infolge gekrümmter Flächen tordiert erscheint. Diese Torsion oder Verzerrung scheint entlang einer dreizähligen Achse (also einer durch zwei gegenüberliegende Würfelecken laufenden Trigyre) erfolgt zu sein und bewirkte die Bildung sphärischer Flächen, die keine rechten Winkel mehr aufweisen. Die Farben der Fluorite von Erongo II reichen von leicht grün bis dunkel smaragdgrün sowie von leicht bläulich bis gelblich bräunlich. Ganz vereinzelt sind auch intensiv bläuliche, bis 3 cm Kantenlänge aufweisende Fluorite gefunden worden, die als tragende Form den Würfel bei geringfügiger Eckenabstumpfungen durch das Oktaeder zeigen, und deren Oberflächen eine undeutliche Parkettierung aufweisen.

Neben den beschriebenen Kristallen wurden noch tropfenförmige, wie abgerollt erscheinende Fluorite beobachtet.

Seit Ende 2002 wurden an weiteren Fundstellen eine Vielzahl neuer Stufen mit Fluorit gefunden, die sich durch einen unglaublichen Variationsreichtum auszeichnen. Unter den neugefundenen Fluoriten - bis zu 11 cm Kantenlänge - existieren sowohl Kristalle mit dominierendem Oktaeder als auch solche mit dominierendem Würfel sowie Kombinationen aus beiden Formen. Wenn die Fluorite bei früheren Funden meist intensiv smaragdgrün waren, findet man unter den neueren Fluoriten auch tiefviolette Bil-

Oben. Apatit in bläulichen, flachprismatischen Kristallen auf beige Kalifeldspat; Stufenhöhe 4 cm. Sammlung Bode.

Links. Fluorit vom Erongo ist nicht allzuhäufig so kräftig smaragdgrün gefärbt. Diese bis 7 mm Kantenlänge aufweisenden Kristalle zeigen eine charakteristische Torsion. Sammlung Bahmann, Fotos Bode.

dungen sowie oft auch zweifarbige, grün-violette Kristalle mit ausgeprägten Farbzonierungen. Alle Eigenschaften machen dieses Mineral zu einem ausgesprochen vielfältigen Sammelobjekt.

Hämatit Fe_2O_3

Feinkristalliner Hämatit findet sich krustenartig auf vielen Sideriten, die wiederum meist Quarz aufsitzen.

Hydroxylapatit $Ca_5[OH|(PO_4)_3]$

Bei 2003 durchgeführten Analysen haben sich auf Kalifeldspat und neben Aquamarin sitzende, 2-3 mm große Kristalle als Hydroxylapatit erwiesen, womit aus dem Erongo ein zweites Mineral der engeren Apatitgruppe nachgewiesen worden ist.

Der generell Kristalle bildende Hydroxylapatit weist eine interessante Morphologie mit Prisma und Bipyramide, aber ohne Basis auf, wodurch er frappierend Bergkristallen ähnelt, deren beide Rhomboeder gleichgroß ausgebildet sind. Bei Bergkristallen, denen die typische Streifung auf den Prismenflächen fehlt, könnte es sich also um Hydroxylapatit handeln!

Hydroxylherderit $CaBe[(OH,F)|PO_4]$

Im Frühjahr 2003 sind einige Stufen (höchstens 10 bis 20) mit einem Mineral gefunden worden, welches keinem der aus dem Erongo bekannten Mineralien zuzuordnen war. Entsprechende XRD-Analysen haben dann das Vorliegen eines Herderit-artigen Minerals bestätigt. Wie aufgrund der weltweiten Seltenheit des F-dominanten Herderits auch nicht anders zu erwarten war, handelt es sich bei diesen „Erongo-Herderiten" nach anschließenden EDX-Analysen um ein Mineral mit sehr geringen Fluor-Gehalten, mithin also um Hydroxylherderit.

Der Hydroxylherderit bildet kleine Kristalle von höchsten 2 x 1 cm Größe, die in einer artenarmen Paragenese vorkommen. Die Matrix besteht meist aus Kalifeldspat, während auf den Hydroxylherderiten kleine Muskovit-Kristalle sitzen. Das Mineral ist deutlich grün, durchscheinend und weist z.T. starken Glasglanz auf. Die gesehenen Kristalle zeigen sämtlich gute, glatte und intakte sowie ungeätzte Flächen.

Oben. Auf einem charakteristisch angelösten, 6 cm großen Kalifeldspatkristall sitzen hier deutlich blasser gefärbte Fluorite. Sammlung Bast.

Rechts. Hyalit ist ein typisches Mineral des Erongos, zeigt allerdings nur selten eine derartig kräftig grünlichgelbe Farbe wie auf der abgebildeten, 4 cm breiten Stufe. Sammlung und Fotos Bode.

Oben. Zweifarbige oktaedrische Fluorit-Kristalle bis 3 cm Größe. Sammlung Soltau.

Rechts oben und Mitte. Material aus einem Neufund im Frühjahr 2003: Grüne Hydroxylherderite bis 1 cm Länge, begleitet von Kalifeldspat und Muskovit. Sammlung Bast.

Rechts. Mineralienwunder Erongo: Neben Aquamarinen mit kappenartig durchsichtigen Terminierungen auf Muskovit zeigt die Anfang 2003 gefundene Stufe weiße Kristalle, die sich als Apatit erwiesen haben. Sammlung Schnaitmann.

Die Hydroxylherderite des Erongo sind bislang noch nicht goniometrisch vermessen worden, jedoch scheint es sich um nach |100| langprismatische Kristalle zu handeln, die hinsichtlich Tracht, Habitus und beobachteten Kristallformen denen aus dem Fichtelgebirge sehr ähnlich sind. Es handelt sich um pseudorhombische, nicht allzu flächenreiche Kristalle mit offensichtlich fünf Kristallformen. Dazu zählen zwei Prismen

// a (etwa {011} und {021}), ein Prisma // c (etwa {210}) sowie zwei weitere Prismen {hkl}, möglicherweise {211} und {211}. Diesen Ausführungen liegen aber nur vergleichende Beobachtungen und keine Messungen zugrunde; sie können eine kristallographische Untersuchung keinesfalls ersetzen!

Gerüchten zufolge sollen wesentlich mehr - und größere! - Hydroxylherderite gefunden worden sein, die nun als Topas verkannt in diversen Sammlungen und Depots ihrer Entdeckung harren. Etwas später gelangen noch Funde mit etwas größeren, deutlich bläulich gefärbten Kristallen bis 4 cm Größe, bei denen es sich um den Fluor-dominanten Herderit handeln soll.

Mit Hydroxylherderit ist im Erongo nach Beryll ein zweites Beryllium-haltiges Mineral nachgewiesen. Es ist nicht unwahrscheinlich, dass weitere - wie z.B. Euklas, Phenakit oder Bertrandit - folgen werden.

Ilmenit **$FeTiO_3$**

Seit einiger Zeit gibt es auf dem Mineralienmarkt Einzelkristalle und Stufen mit orangebeigen, oft eigenartig verrundeten Kristallen. Diese erwiesen sich als im Inneren weitgehend frische, mit ein wenig Rutil durchsetzte Ilmenite. Im äußeren Bereich werden diese Ilmenite netzartig zunehmend von einem feinkörnig-dichten Gemenge aus etwas Ilmenit und überwiegend Rutil durchzogen, das auch den obersten, farbgebenden Belag bildet. Diese orangebeigen Massen und Beläge entsprechen offenbar jenem Umsetzungsprodukt, das üblicherweise als „Leukoxen" bezeichnet wird und unter dem meist hydrothermal bedingte oder durch Verwitterungsagentien verursachte mikrokristalline Abbauprodukte verstanden werden, an welchen Titanoxide allein oder in inniger Verwachsung mit anderen Mineralien beteiligt sind.

Die Ilmenit-Kristalle erreichen Größen von ca. 3 x 2 cm und sitzen bevorzugt auf trüben, gelblichen Quarz-Kristallen. Nicht allzu selten finden sich auf ihnen Kristalle schwarzen Turmalins (Schörl?).

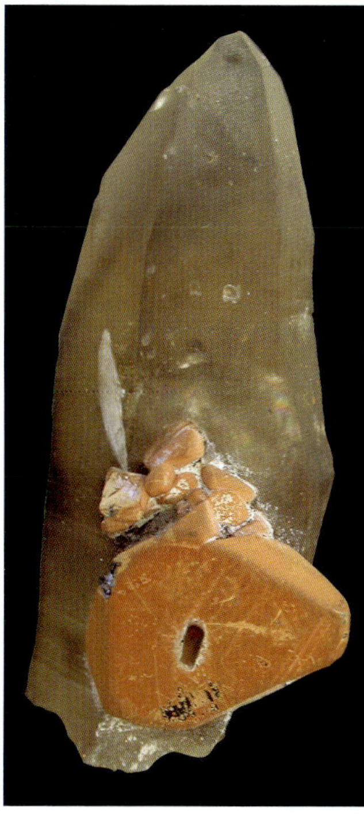

Rechts oben. Eigenartig verrundete Ilmenit-Kristalle auf rauchfarbenem Quarz. Stufengröße 4 x 4 cm. Sammlung Nägele, Foto Schnaitmann.

Rechts. Großer Ilmenit-Kristall auf rauchfarbenem Quarz. Stufengröße 2 x 6 cm. Sammlung Nägele, Foto Schnaitmann.

Daneben. Schöner, von Rutil-haltigen Verwitterungsprodukten sowie Turmalin überzogener Ilmenit-Kristall von 2,3 x 2,4 cm Größe. Sammlung und Foto Bast.

Oben. Schlanke, langprismatische Jeremejewit-Kristalle wurden seit März 2001 im Erongo auf dem Farmgebiet Ameib gefunden. Obwohl viele tausend kleine Einzelkristalle geborgen wurden, waren solche wie die oben abgebildeten blauen Kristalle bis 6,5 cm sehr, sehr selten. Sammlung Soltau, Foto Bode.

Jeremejewit $Al_6[(F,OH)_3|(BO_3)_5]$

Auf einem isolierten Inselberg (Koordinaten 21° 45' 27" S und 15° 35' 00" E) auf der Farm Ameib 60 nahe deren Grenze zur Farm Davib Ost 61, etwa in der Mitte zwischen Tubussis im Norden und Usakos im Süden, sind im März 2001 erste Jeremejewit-Kristalle gefunden worden. Das Fundgebiet beschränkte sich auf eine ca. 100 m^2 große Fläche an einem steil abfallenden Abhang nahe dem Gipfel des Inselberges. Das Material soll aus Hohlräumen in „pegmatitic pipes" stammen, die den Granit in einer eng begrenzten Zone durchziehen. Damit würde es sich im Gegensatz zu den bekannten Mineralien des Erongo, die aus Miarolen stammen, tatsächlich um pegmatitische Bildungen handeln.

Von den anfangs für Aquamarin gehaltenen Jeremejewiten wurden einige tausend Kristalle, aber nur ganz wenige gute lange Einzelkristalle und Matrixstufen geborgen. Letztere bestehen aus entweder Rauchquarz oder aus Feldspat, denen die Jeremejewite aufsitzen oder partiell eingewachsen sind.

Die Kristalle erreichen bei ca. 5 cm Länge kaum mehr als 1 cm Durchmesser; Gerüchten zufolge sollen bis 8 cm lange Kristalle vorgekommen sein. Der Habitus der Erongo-Jeremejewite variiert von stumpf- und kurzprismatisch bis langprismatisch, wobei die Kristalle sich zum terminierten Ende hin oft verjüngen. Im Gegensatz zu den Jeremejewiten von „Mile 72" bei Cape Cross sind ihre Flächen nur sehr selten angelöst, sondern fast immer glatt, glänzend und stark reflektierend.

Die Farbe der Kristalle reicht von kornblumenblau über blass- bis mittelblau bis hin zu lavendelfarbenen, lohfarbenen und farblosen Kristallen. Die überwiegende Mehrzahl der Jeremejewite ist dabei blass- bis mittelblau. Farbzonierungen entlang der c-Achse sind nicht selten, wobei das ehemals aufgewachsene Ende der Kristalle dunkler ist als das Terminierungen zeigende Kristallende, das sogar farblos sein kann. Interessanterweise zeigen die meisten farblosen bis blassblauen Kristall Terminierungen, während diese bei den intensiv gefärbten Kristallen fast generell fehlen.

Die Hohlräume in den Pegmatiten enthalten einen blauen bis grünen Turmalin in faserigen Aggregaten sowie Rauchquarz und Kalifeldspat (alle Angaben stammen aus WILSON et al. 2002).

Es sei darauf hingewiesen, dass es sich bei Jeremejewit wie beim Turmalin um ein Borat-Mineral handelt. In Anbetracht der Tatsache, dass die Jeremejewit-führenden Hohlräume nur wenig Turmalin enthielten, schien an dieser Stelle - wie im gesamten Erongo-Granit - zwar genug Bor vorhanden zu sein, aber offensichtlich nicht das für die Bildung von z.B. Schörl notwendige Natrium und Eisen.

Auf der anderen Seite enthält Jeremejewit - abgesehen vom $[SiO_4]$-Tetraeder - auch die im Topas vorhandenen Elemente Al, F und OH-Gruppen. So könnte man einerseits annehmen, dass sich Jeremejewit aufgrund des Mangels an Na und Fe an Stelle von Schörl sowie aufgrund des Überangebotes an Bor an Stelle von Topas gebildet hat.

Dies sind allerdings lediglich Spekulationen; fundierte Schlussfolgerungen würden genaue physikochemische Untersuchungen und eine Mengenbilanz der in den Pegmatit-Hohlräumen vorhandenen Mineralien und deren genauer chemischer Zusammensetzung erfordern.

Später haben sich einige der Aussagen von WILSON et al. (2002) relativiert. So sind 8 cm große Jeremejewit-Kristalle nicht nur gerüchteweise bekannt, sondern wurden bei namibischen Sammlern auch tatsächlich gesehen. Die Matrixstufen sind gegenüber den zahllosen Einzelkristallen zwar deutlich in der Minderheit, jedoch ist eine ganze Anzahl von ihnen bekannt. Und letztlich ist mit diesem Mineral eine Menge Geld verdient worden.

Da zum Teil bis 8 cm große Jeremejewit-Partien existierten, konnten daraus viele schöne Steine geschliffen werden - der Erongo ist für dieses Mineral mit der Mohs'schen Härte 7,5 (Edelsteinhärte) praktisch das einzige Vorkommen weltweit. Und das ließen sich einige Edelsteinhändler gut bezahlen, wie die Preise für facettierte Steine im fünfstelligen Dollarbereich (!!!) beweisen …

Kalifeldspat (Mikroklin?) $K[AlSi_3O_8]$

Der Natur der Miarolen entsprechend müssen

in diesen u.a. auch die Hauptbestandteile des Erongo-Granites (Quarz, perthitisch entmischter Kalifeldspat und Na-reicher Plagioklas) auftreten. Beim Kalifeldspat handelt es sich dabei wohl um das Mineral, das zumindest in den im Mai/Juni 2000 von den Verfassern gesehenen Miarolen das Hauptmineral darstellt. Kalifeldspat kommt in bis 10 cm großen Kristallen vor, die in der Farbe von cremeweiß bis beige variieren und als ältestes Mineral häufig die Basis für die vergesellschafteten Spezies bilden. Zu letzteren zählen alle primär in den Miarolen kristallisierten sowie ein Großteil der später und pneumatolytisch entstandenen Mineralien. Kalifeldspat ist häufig verzwillingt, wobei Zwillinge nach dem Karlsbader Gesetz deutlich dominieren.

Insbesondere bei den Funden vom Jahresanfang 2000 wurde eines deutlich: auf nahezu allen Stufen wird der Kalifeldspat epitaktisch und sehr dicht von palisadenförmig entwickeltem Albit[I] überzogen, woraus oft ein angelöster Eindruck entsteht. Daneben ist auf den Stufen fast immer Schörl und Albit[II], häufig auch Aquamarin und Fluorit, vorhanden.

Kassiterit SnO_2

gehört gelegentlich nach EMMERMANN (in BLÜMEL et al. 1979) zum Mineralinventar der sogenannten „Turmalinnester".

Oben. Ein schöner und frischer, nach dem Karlsbader Gesetz verzwillingter Kalifeldspat von 12 x 10 cm Größe. Im linken Bereich sind ihm mehrere weiße Topas-Kristalle aufgewachsen. Sammlung Soltau, Foto Bode.

Unten. Beginnende Perimorphosenbildung. Der Kalifeldspat-Kristall ist schon angelöst, während ihm zahlreiche Rauchquarz-Kriställchen aufgewachsen sind. Stufengröße ca. 3 x 3,5 cm, Sammlung Nägele, Foto Schnaitmann.

Unten. Beim Blick „von unten" ist deutlich zu erkennen, dass es sich um eine Perimorphose handelt - der einstmals vorhandene Kalifeldspat-Zwilling wurde weggelöst. Sammlung Nägele, Foto Bode.

In den letzten Jahren (vor allem 2002/03) gelangen ganz erstaunliche Neufunde von z.T. spektakulären Kassiterit-Kristallen bis 7 cm Größe. Die schwarzen Kristalle scheinen aus Subindividuen aufgebaut zu sein und machen z.T. einen skelettartigen Eindruck.

Metazeunerit

Im Zuge der interessanten Funde einiger Uran-Sekundärmineralien (Walpurgin, Uranophan) im Erongo fand sich auch ein weiteres Uranmineral.

Grüne, flächenreiche Kristalle auf Rauchquarz oder auf einer Matrix aus feinstschuppigem Muskovit haben sich nach XRD-Aufnahmen als ein Mineral der Meta-Autunit-Gruppe herausgestellt, wobei anfänglich das Vorliegen von Natrium-Uranospinit vermutet wurde. Ein Teil der Kristalle aus dem Erongo zeigt eine charakteristische starke gelbgrüne Fluoreszenz im UV-Licht. Wie Heini Soltau aus Lüderitz, Namibia, bei der Betrachtung des Materials unter dem Binokular und bei Versuchen mit der UV-Lampe feststellte, weisen die Kristalle des Uranminerals auf ein und derselben Matrix unterschiedliches Fluoreszenz-Verhalten auf. Während einige der Kristalle überhaupt nicht fluoreszieren, und damit für das Vorliegen von Metatorbernit sprechen, fluoreszieren andere sowohl im langwelligen als auch im kurzwelligen UV-Licht ohne deutliche Farbänderung gelblichgrün. Hierbei handelt es sich aber um höchstens 2% der Kristalle! Interessanterweise sind die Kristallflächen bei mikroskopischer Betrachtung nicht homogen, sondern zeigen neben klar-glasglänzenden, schleifbaren („gemmy" wie Torbernite aus dem Kongo) Bereichen auch solche mit Perlmuttglanz. Diese helleren Bereiche erwiesen sich als trüb und rau; praktisch sind es ausschliesslich diese perlmuttglänzenden Kristallregionen, die fluoreszieren. Unterhalb dieser Regionen finden sich allerdings wieder glatte und glasglänzende, nichtfluoresziernde Bereiche. Möglicherweise liegt eine Parallelverwachsung nach (001) vor, wie das bei „Uranglimmern" gar nicht so selten beobachtet werden kann. Weitere Untersuchungen werden dies klären. In den allermeisten Fällen (bei ca. 90 von 100 Stufen) bilden die „Uranglimmer" lediglich blätterige Aggregate bis 1 cm Größe in Spalten und Rissen in der Matrix. Nur dort, wo genügend Platz vorhanden war, konnten sich Kristalle ausbilden, die deshalb als sehr selten zu betrachten sind.

Eine der besten Stufen (Sammlung Soltau) zeigt zahlreiche Kristalle auf einem Rauchquarz-Schwimmer (Floater) von etwa 3,5 x 3 cm Größe. Kristallographisch handelt es sich um idiomorphe, dipyramidale Kristalle, deren Habitus von nahezu isometrisch bis hin zu dickplattig variiert. In fast allen Fällen bilden sie Kombinationen aus einer tetragonalen Dipyramide und dem Basispinakoid {001}. Die „Uranglimmer" sind in den meisten Fällen rauchfarbenem Quarz oder einer Pseudomorphose von „Limonit nach unbekannt" aufgewachsen. Als Begleiter finden sich meist nur violetter Fluorit, etwas schwarzer Turmalin (Schörl?) und seltener auch die Opalvarietät Hyalit. Einige Stufen von der Größe einer halben Männerfaust bestehen hauptsächlich aus Glimmern, denen Fluorit aufgewachsen ist. Zwischen den Fluoriten kristallisierte wiederum der „Uranglimmer".

Oben. Prächtige, intensiv leuchtendgelbe Metanovacekitkristalle bilden hier ein auf typisch „limonitischer" Matrix sitzendes, über 1 cm großes Aggregat. Sammlung und Foto Soltau.

Links. Solche skelettartigen Kassiterite bis zu 7 cm Größe sind ebenfalls erst seit kurzer Zeit aus dem Erongo bekannt geworden. Foto Bode.

Es wäre interessant herauszubekommen, ob es sich bei den in der Paragenese auftauchenden violetten Fluoriten um „Stinkspat" handelt. Dieser enthält bekanntermaßen durch geringe Urangehalte entstandenes atomares Fluor, welches beim Anschlagen frei wird und charakteristisch unangenehm riecht (Name!).

1

2

3

4

5

6

7

8

1. Metazeunerit. Breite 1,6 cm.
2. Metazeunerit mit violetten Fluoritkristallen. Breite 2,5 cm.
3. Metazeuneritkristalle mit Fluorit auf einem Rauchquarzkristall.
4. Metanovacekit. Stufenbreite 4,3 cm.
5. Metazeuneritkristalle auf Rauchquarz. Begleiter sind Turmalin und Hyalit. Höhe 7 cm.
6. Metanovacekitkristalle. Stufenbreite 4 cm.
7. Metanovacekit. Stufenbreite 4 cm.
8. Metazeunerit in perfekten, bis 1 cm großen Kristallen neben Fluorit auf Quarz.
Alle Stufen Sammlung Soltau, alle Fotos Soltau.

Wenn es sich bei dem neuen Uranmineral aus dem Erongo auch „nur" um Klein- bis Normalstufen handelt, haben diese aufgrund ihrer perfekten Kristalle und deren ästhetischer Anordnung auf einer farblich sehr schön kontrastierenden Matrix für Namibia und insbesondere für den Erongo als sensationell zu gelten.

Metanovacekit $Mg[UO_2|AsO_4]_2 \cdot 4\text{-}8H_2O$

Ebenfalls auf Tubussis 22 fanden sich dünntafelige, gelbe, stark gelbgrün fluoreszierende Kristalle bis fast 1 cm Größe, die mit Metazeunerit, Fluorit, Quarz und Monazit vergesellschaftet sind (Analyse im Naturhistorischen Museum Wien, vgl. MW 6/2003: 15).

Monazit-(Ce) $Ce[PO_4]$

Das Phosphatmineral ist angeblich von Charles Key im Material aus Miarolen des Erongo-Granits gefunden worden. Weitere Angaben oder nähere Informationen dazu liegen nicht vor. 2003 wurden einige Stufen mit bis zu 2,5 cm großen Monazit-Kristallen geborgen, die z.T. einen Metazeunerit-Belag aufwiesen (MW 6/2003: 15).

Muskovit

Der analytisch als Li-haltiger Muskovit (nach Analysen an der TU Bergakademie Freiberg ein Muskovit-1M) identifizierte Hellglimmer (Muskovit[I]) bildet bis 1 cm Kantenlänge aufweisende und bis 8 mm mächtige Kristallpakete, die in den Miarolen zu schönen, rosettenförmigen Aggregaten zusammentreten können. Gelegentlich finden sich auch einzelne, um 1 x 1 cm große, silbriggrüne, perfekt ausgebildete Glimmerpakete solitär auf Kalifeldspat. Älter als der Muskovit scheint Kalifeldspat, gleichalt der Turmalin, deutlich jünger dagegen Albit zu sein. Letzterer sitzt auf den Glimmerpaketen und weist Albit-Habitus auf und ist zum Albit[II] zu rechnen. Eine zweite, jüngere Generation wird insbesondere auf den von Erongo II stammenden Stufen mit Schörl und Kalifeldspat beobachtet. Bei diesem Muskovit[II] handelt es sich um grünliche Krusten, die sich bei Vergrößerung als Verwachsungen perfekter, pseudohexagonaler Plättchen von silbriggrauer Farbe und Maximalgrößen von 1 mm herausstellen. Sie sitzen auf dem den Kalifeldspat orientiert überwachsenden Albit[I] und sind gleichalt mit den Begleitern Albit[II] und Turmalin. Letzterer tritt in Form dünner, grünlicher Stängelchen von maximal Zentimeterlänge auf.

Im Erongo existieren offensichtlich noch weitere Glimmermineralien, wobei insbesondere Zinnwaldit vorzukommen scheint.

Opal Var. *Hyalit* $SiO_2 \cdot nH_2O$

Wie bei dem von RAMDOHR (1940) beschriebenen Vorkommen von der Kleinen Spitzkoppe treten auch in den Miarolen des Erongo-Granites krustenbildende Opal-Aggregate auf, die zur Varietät Hyalit zu zählen sind. Unter diesen dominieren ganz dünne Überzüge, seltener sind mehrere Millimeter dicke, ausgesprochen nierig-traubige Aggregate, die zu Flächen bis Handtellergröße zusammentreten können. Letztere sind meist von gelbgrüner Farbe und fluoreszieren bereits unter dem Einfluss der im Sonnenlicht enthaltenen UV-Strahlung überaus stark, während die dünnen Überzüge farblos bis blassweiß sind und erst bei Anregung mit UV-Licht diese intensive gelbgrüne Fluoreszenz zeigen. Als Ursache dieser Fluoreszenz lassen sich möglicherweise ähnlich wie an der Kleinen Spitzkoppe (RAMDOHR 1968) Uran-Gehalte diskutieren. Es sei aber darauf hingewiesen, dass nicht alle Hyalite aus dem Erongo-Granit fluoreszieren!

Hyalit ist in den Miarolen die wahrscheinlich jüngste Bildung und überzieht vor allem Kalifeldspat, Schörl und Hellglimmer, wurde aber auch auf Topas beobachtet. Ein dünner, grauweißer Hyalit-Belag auf den Turmalinkristallen mindert deren ästhetische Wirkung beträchtlich. Von Sammlern vor Ort wird er durch den Einsatz einer Kombination verschiedener Säuren (darunter HF) entfernt, wobei aber die übrigen Mineralien oft sichtlich leiden. Nach RAMDOHR (1940) gelingt die Reinigung von Stufen mit Krusten aus Brauneisen, Schmutz und Hyalit nur, *„wenn man sie zur Lösung bzw. zur Auflockerung der Hyalitkruste zunächst lange mit warmer verdünnter Natronlauge, dann (nach Abwaschen!) mit starker Salzsäure behandelt, dann aber vorzüglich"*.

Quarz SiO_2

ist in den Miarolen des Erongo-Granites nicht so häufig wie anderswo und wurde von den Verfassern im Material der im Mai/Juni 2000 geöffneten Miarolen nur zurücktretend vorgefunden. In den älteren Funden relativ häufig sind graue

Schön auskristallisierte Monazite wurden 2003 gefunden, die bis zu 2,5 cm groß werden und teilweise einen Belag von Metazeunerit aufweisen. Foto Soltau.

Auf violettem Fluorit und Kalifeldspat sitzen plattige Kristalle und -aggregate von Metazeunerit. Stufenbreite 3,5 cm. Sammlung und Foto Soltau.

und weiße, bis ca. 10 cm große Einzelkristalle oder nette Kristallgruppen zusammen mit Kalifeldspat, Turmalin, Aquamarin, Dolomit. Sehr typisch ist auch die Vergesellschaftung mit Siderit, dessen Kristalle meist auf Quarz sitzen. An den Erongo I genannten Fundstellen fand sich Quarz in aus vielen Subindividuen aufgebauten „Sprossenquarzen" zusammen mit getrepptem, bläulichgrünem Fluorit. Bemerkenswert sind über 5 cm große Vergesellschaftungen mit Topas sowie ganz ausgezeichnete, bis 12 cm große Zepterbildungen, die auf Quarz, Feldspat und/oder Turmalin sitzen und daneben von Dolomit, Fluorit, Hyalit und Siderit begleitet werden können. Die 3 cm Durchmesser aufweisende erste Generation (der „Stamm") wird meist von undurchsichtigem Milchquarz gebildet, der oft noch einen Anflug von Siderit bzw. „Limonit" trägt. Die 2. Generation (der „Kopf") besteht dagegen meist aus undurchsichtigem Rauchquarz, der ebenfalls oft einen Anflug von Siderit bzw. „Limonit", aber auch von Hyalit tragen kann.

Rechts. Diese von Turmalin und Albit überwachsenen Quarzkristalle bis 6 cm Größe enthalten als Einschluss auch zahlreiche dünne Turmalinnadeln.
Unten. Hier ist sehr gut zu sehen, wie die in dem 6 cm großen Quarzkristall eingeschlossenen Turmalinnadeln zum Teil aus diesem „herausspießen".
Unten rechts. Dunkle Rauchquarze, die schon als Morione bezeichnet werden können, fanden sich bevorzugt im Jahr 2002.
Alle Stufen Sammlung König, Fotos Bode.

Rauchquarz ist daneben auch in eigenständigen Kristallen in Form von bis 10 cm großen, steilrhomboedrisch entwickelten Individuen, oft zusammen mit Schörl und Hyalit, bekannt. Letztendlich sollen auch die in den Miarolen des Erongo-Granits recht seltenen Amethyste Erwähnung finden, zu denen u.a. die mit getrepptem Fluorit vergesellschafteten, gelegentlich von Sprossenquarzen überzogen, hellvioletten Quarze zu zählen sind.

Seit ca. 2003 kamen aus dem Erongo neben vergleichsweise viel hell rauchbraunem Rauchquarz, der bevorzugt im Tessiner Habitus auftritt, auch eine Reihe von recht großen Stufen mit schwarzen Quarzen, die z.T. durchaus als Morion bezeichnet werden können. Begleiter sind meist Kalifeldspat und Albit.

Unten. Nicht häufg sind schöne Stufen mit Rauchquarz-Kristallen. Höhe 3,2 cm. Sammlung und Fotos Bode.

1

2

3

4

1. Ein von einem Zwilling nach dem Japaner Gesetz gebildeter Bergkristall-Schwimmer. Die Schenkellänge beträgt jeweils 1,5 cm.
2. Für den Erongo recht selten: mehrfach nach dem Japaner Gesetz verzwillingter Bergkristall. Der längste Kristall ist 1,5 cm groß.
3. Ein weiterer asymmetrischer „Japaner“. Der linke Kristall ist 2 cm, der rechte 1,5 cm groß.
4. Herrlicher nach dem Japaner Gesetz verzwillingter Rauchquarz. Stufengröße 6,5 x 5 cm.
Alle Stufen Sammlung Bast, Fotos Bast.

Neben den vielfältigen Farbvarietäten (Rauchquarz!) und schönen Ausbildungsvarietäten (Zepterquarz!) ist es weitgehend unbekannt geblieben, dass der Erongo auch fantastische Quarz-Zwillinge nach dem Japaner Gesetz geliefert hat. Neben Stufen mit verzwillingten, unverzerrten Kristallen sind „Schwimmer-Zwillinge“ aus plattig verzerrten Individuen recht typisch. Einer der schönsten dieser Bildungen ist ein gelblichbrauner, V-förmiger, fast völlig geschlossener Zwilling von 6,5 x 5 cm (Sammlung Bast; siehe Foto oben) aus zwei flachtafelig verzerrten Individuen. Der einspringende Winkel wird von den Rhomboederflächen der beiden Kristalle gebildet, lediglich eine winzige Kerbe weist auf die zusammentreffenden Prismenflächen hin.

Andere Zwillinge sind farblos bis trübweiß und bestehen gleichfalls aus flachtafelig verzerrten Individuen, stellen aber offene V-förmige Bildungen dar, wo der einspringende Winkel von den Prismenflächen gebildet wird. Daneben

Der Erongo liefert auch recht attraktive Zepterquarze, wie diese 7 cm hohe Gruppe beweist. Wie auch anderswo ist hier die erste Generation milchig, während der aufsitzende Kristall der zweiten Generation schon als Amethyst bezeichnet werden kann. Sammlung Bahmann, Foto Medenbach.

Interessanter Fund für den Erongo: roter Rutil in Sagenit-förmiger Verwachsung auf schwarzem Turmalin. Die Originalstelle der Rutil-Kristalle sieht man unten am Turmalin-Kristall (links, im Kreis). Sammlung Nägele, Foto H. D. Müller.

existieren multiple Zwillinge, bei denen z.B. ein aus flachtafeligen Individuen gebildeter Y-förmiger Zwilling durch Verzwillingung mit einem unverzerrten Quarz zum doppelten Zwilling wird. Andere Stufen - wohl sehr selten und deshalb auch sehr teuer - bestehen aus zahllosen über- und hintereinander gestaffelten Zwillingen nach dem Japaner Gesetz - ein spektakulärer Anblick!

Rutil **TiO_2**

Passend zum Vorkommen von Ilmenit erwies sich die Identifizierung eines weiteren Ti-haltigen Minerals. Rutil bildet rote, typisch „Sagenit"-artige Verwachsungen auf dem „ausgefaserten" Ende von schwarzen Turmalin-Kristallen. Diese Sagenit-Gitter sind mit jeweils ca. 2 x 2 mm relativ klein, aber durch ihre Lage nebeneinander und den Farbkontrast zum schwarzen Turmalin gut zu erkennen.

Mineralien der Turmalingruppe

Turmalin ist das Mineral aus den Miarolen des Erongo-Granites, welches am längsten bekannt ist. Es ist allerdings auch fast unmöglich, die schwarzen, eingewachsenen Turmalinkristalle im/auf den Geröllen zu übersehen; Stufen mit frei gewachsenen Kristallen „liegen einfach so" im Gelände.

Der Turmalin aus dem Erongo ist aus einer Reihe von Gründen sehr bemerkenswert: Die Größe der Kristalle (bekannt sind bis zu 20 cm große, frei gewachsene Exemplare), der Flächenreichtum, die oft sehr schön zu beobachtende Hemimorphie der Kristalle, die Paragenese und die vielen verschiedenen Verwachsungs- sowie An- und Auflösungsphänomene machen dabei nur einen Bruchteil der Faszination aus, die von diesem eher häufigen Borsilikat ausgeht. Der Großteil der auf dem Markt befindlichen Turmaline ist bis 4 cm groß, weist häufig starken Glasglanz auf und sitzt gewöhnlich auf creme- bis beigefarbenem Feldspat. Die interessanteren Stufen tragen ferner stängelige Aquamarin-Kristalle sowie grüne und/oder violette Fluorite, wodurch sich wunderschöne Farbkontraste ergeben.

Weitere Begleiter des Turmalins sind Albit, die oft stark fluoreszierende Opal-Varietät Hyalit, der Goshenit, Topas, Siderit, Muskovit, Quarz (in den Varietäten Bergkristall, Rauchquarz, Amethyst), Monazit, Xenotim, Rutil, Ilmenit, Apatit und noch einige weitere, allerdings seltenere Spezies. Der Hyalit bildet auf vielen Erongo-Turmalinen dünne, krustenartige, nahezu farblose Überzüge, die den typischen Glanz des Turmalins leider stark vermindern.

In den Miarolen des Erongo scheinen mehrere Generationen des schwarzen Turmalins zu existieren. Gelegentlich sitzt z.B. Aquamarin auf dem Turmalin, wird aber woanders von kleinen, hochglänzenden Turmalin-Kristallen überwachsen. In seltenen Fällen finden sich auch Einschlüsse von Turmalin in Aquamarin-Kristallen.

Da der Erongo-Turmalin wie alle Turmaline die Merkmale der Hemimorphie der rhomboedrischen Hemiedrie (u.a. Fehlen eines Symmetriezentrums) zeigt, lässt sich an außergewöhnlich vielen Turmalinen aus dem Erongo die Ungleichheit der Flächenausbildung der beiden Kristall-Enden eines Individuums oft ausgezeichnet beobachten.

Der größte Teil der Erongo-Turmaline weist eine extrem hemimorphe Ausbildung derart auf, dass das eine Kristall-Ende eines kompakten Kristalls perfekte Kristall-Flächen (im Weiteren „positives Kristallende" genannt) trägt, während das andere Kristall-Ende pinselartig in viele dünne und dünnste Einzelkristalle (im Weiteren

Oben. Zahllose dünne, garbenförmig verwachsene Turmaline bilden Aggregate, die man schon „Kristallstöcke" nennen könnte. Die Bildbreite beträgt 8 cm. Sammlung König, Foto Bode.

Rechts.
2001/2002 kamen besonders schöne Turmalin-Stufen aus den Miarolen des Erongos. Eine der ästhetisch schönsten Stufen dürfte die abgebildete sein, die 2002 gefunden wurde. Es handelt sich um Kristalle mit ausgesprochen trigonalem Aussehen und nahezu dreieckigem Querschnitt. Sammlung Soltau, Foto Bode.

„negatives Kristallende“ genannt) ausfranst. Im Extremfall sind in letzterem Bereich nur die Kristallkanten vorhanden, während die Flächen fehlen. Dadurch bleibt ein „trigonaler“ bzw. „Mercedes-Stern“ übrig, der die dreizählige Symmetrie der c-Achse des Schörls sehr plastisch vor Augen führt. Bezüglich dieser Ausbildung der Erongo-Turmaline und ihrer Entstehung kursieren eine Reihe von Erklärungsversuchen, darunter einige, die unzulässig verallgemeinern. So hört man z.B. immer wieder, dass die Turmaline immer mit ihrem posiven Ende an anderen Mineralien angewachsen sind, während das negative Kristall-Ende frei entwickelt ist. Bereits beim Anblick einer kleinen Auswahl von Erongo-Turmalinen kann man sich aber davon überzeugen, dass dies auf keinen Fall immer so ist. Die Turmaline sind vielmehr teilweise mit dem negativen Ende auf- oder sogar eingewachsen, auch finden sich Stufen, wo beide Kristall-Enden eingewachsen sind, während der Hauptbereich des Kristalls frei entwickelt ist. Andere dieser Turmaline sitzen wiederum mit den Prismenflächen auf der Matrix, und beide Enden sind frei kristallisiert.

Der starken Polarität der Achse geschuldet sollen diese Turmaline am positiven Ende gewachsen sein, während sie am negativen Ende wieder an- bzw. aufgelöst wurden. Dies kann aber bei Kristallen mit in Kalifeldspat eingewachsenen negativen Enden ausgeschlossen werden, wodurch dieser Erklärungsversuch zumindest für solche Kristalle ausscheidet.

Die meisten Turmaline sind typisch langprismatisch entwickelt. Seltener lieferte z.B. die Fundstelle Erongorus aber auch extrem kurzprismatische Individuen, wie sie ganz ähnlich in alten Sammlungen von Groß Meseritsch (Velkého Mezirici) in Mähren (Tschechien) angetroffen werden.

Oben. Gruppe aus wunderschön hemimorph entwickelten, bis 4,5 cm großen Turmalinkristallen. Im unteren Bereich der Stufe ist ein kleiner Aquamarinkristall aufgewachsen. Sammlung Bahmann, Foto Medenbach.

Links. Hochglänzender, ca. 1,5 cm großer Turmalin auf Quarz. Durch die starke Streifung auf den Prismenflächen bedingt weisen nur wenige Turmalinkristalle einen derart starken Glanz auf. Sammlung und Foto Bode.

Charakteristisch für diese nahezu isometrischen Kristalle ist die Dominanz der die drei (Kopf)-Flächen bildenden trigonalen Pyramide, wodurch das Kopfbild dieser Turmaline mitunter verblüffend dem eines Granat-Kristalls ähnelt, der lediglich das Rhombendodekaeder zeigt. Andere, meist langprismatische Turmaline zeigen einen vollkommen dreieckigen Querschnitt, der durch ein dominierendes, meist sogar alleiniges trigonales Prisma entsteht. Dieses Prisma ist in vielen Fällen deutlich und eng parallel (001) gestreift.

Hinsichtlich der Ausbildung der Kristalle, unter denen sehr häufig nahezu Idealkristalle und „Schwimmer“ angetroffen werden, soll ferner auf die „Fliegenaugen“ hingewiesen werden. Bei diesen handelt es sich um mit bis 2 mm Durchmesser relativ dünne, mehr oder weniger divergent verwachsene Kristalle, deren Endflächen dadurch insgesamt eine konvexe Oberfläche bilden und so ein einem facettierten Insektenauge nicht unähnliches Muster ergeben. Sehr selten sind „pfauenschweifig“ angelaufene Kristalle.

Um was für einen Turmalin handelt es sich aber nun bei dem Material aus dem Erongo? Bislang hat es noch niemand geschafft, eine Ordnung in die vorhandenen unterschiedlichen

Turmalin-Generationen zu bringen. Ganz sicher zu unterschiedlichen Generationen gehören aber die aus winzigen, wirrstrahlig-feinfilzigen Kristallen bestehenden Beläge auf einigen bis 10 cm großen und 3 x 3 cm „dicken" Turmalin-Kristallen. Ferner tritt eine zweite, jüngere und meist dunkelgrüne Generation neben großen

Links. Hier bilden etwa 2,5 cm große, parallelverwachsene Turmalinkristalle ein attraktives Aggregat. Sammlung König.
Darunter. Nahezu isometrischen Habitus weist dieser 3,8 cm große, von kleinen Quarzkristallen begleitete Turmalin auf. Sammlung Bode.

Unten. Zu den atemberaubenden Ausbildungen des Erongo-Minerals „Nr. 1" gehört diese prächtige Gruppe aus stark gestreiften, pinselartig endenden Turmalin-Kristallen bis 22 cm Länge. Sammlung Bahmann, Fotos Bode.

Turmalin-Kristallen einer älteren Generation auf.

Bei diesen nur 1 bis 2 mm dünnen und 1 bis 2 cm langen Kristallen handelt es sich aber möglicherweise ebenso um ein weiteres Turmalin-Mineral wie bei den dunkel rötlichbraun gefärbten, kantendurchscheinenden großen Kristallen, die sich auf den ersten Blick nicht von schwarzen Turmalinen unterscheiden. Auch die auf den Münchner Mineralientagen 2004 angebotenen, deutlich karminrötlichen Turmaline (MW 1/05: 9) scheinen hierher zugehören. Ferner treten bläuliche und weißliche „Turmaline" auf, zu deren Chemismus ebenfalls keine Untersuchungsergebnisse vorliegen.

Anfänglich wurden die Erongo-Turmaline sämtlich als „Schörl" bezeichnet - gestützt durch die beim weit überwiegenden Teil der Kristalle auftretende schwarze Farbe. Später sollen zumindest die hemimorphen Turmaline mit positivem und negativem („ausgefransten") Ende als der alkalidefizitäre „Foitit" identifiziert worden sein; entsprechende Veröffentlichungen fehlen aber bis heute. Nichtsdestotrotz läuft der Großteil der Erongo-Turmaline seitdem vor allem in den USA als „Foitit".

An dieser Stelle ein Wort zu den Turmalinen im Allgemeinen. Wie bei den Amphibolen handelt es sich bei ihnen um eine außergewöhnlich vielfältige Mineralgruppe mit zahlreichen Möglichkeiten der Mischkristallbildung - Mischkristallreihen sind gleichzeitig in mehreren Richtungen möglich!

Heute sind 39 Endglieder bekannt, von denen 13 auch in der Natur vorkommen. Die Turmalingruppe weist die allgemeine Summenformel $XY_3Z_6[V_3|W|(BO_3)_3|Si_6O_{18}]$ auf. An der X-Position findet sich entweder Natrium (z.B. Schörl) oder Calcium (z.B. Liddicoatit) oder aber eine Vakanz (z.B. Foitit). Je nach Dominanz wird folglich zwischen Alkali-Turmalinen, Calcium-Turmalinen und an der X-Position defizitären Turmalinen unterschieden.

An Erongo-Turmalinen durchgeführte Analysen (G. Blaß/Eschweiler, vgl. dazu auch die Ausfüh-

Die Auswahl einiger Turmalinstufen von den Fundstellen am Erongo zeigt einen Querschnitt verschiedener Ausbildungen. Die oben abgebildete, 12 cm hohe Stufe besteht aus garbenartigen Aggregaten langnadeliger Kristalle.

Oben rechts ist eine Stufe mit angelösten Turmalin-Kristallen zu sehen, bei denen die Kristallkanten der Kopffläche („Mercedes-Stern") erhalten geblieben sind. Breite der Stufe 14 cm.

Kristalle bis zu 8 cm im Durchmesser bildet Turmalin auf der rechts gezeigten Stufe, die im Original 17 cm breit ist. Alles Sammlung Bahmann, Fotos Bode.

Oben. Schwarze Turmaline wie dieser 2,5 cm große Kristall sind für den Erongo recht typisch. Charakteristisch ist die meist deutlich sichtbare Streifung der Kristalle auf den Prismenflächen, wodurch der an sich starke Glasglanz dieser Turmaline oft maskiert wird. Sammlung König, Foto Bode.

rungen in JAHN 2003b) deuten darauf hin, dass die an ihnen ermittelten Na-Gehalte für Schörl zu gering, für Foitit aber zu hoch sind. Weiterhin erwiesen sich die Erongo-Turmaline als Fluor-frei und als sehr stark eisenhaltig, wohingegen der Aluminiumgehalt erstaunlich gering ist. Diese Werte passen allerdings nicht zum Foitit, womit es statthaft sein dürfte, die untersuchten Erongo-Turmaline als Turmaline anzusehen, die keine Endgliedzusammensetzung aufweisen. Es handelt sich um Foitit-ähnliche Mischkristalle mit für Foitit recht hohen Na-Gehalten, deren genaue Zuordnung erst nach weiteren Analysen geklärt werden kann.

Wie die extreme Farbzonierung an dem rechts abgebildten, senkrecht zur c-Achse bzw. zu [001] geschnittenen Turmalin-Kristall aus dem Erongo nahelegt, scheinen zumindest einige der Erongo-Turmaline senkrecht zu [001] stofflich inhomogen. Dabei besteht natürlich die Möglichkeit, dass sie aus mehreren verschiedenen Gliedern der Turmalingruppe bestehen - wie es ähnlich bei extrem zonierten Turmalinen von der Insel Elba deutlich wurde. Diese bestehen aus mehreren verschiedenen Turmalingliedern und sind zudem auch makroskopisch farbzoniert.

Außen Schwarz - Innen Bunt!

Es war schon eine große Überraschung, als Bochumer Wissenschaftler den Turmalin (Foto unten) in der Mitte durchschnitten und einen Dünnschliff anfertigten: Er offenbarte eine wahre Farbenpracht. Die beidseitig polierte, nur 0,04 mm dicke Scheibe (Foto oben) zeigt zudem die komplizierte Geschichte des Wachstums dieses Kristalls. Auf den graugrünem Kern, der nur aus dem einfachen trigonalen Prisma besteht, ist eine braune Schicht aufgewachsen, in der zwei Prismen verschiedener Stellung und unterschiedlicher Größe ausgebildet sind. Bemerkenswert ist hier die „isomorphe Schichtung": auf den verschiedenen Prismen wurden chemisch unterschiedliche Zusammensetzungen abgelagert, was sich in deutlich verschiedenen Brauntönen äußert. Zum Schluss wuchsen die blauen Bereiche auf, die dem zuvor dreieckigen Querschnitt einen rundlichen Habitus verleihen. Die aufwändige Präparation des brüchigen und z.T. löchrigen Kristalls führte Dieter Dettmar, Ruhr-Universität Bochum, aus. Durchmesser der Scheibe 2,2 cm, Sammlung Stefan König. Eine Überraschung folgte der nächsten: als man von einem weiteren Erongo-Turmalin einen Dünnschliff anfertigte, war bei diesem alles nur braun in schwarz, keine Farbe - nichts. Nun forschen die Bochumer Mineralogen weiter nach der Ursache.

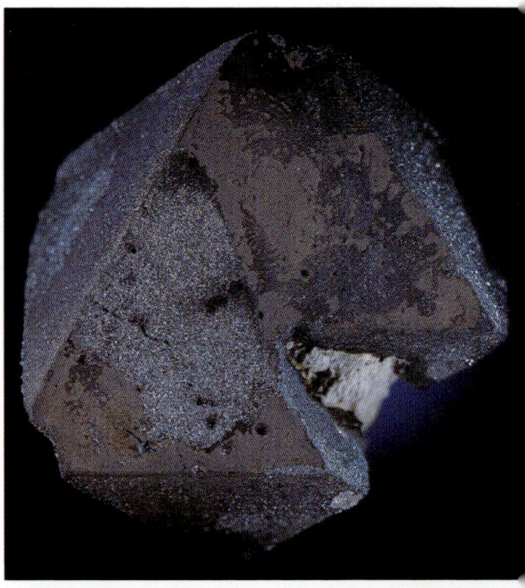

Ganz oben. Ebenfalls um einen Vertreter der Pseudomorphosen von Pyrolusit und Eisenhydroxiden nach Siderit handelt es sich bei diesem 3,5 cm großen Kristall. Sammlung Bahmann.

Darunter. 4 cm breit ist dieses schöne Aggregat aus flachrhomboedrischen, braunen Siderit-Kristallen auf Schörl. Sammlung Bahmann. Fotos Bode.

Oben. „Handstufe" mit von schneeweißen Albitkristallen überzuckerten Turmalinen, die auch noch von grünlichem Fluorit begleitet werden. Sammlung König, Foto Bode.

Darunter. Schöne Gruppe mit Quarz und Turmalin in einer interessanten Kristalltracht. Wenn die Prismenstreifung wenig ausgeprägt ist oder sogar fehlt, weisen die Turmaline einen deutlich höheren Glanz auf. Sammlung König, Foto Bode.

Wie auch die seit mehreren Jahren immer wieder auftauchenden Gerüchte über einen „neuen", an Erongo-Turmalinen identifizierten Vertreter der Turmalingruppe zeigen, ist die „Schwarze Schönheit aus dem Erongo" immer noch eine weitgehend „unbekannte Schönheit". Es bleibt zu hoffen, dass sich Turmalin-Experten in Zukunft stärker für die Erongo-Turmaline interessieren und die letzte Rätsel um deren genaue Zuordnung lösen können. Für den Sammler aber sind sie - und sollten es eigentlich bleiben - normale schwarze Turmaline!

Siderit $Fe[CO_3]$

Linsenförmige, flachrhomboedrische Kristalle mit z.T. deutlicher Entwicklung treppenförmig abgestufter Subindividuen haben sich als Siderit herausgestellt. Die bis 4 cm großen, hell- bis schokoladenbraunen Kristalle sitzen meist auf Quarz oder Schörl, seltener auch auch Kalifeldspat. Charakteristisch für die Miarolen im Erongo-Granit ist ferner eine Vergesellschaftung von Quarz und Hämatit, die ein trigonal kristallisierendes, mitunter pseudokubisches Mineral führt, welches hier ebenfalls als Siderit

Auf einem 7 cm großen Turmalin sitzen Kristalle, bei denen es sich um Pseudomorphosen von Pyrolusit und Eisenhydroxiden nach Siderit handelt. Foto Medenbach.

bezeichnet werden soll. Es handelt sich um meist auf Quarz aufgewachsene, meist matte, oft aber von feinschuppigem Hämatit überstäubte Kristalle bis 2 cm Größe. Diese relativ flächenarmen, nahezu isometrischen Kristalle stellen Pseudomorphosen von Pyrolusit und Eisenhydroxiden nach Siderit dar, wie röntgendiffraktometrische Untersuchungen ergeben haben. Neben der häufigsten Vergesellschaftung mit Quarz findet sich das Mineral auch auf Stufen mit Turmalin, Aquamarin und Hyalit.

Topas $Al_2[(F,OH)_2|SiO_4]$

Die im Erongo-Granit beobachteten Topase sind bei weitem nicht so groß, formenreich und hervorragend ausgebildet wie die bis zigarrenkistengroßen Topase der unweit gelegenen Kleinen Spitzkoppe. Die in der Regel auf Kalifeldspat aufgewachsenen, recht flächenarmen Erongo-Topase werden häufig nur von den beiden Prismen // a {011} sowie // c {120} dominiert; klein sind die Flächen der Prismen {021} und {110} noch kleiner die des Prismas // b {101} sowie die unterschiedlicher Bipyramiden. Charakteristisch, auch im Vergleich mit den Spitzkoppen-Topasen (Typen III und IV nach BEYER 1980) ist das Fehlen oder die nur stark untergeordnete Entwicklung von {001}. Insgesamt ähnelt die Ausbildung der Kristalle (aber nur an den beobachteten Kristallen und damit vielleicht nicht generell!) sehr dem Topas-Typ I der Spitzkoppe nach BEYER (1980, vgl. dessen Abb. 33).

Nicht allzu selten sind unregelmäßige Verwachsungen mehrerer, nahezu gleichgroßer, meist nur 1,5 x 1,5 cm großer Kristalle, die häufig sämtlich keine Anwachsstelle zeigen („Schwimmer").

Interessant bei diesen Verwachsungen ist, dass die Tracht der einzelnen Kristalle unterschiedlich sein kann, d.h. dass selbst bei gleichgroßen Kristallen eine Form an einem Kristall vorhanden ist, am „Verwachsungspartner" dagegen fehlt. Kennzeichnend für die meist trübgrauen bis weißen, seltener farblosen und noch seltener hellblauen Kristalle ist die häufig zu beobachtende Anlösung - ein Hinweis auf das Einwirken aggressiver Lösungen. Auf Topas aufgewachsen und damit jünger sind eine spätere Turmalinge-

Rechts oben. Kurioses vom Erongo: Angelöster Rauchquarz, in dem ein ebenfalls angelöster Topaskristall sitzt. Breite 6,5 cm. Sammlung Bahmann, Foto Medenbach.

Rechts. Die Höhe dieses von kleinen Turmalinkristallen überwachsenen Topaskristalls beträgt 2,5 cm. Sammlung Jahn, Foto Bode.

neration, eine spätere Quarzgeneration mit kleinen, häufig nur millimetergroßen Bergkristallen sowie Hyalit, älter sind Kalifeldspat sowie Quarz und Turmalin früherer Generationen.

Uranophan $H_2Ca[UO_2|SiO_4]_2 \cdot 5H_2O$

Bestimmte, aus bis 4 x 2 cm großen Glimmertafeln und Rauchquarz bestehende Stufen weisen als Matrix feinkörnige Verbackungen aus Topas und Feldspat auf. Auf diesen Verbackungen finden sich bis zu mehreren Quadratzentimeter große Anhäufungen aus quitte- bis zitronengelben, winzigen Uranophan-Kristallen, die mit bloßem Auge keine Kristallflächen erkennen lassen.

Interessanterweise lässt das RDA-Spektrum eine leichte Verschiebung der Peaks in Richtung Uranophan-beta erkennen.

Walpurgin $Bi_4[O_4|UO_2|(AsO_4)_2] \cdot 2H_2O$

Auf charakteristischen Stufen mit violettem Fluorit, Topas und Bergkristall sind winzige, höchstens 1 mm große Kristalle beobachtet worden, die sich nach einer EDX-Analyse als Walpurgin erwiesen haben. Die bis knapp 1 mm großen, flachtafeligen, harzbraunen bis -gelben Walpurgin-Kristalle sitzen auf Fluorit und Quarz, nicht jedoch auf dem Topas.

Natürlich stellt sich hier die Frage nach der Herkunft des Wismuts und des Urans. Eine untergeordnete, insbesondere im NW und SW des Erongo-Granites auftretende Uran-Mineralisation beschrieb bereits PIRAJNO (1990). Sekundäre Uranmineralien sollen bevorzugt in stark klüftigen Gesteinen in Gebieten mit primärer Uran-Mineralisation aufgetreten sein (POTGIETER 1987 zit. in PIRAJNO 1990). Wahrscheinlich entstand diese Mineralisation durch Einwirkung oxidierender meteorischer Wässer auf den unverwitterten Erongo-Granit, die in Bereichen starker Klüftung das Uran herauslaugen und nach kurzem Transport wieder absetzen konnten. Ähnliches vollzog sich wohl mit primären Bi-Mineralien wie z.B. Wismut oder Bismuthinit sowie Arseniden - nur so können alle wesentlichen zur Bildung des Walpurgins erforderlichen Elemente (Uran, Wismut, Arsen)

Mineralienliste

Albit
Beryll
Biotit
Dolomit
Euklas (?)
Ferberit
Florencit-(Ce)
Fluorapatit
Fluorit
„Fluorphlogopit"
Foitit
Galenit
Goethit
Goyazit
Hämatit
Herderit
Hydroxylapatit
Hydroxylherderit
Ilmenit
Jeremejewit
Kassiterit
Mikroklin
Metanovácekit
Metatorbernit
Metazeunerit
Monazit-(Ce)
Muskovit-2M, -3T
Opal (Hyalit)
Phenakit
Phlogopit
Pyrolusit
Quarz
Rhodochrosit (Fe-reich)
Rutil
Ségnitit
Siderit
Tantalit
Topas
Uranophan-beta
Walpurgin
Wulfenit
Xenotim-(Y)
Zinnwaldit (?)

Mineralien aus dem Erongo (Berge im Hintergrund) werden an der Straßenkreuzung Swakopmund/Windhoek (Abzweig 1918/1930) an die Touristen verkauft. Foto Bode.

Sehr schön lässt sich hier die von den bisherigen Funden abweichende Ausbildung der streichholzartigen, matt blaugrauen Aquamarine aus Neufunden von Mitte 2000 erkennen. Bildbreite 6 cm, Sammlung König.

zuammengetroffen sein.

Primäre Wismut-Mineralien sind aus der SW-Ecke des Erongo noch nicht beschrieben worden, jedoch sind sowohl gediegenes Wismut als auch Bismit aus Quarz-Topas-Gesteinen vom Krantzberg-Gebiet im Norden des Erongo bekannt (HAUGHTON et al. 1939, JAHN & BAST in Vorbereitung).

Xenotim-(Y) $(Y,Dy,Gd)[PO_4]$

Zwischen violetten Fluoriten, Sonnen und radialstrahligen grünen Turmalin-Aggregaten sowie weißen Quarz-Kristallen finden sich zum Teil massenhaft orangebraune Xenotim-Kristalle bis 1 mm, sehr selten auch bis 2 mm Größe. Sie sind fettglänzend, z.T. bunt angelaufen und zeigen - soweit lichtmikroskopisch erkennbar - lediglich eine tetragonale Dipyramide. Gelegentlich fanden sie sich auch auf Beryll der Varietät Aquamarin; hier können sie dem - im Erongo noch nicht nachgewiesenen - Anatas z.T. sehr ähnlich werden.

Interessant ist die chemische Zusammensetzung der Xenotime. Natürlich dominiert unter den Seltenerdelementen das Yttrium, die Kristalle enthalten aber bis 4 % Dysprosium und 3 % Gadolinium; diese Mengen sind formelwirksam und werden deshalb in der oben angegebenen Formel mit aufgeführt. Das Xenotim-haltige Material wurde u.a. bereits in München 2002 angeboten.

Weitere Mineralien

Es sind eine Reihe weiterer Mineralien aus dem Erongo bekannt (vgl. die Liste auf Seite 119), die im Rahmen dieses Buches aber nicht beschrieben werden sollen. Dazu zählen Fe-reicher Rhodochrosit (MW 1/2005: 9), glänzende, mit Quarz vergesellschaftete Feldspat-Kristalle (MW 1/2006: 8) und die erstmals in München 2005 gesehenen, auf Hydroxylherderiten sitzenden Goyazit-Kristalle.

Ausblick

Die Miarolen im Erongo-Granit sind eine relativ junge Fundstelle, die möglicherweise erst einen Bruchteil ihrer mineralogischen Geheimnisse offenbart hat. Deshalb können die vorliegenden Zusammenstellungen auch nur einen ersten, überblickartigen Versuch zur Charakterisierung des Mineralieninventars der Erongo-Granit-Miarolen darstellen.

Hier werden sicherlich bald neue Mineralien hinzutreten, Angaben zu den Paragenesen detaillierter werden und die angegebenen Maximalgrößen der Kristalle „wachsen". Von einigen der hier angeführten „Mineralien" (Columbit-Tantalit, Turmaline, Carbonate) ist die genaue chemische Zusammensetzung nicht oder nur ungenügend bekannt, sodass weitere Untersuchungen für eine endgültige mineralogische Charakterisierung innerhalb der jeweiligen Mischkristallreihen erforderlich sind.

Literatur

BEYER, H. (1980): Mineral-Beobachtungen an der Kleinen Spitzkopje (SW-Afrika). - Der Aufschluss **31**, 4-32.

BLÜMEL, W.D.; EMMERMANN, R.; HÜSER, K. (1979): Der Erongo. Geowissenschaftliche Beschreibung und Deutung eines südwestafrikanischen Vulkankomplexes. - Wissensch. Forsch. in Südwestafrika **16. Folge**, 1-140 (Windhoek).

CLOOS, H. (1911): Geologie des Erongo im Hererolande. - Beitr. geol. Erforsch. Deutsch. Schutzgeb. **3**, 1-86 (Berlin).

CLOOS, H. (1919): Der Erongo. - Beitr. geol. Erforsch. Deutsch. Schutzgeb. **17**, 1-238 (Berlin).

CLOOS, H. (1947): Gespräch mit der Erde. - 410 S., München (Pieper).

JAHN, St. (2003a): Mineralogische Neuigkeiten vom Erongo in Namibia (I). - MINERALIEN-Welt **14** (4), 37-41+64.

JAHN, St. (2003b): Mineralogische Neuigkeiten vom Erongo in Namibia (III). - MINERALIEN-Welt **14** (6), 58-64.

JAHN, St.; NIEDERMAYR, G.; BODE, R. (2003): Mineralogische Neuigkeiten vom Erongo in Namibia (II). - MINERALIEN-Welt **14** (5), 52-57.

PIRAJNO, F. (1990): Geology, geochemistry and mineralisation of the Erongo Volcanic Complex, Namibia. - South Afric. J. Geol. **93**, 485-504.

RAMDOHR, P. (1940): Eine Fundstelle von Beryllium-Mineralien im Gebiet der kleinen Spitzkopje, Südwestafrika, und ihre Paragenesis. - N. Jb. Mineral. etc. Abt. A, **Beil.-Bd. 76 (1)**, 1-35.

RAMDOHR, P. (1968): Aus meinen mineralogisch-geologischen Reisen Teil I, Namib-Südafrika. - Der Aufschluss **19**, 79-88.

Die alten Halden im Mesopotamia Copper Valley sind von allen für Kleinstufensammlern ein echtes Eldorado. Foto Niedermayr.

Mesopotamia 504 - die Typlokalität des Namibit

Gerhard Niedermayr

Namibia hat nur wenige Fundstellen aufzuweisen, die gleichzeitig auch Typlokalität für ein neues Mineral sind. Tsumeb ist natürlich da - weltweit - führend; insgesamt 62 neue Mineralarten sind bis heute von hier erstmals nachgewiesen worden. Obwohl der Bergbau in Tsumeb bereits vor einigen Jahren eingestellt wurde, sind an altem Sammlungsmaterial noch immer interessante Neubestimmungen möglich, wie erst kürzlich ROBERTS et al. (2004) mit der Beschreibung von Eyselit - einem Eisen-Germanium-Oxi-Hydroxid - bewiesen haben.

Die Farm Mesopotamia 504 ist die Typlokalität für das Mineral Namibit, das einer ungewöhnlichen Erzmineralisation seine Entstehung verdankt.

Das Vorkommen

Namibit wurde von KNORRING & SAHAMA (1981) erstmals beschrieben und auf den Halden einer seit Anfang des 20. Jahrhunderts temporär betriebenen Kupfermine im sogenannten Mesopotamia Copper Valley, westlich Khorixas, auf dem Farmgelände von Mesopotamia 504 gefunden. Es ist eine landschaftlich reizvolle, wenn auch abgelegene und „wilde" Gegend mit nur wenig Wasser, das mit Windrädern hochgepumpt werden muss. Die alte Straße zu den überall vorkommenden Kupferschürfen im „Kupfertal" gleicht eher einem Karrenweg. Die Fahrkünste unseres Fahrers machten es dennoch möglich, mit unserem Overlander auch zu diesem interessanten Vorkommen zu gelangen.

Die kurzzeitig auch noch nach dem 2. Weltkrieg in Abbau befindliche Lagerstätte ist durch einen Stollen und mehrere Schurfröschen aufgeschlossen. Altes Bergbaugerät und Gebäudereste sind heute noch Zeugen der ehemaligen Tätigkeit.

Die Vererzungen des Mesopotamia Copper Valleys sind an Quarzgänge gebunden, die parallel zur über 100 km ENE streichenden Huab Störungszone verlaufen und Gneise, Schiefer und Amphibolite des Prä-Damara-Huab-Komplexes durchschlagen.

Die Mineralien

Die linsenförmig an- und abschwellenden Quarzgänge führen im Wesentlichen Chalkopyrit, Chalkosin und Pyrit als primäre Erzphasen. Galenit sowie etwas Gold und gediegenes Wismut sind ebenfalls festzustellen.

Bestimmte Gehalte von Silber, Vanadium, Wismut und Wolfram im Haufwerk geben Hinweis auf einen sehr komplexen Mineralisationstyp und sind schon ein Indikator für eine artenreiche und gleichzeitig ungewöhnliche Sekundärparagenese. KNORRING & SAHAMA (1981) geben stichwortartig die von ihnen beobachteten Mineralien an, die zusammen mit Namibit gefunden wurden: Aragonit, Azurit, Beyerit, Bismutit, Calciovolborthit, Chalcedon, Chrysokoll, Clinobisvanit, Cuprit, Cuprotungstit, Embolit, Galenit, Gips, Goethit, Hämatit, Jodargyrit, gediegenes Kupfer, Malachit, Planchéit, Rutil und Scheelit. Von Ralf Wartha (Geo Tours Namibia) wurde

Oben. Eine vom Namibit-Fundpunkt etwa 4 Kilometer entfernte Lokalität liefert wunderbare Shattuckite. Er bildet reizvolle bis 8 mm große kugelige Aggregate, die teilweise von Quarz durchsetzt und auch von einem feinen Quarz-Kristallrasen überzogen sind.

Links. Hier zeigt der Shattuckit feine Kristallrasen, die aus dem Quarz und feinen Siderit herauswachsen. Sammlung NHM Wien, Fotos Bode.

darüber hinaus noch Brochantit, Calcit, Cerussit, Duhamelit und Wulfenit nachgewiesen.

Namibit, $Cu(BiO)_2[OH|VO_4]$, ist sicher das interessanteste Mineral dieser Lokalität. Es sind meist sehr kleine Kriställchen, die nur in Ausnahmefällen bis 2 mm Größe erreichen. Sie sind dicktafelig bis langprismatisch ausgebildet und sitzen als dunkelgrüne Einzelkristalle und bis zu 5 mm große, unregelmäßige bis rundliche Aggregate bzw. Butzen in strohgelbem, pulverigen Beyerit und derbem Quarz sowie auf feinkörnigem Goethit. In unmittelbarer Nähe des Namibit sind oft silbrig-metallisch glänzende Partien von gediegenem Wismut zu beobachten. Unklar ist allerdings, welche primäre Mineralphase das Vanadium für die Bildung von Namibit lieferte.

Sehr auffällig sind fahlgelbe, nierig-traubige Füllungen in den Zwickeln zwischen dem Quarz bzw. kleine kugelige, radialstrahlig-struierte Aggregate blättrigen Beyerits - $(Ca,Pb)Bi_2[O_2|(CO_3)_2]$. Beyerit ist oft mit Namibit vergesellschaftet; darauf weisen bereits KNORRING & SAHAMA (1981) hin. Zusammen mit Beyerit konnten darüber hinaus noch Bismutit und gelegentlich auch Tungstit mittels XRD-Analyse nachgewiesen werden.

Goethit bildet feinkristalline, derbe Massen und feine Imprägnationen in derbem Quarz. Dazu gesellt sich oft, im frischen Bruch dunkelroter, massiver Cuprit. Unregelmäßige Körner von Chalkopyrit, in derbem, fettigem Gangquarz eingewachsen, sind selten und repräsentieren eine der primären Erzphasen. Darüber hinaus konnte in neu gesammeltem Material noch Tenorit nachgewiesen werden.

Ziemlich häufig tritt in Kavernen des Erzes smaragdgrüner Brochantit in bis 1 cm langen, gut ausgebildeten Kristallen, meistens zu Büscheln aggregiert, auf. Die oft dunkelbraune, limonitische Matrix gibt da einen reizvollen Kontrast.

Quarz ist Gangart und üblicherweise derb bzw. bildet feinste Kristallrasen, die andere Mineralien, insbesondere Malachit, überkrusten. Gelegentlich kann er aber auch bis mehrere Zentimeter große, normal-rhomboedrisch entwickelte Kristalle bilden.

Die basischen Kupfer-Carbonate Azurit und Malachit treten in bis 1 cm großen Kristallen auf, wobei vor allem Malachit Imprägnationen und Rasen spießig-büscheliger Kristalle bildet. Azurit tritt dagegen zurück.

Gelegentlich ist auch Bismutit ziemlich reichlich. Er bildet ein eigelbes Pulver und Massen gleichgefärbter winziger Schüppchen.

Aufgrund der ziemlich ungewöhnlichen Elementkombination - mit u.a. Cu, Bi, V und W - sind im Haldenmaterial dieser Vererzung sicher noch weitere interessante und möglicherweise auch neue Mineralnachweise zu erwarten.

Mineralienliste

Ajoit
Albit
Aragonit
Azurit
Beyerit
Bismit
Bismutit
Brochantit
Calcit
Calciovolborthit-ähnliches Mineral
Cerussit
Chalkosin
Chrysokoll
Cuprit
Cuprotungstit
Djurleit
Dravit
Embolit
Epidot
Galenit
Goethit
Gips
Hämatit
Iodargyrit
Jarosit
Klinobisvanit
Kupfer, ged.
Malachit
Mottramit („Duhamelit“)
Namibit
Phlogopit
Planchéit
Pseudomalachit
Pyrolusit
Quarz
Rutil
Scheelit
Shattuckit
Siderit
Silber
„Spinell“
Tenorit
Todorokit
Tungstit
Wismut
Wulfenit

Literatur

KNORRING, O.v.; SAHAMA, Th. G. (1981): Namibite, a new Copper-Bismuth-Vanadium Mineral from Namibia. - Schweiz. Mineral. Petrogr. Mitt. **61**, 7-12.

Ajoit konnte nun auch für Namibia erstmals nachgewiesen werden. Breite der Stufe 1,5 cm. Sammlung NHM Wien, Foto Bode.

Nicht nur aus Namibia: Namibit - selten und vielgestaltig

Gerhard Niedermayr und Steffen Jahn

Es gibt nur wenige Mineralspezies, die nach einem Staat benannt worden sind, wie etwa Brasilianit, Iranit, Kenyait, Scotlandit, Senegalit oder Tunisit. Das gar nicht so häufige Kupfer-Wismut-Vanadat Namibit - $Cu(BiO)_2[OH|VO_4]$ (vgl. MRAZEK et al. 1994) - gehört ebenfalls dazu.

Namibit wurde von KNORRING & SAHAMA (1981) als neues Mineral von einem Kupferschurf auf dem Farmgelände von Mesopotamia 504 im sogenannten Mesopotamia Copper Valley, ca. 70 km WNW von Khorixas in Namibia, beschrieben. Es waren bis 2 mm große, schwarzgrüne, dickplattige Kriställchen, die neben Beyerit, gediegenem Wismut, Bismit und Bismutit sowie massivem Cuprit, Hämatit und Goethit in Quarzgängen, die hier quarzitische Gneise, Schiefer und Amphibolite des Prä-Damara-Huab-Komplexes durchschlagen, auftreten. Meistens wurde Namibit nur in wenigen Millimeter großen Putzen angetroffen. Die nur ausnahmsweise bis 2 mm großen Kriställchen waren kristallographisch schlecht entwickelt und auch ziemlich selten (vgl. dazu auch die kurze Mitteilung von Adolf Popp in Lapis 1/1983: 35).

Klein und fein: - nur 0,5 mm lang, aber vorzüglich entwickelt! Namibitkristalle aus dem Kupfervorkommen im Mesopotamia Copper Valley, westlich Khorixas in Namibia. Foto H. D. Müller.

Namibit-Fundstellen weltweit

Heute ist Namibit von rund 15 Lokalitäten weltweit nachgewiesen und er tritt - wie übrigens auch an der Typlokalität - in verschiedensten Ausbildungsformen auf. Neueste Daten zur Kristallstruktur von Namibit lieferten KOLITSCH & GIESTER (2000). Zusammenfassungen zu den Fundorten dieses Minerals gaben DUNNING & COOPER Jr. (1998) sowie ANTHONY et al. (2000); ihnen ist hier im Wesentlichen gefolgt worden.

Deutschland. In Deutschland wurde Namibit an vier Lokalitäten identifiziert. Erstfundort war der Steinbruch am Hechtsberg bei Hausach, Schwarzwald, wo Namibit in Hohlräumen im Gneis auftritt. Er bildet hier winzigste kugelige, schwarzgrüne Aggregate sowie heller grüne, zu Büscheln aggregierte nadelige Einzelkriställchen. Begleiter sind Bismutit, Beyerit, Hechtsbergit, Eulytin und Mixit. Als zweiter Fundort im Schwarzwald ist die Grube Clara zu nennen (KOLITSCH & GÖTZINGER 2000). Namibit kommt hier in der sogenannten Stinkspat-Paragenese in Form dunkelolivgrüner bis schwarzgrüner Krusten, grobkristalliner - radialstrahliger oder kugeliger - Aggregate sowie auch in undeutlichen, tafelig-gestreckten Kristallen vor. Außer Bismutit wird er von violettem Fluorit, Naumannit, Preisingerit, Pucherit sowie erdigem und krustigem Russelit begleitet.

Daneben ist Namibit am Pucher-Richtschacht der Grube Wolfgang Maaßen in Schneeberg aufgetreten; er fand sich sehr selten in maximal 0,6 mm langen, dunkelgrünen, blätterigen Kristallen und aus diesen gebildeten Verwachsungen („Bow-tie"-Aggregate in Form einer Schleife bzw. Fliege) in Begleitung von Pucherit und Schumacherit.

Ein einzelner Haldenfund von der Grube „Arme Hilfe" bei Ullersreuth/Thüringen zeigt auf Hornstein sitzende dunkelgrüne, garbenförmige, ca. 2 mm große Namibit-Aggregate, die von Pucherit/Klinobisvanit und Bismutit begleitet werden (WITZKE et al. 2001).

Tschechien. Hier kennt man Namibit aus der Eliásgrube von Jáchymov im Erzgebirge. Er kam hier zusammen mit Eulytin, Beyerit, Bismutit und Pucherit vor und bildete dunkelgrüne, undeutlich-plattige Kristalle ohne Endflächen auf Quarz.

Rechts. 2 mm groß ist dieser flächenreiche, dicktafelig ausgebildete und auf Quarz aufsitzende Namibitkristall von der Typlokalität im Mesopotamia Copper Valley in Namibia.
Unten: Unterschiedlich ausgebildete Namibite aus dem Kupfervorkommen im Mesopotamia Copper Valley.
Links: 2 mm hohes Namibit-Aggregat.
Rechts: 4 mm breite büschelige Namibit-Kristallgruppe. Fotos H. D. Müller.

Oben. REM-Bild prismatischer Namibitkristalle über Quarzrasen, Mesopotamia Copper Valley, Namibia. Bildbreite ca.0,7 mm. Foto Brandstätter.

Rechts. Kugeliges Namibit-Aggregat vom Steinbruch Hechtsberg bei Hausach, Schwarzwald. Foto & Sammlung Graf.

England. In der Eskdale Intrusion, Buckbarrow Beck, Cumbria, ist Namibit zusammen mit Bismutit, Bismutoferrit, Eulytin und Mixit in dunkelgrünen, grobkugeligen Massen bis 1,5 mm Durchmesser aufgetreten.

Kanada. Der Evans-Lou-Pegmatit bei Poltimore, Wakefiels Lake, Québec, lieferte in Hohlräumen im Quarz sitzenden Namibit. Das Mineral fand sich hier in isolierten kugeligen Aggregaten aus nadeligen Kristallen sowie in Form von „Bow-tie"-förmigen Aggregaten von extrem dunkelgrüner bis fast schwarzer Farbe. Namibit wird hier von gediegenem Wismut, Bismutit, Beyerit und Eulytin begleitet.

USA. Eine Reihe von Namibit-Fundstellen findet sich in den USA. Dazu zählen die im Pala Distrikt, San Diego Co., Kalifornien, liegenden Gruben Stewart Mine (Vergesellschaftung mit Chrysokoll und Pseudomalachit) und White Queen Mine (feinkörnige, smaragdgrüne, mit Clinobisvanit und Beyerit verwachsene Massen); ebenfalls in Kalifornien befinden sich die Fundstellen Lodi #4 Mine im Plumas Co. sowie Amboy, San Bernardino Co. In der Lodi#4 Mine ist Namibit in isolierten kugeligen, aus tafeligen, dunkelgrünen Einzelkristallen zusammengesetzten Aggregaten von 2 mm Größe vorgekommen.

In einem Pegmatit im Mica Lode-Meyers Quarry, Eight Mile Park, Fremont Co., Colorado wurde Namibit inmitten von Beyerit identifiziert. Er bildet bis 1 mm große radialblätterige Gruppen aus dunkelgrünen Kristallen.

Australien. Hier finden sich zwei Namibit liefernde Lokalitäten. Vom Tagebau Iron Monarch, Iron Knob, Südaustralien, kennt man das Mineral in Vergesellschaftung mit Bismoclit. Namibit trat hier in Einzelkristallen bis 0,2 mm Größe, in zusammengesetzten Kristallgruppen bis 1 mm Größe sowie in radialblätterigen Aggregaten aus fast schwarzen Kristallen auf. Letztere erreichen mehrere Millimeter Durchmesser und sitzen in Hohlräumen in der Quarzmatrix.

In einer vom Morass Creek durchflossenen Schlucht bei Benambra, Victoria, ist Namibit mit Schumacherit, Eulytin (?), Pucherit (?), Mrazekit und Chrysokoll vorgekommen. Das Mineral bildet hier pistaziengrüne bis fast schwarze Halbkugeln und Überzüge, die aus extrem dünntafeligen Kristallen bestehen.

Namibit ist somit meist sehr klein, oft zu kugeligen Gruppen verwachsen oder bildet charakteristische, an ein „Mascherl" („Bow-tie") erinnernde, schleifenförmige Aggregate. Einzelkristalle mit gut erkennbarem Flächeninventar sind sehr selten. Die größten Kristalle dieser Mineralart scheinen von der Typlokalität bekannt zu sein.

Namibit aus dem Copper Valley, Namibia

Die eigentliche Typlokalität auf der Farm Mesopotamia 504 ist heute nicht mehr mit Sicherheit zu eruieren. Folgt man der Beschreibung von KNORRING & SAHAMA (1981), so handelt es sich dabei mit größter Wahrscheinlichkeit um einen kleinen Versuchsschurf, der nur wenige hundert Meter von einer noch nach dem 2. Weltkrieg kurzzeitig abgebauten Kupferlagerstätte auf der gegenüberliegenden Talseite entfernt liegt. Namibit wurde hier vom Erstautor im Wesentlichen vergesellschaftet mit strohgelbem Beyerit, Bismutit, gediegenem Wismut und Cuprit in derbem Quarz in bis 5 mm großen, schwarzgrünen, unregelmäßigen Putzen, aber auch in bis 2 mm großen, prismatischen Kristallen auf Quarzkristallen aufsitzend, gesammelt.

In einer davon deutlich abweichenden Ausbildung wurde Namibit allerdings besonders reichlich auch im Haldenmaterial der oben erwähnten kleinen Kupferlagerstätte festgestellt. Es sind hier zellig-löcherige

Ganz oben. Typisch lanzettförmige Namibit-Kristalle, dicht verwachsen, aus dem Vorkommen im Mesopotamia Copper Valley in Namibia. Bildbreite 0,14 mm. REM-Foto Brandstätter.

Darunter. Namibit-Kristalle bis 0,8 mm Größe von Mesopotamia 504, Namibia. Sammlung NHM Wien, Foto H.D. Müller.

Oben. Rasen divergent-strahliger Namibit-Kristalle sind zu ausgezeichneten Aggregaten verwachsenen. Bildbreite 1 mm. REM-Fotos Brandtstätter.

Goethit-Massen, die neben Quarz, Beyerit, Rasen winzigster eigelber „Duhamelite" (bei diesem diskreditierten Mineral handelt es sich um Mottramit, siehe dazu KRAUSE et al. 2003), auch Namibit in wenige Zehntelmillimeter langen, sowohl prismatischen aber auch charakteristisch lanzettförmigen Kriställchen in Rasen aber auch in beinahe kugeligen bis divergentstrahligen Aggregaten in Kavernen und in größeren, bis 1 cm erreichenden, unregelmäßigen, derben Massen führen. Die Kriställchen sind ziemlich flächenreich und weisen einen auffallend „öligen" Fettglanz auf. In der Variabilität ihrer Ausbildung sind die Namibit-Kristalle aus dem Mesopotamia Copper Valley jedenfalls mit keinem der bisher bekannt gewordenen Vorkommen zu vergleichen, wie auch unser Bildmaterial gut beweist. Und es dürfte sich dabei auch um das reichhaltigste Vorkommen handeln.

Literatur

ANTHONY, J.W.; BIDEAUX, R.A.; BLADH, K.W.; NICHOLS, M.C. (2000): Handbook of mineralogy. - Vol. IV (Arsenates, Phosphates, Vanadates), 680 S., Tucson (MDP).

BLASS, G.; GRAF, H.-W. (1995): Namibit, ein Neufund aus dem Schwarzwald. - MINERALIEN-Welt **6** (6), 20-22.

DUNNING, G.E.; COOPER Jr., J.F. (1998): Namibit. A summary of world occurrences. - Min. Rec. **29**, 163-166.

KOLITSCH, U.; GIESTER, G. (2000): The crystal structure of namibite, $Cu(BiO)_2VO_4(OH)$, and revision of its symmetry. - Amer. Min. **85**, 1298-1301.

KOLITSCH, U.; GÖTZINGER, M. (2000): Einige Neufunde aus der Grube Clara im mittleren Schwarzwald: Eulytin, Namibit, Volborthit, Gearksutit, Spertiniit, Monazit-(La), Protasit, Sainfeldit, Cyanotrichit und Vauquelinit. - Erzgräber **14** (2), 33-47.

KRAUSE, W.; KOLITSCH, U.; BERNHARDT, H.-J.; EFFENBERGER, H. (2003): Duhamelite discredited. - N. Jb. Mineral. Mh. **2003(2)**, 75-96.

MRAZEK, Z.; VESELOVSKY, F.; HLOUSEK, J.; MORAVCOVA, H.; ONDRUS, P. (1994): Redefinition of namibite, $Cu(BiO)_2VO_4OH$. - N. Jb. Mineral. Mh. **1994**, 481-488.

NIEDERMAYR, G. (2001): Mesopotamia 504 - die Typlokalität des Namibit. - In: JAHN, ST., O. MEDENBACH, G. NIEDERMAYR UND G. SCHNEIDER, Namibia - Zauberwelt edler Steine und Kristalle, 97-99, Haltern/Westfalen (Bode).

WITZKE, Th.; RÜGER, F.; MARTIN, M.; GRAF, J.; BAUM, M. (2001): Ullersreuth - ein traditionelles thüringisches Bergbaugebiet. - Lap. **26** (12), 13-27.

Oben. Sid Pieters, der bekannteste Mineralienhändler Namibias, wie ihn wohl jeder Besucher seines „Gem Shops" in Windhoek kannte. Er starb 2002. Foto Jahn.

Links. Aus der Sammlung von Bill Larson stammt dieser wunderbar gefärbte, 4,1 cm große Elbait-Kristall. Foto van Pelt.

Edel- und Schmucksteine in Namibia

Gabi Schneider

Namibias Reputation als Quelle außergewöhnlicher Edelsteine beruht vor allen Dingen auf dem Vorhandensein der reichsten alluvialen Diamanten-Lagerstätte der Welt. Darüber hinaus ist Namibia aber auch für eine Vielzahl farbiger Edel- und Schmucksteine, wie etwa Turmaline und Berylle (vgl. Seiten 142 ff und 64), um nur zwei zu nennen, bekannt. Namibias Schmuckstein-Portfolio ist aber heute sehr vielseitig und umfasst daneben Amazonit, Chrysokoll, Cordierit, Dioptas, Dumortierit, Pyrophyllit, Amethyst, Citrin, Bergkristall, Rosenquarz, Rauchquarz, Achat, Karneol, Chalcedon, Chrysopras und Jaspis.

Granate spielen eine immer größere Rolle auf dem namibischen Edelstein-Schmuckstein-Markt. Rote Granate der Spezies Almandin finden sich häufig in den Kuiseb-Schiefern des zentralen Landesteiles und werden schon lange zu Schmuck verarbeitet. Eine leuchtend orange Spessartin-Varietät, der „Mandarin", wurde in den 90er Jahren in den abgelegenen Hartmann-Bergen des westlichen Kaokoveldes gewonnen (vgl. ab Seite 138). Grüne Granate der Spezies Andradit (Demantoid) sind aus der Gegend um den Erongo bekannt geworden (vgl. ab Seite 150).

Der erste Fund von Topas in Namibia wurde bereits 1880 gemacht. Seit dieser Zeit wurden zahllose brillante „Silbertopas"-Kristalle aus dem Granit der Großen und Kleinen Spitzkoppe gewonnen. Kristalle von außergewöhnlicher Größe sind weltweit in allen Museen zu bestaunen. Die derzeitige Topas-Produktion findet ausschließlich im informellen Sektor statt und konzentriert sich auf die alluvialen Vorkommen um die beiden Spitzkoppen (vgl. ab Seite 58).

Amazonit kommt südlich von Otjiwarongo sowie bei Maltahöhe und Rössing vor. Er hat eine mittelgrüne Farbe mit leichtem Blauschimmer, mitunter findet sich auch eine lebhaft dunkelgrüne Varietät. Chrysokoll und Dioptas sind häufige

Begleitmineralien auf namibischen Kupferlagerstätten (siehe ab Seite 192). Ein kommerzieller Abbau dieser Mineralien findet heute jedoch nur noch sporadisch auf der Omaue-Mine im Kaokoland statt.

Dioptas von ausgezeichneter Qualität wurde früher in der Tsumeb-Mine gefunden, die allerdings seit 1996 geschlossen ist. Es gibt jedoch Pläne, die oberen Sohlen für die Suche nach Mineralienstufen wieder zu öffnen. Während Chrysokoll geschliffen werden kann, ist Dioptas zu weich und einzelne Kristalle oder Kristallstufen werden ungeschliffen zu Schmuckstücken verarbeitet.

Abgerundete, hellblaue Iolith-Kristalle, der Schmuckstein-Varietät des Cordierits, finden sich in jungen, oberflächennahen Sedimenten zwischen Walvis Bay und Rooibank, längs der Küste zwischen Swakopmund und Henties Bay, längs des Swakop Riviers und in Flussbetten nordöstlich von Usakos. Sie entstammen der Verwitterung der Kuiseb-Schiefer. Leuchtend blauer, gepunkteter Dumortierit kommt auf der Farm Etemba im nördlichen Erongo vor. Eine Schale und ein Obelisk aus diesem Material waren vor dem 2. Weltkrieg im Museum der Preußischen Geologischen Landesanstalt in Berlin ausgestellt. Mehrere Tonnen Dumortierit wurden seit damals abgebaut, derzeit findet jedoch keine Produktion statt.

Ein Pyrophyllit-haltiges Gestein wird in der Amis-Schlucht an den Westhängen des Brandberges abgebaut (siehe Seite 38).

Eine Vielzahl der Schmuckstein-Varietäten des Quarzes findet sich an verschiedenen Stellen in Namibia. Amethyst wird in größeren Mengen, wenn auch unregelmäßig, zwischen Otjiwarongo und Otavi gewonnen. In der Vergangenheit produzierte auch die Sarusas-Mine an der Skelettküste. Citrin kommt in Pegmatiten der Gegend um Otjimbingwe vor. Bergkristalle und Rauchquarze sind ein häufiger Bestandteil der Pegmatite der Erongo-Region. Der wichtigste produzierende Steinbruch befindet sich auf der Farm Otjua südlich von Karibib, wo sie als Nebenprodukt der Turmalin-Gewinnnung abgebaut werden (siehe Seite 144). Rosenquarz kommt ebenfalls häufig in Pegmatiten vor und wird derzeit in der Roselis-Mine bei Swakopmund und der Bella Rosa-Mine im Karasburg-Distrikt gewonnen. Achat, Jaspis und Karneol treten in Basalten auf. Sie werden längs der gesamten Westküste gefunden, wo sie sich als Verwitterungsprodukt in Strandterrassen angereichert haben. Eine spezielle Varietät, bekannt als „Blue Lace Agate“ oder blauer Spitzenachat, wird auf der Farm Ysterputz südwestlich von Karasburg gewonnen. Der Achat tritt als Gangfüllung in Dolerit auf und hat eine wunderschöne, hellblau-weiße Bänderung. Blauer Chalcedon von außergewöhnlicher Qualität wird nordöstlich von Okahandja gefunden, und apfelgrüner Chrysopras kommt aus dem Kaokoland. Eine seltene Varietät vom Tigerauge wurde nordöstlich von Outjo gefunden. Das Material entstand durch teilweise Silifizierung von blauem Asbest und ist im Handstück hauptsächlich grau-blau und schwarz. Wenn es jedoch „en cabochon“ geschliffen wird, zeigt es eine äußerst attraktive Vielzahl von schillernden Farben. Es wird als „Pietersit“ vermarktet, benannt nach dem in Namibia sehr bekannten Mineralienhändler Sid Pieters, der das Material zuerst abgebaut und verkauft hat.

Dunkelblauer Sodalith kommt zusammen mit Karbonatit-Gängen bei Swartbooisdrif im Kaokoland vor. Er wird sowohl als Altargestein als auch als Schmuckstein abgebaut (vgl. Seite 152).

Das Schürfen nach Edel- und Schmucksteinen spielt eine wichtige Rolle im formellen und informellen Bergbau-Sektor Namibias. Speziell im Kleinbergbau („small scale mining sector“) machen immer mehr Namibier Gebrauch von den vorhandenen Möglichkeiten. Das Ministerium für Bergbau und Energie unterstützt die Bemühungen im Kleinbergbau sowie das Verschleifen der Schmucksteine in Namibia, um Arbeitsplätze zu schaffen und ein „Value Added Product“ zu erzeugen. Es gibt eine Reihe talentierter namibischer Schmuckdesigner, die namibische Schmucksteine benutzen, um echte namibische Schmuck-Unikate herzustellen. Zusammen mit dem guten Rohstoffpotential sollte dies der namibischen Edel- und Schmuckstein-Produktion eine gute Zukunft garantieren!

Oben. Eine deutliche Zonierung weist dieser geschnittene Turmalin mit einem Durchmesser von 3 cm auf. Sammlung und Foto Bode.

Links. „Pietersit“ ist ein attraktiv gefärbter Schmuckstein mit Merkmalen von Falken- und Tigerauge.

Die Edelstein-Minen rund um Usakos und Karibib

Steffen Jahn

Turmalin (besser Elbait) ist nach dem Diamant der wertvollste namibische Schmuckstein. Er kommt in einer Vielzahl von Farben vor, grün („Verdelith") ist jedoch die Häufigste. Neben den grünen Steinen liefert Namibia „Indigolith", die blaue Varietät, und „Rubellit", die rötliche Varietät. „Wassermelonen"-Turmaline sind Steine, die quer zur Längsachse geschnitten werden, und eine Zonierung mit rosa in der Mitte und grün am Rand aufweisen. Turmalin wird derzeit aus Pegmatiten im Gebiet um Usakos und Karibib gewonnen, die Jahresproduktion beläuft sich auf etwa 700 kg Rohsteine.

Alle drei Beryll-Varietäten, Aquamarin (blau), Heliodor (gelb) und Morganit (rosa) kommen in Namibia vor und werden aus Pegmatiten im zentralen Westen des Landes gewonnen. Die Produktion variiert jedoch stark.

Die Turmalin-Lagerstätten Namibias sind an Pegmatite gebunden, die hier, im nordwestlichen Teil des zentralen Namibia, in mehreren parallelen, NE-SW streichenden Gürteln angeordnet sind. Zu ihnen gehören (von N nach S, in Klammern „Pegmatitprovinzen" einer anderen Klassifikation nach RICHARDS 1986) der Brandberg-West-Goantagab-Zinngürtel (Ugab-Rivier-Provinz), die Pegmatitgürtel von Cape-Cross-Uis (Uis Provinz), Nainais-Kohero (Omaruru-Rivier-Provinz) und Sandamap-Erongo sowie der Pegmatitdistrikt von Karibib (beide Karibib-Provinz). Sie weisen meist spätpanafrikanisches Alter auf und sind oft mit Zinn-, Lithium-, Beryllium- und/oder Edelsteinmineralisationen verknüpft. Im Sandamap-Erongo-Pegmatitgürtel, der von der auflässigen Zinngrube Arandis (NE der Farm Omapujo Süd 77) bis zur Zinngrube von Otjimbojo im Karibib-Distrikt reicht, werden Turmaline in Edelsteinqualität häufig in Kassiterit-führenden Pegmatiten gefunden. Nach RICHARDS (1986) kann man die mit dem Sandamap-Erongo-Pegmatitgürtel parallelisierbare Karibib-Provinz ihrerseits in vier Pegmatitgürtel mit folgenden Charakteristika unterteilen.

Pegmatitgürtel	**wichtige Elemente**	**wichtige Merkmale**
Helikon-Rubikon	Li, Ta, Be	groß, zoniert
Otjimbojo	Sn, Nb	groß, geschichtet
Kanona	Sn, Nb, Ti	klein, in Graniten
Sandamap	Sn, Li, Be	klein, Quarz-reich

Erste Turmalinfunde

Der erste wichtige Turmalin-Fund gelang hier bereits vor Beginn des 1. Weltkrieges in den Bergen östlich von Usakos, wo die Deutsche Kolonialgesellschaft für Südwestafrika Zinn abbaute. Man erzählt sich, dass ein Hohlraum von der Größe eines Zimmers gefunden wurde, gerade, als die Grube eigentlich geschlossen werden sollte. Der Hohlraum war vollständig mit Turmalinen verschiedenster Farbe und bester Edelsteinqualität ausgekleidet. Die Kristalle wurden vorsichtig abgelöst und in einige alte Fässer gepackt, in denen sie dann eine ganze Zeitlang am Bahnhof von Usakos standen, ohne dass sich irgend jemand über ihren Wert bewusst war. Schließlich verschiffte man sie nach Hamburg, wo ein Steinschleifer aus Idar-Oberstein sie per Zufall entdeckte und billig erwarb. Seit damals wurden in Namibia offiziell 35.000 t Edel- und Schmucksteine gewonnen, Zahlen aus dem informellen Sektor gibt es nicht.

In den Pegmatiten Namibias wurde anfangs nur Schörl gefunden. Die Gänge waren REUNING (1923) zufolge mit diesem „wie gespickt"; in ihnen „stehen die Turmalinsäulchen senkrecht zum Salband und ragen in die an Quarz reiche Gangmitte hinein". Die vor 1920 nur vereinzelt und sehr selten auf den Zinnfeldern von Ameib, Paukwab und Neineis gefundenen, farbigen und klar bzw. verschleifbaren Turmaline (REUNING 1923) sind erst seitdem, vor allem aber seit den 1980er Jahren, in größerem Maßstab aufgefunden worden. Wie solche Entdeckungen vor sich

Links. Willkommen in der Edelstein-Region Karibib-Usakos! Hier schlägt das Herz der namibischen Turmalingewinnung.
Unten. David Mansfield, Schwiegersohn von Sid Pieters, präsentiert uns eine der riesigen Stufen mit Rubellit aus der Pieters-Mine.
Ganz unten links. Einer der höffigsten Turmalinpegmatite ist die Pieters-Mine von Sid Pieters südlich von Usakos, deren Größe heute schon fast Tagebau-Ausmaße angenommen hat.
Rechts daneben. Neben anderen Elbaiten sind solche charakteristisch grün und blau gefärbten Turmaline ein Markenzeichen der Pieters-Mine. Dieser Elbait aus der Sammlung Bast weist eine Größe von 4 cm auf.
Alle Foto Bode.

gingen und unter welchen Bedingungen die Pegmatite dann abgebaut wurden, legte BERGER (1979) sehr anschaulich dar.

Bereits vor 1940 wurden die von FROMMURZE et al. (1942) beschriebenen Vorkommen SW des Erongo entdeckt. Zu ihnen gehören die im folgenden genannten Lokalitäten. Im NE-Bereich der Farm Sandamap 64, ca. 800 m von den alten Zinn-Abbauen entfernt, sind aus einem Pegmatit ca. 3 kg grüne und blaue Turmaline gewonnen worden. In den Kassiterit-führenden Bereichen eines ca. 8 km NE Sandamap liegenden Pegmatits (Cameroon Claims) im NW-Teil der Farm Goabeb 63 fand sich flaschengrüner Turmalin.

Oben. Schon phantastisch muss man diese große Stufe mit schönen Elbaitkristallen auf Quarzmatrix nennen. Sie stammt aus der Neuschwaben-Mine und weist, wie häufig in der Region Karibib-Usakos zu beobachten, unterschiedlich gefärbte Elbait-Varietäten dicht nebeneinander auf. Sammlung und Foto Bast.

Aus vergreisten, Kassiterit-führenden Pegmatiten auf der Farm Davib Ost 61 stammen geringe Mengen durchsichtiger, grüner bis blauer Turmaline in Edelsteinqualität. Von den Abbauen (Workings) der Zinn-Pegmatite Pietershill, Elliot, Schimanski und Wendroth am SW-Abhang des Erongo (Farm Erongorus 166) kamen relativ große Mengen u.a. dunkelblauer Turmaline. Grüne und bläulichgrüne Kristalle stammen vom Gebiet der Farm Ameib 60, blaue Kristalle wurden nahe der West-Grenze der Farm Onguati 52 geborgen. Weitere Funde stammen aus Pegmatiten südlich der Davib-Mine, aus der auf der Farm Davib Ost 61 liegenden Carsie-Mine sowie aus den Revierplaats-Vorkommen nahe des Etiro-Riviers SE des Erongo. Wie FROMMURZE et al. (1942) angeben, sind die Turmaline von der Carsie-Mine bzw. der Davib-Mine, obwohl transparent, aufgrund vieler Risse und Einschlüsse nur von minderer Qualität gewesen, während von den Cameroon Claims Steine besserer Qualität kamen.

Die neueren Turmalinfunde sind in relativ ausführlicher Form von SCHNEIDER & SEEGER (1992) zusammengefasst worden. Ihnen ist an dieser Stelle, soweit keine anderen Quellen angegeben sind, weitgehend gefolgt worden.

Vorkommen um Usakos

Der erwähnte Erstfund von Edel-Turmalinen gelang nach REUNING (1923) in einem 2,5 bis 3 km östlich von Usakos fensterartig aus den kristallinen Schiefern herausschauenden Pegmatitschwarm mit z.T. stark verquarzten Pegmatitängen. *„Ein Gang zeigte an der verschwommenen Grenze des Feldspatpegmatits mit dem Quarz eine Durchgasungsschliere, die von 40 cm bis über 2 m Mächtigkeit erlangte und die ungemein reich war an grünen bis blauen Turmalinvarietäten. Die Farbtöne gehen von rein klaren über zu hellgrünen bis dunkelgrünen und zu hellblauen bis tiefblauen und indigolithfarbenen. Seltener sind klare, lichtrote und rote Turmaline, einigemal kamen gelbliche und bräunliche vor. Neben durchgängig gleichartig und gleichfarben aufgebauten Kristallen sind solche mit Zonarstruktur vorhanden. Der Kern ist gewöhnlich heller in Farbe als die Umhüllung, oder es treten rosarote Kerne mit hellgrünen, dunkelgrünen, blauen bis schwarzen Randzonen auf. In dem Ausgehenden des reichen Turmalinpegmatits von Usakos traf man wenig Zinnstein ... an, der Veranlassung zur Bearbeitung dieses Vorkommens gegeben hatte.“* (REUNING 1923)

Wie SCHNEIDER & SEEGER (1991) darlegen, sind hier in der Vergangenheit zahllose Schurfgräben und „Tagebaue“ bis in maximal 10 m Tiefe angelegt worden. Vor 10 Jahren stammte der Hauptteil der namibischen Turmalinproduktion aus dieser Lagerstätte.

Etwa 5 km SW Usakos befindet sich auf dem Gebiet der Farm Mansfeld die Usakos-Turmalin-Mine. Der große Pegmatitkörper soll nach BERGER (1979) hellgrüne, rosa, hellblaue, gelbe und farblose Turmaline in guter Qualität sowie gelegentlich auch Kassiterit geliefert haben.

In Pegmatiten in der unmittelbaren Umgebung der Henderson-Mine (auf der Farm Naob 69 liegendes Vorkommen gediegenen Goldes mit sulfidischen Kupfererzen) südlich von Aukas bzw. SW von Usakos sind geringerwertige, rosa bis tiefrote sowie bräunliche und orange Turmaline geborgen worden (REUNING 1923).

Oben. Impressionen vom klassischen, bereits 1923 entdeckten Turmalin-führenden Li-Be-Pegmatit der Neuschwaben-Mine bei Karibib. Sie ist eine der berühmtesten Turmalin-Lieferanten Namibias. Foto Bode.

Rechts. Auf dem Gebiet der Neuschwaben-Mine werden nach gelegentlichen Sprengungen im turmalinhöffigen Anstehenden weitgehend in Handarbeit tiefe, übermannsgroße Löcher geteuft (oben), in denen die Turmalinsucher manchmal zur Gänze „verschwinden". Foto König.

Vorkommen im Karibib-Distrikt

Der auf der Farm Neu Schwaben 73 bereits 1923 von einem Prospektor namens Ufert aufgefundene Turmalinpegmatit Neuschwaben-Mine wurde bis in die 1930er Jahre immer nur von Zeit zu Zeit bearbeitet, anfangs von dem Idar-Obersteiner Händler, der im Hamburger Hafen die Fässer mit den Turmalinen aus Usakos entdeckte. Der Schurf wurde erst im Jahre 1950 wieder belegt und seitdem von unterschiedlichen Besitzern ausgebeutet (BERGER 1979). Die Neuschwaben-Mine baut in einem großen, maximal 200 m mächtigen, zonierten Li-Be-Pegmatit mit untergeordneter Columbit-Mineralisation, der

ben-Turmaline" erhalten. Im übrigen ist hier auch blassblauer Aquamarin in einer Menge von ca. 2 kg gewonnen worden (SCHNEIDER & SEEGER 1991).

Einige Kilometer südlich von Albrechts wurde auf der Farm Albrechtshöhe am nördlichen Abhang der Geisterberge in einem in Marmoren der Swakop-Group sitzenden, gangförmigen Pegmatit tiefblauer bis grüner sowie roter Turmalin in bemerkenswerter Qualität abgebaut. Ein weiterer Pegmatit im Albrechtshöhe-Kaliombo-Gebiet, der Albrechtshöhe-(Brockmann-) Pegmatit, bildet einen linsenförmigen, E-W-streichenden, ca. 255 m langen und steil nach N einfallenden Körper.

Es handelt sich um einen deutlich zonierten Lithium-Pegmatit mit u.a. Amblygonit, Spodumen und Lepidolith, der in der „wall zone" und „outer intermediate zone" Turmalin, in letzterer auch Beryll in 7 bis 12 x 2,5 cm großen Kristallen führt (ROERING 1963).

Der wiederum 6,5 km von Albrechtshöhe entfernte, auf der Farm Kaliombo 119 liegende, ebenfalls in Marmore intrudierte „Berger-Pegmatit" bildet einen steil einfallenden, E-W streichenden Gang von 160 m Länge, der in der Muskovit-Albit-reichen Teilen der „wall zone" idiomorphen, blassblauen Aquamarin, in der „outer intermediate zone" hingegen bis 30 cm große, rosa und grüne Beryllkristalle führt. In der „inner intermediate zone" sind in Albit-Quarz-Schlieren Rubellit und Indigolith beobachtet worden (ROERING 1963).

Ein in Marmoren sitzender Pegmatit an der Ostgrenze der Farm Dobbelberg 99 lieferte gut ausgebildete, herrlich gefärbte, blau-rot-grün zonierte, allerdings nur durchscheinende bis undurchsichtige Turmalinkristalle.

Im auf der Farm Etiro 50 liegenden, eine klassische Zonierung zeigenden Li-Be-Seltenerdmetall-Pegmatit Etiro führt die „intermediate zone" neben Albit, Quarz und Mikroklinperthit idiomorphen, rosa Beryll, Apatit und Schörl sowie untergeordnet Monazit, Topas und Columbit-Tantalit; letztere beiden Mineralien treten auch in Muskovit-haltigen Gängen und Drusen auf. In der Nähe des Quarzkerns fand sich idiomorpher Beryll mit Cleavelandit (DIEHL 1992b).

In einem auf der ca. 45 km SW von Karibib entfernten Farm Kubas 77 liegenden, großen Pegmatitkörper war die Kubas-Mine aktiv, die hochqualitative, hellgrüne, hellblaue, rosa, gelbliche und rote Turmaline förderte. Gelegentlich fand sich in diesem Pegmatit Kassiterit und gediegenes Wismut (BERGER 1979).

Meist grüne bis blaue, überwiegend kleine und leider oft rissige Turmaline kamen aus einem Pegmatit auf der Farm Nudis 96. Aus einem

Oben. In seinem Kopfbereich läuft der 3,5 cm große, vielfarbige Elbait aus der Pieters-Mine (südlich Usakos) in einzelne Kristalle aus.

Rechts. Eine Prachtstufe von der Neuschwaben-Mine bei Karibib. Der teils grünliche, teils rötliche Elbait sitzt auf Quarz und erreicht eine Größe von fast 4 cm. Beide Stufen Sammlung Bast, Fotos Bode.

einen niedrigen Bergrücken bildet und in ca. 1 km streichender Länge verfolgbar ist. Die den Turmalin in Edelsteinqualität enthaltenden Drusen und Hohlräume werden ausschließlich in kaolinisierten oder vergreisten Schlieren sowie Verdrängungskörpern entlang des Pegmatitkerns gefunden; beträchtliche Mengen Turmalin entstammen auch alluvialen Anreicherungen auf dem SE-Hang des Bergrückens. Nach BERGER (1979) sind die von hier stammenden Turmaline satt grün, dunkelgrün sowie smaragdfarben, viel seltener dagegen rot gefärbt. Die satt blauen, nie tintenfarbenen Indigolithe haben auf dessen Vorschlag hin den Namen „Neuschwa-

einzigen Pocket förderte man zwar rund 550 kg Turmalin, darunter befanden sich aber nur 4 kg mit Edelsteinqualität.

Aus Pegmatiten auf dem Gebiet der Farm Okawajo 46 sind insgesamt 6 kg grüner, blauer und rosaroter Elbaite geborgen worden.

Von einem größeren, auf dem Gebiet der Farmen Omapyu Süd 77 und Omapyu Süd II 76 befindlichen Pegmatitschwarm stammen blaue und rote Turmaline; auch im Geröll entlang des Ausbisses der Pegmatite wurde Turmalin in Edelsteinqualität gefunden.

Turmalin in exzellenter Qualität stammt aus dem Quarzkern eines 900 m östlich der Goldkuppe in der NW-Ecke der Farm Otjakatjongo 3 gelegenen Pegmatits. Der den Kamm eines Hügels bildende Pegmatit lieferte rosarote, grüne und blaue, von Quarz begleitete Steine.

Im nördlichen Bereich der Farm Otjimbingwe 104 wurden in einem in Glimmerschiefern und Amphiboliten sitzenden, auf 300 m NW streichender Länge verfolgbaren Pegmatit periodisch olivgrüne sowie rosa bis rote Turmaline gewonnen. Die meist großen und gut ausgebildeten Kristalle zeigen oft eine grün-rosa Zonierung („Wassermelonen-Turmaline"), sind allerdings häufig fehlerhaft und schlierig. BERGER (1979) hingegen führt an, dass die Kristalle meist von guter Qualität waren und bis zu 15 kg wogen. Als Begleitmineralien wurden Rauchquarz und Citrin sowie vor allem roter Orthoklas bekannt; der Pegmatit führt ferner Lepidolith und Amblygonit.

Der berühmte, auf der Farm Otjua 37 gelegene „Becker-Pegmatit" und die aus ihm stammenden Mineralien werden auf der Seite 144 gesondert beschrieben.

Aus dem ca. 50 km südlich von Karibib liegenden, etwa 450 x 38 m großen, zonierten Tsaobismund-Pegmatit auf der Farm Tsaobismund

Links. Zweifarbiger, als Baguette geschliffener Elbait von der Neuschwaben-Mine. Foto Hammid.

Unten. Ein langsam vor sich hinrostender Bandförderer vor der wolkenverhangenen, atemberaubenden Kulisse des Brandberges. Das Bild wurde am Orawab-Pegmatit, d.h. am Kreuzungspunkt der Straße nach Brandberg West mit dem Orawab-Rivier, aufgenommen. Foto Bode.

85 wurde von 1958 bis 1962 sowie 1972 rund 10 bis 15 kg Aquamarin unterschiedlicher Qualität geborgen. Der Aquamarin, zum größten Teil aus einer Vergesellschaftung mit gewöhnlichem Beryll in einer Feldspat-reichen Zone nahe des Quarzkerns stammend, war hellblau und transparent, aber oft stark rissig. Der Pegmatit ist auch durch das Vorkommen von mehr als 31 verschiedenen Phosphatmineralien zusammen mit Beryll bekannt geworden (FRANSOLET et al. 1986).

Wenige Kilometer westlich der Farm Wilsofontein 110 befindet sich ein Pegmatit, aus dem in den frühen 1960er Jahren ca. 500 g durchsichtigen, dunkel- bis hellgrünen Turmalins kamen.

Die bekannten, zonierten Li-Cs-Rb-Be-Pegmatite Rubikon (der namibische Haupterzeuger von Lithiumerz, vgl. auch BLASS & WITTERN 1994) und Helikon I und II finden hier keine weitere Erwähnung, weil aus ihnen zwar große Berylle und Columbite kamen, aber keine Turmaline oder Berylle in Edelsteinqualität.

Auch auf die Turmalinvorkommen in den Zinn- bzw. Pegmatitgürteln Brandberg-West-Goantagab, Cape-Cross-Uis bzw. Nainais-Kohero soll hier nicht weiter eingegangen werden, da sie im allgemeinen relativ arm an Turmalin sind. Neben den bereits vor 1920 dunkelgrüne und rosafarbige Turmaline liefernden „Zinnfeldern" des Paukuab-Pegmatitschwarms im Nainais-Kohero-Pegmatitgürtel, dem ersten in Namibia entdeckten Zinnvorkommen, muss aber die Uis-Mine genannt werden.

Uis - der Name stammt aus der Sprache der Bergdamara und bedeutet „bitteres Wasser" - befindet sich am NW-Ende des 120 km langen und 25 km breiten, NE-SW streichenden Pegmatitgürtel Cape-Cross-Uis, der in drei Pegmatitschwärme unterteilt werden kann. Im Pegmatitschwarm von Uis sind ca. 120 oberflächlich angeschnittene (davon 25 größere), meist Zinn-dominierte Einzelpegmatite zusammengefasst. Die von der Uis-Mine (vgl. RICHARDS 1986, DIEHL 1992a) abgebaute, auflässige, aber noch nicht ausgeerzte Sn-Lagerstätte, in der die South African Iron and Steel Industrial Corporation (ISCOR) bis zur vorläufigen Schließung 1991 einen der weltgrößten Zinn-Tagebaue betrieb, besteht aus acht ca. 1 km x 50 m großen Einzelpegmatiten mit außergewöhnlich geringen Zinngehalten von maximal 0,15 %. Sie nimmt damit den Rang der weltweit niedrigstgradigen im Festgestein arbeitenden Zinn-Lagerstätte ein.

Der Orawab-Pegmatit, ein weiterer interessanter, gelegentlich bearbeiteter Pegmatit innerhalb des Uis-Pegmatitschwarms, befindet sich südwestlich von Uis und 500 m südlich des Schnittpunktes der Piste in Richtung Tafelkop - Brandberg-West-Mine mit dem Orawab-Rivier. Hier ist ein zonierter Seltenmetallpegmatit entlang des Kontaktes zwischen einem syntektonischen Granit zu Biotitschiefern der Amis-River-Formation intrudiert, in dessen nahe des Quarzkerns liegender, grobkörniger Cleavelandit-Quarz-Lepidolith-Zone häufig Turmaline angetroffen werden. Bis maximal 3 cm Größe aufweisend, zeigen sie hauptsächlich grüne, blaugrüne bis dunkelindigo Farbtöne und werden von Lepidolithkristallen bis 3,5 cm Durchmesser begleitet. Sie haben sich auch in Alluvionen angereichert, aus denen sie gelegentlich ebenfalls gewonnen wurden.

Planungsarbeiten auf dem Gebiet des Orawab-Pegmatits vor der Silhouette des Brandberges. Der zonierte Seltenmetall-Pegmatit wurde früher nur gelegentlich von Patrik de Villet/Uis bearbeitet, sodass neue Aktivitäten immer umfangreicher Vorarbeiten bedürfen. Foto Bode.

Im Orawab-Pegmatit begann ein Mr. Jasper nach dem ersten Weltkrieg mit der Gewinnung von Turmalinen in Edelsteinqualität. Über zwei weitere Besitzer kam der Pegmatit dann an Patrik de Villet.

Generell gilt für die Pegmatite des Uis-Schwarms, dass Sn-arme bzw. taube Pegmatite bis 10 cm große Turmalin-, Topas-, Granat- und Apatitkristalle führen können, während die mineralisierten Pegmatite diese Mineralien nur im mikroskopischen Maßstab enthalten.

Literatur

DIEHL, B.J.M. (1992a): Tin. In: THE MINERAL RESSOURCES OF NAMIBIA, Ministry of Mines and Energy, Geological Survey, Windhoek, S. 2.8–1 - 2.8–24.

DIEHL, B.J.M. (1992b): Lithium, beryllium, cesium. In: THE MINERAL RESSOURCES OF NAMIBIA, Ministry of Mines and Energy, Geological Survey, Windhoek, S. 6.15–1 - 6.15–13.

BERGER, J. (1979): Kostbare Klippen. - Lapis 4 (1), 28-30.

BLASS, G.; WITTERN, A. (1994): Neue Mineralien von der Rubicon Mine bei Karibib, Namibia. - MINERALIEN-Welt 5 (3), 25-31.

FRANSOLET, A.-M.; KELLER, P.; FONTAN, F. (1986): The phospate mineral association of the Tsaobismund pegmatite, Namibia. - Contrib. Mineral. Petr. 92, 502-517.

FROMMURZE, H.F.; GEVERS, T.W.; ROSSOUW, P.J. (1942): The geology and mineral deposits of the Karibib area South West Afrika. Explanation Sheet 79. - 172 S., Pretoria (Geol. Surv. S-Africa).

REUNING, E. (1923): Pegmatite und Pegmatitmineralien in Südwestafrika. - Z. Krist. etc. 58, 448-459.

RICHARDS, T.E. (1986): Geological characteristics of rare-metal pegmatites of the Uis type in the Damara Orogen, South West Africa/Namibia. - In: ANHAEUSSER, C.R. & MASKE, S. (eds.), Mineral deposits of Southern Africa, Vol. II, 1845-1862, Johannesburg (Geol. Soc. S. Afr.).

ROERING, C. (1963): Pegmatite investigations in the Karibib District, South West Africa. - unpubl. Ph.D. Thesis, Univ. Witwatersrand, Johannesburg, 173 p.

SCHNEIDER, G.I.C. (2000): Giant quartz crystals from the Farm Otjua 37, Karibib District, Namibia and other giant mineral specimen. - http://www.kristallgalerie.com

SCHNEIDER, G.I.C.; SEEGER, K.G. (1992): Semi-precious stones. In: THE MINERAL RESSOURCES OF NAMIBIA, Ministry of Mines and Energy, Geological Survey, Windhoek, S. 5.2–1 - 5.2–16.

Eine Handvoll Edel-Turmalin! So sieht der wunderschön blaugrün gefärbte, durchsichtige Elbait des Orawab-Pegmatits aus, dem die nur gelegentlich stattfindenden Abbau-Aktivitäten gelten. Foto Bode.

Regenbogen über dem durch die Hartmannberge fließenden Kunene-Fluss, der an vielen Stellen grüne Ufer - und Krokodile! - aufweist. Foto Palfi.

Spessartin-Vorkommen im Kaokoland

Andreas Palfi

Das im Nordwesten von Namibia liegende Kaokoland galt Jahrzehnte lang als eine der abgelegendsten und unwirtlichsten Gegenden im gesamten Südwestafrika. Nicht umsonst konnte gerade hier der Stamm der Ovahimba seinen ursprünglichen Lebensstil unverfälscht bewahren. Auch mineralogisch war dieser Bereich ein „unbeschriebenes Blatt" - bis Anfang der 1980er Jahre die Dioptase der Omaue Mine auf den Markt kamen. Heute kennt man mindestens fünf Dioptas-Fundstellen - darunter die Weltklasse-Material lieferne neue Lokalität Kandesei - und eine Reihe von Fundpunkten ganz im Norden, aus denen farblich ausgezeichnete, schleifbare Spessartine kommen. Unser „Mann" in Namibia, Andreas Palfi, berichtet:

Nach fast 30 Jahren in Namibia entschloss ich mich endlich, mit dem Kaokoland (auch als Kaokoveld bezeichnet) einen der entlegendsten Teile des Landes zu bereisen - hauptsächlich, um die Edelstein-Vorkommen zu untersuchen und dem „hektischen" Leben in Windhoek mit seinen Menschen, Anrufen, eMails und Computern zu entfliehen. Meine Reiseroute führte von Windhoek über Swakopmund - Messum Crater - Uis - Sesfontein - Opuwo und den Van-Zyl-Pass (den schlechtesten, den ich jemals fuhr) zum Tal des Marienflusses in der Nachbarschaft des Kunene - einem der wenigen ganzjährig Wasser führenden Flüsse Namibias. Das zweite Mal fuhr ich allein mit dem Auto über Sesfontein, Purros, Orupembe zum Marienfluss und kehrte über Hartmannberge, Orupembe, Opuwo und Omaue Dioptas-Mine nach Kamanjab zurück. Es spielt keine Rolle, welche Route man fährt - für die letzten 200 km benötigt man immer einen Tag. Überraschenderweise bin ich nach meinen ersten Besuchen auch mit einem Vertrag ausgezeichnet worden, um ein neu gegründetes, mit dem „Spessartin-„Mandarin"-Granat-Abbau beschäftigtes Unternehmen geologisch und anderweitig zu unterstützen. Unnötig zu sagen, dass es für mich während des Jahres 2003 eine Vielzahl weiterer Reisen in dieses Gebiet gab, was es mir erlaubte, eine Reihe weiterer Mineralvorkommen auf der Route und im übrigen Kaokoland zu besuchen.

Das Kaokoland

Kaokoland ist wunderschön, zumeist unberührt und abgelegen. Dieses freilich so sehr, dass es geradezu närrisch ist, in seinem nordwestlichen Teil mit nur einem Auto, und das auch noch allein, zu fahren. Im Falle eines Unfalls in einer der abgelegeneren Ecken kann man schon einmal ein bis zwei Wochen warten, bis jemand vorbeikommt und dann hoffentlich auch noch Hilfe anbietet. Glücklicherweise hatte ich ein Funktelefon für einen eventuellen Hilferuf dabei, brauchte ich es

Rechts. Blick auf die Outomongu Mine am Südufer des Kunene-Fluss im rechten Teil des Bildes. Das andere Ufer gehört bereits zu Angola.

Unten. Idyllisch und romantisch, aber denkbar primitiv. Der Camp-Platz am Kunene-Fluss im Gebiet der Outomongu Mine. Fotos Palfi.

Blick auf das Gebiet der Outomongu Mine mit zahlreichen Abbauen, Prospektionsschurfen und Halden. In der Bildmitte, durch Palmen und Büsche grün umsäumt, fließt der Kunene, in dem viele Krokodile leben! Foto Palfi.

aber dann doch nicht. Diese Gegend bereisende Touristen oder Mineraliensammler benötigen mindestens ein zweites Auto, ausreichend Verpflegung, Wasser und Treibstoff und mindestens zwei Extra-Ersatzreifen pro Fahrzeug - und man sollte sich ein Satellitentelefon mieten.

Die beste Zeit zur Reise in das westliche Kaokoland ist der namibische Winter, d.h. Juni bis Oktober.

Dagegen erreichen die Temperaturen im November und Dezember oft 50 °C, und in der Regenzeit (Januar bis Mai) sind die Straßen infolge der über die Ufer getretenen Flüsse (Riviere) oft unpassierbar. Dazu gesellt sich die Gefahr von Malaria.

Die Szenerie ist in höchstem Maße veränderlich und prächtig, auch aufgrund des Wildreichtums mit Gemsbok, Springbok, Giraffen und Elefanten. An manchen Stellen gibt es hohe Berge und breite, flache Ebenen mit hohem Gras sowie Trockenflussbetten mit großen, schattigen Bäumen. Es gibt einige wenige Wasserstellen mit Brackwasser, keine Dörfer, aber einige verstreute Hütten, in denen Ovahimbas noch auf ihre traditionelle Weise leben. Mit Ausnahme von Opuwo und Sesfontein existieren keine Geschäfte und Tankstellen.

Der Nordwesten des Kaokolandes mit Sesfontein, Opuwo und Ruacana ist nicht leicht zu erreichen. Die „Straßen" sind in Wahrheit nur Pfade und man kann selten mehr als 30 km/h fahren. Für die 20 km lange Strecke über den Van-Zyl-Pass benötigte ich drei volle Stunden, und ich möchte diese Erfahrung kein zweites Mal machen. Dieser Pass ist nicht zu empfehlen, außer man ist ein überaus erfahrener Geländewagen-Fahrer und hat ein unbegrenztes Spesenkonto für Autoreparaturen. Die Sesfontain mit Khorixas und Opuwo verbindende, an der Omaue Mine vorbeiführende Straße ist gut gepflegt; die Straßen zu Epupa Falls und Ruacana sind ebenfalls in gutem Zustand - freilich nicht in der Regenzeit. Unterkunftsmöglichkeiten sind, neben einigen primitiven, von den Einheimischen betriebenen Campingplätzen mit meist ohne Waschgelegenheit und einfachsten Toiletten, spärlich. Daneben gibt es aber eine sehr schöne Stelle mit vollausgestatteten Räumen und einfachen Campingmöglichkeiten unmittelbar über der Omaue Dioptas Mine, die von der Familie Steiner betrieben wird.

Unten. Blick auf den die Spessartin-Mineralisation beherbergenden, steilstehenden Biotitschiefer. Das kleine Ovahimba-Mädchen lässt die Dimensionen erkennen. Weitere Erklärungen finden sich im Text. Foto Palfi.

Meine zweite Reise in das Gebiet hatte nach der Passage von 20 Elefanten bei Purros die Vorkommen von Mandarin-Granat (Spessartin) zwischen Marienfluss und Hartmannbergen zum Ziel. Die Geologie ist wie die Szenerie einmalig, aber zuerst etwas zur Geologie. Im Übrigen fuhr ich im Jahre 2003 viel öfter in das Kaokoland zur Untersuchung der Spessartin-Vorkommen - das in allen vier Jahreszeiten, von denen eine jede die Landschaft mit einer neuen und schönen Facette zeigte.

Geologie des Gebietes Marienfluss-Hartmannberge

Nach den verfügbaren geologischen Karten gehören die hochgradig metamorphen und strukturell deformierten Sedimente zum Epupa-Komplex, der älter als 2,1 Milliarden Jahre ist. Meiner Meinung nach ähneln die während meiner Reise beobachteten Gesteine aber außerordentlich den beträchtlich jüngeren Damara Metasedimenten, die etwa 800 Ma Jahre alt sind. Die meisten Sedimente, ursprünglich Ca-reiche Tonschiefer und Sandsteine, sind heute hochgradig metamorph überprägt und liegen als verschiedene Gneise, Quarzite und Schiefer vor. Auf der Route durch die Outomongu Mine beobachtete ich ferner einige metamorphe Tillite (glaziale Sedimente). Der Metamorphosegrad der in der Nähe des Kuneneflusses ausbeißenden Gesteine ist deutlich höher als der der weiter entfernt anstehenden; Quarz/Feldspat scheinen in-situ-Schmelzen zu sein. Zusätzlich gibt es zahllose späte Pegmatit-Intrusionen mit Amazonit- und Beryll-Mineralisationen.

Kurze Geschichte der Spessartine (Mandarin-Granate) des Kaokolandes

Es gibt eine Reihe von interessanten und einander widersprechenden Geschichten über die Entdeckung der Granate in diesem Gebiet - die hier erzählte liegt aber wahrscheinlich der Wahrheit am nächsten ...

In den frühen 1990er Jahren fand ein gut bekannter Kaokoland-Prospektor, der mittlerweile verstorbene Mr. van der Merwe, am Süd-Ufer des Kuneneflusses ein einzigartiges Granat-Vorkommen. Weitere kleinere Prospektionsarbeiten waren bei völligem Unwissen seitens des Prospektors hinsichtlich Marketing im Schmucksteinsektor erfolglos, da kein Markt für diese minderwertigen orangen Granate gefunden werden konnte. 1992 fanden Mr. van der Merwe und seine Partner jedoch schleifbares Material und zeigten dieses dem in Windhoek ansässigen Geologen und „small-scale-miner" Mr. Le Roux van Schalkwyk. Ursprünglich als Hessonit angesehen, stellte sich dieser Granat nach weiteren Untersuchungen als Spessartin heraus. LIND et al. (1993) und LIND et al. (1994) präsentierten bald darauf zwei Arbeiten mit den physikalischen und chemischen Daten dieses Spessartins.

Mr. van Schalkwyk führte mit der Expertenhilfe von Eli Eliezri aus Colgem/Israel das Material auf der Tucson Show mit Erfolg als hochwertigen, schleifbaren Edelstein ein und nannte ihn „Mandarin-Granat". Die anschließende Exploration durch mehrere Prospektoren führte zur Entdeckung eines weiteren Spessartin-Vorkommens in den Hartmannbergen, 4,5 km westlich der Siedlung von Ombivango, und ca. 36 km südlich des ersten Fundortes. In der Mitte der 1990er Jahre standen zwei kleine Gruben, die Outomongu Mine am Kunene und Roup's Mine in den Hartmannbergen, in Produktion. Aufgrund der hohen Bergbaukosten in diesem entlegenen, ungastlichen Landstrich, der Tatsache, dass zahllose weitere Prospektoren Unmengen von minderwertigem Material auf den Markt warfen, der hohen Gestehungskosten in diesem entlegenen, ungastlichen Terrain sowie eines unnötigen Rechtsstreits zwischen einigen der Minenbesitzer, wurde die Produktion zum Ende der 1990er Jahre eingestellt. Während der Bergbauphase konzentrierten sich beide Gruben

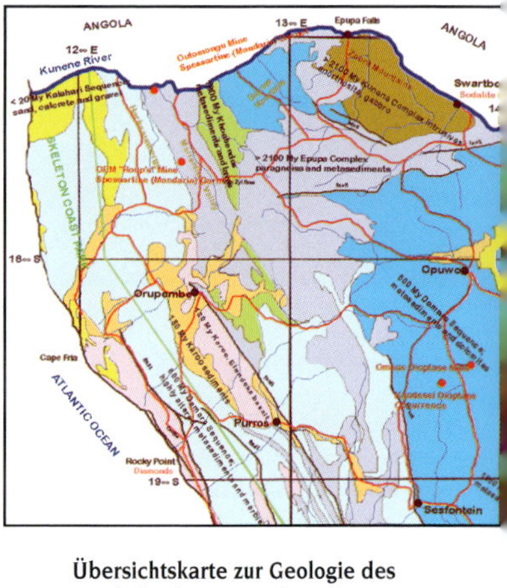

Übersichtskarte zur Geologie des Kaokolandes im Nordwesten von Namibia. Zeichnung Palfi.

Oben. Typische Mineralisation im Anstehenden. Spessartin findet sich neben podiformen Manganerz-Anreicherungen in einem grobschuppigen Biotit. Rechts. Roup's Claim mit einer weitgehend abgebauten Zone im Anstehenden links der „Piste". Fotos Palfi.

Oben. Einmalige Szenerie im Gebiet von Roup's Claim. Blick aus Richtung Norden auf die Abbaue und Halden unterhalb des Gipfels. Das Gebiet ist wegen des ständig nachbrechenden hangenden Nebengesteins nicht ungefährlich. Foto Palfi.

auf geschliffenes Steinmaterial, sodass nur sehr wenige Stufen mit Spessartin den Mineralienmarkt erreichten. Mr. van Schalkwyk hält die Infrastruktur der Outomongu Mine immer noch in Stand; hier gibt es einen sehr zufriedenstellenden Campingplatz mit Blick über den Kunenefluss, obwohl die Toiletten schon vor einigen Jahren „weggewaschen" wurden.

Anfang 2003 wurden einige verfallene, an Roup's Mine grenzende Gebäude durch eine kleine Gesellschaft, die im Gebiet nach Spessartin sucht und diesen abbaut, renoviert. Gegenwärtig hält diese Gesellschaft alle Bergbaurechte im größten Teil der Hartmannberge, mit Ausnahme der Claims, die den Herren van Schalkwyk, Roup und anderen gehören.

Aus plausiblen Gründen wünschen die Eigner der genannten Mineralvorkommen nur vorher vereinbarte Besuche der Bergbau-Claims.

Die Outomongu Mine

Die Mineralisation der Outomongu Mine ist auf eine 40 cm mächtige, nach Süden einfallende und möglicherweise zerscherte Quarz-Biotitschiefer-Lage beschränkt, die von einem über den Kunene bis nach Angola verfolgbaren, dunklen Biotitschiefer überlagert wird. Auf der anderen Seite des Flusses sind Überbleibsel aufgelassener Schurfe zu sehen. Das Hangende sowie das Liegende sind aus monotonen, grauen, Feldspat-haltigen Quarziten zusammengesetzt. Hier sind zahllose an Ort und Stelle gebildete sowie auch intrusive Pegmatite zu sehen, einige davon mit Hämatitführung bzw. mit dunkelblauem Apatit. Die erzführende Lage ist zuckerkörnig. Der Verwitterung ausgesetzt, zerfällt der Schiefer recht schnell. Der Spessartin ist oft mit Tremolit und Manganoxiden vergesellschaftet und ist an manchen Stellen von weißen, zuckerkörnigen Umwandlungshöfen umgeben. Während kurzer Rundgänge um die Mine wurden nicht nur Krokodile (im Fluss!) beobachtet, sondern auch zahllose Prospektionslöcher, in denen oft eine Mineralisation mit dunkelblauem Apatit sowie hellblauem Beryll zu sehen war.

Spessartin $MnAl_2[SiO_4]_3$

Die Farbe der Mandarin-Granate variiert von leuchtend gelb bis hell- und dunkelorange; LIND et al. (1993) wiesen auf eine hohe Gleichmäßigkeit der orangegelben Farbe, die der von mexikanischen Feueropalen ähnelt, hin. An den Kristallen ist bevorzugt das Rhombendodekaeder {110} ausgebildet, untergeordnet zeigen sich auch weitere Formen.

Links. Idiomorphe, orangegelbe Spessartinkristalle auf einer von perlweißen Talkplättchen durchsetzten Matrix aus hauptsächlich Braunit. Spessartin findet sich im Kaokoland an mehreren Fundstellen in der Umgebung des Marienflusses und in den Hartmannbergen. Material von Namibia Minerals, Foto Bode.

In den etwas mehr als 10 Jahren seit der Entdeckung der Spessartine aus dem Kaokofeld sind auch diese der Unsitte unterworfen worden, mit zahlreichen Trivialnamen bedacht zu werden. Man findet Namen wie „Kunene-Spessartin" (nach dem Vorkommen), „Hollandin" (zuerst in der ICA Gazette vom April 1993, nach der orangeroten Farbe, die Assoziationen mit dem in den Niederlanden (Holland) regierenden Fürstenhaus Oranien weckt) sowie „Mandarin-Granat", der sich ebenfalls auf die Farbe bezieht.

Oben. Hier sitzen die perfekten Spessartin-Kristalle noch in der hellen Matrix. Sammlung NHM Wien.

Darunter. Vorzüglich ausgebildeter, 1 cm großer Spessartin-Schwimmerkristall mit Rhombendodekaeder- und kleineren Ikositetraeder-Flächen vom „Kunene-Fluss". Sammlung Nägele. Fotos Bode.

Die Größe der Granate reicht von vollkommen schleifwürdigen, um 1 mm großen Kristallen bis ca. 1 cm. Der größte von LIND et al. (1993) untersuchte Kristall wog 55,4 Karat, der Durchschnitt lag aber bei 15 Karat. Leider sind die Granat-Kristalle in den meisten Fällen zerbrochen oder zersplittern infolge innerer Spannungen nach der Reinigung. Die Dichte der Spessartine variiert zwischen 4,09 und 4,15 g/cm^3, ihre Lichtbrechung schwankt zwischen 1,790 und 1,797. Letztere liegt nahe am Wert für synthetischen Spessartin (1,800).

Nach LIND et al. (1993) und LIND et al. (1994) handelt es sich um Spessartin mit bis zu 10 Mol.-% Pyrop. Die Gehalte an Almandin (2 %) und Grossular (1 %) sind fast vernachlässigbar. Das NIR-Spektrum weist auf eine geringfügige Hydrogrossular-Komponente hin.

Hartmannberge und Roup's Mine

Die Bergbauclaims der Roup's Mine sind nur 36 km südlich der Outomongu Mine gelegen, die Fahrt dorthin dauert aber tatsächlich sechs bis acht Stunden.

Obwohl dieses Vorkommen in einem ähnlichen stratigraphischen Horizont wie das vorgehend beschriebene liegt, ist die Mineralisation auf eine 30 cm mächtige, in vertikal eintönigen grauen Quarziten sitzende Biotitschiefer-Lage beschränkt. Die Bergbauaktivitäten waren hier beträchtlich umfangreicher als in Outomongu. Entlang der auf ca. 1.000 m streichender Länge

Klein aber fein! Schleifbare Exemplare der charakteristisch orange gefärbten Spessartine „vom Kunene". Foto Palfi.

aufgeschlossenen Mineralisation wurde ein 2-10 m tiefer „Tagebau" angelegt. Das hangende Nebengestein ist sehr gefährlich; nachfallendes Gestein war und ist an der Tagesordnung. Die Granat-Mineralisation erreicht Größenordnungen von 1-10 cm. Gute Kristalle sind freilich selten, statt dessen sind große, verrundete Aggregate (lokal „Kartoffeln" genannt) recht häufig. Zu den Zeiten des Bergbaus wurden diese „Kartoffeln" per Handscheidung gewonnen und in klaren Stücken als „Mandarin-Granat" verkauft. Anders als in Outomongu sitzen die Granate in einem nahezu reinen, schwarzen, grobschuppigen Biotit. Die Vergesellschaftung von podiformem Manganerz mit Spessartin ist an einigen Lokalitäten deutlich sichtbar. In einigen wenigen Fällen sind offene Quarzgänge und -blasen mit ziemlich zersetzten, gelben Granat-Kristallen beobachtet worden. Zusätzlich wurden gelegentlich in Pegmatit-Intrusionen deformierte, blaue Apatit-Kristalle gefunden.

In einem Radius von 20 km um Roup's Mine gibt es einige weitere Spessartin-Vorkommen, in denen „Okaoko Gemstone" Erkundung und versuchsweisen Granat-Abbau betreibt. Die in diese Gebiete führenden Pisten sind sehr veränderlich - in Zeiten, wo keine schwere Ausrüstung oder, noch wichtiger, Trinkwasser transportiert werden muss, ist man schneller zu Fuß. Aus diesem Grund nutzt Okaoko oft Packesel, um einige der Gebiete zu erreichen. Die Qualität der Granate ist recht ähnlich der jener Spessartine, die aus den bereits beschriebenen zwei Vorkommen gewonnen werden.

Literatur Spessartin

LIND, Th. v.; HENN, U.; BANK, H. (1993): Spessartine aus Namibia. - N. Jb. Miner. Mh. **1993** (12), 569-576.

LIND, Th. v.; HENN, U.; BANK, H. (1994): Leuchtend orangefarbige Spessartine aus einem neuen Vorkommen in Namibia. - Z. Dt. Gemmol. Ges. **43** (1/2), 39-47.

PALFI, A.G. (July 2001): An assessment oft the gemstone sector of Namibia. - Unpubl. report prepared for EPTISA Proyectos Internacionales, S.A., (EPI), Madrid, Spain, 49 p.

PALFI, A.G. (January 2004): Evaluation, assessment and technical assistance to Okaoko Gemstones (Pty) Ltd for the development of spessartite garnet occurrences in northern Kunene province, Namibia. - Unpubl. report prepared for Centre for the Development of Enterprise; Brussels, Belgium and the Minerals Development Fund of Namibia; Windhoek, Namibia, 23 p.

SIEGFRIED, P.R. (March 1995): Report on reconnaissance mapping of Exclusive Prospecting Grant License No. 1985, Kunene Region, Namibia. - Unpubl. exploration report prepared for Namibia Mineral Development Company (Pty) Ltd, 13 p.

SCHALKWYK, Le Roux van (Oct. 1995): Short notes on the Mandarine Garnet operations at Outomongu, for the visit of the Honourable Minister of Mines and Energy on Wednesday 11 October 1995. - unpubl. notes, 7 p.

Entstehung der Spessartin-Mineralisation

Bisher wurde für die Granat-Mineralisation angenommen, dass sie mit Scherzonen verknüpft ist (SIEGFRIED 1995, VAN SCHALKWYK 1995; PALFI 2001). Beobachtungen in 2003 deuten aber ganz klar darauf hin, dass die Granate an einen ausgesprochen extensiven, submarin-vulkanischen Exhalations-Horizont gebunden sind, der auch dünne Chert- sowie Manganerzkörper führt. Subsequente Metamorphose der Sedimente einschließlich der Exhalationen führte zur Bildung von feinkörnigen Quarziten (ursprünglich Cherts), Feldspat- und Biotit-reichen Quarziten (Arkosen) sowie Spessartin mit Manganerz-Klumpen. In den Gebieten, in denen in der Vergangenheit hochqualitativer Spessartin abgebaut worden ist, war Manganerz häufig. Dazu können Tremolit und Wollastonit vorhanden sein, Calcit wurde aber bisher noch nicht beobachtet. Leider ist durch syn- und postorogene tektonische Aktivität der größte Teil der Kristalle zerbrochen, sodass größere Stufen in Edelsteinqualität sehr selten sind. Durch mineralogische Untersuchungen am Naturhistorischen Museum Wien wurde in zur Verfügung gestellten Proben auch der häufig auftretende Baryt (exhalative Entstehung?) identifiziert. An manchen Stellen wurden mit der Granatmineralisation auch hellgrüner Amazonit sowie Apatit beobachtet. Durchsetzende Pegmatite enthalten häufig große Beryll-Kristalle sowie Amazonit.

Die Spessartin-Mineralisation ist also an einen stratigraphischen Horizont gebunden, in dem sich rekristallisierter Chert und/oder podiforme Manganerze entwickelten. Diese einzelnen Einheiten können sich über einen Kilometer Länge erstrecken, die Verteilung des Spessartins ist aber beschränkt.

Edelstein-Turmaline und Riesenquarze von Otjua

Gabi Schneider

Während des Abbaus der bekannten Turmaline auf der Farm Otjua wurden in einem Hohlraum Quarzkristalle vorgefunden, unter denen man die bisher weltgrößten Bergkristall-Stufen entdeckte. Ein Zeitraum von fünf Jahren war dann nötig, um einen 14,1 Tonnen wiegenden und eine Höhe von 4 m aufweisenden Giganten aus einer Tiefe von 45 m zu bergen! Der größte Teil der geborgenen Kristalle wird jetzt in der „Kristall-Galerie" in Swakopmund ausgestellt, eine Stufe ist im Museum des Geological Survey of Namibia in Windhoek zu sehen.

Der auch „Becker-Pegmatit" genannte zonierte Seltenmetall-Pegmatit befindet sich im nördlichen Bereich der Farm Otjua 37, ca. 34 km ESE von Karibib in der Erongo-Region. Er weist eine streichende Länge von etwa 2,3 km auf, fällt fast saiger ein und erreicht Mächtigkeiten zwischen 250 und 340 m. Der posttektonische, spät-panafrikanische Pegmatit intrudierte vor etwa 500 Millionen Jahren in Damara-zeitliche Marmore der Karibib-Formation (ROERING 1963).

Die gut ausgebildete Zonierung zeigt sich in den nachfolgenden Einheiten (vom Rand nach innen): „border zone" mit Perthit-Albit-Quarz-Schörl, „wall zone" mit Schriftgranit, „outer intermediate zone" mit Cleavelandit-Quarz-Muskovit-Schörl-Beryll, „inner intermediate zone" mit Albit-Perthit-Quarz-Muskovit-Lepidolith-Turmalin, „outer core zone" mit Cleavelandit-Quarz-Lepidolith-Turmalin sowie einem Quarzkern.

Oben. Dieser herrliche, 4 cm große und auf Quarz sitzende Turmalinkristall der Spezies Elbait stammt von Otjua und ist teils als Verdelith, insbesondere im Bereich der Endflächen, aber auch als Rubellit ausgebildet. Sammlung Bast, Foto Bode.

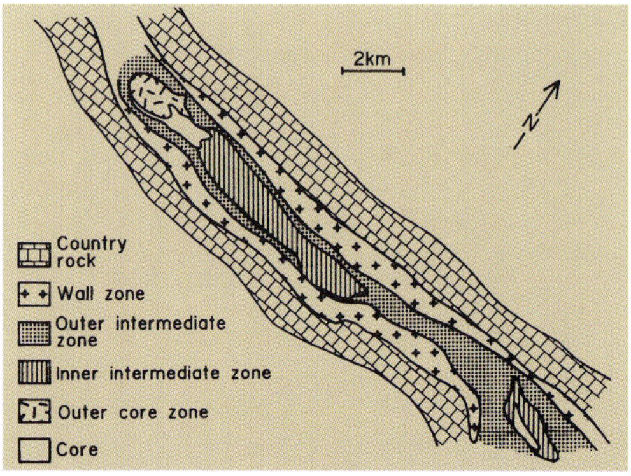

Links. Schnitt durch den Pegmatitkörper von Otjua (aus SCHNEIDER & SEEGER 1992). Die ausgeprägte Zonierung dieses Pegmatits ist gut zu erkennen.

In der Otjua-Mine werden seit mehreren Jahrzehnten blaue bis smaragdgrüne sowie gelegentlich auch rote Turmaline gefunden. Der Zusammenhang zwischen Farbe und Fundstelle innerhalb der verschiedenen Zonen im Pegmatit ist sehr charakteristisch und wird von STAATZ et al. (1955) auf eine deutliche Zunahme von K,

Rb, Cs, Pb, Be und Li in Richtung Pegmatitkern zurückgeführt, während die Gehalte von Fe, Mg, Ti, Na, Co, Ni, Cr und V in dieser Richtung abnehmen. Die Farben, in den äußeren drei Zonen schwarz (Schörl) bzw. (in der „outer intermediate zone") dunkelgrün-opak, verändern sich bei den Turmalinen der inneren Zonen zu dunkelgrünen und grünen („outer intermediate zone") sowie rosa, roten, blassgrünen und blassblauen („outer core zone") Tönen.

Nur in der letztgenannten Zone, wo sich auch ein Teleskoping-Effekt verschiedener Farbvarietäten beobachten lässt, finden sich die Edel-Turmaline, die ROERING (1963) zufolge in bis zu 25 cm großen Nestern zusammen mit der Albitvarietät Cleavelandit und mit Lepidolith, aber auch in Begleitung großer Quarzkristalle, auftreten. Entlang des Quarzkerns sind auch Vertreter der Columbit-Tantalit-Mischkristallreihe beobachtet worden.

Die Turmaline von Otjua weisen, wenn sie nicht zum Schörl gehören, vorwiegend grüne Farben auf, nur wenige stellen sogenannte „Wassermelonen-Turmaline" mit rosa Kern und grünem Rand dar. Sie erreichen bei maximal 3 cm Durchmesser Größen von einigen Zentimetern, sind aber leider meist stark rissig. Die Turmaline sitzen teilweise oder vollständig im Quarz. Obwohl randlich zu ihm orientiert, weisen die c-Achsen von Quarz und Turmalin niemals in dieselbe Richtung (SCHNEIDER & SEEGER 1992).

Oben. Die ausgezeichnete Elbait-Stufe der Varietät Verdelith stammt ebenfalls von Otjua. Sehr interessant sind die farbzonierten Terminierungen der einzelnen Kristalle. Die Größe des Kristallaggregates beträgt 7,5 cm. Sammlung Sacco, Foto Cairncross.

Milch- und Rauchquarz bilden den größten Teil des Quarzkerns, in dessen Hohlräumen 1987 große Quarzkristalle entdeckt wurden. Einzelkristalle haben 2 m Größe und 2 m Umfang, das größte Kristallaggregat Abmessungen von 44 x 24 x 12 m auf. Die ursprünglich oft Goethit-verkrusteten und auch Calcit-Überzüge aufweisenden Prismen- und Rhomboederflächen der Kristalle sind gut entwickelt.

Wie bereits das milchige Aussehen der Kristalle andeutet, zeigen sie häufig Flüssigkeitseinschlüsse. Die durchschnittliche Homogenisierungstemperatur von nur 200 °C weist darauf hin, dass sich der Quarz aus pegmatitischen Lösungen eines sehr späten Stadiums bildete. An mehreren Kristallen ist ein Skelettwachstum auf den Rhomboederflächen zu beobachten, welches entweder auf eine sehr rasche Verarmung der Lösungen an SiO_2 zum Ende des Kristallisationsprozesses deutet oder aber auf eine sekundäre Auflösung des Quarzes in der Konsequenz eines eingestellten Gleichgewichtes zwischen Quarzkristall und mineralisierender Lösung. Die letztere Möglichkeit würde auch für ein Modell einer mehrphasigen Platznahme des Otjua-Pegmatits, einem in Damara-Pegmatiten nicht seltenen Phänomen, sprechen (SCHNEIDER 2000).

Literatur

ROERING, C. (1963): Pegmatite investigations in the Karibib District, South West Africa. - unpubl. Ph.D. Thesis, Univ. Witwatersrand, Johannesburg, 173 p.

SCHNEIDER, G.I.C.; SEEGER, K.G. (1992): Semi-precious stones. In: The Mineral Ressources of Namibia, Ministry of Mines and Energy, Geological Survey, Windhoek, S. 5.2-1 - 5.2-16.

SCHNEIDER, G.I.C. (2000): Giant quartz crystals from the Farm Otjua 37, Karibib District, Namibia and other giant mineral specimen. - http://www.kristallgalerie.com

Außer nach Turmalinen suchte Lothar Schneider auch nach Amethysten, wie hier die Minenarbeiter beim Abstecken des Claims 1959 zeigen. Foto Schneider.

Auf Turmalinsuche in Namibia

Lothar Schneider

Wenn unter Fachleuten von afrikanischen Turmalinen gesprochen wird, so verbinden sich damit bestimmte Farbvorstellungen. Unter afrikanischen Turmalinen versteht man besonders die feinen, leuchtenden, ins Blaugrüne gehenden Steine. Der Autor war früher ein erfolgreicher Turmalinprospektor, der hier über seine historische Tätigkeit in Namibia berichtet.

„Es besteht bei den Schleifern und Steinhändlern ein besonderes Interesse, diese feinen Farben des Turmalins anbieten zu können. Sie sind selten, und weit häufiger kommen die dunkleren, flaschengrünen Farben vor. Die Bemühungen, an diese afrikanische Rohware zu kommen, sind daher besonders groß, und man ist bereit, hohe Preise dafür zu bezahlen. Das alles hilft jedoch wenig, da im Verhältnis nur ganz selten Turmaline dieser feinen Qualität gefunden werden. Das spärliche Angebot von Turmalin-Rohsteinen mag zu einem wesentlichen Teil daran liegen, dass das Prospektieren nach Turmalinen und das Betreiben einer Mine mit sehr großem Zeitaufwand und hohen Kosten verbunden ist. Ein Erfolg ist nie garantiert, und die Erfahrung hat gelehrt, dass nur ganz wenige Steinsucher zu Glück und Reichtum kamen.

Bei einer meiner Einkaufsreisen in den 50er-Jahren nach Namibia, dem damaligen Südwestafrika, kam ich mit einem Südwester-Prospektor deutscher Abstammung in Verbindung. Er hatte geologische Aufzeichnungen aus der deutschen Kolonialzeit vor dem ersten Weltkrieg. Es ging um Pegmatit-Vorkommen im Kaokoveld, dem nordwestlichen Teil von Südwestafrika.

Pegmatite sind das klassische Begleitgestein von Turmalin. Selbstverständlich gehören noch viele komplizierte erdgeschichtliche Abläufe und das Vorhandensein von bestimmten Substanzen zur Entstehung von Turmalin. Die interessanten Erzählungen dieses Prospektors und unser gemeinsames Interesse brachten uns näher; es entwickelte sich eine gute Freundschaft. Er schlug vor, diesen Aufzeichnungen, nach denen bis dahin noch nicht nach Edelsteinen prospektiert wurde, gemeinsam nachzugehen.

Bei allen Gesprächen mit minenerfahrenen Bekannten jedoch konnte man nur zu dem Schluß kommen, die Finger von der Sache zu lassen. Ich stellte mir die Frage, was aber ist es, dass sich bei all den großen finanziellen und gesundheitlichen Risiken immer wieder Menschen finden, die sich in die Abgeschiedenheit setzen und viele Entbehrungen hinnehmen in der bescheidenen Hoffnung, fündig zu werden. Die richtige Antwort habe ich bis heute nicht gefunden. Eines weiß ich: zum Glück für uns Schleifer gibt es Steinsucher, die ihre Arbeit nicht mit dem Rechenstift angehen, sonst hätten wir sicherlich schon lange keine Rohsteine mehr.

Risikobereit ...

Ich begann deshalb alle gutgemeinten Ratschläge in den Wind zu schlagen und versuchte, mir den Entschluß leicht zu machen. Den Rest tat sicherlich der Schuß Goldgräbermentalität, den wir Schleifer im Blut haben. Ganz einfach stellte ich es in den Vordergrund, dass man zu diesem Risiko bereit sein muß, wenn man fortan nicht an der Rohsteinfrage scheitern will. Meinem Freund, dem Prospektor Erhard Gohlke aus Swakopmund, fiel ein Stein vom Herzen, als ich ihm sagte, ich hätte mich entschlossen, seinen Vorschlag anzunehmen, gemeinsam mit ihm im Kaokoveld nach Turmalinen zu suchen. Über den kaufmännischen Teil waren wir uns schnell einig und gingen die Sache an. In meinem Leben hatte ich schon viele Minen besucht, und so wußte ich, was an Ausrüstung erforderlich ist, um in bescheidenem Rahmen zu prospektieren oder zu schürfen.

Das Kaokoveld und die vorgelagerte Skelettküste haben etwa die Größe von Belgien, Holland und Luxemburg zusammen. Es war damals, wie auch heute noch, Sperrgebiet und durfte nur mit einer speziellen Genehmigung der Regierung betreten werden. Der Papierkrieg begann. Dies war ein harter Teil auf die übrigen erforderlichen Vorbereitungen bezogen. In meinen Schilderungen will ich dies soweit wie möglich übergehen, da es für den Praktiker lästiges Beiwerk ist. Die letzte Hürde der Prospektions- und Schürflizenz für das Kaokoveld war die Stellung einer Kaution in beachtlicher Höhe. Sie war vorgesehen für eventuell erforderliche Rettungsmaßnahmen, die im Notfall von der Regierung eingeleitet werden müssen.

Das Kaokoveld ist eine wasserlose Wüste und entsprechend rüsteten wir uns aus. Die erste Anschaffung war ein schwerer, allradgetriebener, geländetauglicher Lastwagen zum Transport des Trinkwassers sowie der Lebensmittel und Treibstoffvorräte.

Gleichzeitig war er Zugwagen für einen Kompressor zum Betrieb des Preßlufthammers. Ein wendiger, ebenfalls allradgetriebener Landrover, wie man ihn häufig im Lande antrifft, war mit dem Notwendigsten, was man zum Überleben braucht, beladen. Dazu gehörte auch medizinisches Versorgungsmaterial und auffällige Markierungsplanen für den Fall, dass man von Flugzeugen aus gesucht werden muß.

Fahrt ins Ungewisse

Die Mannschaft stand und es waren dies neben uns beiden Weißen noch zwei Einheimische, einer vom Stamm der Ovambos, der sich gut auf die Hausarbeit verstand, und ein Herero, der mit dem Kompressor umgehen konnte. Swakopmund war damals der nördlichste Ort an der Atlantikküste von Südwestafrika. Von dort brachen wir frühmorgens gegen Norden auf. Nach 100 km verloren sich die letzten Spuren im Gelände. Wenn ein starker Wind bläst und der Sand weht, kann dies sehr schnell gehen.

Gegen Abend hatten wir noch eine kleine Diamantmine passiert und waren am ersten Tag schon fast 150 km gefahren. Vor uns lagen nun 600 km absolut unbewohntes Gebiet, ohne Wege und Markierungen.

Am nächsten Tag hatten wir einen Dünengürtel von etwa 10 Meilen zu überqueren. Darüber hatte uns ein Pilot informiert, der dieses Gebiet aus der Luft kannte. Er hatte den bekannten Zoologen Prof. Heck einmal über das Kaokoveld geflogen. In einem Buch, das Prof. Heck später schrieb, nannte er dieses Gebiet die wüsteste Wüste der Erde. Man hatte uns prophezeit, dass wir wahrscheinlich diese Dünenstrecke nicht hinter uns bringen würden, da vor uns dort schon andere Unternehmungen gescheitert waren.

Einmal ging es um die Rettung Schiffbrüchiger, die weiter nördlich an der Skelettküsten gestrandet waren. Es wurden allradgetriebene Fahrzeuge auf den Weg geschickt, aber sie blieben in den Dünen stecken. Dann wurde ein Flugzeug eingesetzt, das in unmittelbarer Nähe der Schiffsbrüchigen landete. Beim Startversuch blieb es im Sand stecken und konnte nicht mehr abheben. Ein Militärkonvoi mit wüstenerfahrenen Soldaten brachte schließlich die Rettungsaktion zum erfolgreichen Ende.

Vom Wasser eingeschlossen ...

Über das unwegsame Gelände kamen wir zügig voran, da der Untergrund felsig war und nur kleine Sandeinlagerungen hatte. Die Kompaßnadel zeigte immer nach Norden und die Orientierung machte keine Probleme. Am späten Nachmittag lagen dann Dünen in Höhe eines mehrstöckigen Hochhauses vor uns. Dieser Dünengürtel stellte sich uns quer in den Weg und reichte von der Küste bis weit ins Inland. Auf dem festen Untergrund fuhren wir vor den Dünen entlang bis zur Küste. Unser Gezeitenkalender sagte am nächsten Tag für den frühen Morgen Ebbe an. Bis Sonnenuntergang hatten wir die notwendigsten Dinge auf den leichten Landrover umgeladen und den Lastwagen an einem sicheren Platz abgestellt. Am nächsten Morgen fuhren wir bei Ebbe über den vom Wasser freigegebenen Küstenstreifen weiter nach Norden. Der nasse Sand war fest wie Beton und trug unser Auto. Offenbar hatten wir aber nicht den Tiefstand des Wassers abgepaßt, denn nach wenigen Kilometern mußten wir feststellen, dass das Wasser wiederkam. Wir waren schon bis an die Radnaben im Wasser, hatten Steilküste und konnten nicht auf das Land fahren. Zum Glück fanden wir bald eine Stelle, an der die sandige Steilküste etwas abgerutscht war, und wir fuhren mit Schwung soweit wir durch den abgerutschten Sand kamen und waren zunächst auf dem Trockenen. In aller Eile schleppten wir die zum Überleben wichtigsten Utensilien auf

Lothar Schneider (rechts) und seine Mitarbeiter bei Prospektionsarbeiten 1958 im Kaokoveld.

sichere Höhe, damit sie nicht von der weiter steigenden Flut erreicht werden konnten. Aus dieser Situation hatten wir soviel gelernt, dass wir bei der Weiterfahrt den absoluten Tiefstand des Wassers abwarteten.

Wieder auf der Strecke, wurde nach wenigen Kilometern die Küste wieder flach, und wir hatten den Dünengürtel hinter uns. Mit den gemachten Erfahrungen fuhren wir mit dem leeren Auto beim nächsten Tiefstand des Wassers wieder zurück und holten den Lkw nach. Dann setzten wir die Fahrt mit beiden Fahrzeugen fort, blieben aber in der Nähe der Küste. Das brachte uns auch den Vorteil, dass wir für die Mahlzeiten Fische fangen konnten und somit unsere Lebensmittelvorräte schonten.

An einem felsigen Küstenabschnitt kamen wir an eine Stelle, wo im Gestein ein natürliches Becken im Fels war, aus dem bei Ebbe das Wasser nicht zurück ins Meer lief. Wir haben es als Badewanne benutzt und man konnte danach an der Farbe des Wasser erkennen, wie sehr wir bis dahin mit Waschwasser gespart hatten. Jeder Tropfen des mitgeführten Wassers war zu kostbar zum Waschen.

Turmalinschürfer in der glühenden Hitze Namibias. Oftmals blieb der Erfolg versagt, viel Geld wurde verloren ... Foto Schneider.

Einmal sahen wir schon von weitem einen rötlichen Küstenstreifen im Kontrast zum gelben Sand und waren erstaunt, dass dieser rote Strand fast nur aus abgerollten Granaten bestand. Bei einer späteren Reise habe ich diese Stelle meinem Freund Paul Henn aus Kirschweiler gezeigt, und er sagte mir im Überschwang und voll Staunen „das ist die größte Trommel der Welt". Der Küstenabschnitt, an dem wir uns befanden, liegt etwa in der Höhe von Brasilien, und wie man heute weiß, war er einst mit Afrika verbunden. Durch die Kontinentaldrift haben sich die beiden Erdteile auseinanderbewegt. Man konnte also davon ausgehen, dass an dieser Stelle von Afrika ähnliche geologische Verhältnisse wie in Brasilien anzutreffen wären.

Nach weiteren acht Tagen Fahrt über sehr schwieriges Gelände hatten wir unseren Ausgangspunkt Swakopmund bereits mehr als 500 km hinter uns und die Sandwüste wechselte sich mit Wüstengebirge ab. Vereinzelt fanden wir an der Oberfläche Bruchstücke von Achat. Dass wir jetzt nur noch langsam weiterkamen, lag nicht alleine am Gelände. Immer wieder sah man sehr interessante Mineralien und Gesteinsformationen. Wir begannen, mit dem Prospektieren gründlicher zu werden, und nahmen gelegentlich den Kompressor zu Hilfe. So kamen wir unserem Zielgebiet nur sehr langsam näher. Die Abende hatten inzwischen einen besonderen Reiz für uns bekommen. Bei Dunkelheit suchten wir mit der UV-Lampe nach fluoreszierendem Gestein.

Einem Militärarchiv hatten wir Aufzeichnungen über die geschilderte Rettungsaktion entnommen und in unseren Karten vermerkt. Als wir dorthin kamen, fanden wir noch das Rettungsboot der Schiffbrüchigen und das Flugzeugwrack des mißglückten Startversuches. Den Propeller montierten wir ab, und er ist heute im Museum von Swakopmund zu sehen. Mehr als fünf Wochen waren wir schon unterwegs und ich konnte mir nun auch etwas darunter vorstellen, wenn in diesem Land von Wüstenkoller gesprochen wurde.

Gruseliges Erlebnis

Viele Pegmatitlager hatten wir schon aufgeschlossen, aber noch keine Anzeichen für Turmaline gefunden. Hingegen fanden wir ein Amethystvorkommen auf das wir uns von nun an konzentrierten. Unsere Vorräte an Treibstoff und Wasser waren soweit geschrumpft, dass es die Vernunft gebot, an die Rückfahrt zu denken. Ein grausiger Fund, den wir eine Tagestour von unserem Camp entfernt machten, ließ uns den Entschluß zum Aufbruch leicht fallen. Vor uns lagen die Skelette von fünf verdursteten Menschen im Sand. Einer war wohl noch beerdigt worden. Die Übrigen waren auf einer zimmergroßen Fläche verteilt. Das Skelett eines Kindes lag auf dem eines Erwachsenen. In dieser Situation kommt man nicht daran vorbei sich vorzustellen, was sich da wohl kurz vorher abgespielt haben mag. Nach 10 Tagen Fahrt waren wir wieder heil in Swakopmund angekommen und haben den Fund der Polizei gemeldet. Man suchte nach einer Erklärung. Sie ging in die Richtung, dass sich dort im Lande hartnäckig das Gerücht hält, dass an der Küste des Kaokoveldes große Diamantvorkommen liegen, deren Ergiebigkeit so enorm sei, dass man Diamanten an der Oberfläche auflesen könnte.

Ich will jetzt das Thema wechseln und Sie wissen lassen, dass wir das vorhin erwähnte Amethystvorkommen dann erschlossen haben. Die Strecke von Swakopmund nach Sarusas bin ich noch viele Male gefahren. Später bauten wir eine Landepiste in der Nähe der Mine, so dass der beschwerliche Weg von 10 Tagen Autofahrt in etwa drei Flugstunden bewältigt werden konnte. Außer meinem Freund und mir waren noch ein Weißer mit Sprenglizenz und im Schnitt 30 einheimische Minenarbeiter dort tätig.

Wenn man unter so vielen Einheimischen lebt, ist es nicht immer leicht, Autorität zu erwerben. Hierzu kam mir eine Gelegenheit zu Hilfe, die mir den Respekt der Einheimischen einbrachte: Schon eine ganze Zeit hatte einer der Minenarbeiter mit einem schweren Vorschlaghammer einen großen Felsbrocken zu zertrümmern versucht, weil wir eine Druse darin vermuteten. Der Mann war fast am Ende seiner Kräfte, da hörte ich am hohlen Klang, dass der Brocken wohl einen Riß bekommen haben mußte. Ich ließ mir den Hammer geben und bei meinem ersten Schlag fiel der Stein auseinander. Es war buchstäblich zu spüren, was mir alle, die mir zugesehen hatten, von nun an für Kräfte zuschrieben.

Diese Menschen ertragen viele Dinge, die uns Weißen zusetzen viel leichter als wir. Ich denke da an die zeitweilig fast unerträgliche Hitze, die Sandstürme oder die für die Tropen typischen eiskalten Nächte und das sich durch die Abgeschiedenheit ergebende Gefühl der Einsamkeit. Vom Heimweh scheinen aber auch die Schwarzen nicht verschont zu bleiben.

Von einer Deutschlandreise zur Mine zurückgekehrt, waren wir gerade gelandet, als ich große Aufregung an der Abbaustelle antraf. Ein Minenarbeiter krümmte sich unter plötzlichen Schmerzen im Bauchraum. Wir dachten an eine Überanstrengung oder möglicherweise an einen komplizierten Bruch oder etwas anderes lebensgefährliches. Zum Glück war das Flugzeug noch nicht zum Rückflug gestartet und so verständigten wir über Funk das Krankenhaus in Windhoek. Nach vier Flugstunden war der Patient in Windhoek. Er ließ sich noch aus dem Flugzeug helfen und wollte dann aber nichts mehr vom Krankenhaus wissen und gab uns zu verstehen, dass alles wieder gut sei. Von seinen Arbeitskameraden auf der Mine haben wir später erfahren, dass er nur Heimweh hatte und auch die Gelegenheit wahrnehmen wollte, einmal zu fliegen. Wann in seinem einfachen Dasein hätte er das auch noch einmal erleben können.

Weißer Medizinmann

Als Europäer muß man sich schon sehr in die Psyche eines Afrikaners denken können. Beim Prospektieren hatten wir uns einmal viele Kilometer vom Lagerplatz entfernt und die in den Tropen so plötzlich eintretende Dunkelheit hatte ich eigentlich zu spät zum Aufbruch bemerkt. Ich ließ schnell alle Utensilien und die gesammelten Steine einpacken und auf meine vier einheimischen Begleiter verteilen. Ich schlug eine schnelle Gangart an, um noch vor völliger Dunkelheit das Camp zu erreichen. Es fiel mir auf, dass der Abstand zwischen mir und den fünf Einheimischen immer größer wurde, aber ich hatte Sorge wegen der Orientierung bei Dunkelheit. Was ich bis dahin nicht kannte: es setzten sich vier Einheimische hin und ruhten sich aus. Der fünfte kam zu mir gelaufen und gab mir zu verstehen, dass wir für ihre Seelen zu schnell gewesen wären und warten müßten, bis

Der Turmalinhändler und -prospektor August Brusius (geboren in Kirschweiler) vor seinem Laden in Usakos im Jahr 1975. Auch er arbeitete intensiv mit Lothar Schneider zusammen. Foto Medenbach.

sie sich wieder erholt hätten. Beim Aufbruch ließ ich nun die Einheimischen voran laufen, weil ich Ihnen eine bessere Orientierung zutraute, sagte ihnen aber, dass ich hinter ihren Seelen bleiben wolle. Sie hatten trotz der Stockdunkelheit den kürzesten Weg gefunden und wir erreichten nach einer guten Stunde das Camp.

Von der handflächengroßen Knieverletzung eines jungen Ovambos erfuhr ich erst, als sie völlig vereitert war. Ich behandelte sie noch abends und legte einen mit Balistol (Waffenöl) getränkten Verband an. Schon am nächsten Morgen sah es viel besser aus, und nach wenigen Tagen war die Wunde fast völlig abgeheilt. Das brachte mir offenbar den Ruf eines guten Medizinmannes ein und es wurden alle gesundheitlichen Beschwerden an mich herangetragen, die ich vorwiegend mit diesem Balistol behandelte. Ich habe es zum Einnehmen, zum Einreiben und allen möglichen Arten verwandt, nur mußte ich darauf achten, dass die Kerle nicht merkten, dass es immer aus der gleichen Flasche kam. Selbstverständlich wußte ich, wo die Indikation eines Mediziners erforderlich wäre.

Ein älterer Einheimischer namens Moses, der noch zur deutschen Kolonialzeit in seiner Jugend Deutsch gelernt hatte, war unser Dolmetscher. Er brachte mir auch die notwendigsten Worte auf Ovambo und Herero bei. Es fiel mir auf, dass er öfters am Feierabend von seinen Freunden umringt mit einem alten Telefonhörer hantierte. Die Neugier, was das wohl zu bedeuten hätte, brachte mich dazu, mich auch eines Abends in der Runde einzufinden.

Er hatte das auch gleich bemerkt und wandte sich mir zu und sagte, er telefoniere gerade mit einem Freund aus Berlin. Von nun an sprach er Deutsch und ich konnte jedes Wort verstehen. Als er fertig war, hörte man aus dem Hörer mit dem blechernen Klang der Sprechmuschel seinen Freund antworten und der Mann am anderen Ende hatte ausgeprägten Berliner Akzent und es war vom alten Kaiser Wilhelm die Rede. Der Bursche verstand sich auf die Kunst des Bauchredens.

Immer gut angekommen ...

Er war immer ein Spaßvogel und gab seinen Arbeitskameraden meistens seine vielen Witze im Telefonzwiegespräch zum Besten. Einmal stand ich nach einer Sprengung mit ihm in einem mehrere Meter tiefen, engen Loch. Wir schauten uns nach Anzeichen für Drusen um und er merkte wohl, dass ich wegen einem eigenartigen Geruch die Nase rümpfte.

Er sah mich an und sagte: „Hier werden wir bestimmt was finden, es riecht schon richtig nach Amethysten". Tatsächlich fanden wir dort Steine, aber nach Amethysten roch es noch öfter in seiner Nähe.

Heute gibt es kaum einen Ort auf unserer Erde, den man nicht innerhalb 24 Stunden erreichen kann. Das war in den 50er Jahren noch anders. Ich jedenfalls hatte damals eine Gesellschaft ausfindig gemacht, die mit zwei ausgemusterten amerikanischen Militärflugzeugen aus dem Zweiten Weltkrieg regelmäßig, aber ohne Zeitplan, von Luxemburg nach Südafrika flog. Wir waren dann vier Tage unterwegs.

Die Piloten hatte unter Rommel Afrikaerfahrung gesammelt und kamen mit den Wüstenrouten gut zurecht. Probleme gab es selten, meistens nur dann, wenn tropische Gewitter an der Westküste durchflogen werden mußten. Bei mehr als 10 Reisen bin ich mit diesen Leuten gut angekommen, wenn auch selten mit vier laufenden Motoren gelandet. Jedenfalls war ich froh über diese Verbindung, da ich dann nicht wie vorher auf dem Schiff zwischen Rotterdam und Kapstadt für vier Wochen von der Welt abgeschnitten war. Man sieht, die Uhren laufen heute schneller als damals, aber für die Steinsucher hat sich bis jetzt nur wenig geändert.

Die nicht sonderlich eindrucksvolle Demantoidfundstelle von Tubussis befindet sich westlich des Erongo. Im Hintergrund sind die Große und die Kleine Spitzkoppe zu sehen. Foto Henkel.

Die Demantoide von Tubussis

Gerhard Niedermayr

Demantoid - die durch Cr^{3+} und Fe^{3+} grün gefärbte Varietät des Ca-Fe-Granates Andradit - ist ein begehrter Schmuckstein. Sein diamantähnlicher Glanz und die Seltenheit des Vorkommens bestimmten und bestimmen auch heute noch seinen Wert. Üblicherweise sind die Vorkommen von Demantoid an Klüfte in Ultramafiten gebunden, wie z.B. im Ural, im Val Malenco/Lombardei und Val d'Ala/Piemont, beide Italien, in Korea und im ehemaligen Zaire (SCHMETZER et al. 1975). Ein weiteres Vorkommen aus Eritrea beschreiben MILISENDA & HUNZIKER (1999).

Allen diesen Vorkommen ist gemeinsam, dass feinste, charakteristisch büschelförmige Einschlüsse, gelegentlich auch einzelne Fasern von Chrysotil, in geschliffenen Steinen ein typisches Einschlussmerkmal darstellen (es sind die auf Klüften ultrabasischer Gesteine häufigen Chrysotilfilze, die vom jüngeren Granat überwachsen werden, und sich dann eben auch als paragenesespezifische Einschlüsse solcher Bildungen in geschliffenen Steinen nachweisen lassen).

Das neue Demantoid-Vorkommen nahe Tubussis im zentralen West-Namibia unterscheidet sich von den bisher bekannten Vorkommen aufgrund einer andersartigen Genese grundsätzlich. So sind in diesen Steinen keine Chrysotilfasern zu beobachten. Man erkennt aber reichlich Erz-Einschlüsse und zonare Wachstumsphänomene (LIND et al. 1997).

Die genannten Autoren haben eine gründliche gemmologische Charakterisierung der neu auf den Markt gekommenen Demantoide gegeben. Über das Vorkommen selbst war bisher aber noch wenig bekannt und auch LIND et al. (1997) umschreiben die Lage der Fundstelle ziemlich kryptisch mit *„die neuen Demantoidvorkommen befinden sich im zentralen Bereich des Damara-Orogens, in einer großen steppenartigen Ebene, die von Bergen aus Intrusivgesteinen umgeben ist"* (l.c. S. 156).

Nun, mit „Bergen aus Intrusivgesteinen" ist das wuchtige Erongomassiv gemeint, das in diesem Buch ab Seite 82 mit den bemerkenswerten Aquamarin-Turmalin-Fundstellen von Erongorus und den benachbarten Farmen beschrieben wird. An der Westseite des Massives liegt der kleine Ort Tubussis, und nicht allzu weit davon entfernt, in Richtung Große Spitzkoppe, ist das Demantoid-Vorkommen zu suchen.

Die eigentliche Mine ist derzeit von einem gesicherten Drahtzaun umgeben, das Gelände bewacht. Die Schürflöcher sind bis zu 8 Meter tief. Ab März 2006 wird Chris Johnston (Omaruru) mit einem neuen Abbau beginnen.

Die Demantoid führenden Marmorlagen sind aber auf viele Kilometer streichender Erstreckung im Vorland des Erongo zu verfolgen, mit stark schwankender Qualität des Granates. Der Marmor ist im Zuge der Damara-Orogenese regionalmetamorph geprägt worden; die Gesteinsserie selbst ist dem Namibium (ca. 900 - 550 Millionen Jahre, Swakop-Group) zuzuordnen. Die Granatführung des Marmors ist teilweise sehr intensiv, mit mindestens zwei - chemisch etwas variierenden - Generationen. Zum Teil ist das Gestein auch sehr porös und dann bereichsweise mehr oder weniger stark verquarzt.

Das Vorkommen hat ungewöhnlich brillant geschliffene Steine geliefert, die ziemlich hohe Preise erzielen (persönl. Mitt. W. Niemetz, Wien). Aber auch nette Matrixstufen für Sammler werden auf dem Markt angeboten.

Die Mineralien

Nachfolgend werden einige der hier auftretenden Mineralarten beschrieben. Die Paragenese ist typisch regionalmetamorph geprägt.

Granat

Der Granat ist das „Hauptmineral" und er tritt in mehreren Generationen auf. Die im Gestein fein verteilten, kleinen Kristalle sind meist bräunlich bis gelblich gefärbt und reich an Einschlüssen. Sie zeigen üblicherweise das Rhombendodekaeder {110}. Bei größeren, zum Teil schön lauchgrün bis fast smaragdgrün gefärbten Kristallen gesellt sich dazu das Ikositetraeder {211}, das auch die einzige Form sein kann. Granatkristalle mit bis zu 1,5 cm Größe sind bekannt; sie weisen zum Teil hervorragende Schleifqualität auf. Im Chelseafilter zeigen diese Granate ein stumpfe, rötliche Färbung; der Cr_2O_3-Gehalt liegt zwischen 0,02-0,07 Gew.-%. Der V_2O_3-Gehalt ist vernachlässigbar.

Die gelbbraunen Kristalle sind im Kernbereich oft zu einer porösen Masse von Nontronit, Quarz und Granatsubstanz zersetzt. Anhand von XRD-Analysen ist zu erkennen, dass hier neben Andradit auch ein wesentlicher Grossular-Anteil am Aufbau der bräunlichen Granatkristalle beteiligt ist. Untergeordnet ist auch Apatit festzustellen.

Quarz

Derber Quarz ist in den stärker verquarzten Gesteinspartien nicht selten und kann hier in Kavernen auch schöne, normal-rhomboedrisch ausgebildete Kristalle von bis zu einigen Zentimetern Länge bilden. Die Quarze zeigen häufig

Brasilianer Zwillingsstreifung. Sie weisen bräunliche Granatkristalle als Einschlüsse auf.

Der Quarz ist in den Kavernen teilweise auch beidseitig ausgebildet, verwachsen und bildet so ein loses Gerüst, in das der jüngere, transparente Demantoid eingewachsen ist.

Carbonate

Die Grantführung ist an einen grobkristallinen Calcit-Marmor gebunden und das Produkt der Regionalmetamorphose (Damara-Orogenese). Zunächst offene Kavernen im Gestein sind nachfolgend mit grobspätigem Calcit ausgefüllt worden. Dieses Ereignis scheint mit der Bildung von Quarz, Prehnit und Granat 2. Generation (Demantoid) einherzugehen.

Spuren von Magnesit waren mittels XRD-Analyse ebenfalls nachzuweisen.

Klinozoisit

Auffallend rosa gefärbte, linsig-knollige Gesteinspartien bestehen aus Klinozoisit bzw. einem Gemenge von Klinozoisit und Prehnit. Klinozoisit bildet teilweise auch bis 1 cm lange, dicksäulige und schön transparente, fleischrosa gefärbte Kristalle.

Magnesio-Axinit

wurde von GROLIG (2005) aus Tubussis als Erstfund für Namibia beschrieben. Es handelt sich um bis 2,5 cm große, kräftig braunviolette Kristalle; kleinere Kristalle weisen eine zartere Färbung auf.

Demantoide von Tubussis gehören zu den schönsten Vetretern dieser Varietät des Andradits. Oben zwei nur das Ikositetraeder zeigende Kristalle bis zu 1,5 cm Größe, der unten abgebildete, 1 cm große Demantoid ist mit Quarzkristallen vergesellschaftet. Beide Stufen Sammlung NHM Wien.

Opal

Im kurzwelligen UV-Licht auffallend hell giftgrün fluoreszierende Krusten sind farblose bis trübweiße, nierig-traubige Glasopal-Filme, die auf Klüften des Gesteins sitzen.

Prehnit

Trübweiße, langsäulig entwickelte, kristallographisch undeutlich begrenzte Kristalle, die teils dicht mit Quarz und/oder rosa Klinozoisit verwachsen sind, stellten sich mittels XRD-Analyse als Prehnit heraus.

Pyroxen

Hellgraugrüne bis gelblich anwitternde plattige Kristalle, im Marmor eingewachsen, konnten als Hedenbergit bestimmt werden.

Vesuvian

Mit Magnesio-Axinit vergesellschaftet fanden sich säulige, wenige Millimeter große Vesuviankristalle mit z.T. zonarer Färbung.

Literatur

GROLIG, D. (2005): Magnesio-Axinit von Tubusis - Ein Erstfund für Namibia. - MINERALIEN-Welt **16** (5), 48-51.

LIND, Th.; HENN, U.; HENN, A.; BANK, H. (1997): Neues Vorkommen von Demantoid in Namibia. - Z. Dt. Gemmol. Ges. **46** (3), 153-160.

MILISENDA, C.C.; HUNZIKER, J. (1999): Demantoid aus Eritrea. - Z. Dt. Gemmol. Ges. **48** (1), 37-42.

SCHMETZER, K.; TRAUB, I.; MEDENBACH, O. (1975): Demantoid aus Korea. - Z. Dt. Gemmol. Ges. **24** (1) 1-3.

Der Sodalith von Swartbooisdrif im Kaokoland

Steffen Jahn

Im Kaokoveld im äußersten Norden Namibias treten nahe der Grenze zu Angola tiefblauen Sodalith führende Carbonatitgänge auf. Diese Gänge konzentrieren sich dabei in einem unmittelbar östlich der Zebra-Mountains gelegenen, ca. 5 km² großen Gebiet, das sich rund 10 km westlich von Swartbooisdrif und etwa 4 km südlich des Kunene-Flusses befindet. Zusammen mit begleitenden syenitischen und gabbroiden Ganggesteinen sitzen sie in anorthositischen Gesteinen des sogenannten Kunene-Komplexes. Obwohl diese Gänge mindestens seit den frühen 1960er Jahren bekannt sind und Sodalith hier seitdem auch abgebaut worden ist, sind umfangreiche Beschreibungen erst in den 1980er Jahren (DIACK 1980, MENGE 1986) erfolgt. Eine Zusammenfassung der bekannten Arbeiten findet sich in SCHNEIDER & SEEGER (1992).

Die Sodalith-führenden Gänge weisen unregelmäßige Gestalt auf und variieren in ihrer Mächtigkeit z.T. beträchtlich. Sie sind zwischen 2 und 4 km, im Maximum 9 km lang und typischerweise gebändert. Diese Bänderung weist häufig enge Fließfältelung sowie Knicke auf. Die zentralen Bereiche der Gänge haben sich für den Abbau von Sodalith als am Interessantesten erwiesen.

Die Carbonatit-Gänge zeigen kein einheitliches Bild. Neben Einschlüssen älterer Intrusiva weisen sie Zonen mit Ankerit sowie Magnetit-Linsen auf; Sodalith tritt hingegen in Form blauer Sprenkel oder Bänder in den Carbonatiten bzw. in der Matrix brecciierter Zonen auf, wodurch sich ein attraktives Bild ergibt. Die vielen Einschlüsse im Sodalith und die ihn durchsetzenden weißen Carbonatgängchen machen den Stein als Schmuckstein unbrauchbar, sodass er vorwiegend in Form von Platten und Fliesen verwendet wird.

Dunkelblauer Sodalith von Schmucksteinqualität kommt in großen Kristallen sowie seltener in Linsen oder Gängen vor. Obwohl die gelegentliche Gewinnung bis 30 cm großer Blöcke möglich wäre, wird diese Qualität vorrangig in Klumpen von 5 bis 10 cm Durchmesser sowie in Splittern vermarktet.

Da die Linsen und Gänge mit vermarktungsfähigem Sodalith außerordentlich unregelmäßig auftreten, müssen große Volumina des Ganggesteins abgebaut werden. Wenn die oberflächennahen Sodalith-Linsen ausgebeutet sind, wird es zur Aufrechterhaltung der Produktion erforderlich sein, den Sodalith-führenden Gängen in die Tiefe zu folgen.

Die recht beträchtliche Produktion betrug von 1964 bis 1985 knapp 835.000 kg.

Das Vorkommen von Swartbooisdrif im Kaokoland liefert ausgezeichneten Sodalith, der zu Platten und Fliesen verarbeitet wird und vor allem im Nahen Osten verwendet wird. Für eine Verwendung als Schmuckstein reicht die Qualität dagegen meist nicht aus. Bildbreite 3,5 cm. Sammlung und Foto Bode.

Literatur

DIACK, A. (1980): Sodalite - by the ton. - South Afr. Lapidary Mag. **75**.

MENGE, G.F.W. (1986): Sodalite Carbonatite deposits of Swartbooisdrif, SWA/Namibia. - In: ANHAEUSSER, C.R. & MASKE, S. (eds.), Mineral deposits of Southern Africa, Vol. II, 2261-2268, Johannesburg (Geol. Soc. S. Afr.).

SCHNEIDER, G.I.C.; SEEGER, K.G. (1992): Semi-precious stones. In: THE MINERAL RESSOURCES OF NAMIBIA, Ministry of Mines and Energy, Geological Survey, Windhoek, S. 5.2–1 - 5.2–16.

Goldberyll (Heliodor) vom Hoffnungsstrahl-Pegmatit bei Rössing

Steffen Jahn

Die „Typlokalität" des Heliodors (eine von anderen Fundpunkten bereits seit langem als Goldberyll bekannte, goldgelbe Beryllvarietät) kennt man heute unter dem Namen „Hoffnungsstrahl-Pegmatit". Sie wurde früher „Rössing" genannt und befindet sich nahe der Bahnstation Rössing in den gleichnamigen, bis 2.382 ft. (ca. 726 m) hohen Bergen, ca. 5 km nördlich des km 43 der „Otavi-Bahn" Swakopmund-Windhoek. Der Pegmatit streicht fast parallel zu einem bekannten und nur 250 m südlich liegenden, von SCHNEIDERHÖHN (1961) ausführlich beschriebenen Rosenquarzpegmatit. Der Goldberyll-führende, vorwiegend aus gelbbraunem bis fast schwarzem Rauchquarz (oft mit weißem Quarz bis hin zu Bänderungsphänomenen alternierend) bestehende Pegmatit fällt flach und sitzt nahezu konkordant in Quarzbiotitschiefern.

Entdeckt wurde das Vorkommen von Ernst Reuning und dann erstmals von KAISER (1912) beschrieben. Nach letzterem hat die *„Klarheit und Prächtigkeit dieser von der Deutschen Kolonialgesellschaft für Südwestafrika in den Handel gebrachten Edelsteine ... Veranlassung gegeben, die hellgoldgelbe Varietät mit einem besonderen Namen „Heliodor" in den Handel zu bringen"*.

Bei diesem schwach radioaktiven Goldberyll, der seine Farbe nach HAUSER & HERZFELD (1914) durch den Einbau von 0,2-0,4 % U_3O_8 erhalten soll, ist ein interessanter Alexandrit-artiger Effekt zu beobachten: bei Tageslicht goldgelb bis bräunlichgelb, wechselt er seine Farbe bei Kunstlicht zu grünlichgelb bis grün. Zusätzlich weist er eine blaue Lumineszenz auf.

Goldberyll aus diesem Vorkommen, das sich in den 1910er Jahren im Deutschen Reich schnell zu einem Modestein entwickelte, wurde zuerst in einem Schmuckanhänger für die deutsche Kaiserin Auguste Victoria verarbeitet.

Die Goldberyll-Kristalle des Hoffnungsstrahl-Pegmatits sind KAISER (1912) zufolge im Vergleich zu den meist dicktafeligen Goldberyllen von Donkerhuk/Namibia deutlich säulig bis nadelig. Sie sind durch eine gute Ablösung nach (001) gekennzeichnet und durch das Vorhandensein vieler, gleichmäßig ausgebildeter Prismen im Querschnitt nahezu rund.

Interessant sind deutlich ausgebildete, nach [001] gestreckte Kristalle, die an einem Ende goldgelb, am anderen wasserklar sind. Letzteres Ende zeigt eine sehr gut ausgebildete Basisfläche (001), während das goldgelbe Ende unregelmäßig zerbrochen ist. Die Grenze beider Färbungen verläuft unregelmäßig quer zu [001], ist aber recht scharf. Gerade diese Kristalle zeigen in der Tracht mehrere Prismen, aber nur untergeordnete Flächen der Pyramiden. Weitere Ausführungen zur Tracht und zur Flächenausbildung der Goldberylle vom Hoffnungsstrahl-Pegmatit finden sich bei KAISER (1912).

Ursprünglich befand sich dieser 2,5 cm große, leicht verrundete Heliodorkristall in der Sammlung des Entdeckers des Hoffnungsstrahl-Pegmatits, Ernst Reuning. Heute liegt der Kristall in der Mineralien-Sammlung des Museums für Naturkunde Berlin. Foto Bode.

Literatur

HAUSER, O.; HERZFELD, H. (1914): Die „Heliodore" aus Südwestafrika. - Chemiker-Zeitung **66**, 694f.

KAISER, E. (1912): Ein neues Beryll (Aquamarin)-Vorkommen in Deutsch-Südwestafrika. - Centralbl. Mineral. etc. **1912**, 385-390.

SCHNEIDERHÖHN, H. (1961): Die Erzlagerstätten der Erde. Bd. II: Die Pegmatite. - 720 S., Stuttgart (Gustav Fischer).

Die Zeolithe vom Grootbergpass

Steffen Jahn, Olaf Kollonitsch und Reinhard Bast

Typisch garbenförmiges, etwa 4 cm hohes Stilbit-Aggregat vom Grootberg-Pass. Das trübweiße Aggregat sitzt hier auf kleinen, perlmuttglänzenden Heulanditkristallen. Sammlung Bast.

Vielen Sammlern bislang unbekannte Aufschlüsse in der unmittelbaren Umgebung des Grootberg-Passes liefern seit einigen Jahren schöne, vor allem aber recht große Zeolithmineralien.
In der letzten Zeit wurde unter namibischen Sammlern ein weiteres kleines, nur Stilbit lieferndes Vorkommen bekannt, bei dem Funde fast im Vorbeigehen gelingen.

Lage

Wir (d.h. der Zweitautor und Freunde) fuhren von Palmwag aus auf das über 1.600 m hohe Tafelberg-Massiv des Grootberges zu, der einem Teil des riesigen Etendeka-Plateaus (Etendeka bedeutet in der Sprache der Himba „Hügel mit flachen Spitzen") bildet. Am Grootberg-Pass lässt sich das Aufeinandertreffen zweier aufgrund ihrer unterschiedlichen Gesteine extrem differierender Landschaftsformen sehr plastisch beobachten. Währen man nach Westen blickend das flache, schwarze Etendeka-Plateau mit seinen charakteristischen, hohen, plateauförmigen Tafelbergen sieht, erkennt man in Richtung Osten die Rumpffläche des wesentlich älteren Grundgebirges mit seinen flach-rundlichen „Kuppen" (bzw. Koppen oder Koppjes).

Etwa 2 bis 3 km vor dem in Richtung Kamanjab liegenden, 1.540 m hohen Pass sahen wir südlich der Straße Betonfundamente von Baracken, die möglicherweise auch zu einer ehemaligen Siedlung gehören. Von hier aus, inmitten der kargen, nur mit wenigen Kameldorn-artigen Büschen bewachsenen Landschaft, ca. 200-300 m bergauf in Richtung Pass, erblickten wir südlich davon ein kleines, ausgetrocknetes Rivier. Dort gelang es uns schon nach kurzem Aufenthalt, freigespülte, angewitterte Zeolithe, darunter hauptsächlich Stilbit in bis 8 cm großen Garben, zu finden und auch zu bergen. Charakteristisch für die Fundstelle ist, dass die Zeolithe hier nicht aus dem Anstehenden gewonnen werden können, sondern sie vielmehr ausschließlich „Lesestein-Funde" darstellen. Die Fundmöglichkeiten sind jedoch ausgesprochen gut, sodass man innerhalb von einer Stunde sicher fündig wird. Im Anstehenden findet sich ein rötliches Rhyolith-artiges (?) Gestein, durch dessen Verwitterung bedingt die weit überwiegende Mehrzahl der Stufen ein leicht rötliches Aussehen hat.

Geologische Zeichnung des über einer weitgehend verebneten Landschaft einen charakteristischen Tafelberg bildenden Grootberges. Aus REUNING & MARTIN (1957).

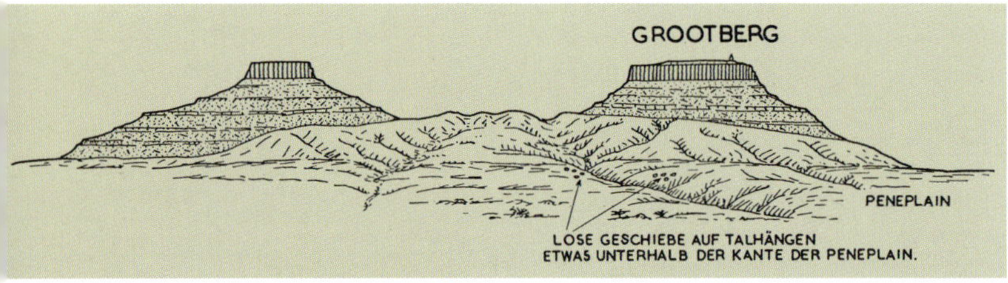

Obwohl Zeolithe aus Namibia bereits seit mehreren Jahren hin und wieder im Mineralienhandel auftauchen, wurden für Mineraliensammler verwertbare Informationen über ihre Vorkommen um den Grootberg wohl erst durch GRÜNERT (2000) gegeben. Nach Aussagen einheimischer Sammler liegen in der Umgebung und in Seitentälern der beschriebenen Lokalität noch mehrere weitere Fundstellen, die eine etwas andere, artenreichere Paragenese liefern.

Links. Bis 6 cm große, langprismatische Skolezitkristalle bilden hier ein divergentstrahliges Büschel und werden teilweise von farblosem Hyalit überzogen.

Unten. Gelegentlich zeigen die bis 4 cm großen Stilbite auch attraktive, doppelendige, einzeln auf der Matrix sitzende, garbenförmige Aggregate. Beide Stufen stammen vom Grootberg-Pass und befinden sich in der Sammlung Bast. Fotos Bode.

Zur Geologie

Zeolithe sind aus dieser Gegend im südlichen Kaokoland schon seit mindestens 40 Jahren bekannt. REUNING & MARTIN (1957) beschreiben die Gegend um den Grootberg wie folgt: „*Im südlichen Kaokoveld beginnen die Ergüsse mit Melaphyren. Nach oben stellen sich dann Orthoklasporphyre ein, denen allerdings immer wieder Natrolit-führende Melaphyre zwischengelagert sind. Ein recht helles, wohl rhyolithisches Gestein bildet die höchste Decke auf Grootberg und Etendeka ... In der Gegend des Grootberges greifen die Laven über die Wasserscheide zum Hoanib hinweg*". Ob es sich bei dem erwähnten „Natrolit" tatsächlich um dieses Mineral oder um eine Verwechslung mit optisch ähnlichen Zeolithen handelt, wird sich heute wohl nicht mehr feststellen lassen.

MILNER et al. (1992) zufolge stellt die Etendeka-Formation in NW-Namibia eine Sequenz wechsellagernder Basalte und Quarzlatite dar, wobei mehrere unterschiedliche Typen von Sukzessionen unterschieden werden. In der „Tafelberg-Sukzession" (der namengebende „Tafelberg" liegt ca. 40 km südlich des Grootberges) lässt sich ein ca. 100 m (am Grootberg nur 50 m) mächtiger „Unterer Quarzlatit" aushalten, dessen ca. 70% der Gesamtmächtigkeit umfassende „Main Zone" (sowohl am Tafel- als auch am Grootberg) sowie vor allem dessen „Upper Zone" massive, 15-20 m mächtige Pechstein-Lagen enthält. Diese Lagen führen zahllose Mandeln und Blasen, deren Größen zwischen 1 cm und 40 cm (im Mittel 5-10 cm) Durchmesser variieren und deren Form als kugel-, ei- oder linsenförmig beschrieben werden kann. Größe und Konzentration der Mandeln nehmen in allgemeinen von den oberen Bereichen der Main Zone in Richtung der Upper Zone zu. In den teilweise oder vollständig gefüllten Mandeln finden sich Quarz, Achat, Calcit und selten auch Prehnit sowie eben auch Zeolithe.

Die Zeolith-Fundstelle im kleinen Rivier. Blick nach Westen. Bereits im Vordergrund erkennt man die hellen Zeolithe, während im Hintergrund einer der typischen Tafelberge zu sehen ist. Die spärliche Vegetation vermittelt einen Eindruck von der Kargheit des Gebietes. Foto Kollonitsch.

Die Mineralien

Durch die Funde auf „sekundärer Lagerstätte" bedingt lassen sich auf dem von uns besuchten Vorkommen natürlich keine so filigranen Stufen wie z.B. aus Indien finden. Insgesamt beeindrucken die Zeolithstufen aber durch die zum Teil enorme Größe der Kristalle.

Stilbit

An der beschriebenen Fundstelle findet sich offensichtlich ausschließlich Stilbit in Form bis zu 8 cm langer Garben sowie sehr kleiner Einzelkristalle. Es handelt sich um trübweiße Kristalle, die durch feinen, nur sehr schwer zu entfernenden Gesteinsstaub leicht rötlich gefärbt sind. Die Kristallaggregate werden generell lose in Bachsedimenten gefunden, Matrixstufen sind nicht bekannt. Das Anstehende dieser Zeolithmineralisation ist offensichtlich noch nicht lokalisiert worden. Von anderen Fundstellen um den Grootbergpass kamen ebenfalls garbenartig aggregierte Stilbite, die auf kleinen Heulanditkristallen aufgewachsen sind.

Skolezit

Bis 6 cm große, grauweiß-durchscheinende, bislang als „Natrolith" gehandelte Kristalle haben sich nach XRD-Analysen als Skolezith erwiesen. Die langprismatisch nach der c-Achse entwickelten Kristalle sind typischerweise zu divergentstrahligen Büscheln aggregiert und

werden häufig von der farblosen Opalvarietät Hyalit überzogen.

Heulandit

Die Fundstellen um den Grootbergpass haben auch bis zu 4 cm große Heulanditkristalle geliefert, die auf Spaltflächen den charakteristischen Perlmuttglanz zeigen. Die Ausbildung der Kristalle wird am besten durch den alten Trivialnamen „Blätterzeolith" beschrieben.

Chabasit

Am Grootbergpass findet sich auch der pseudokubische „Würfelzeolith" Chabasit. Er bildet knapp zentimetergroße, perfekte Kristalle, die zu maximal 2 cm Durchmesser aufweisenden Gruppen verwachsen und von feinkörnigem Calcit überkrustet sind.

Analcim

Auf einer uns vorliegenden, 8 x 5 cm großen Matrixstufe sitzen ein 1,2 cm großer Analcim-Einzelkristall und eine 1,5 cm große Verwachsung zweier Analcime auf einem Rasen feinnadeliger Quarzkristalle.

An den Fundstellen um den Grootberg-Pass bildet Heulandit blätterige Kristallaggregate bis zu 3 cm Größe, die sehr schön die Bedeutung des alten Trivialnamens „Blätterzeolith" dokumentieren. Sammlung Bast, Foto Bode.

Literatur

GRÜNERT, N. (2000): Namibias faszinierende Geologie. - 2. Aufl., 184 S., Windhoek/Göttingen (Verlag Klaus Hess).

MILNER, S.C.; DUNCAN, A.R.; EWART, A. (1992): Quartz latite rheoignimbrite flows of the Etendeka Formation, north-western Namibia. - Bull. Vulcanol. **54**, 200-219.

REUNING, E.; MARTIN, H. (1957): Die Prä-Karroo-Landschaft, die Karroo-Sedimente und Karroo-Eruptivgesteine des südlichen Kaokofeldes in Südwestafrika. - N. Jb. Mineral. Abh. **91**, 193-212.

Spektakuläre Monazite von der Farm Eureka bei Usakos

Gerhard Niedermayr

Die Monazite von der Farm Eureka bei Usakos zählen zu den größten der Welt; sie erreichen bis zu 8 cm Größe, sind aber im Gestein - einem dolomitischen Carbonatit (Beforsit) - eingewachsen. Die Kristalle können zwar vorsichtig ausgeätzt werden, sind dann aber meist sehr brüchig und verlieren auch den für Monazit so typischen lebhaften, harzähnlichen Glanz.

Monazit ist im wesentlichen ein Cer-Phosphat, in dem Cer im Kristallgitter teilweise durch Lanthan und Lanthaniden (etwa Neodym, Praseodym oder Samarium) sowie auch Thorium ersetzt sein kann. Der Monazit von der Farm Eureka führt beispielsweise fast 21 Gew.-% La, 2,4 Gew.-% Pr und 6 Gew.-% Nd!

Monazit findet sich akzessorisch in Alpinen Klüften, ist akzessorischer Gemengteil vieler Granite und Gneise (wie z.B. im Gföhler-Gneis des Waldviertels) und tritt in größeren Massen in Pegmatiten und in manchen Carbonatiten auf. Auch das Vorkommen von Eureka ist an einen Carbonatit gebunden.

Industriell verwertbar ist er aber hauptsächlich aus Seifenlagerstätten, wo er sich aufgrund seines hohen spezifischen Gewichtes zusammen mit anderen Schwermineralien anreichern kann. Solche Lagerstätten stehen heute in Australien, Indien, Brasilien, China und Südafrika in Abbau; kleinere Vorkommen befinden sich u.a. in den USA, Malaysia, Nigeria und Russland.

Bedeutung erlangte Monazit als Ausgangsmaterial zur Herstellung von Glühstrümpfen. Der Glühstrumpf besteht aus einem textilen Gewebe, das mit Nitraten von Thorium und Seltenerd-Elementen (vor allem Cer) getränkt ist. Dieses vor der Inbetriebnahme veraschte Gewebe leuchtet in der Gasflamme. Die Erfindung geht auf den österreichischen Forscher Auer von Welsbach zurück, der einen Glühkörper, eben den Glühstrumpf, durch eine Gasflamme erhitzte und dadurch zum Leuchten brachte. Heute verwendet man in erster Linie Propangas (Campingleuchten!). Ce, La und andere Seltenerd-Elemente werden heutzutage in der Glasindustrie, für metallurgische Zwecke, in der Keramikindustrie und Medizin sowie zur Herstellung von Katalysatoren verwendet. Der Gehalt des Monazits an radioaktivem Thorium wird in der Atomenergietechnik genutzt.

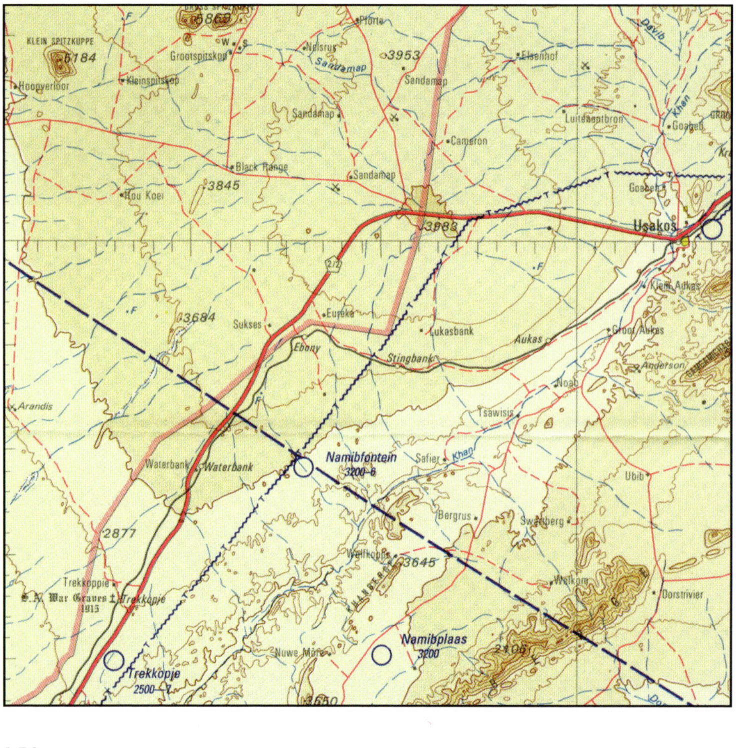

Ausschnitt aus der Topographischen Karte von Namibia 1:500000, Blatt Windhoek 2113. Das Farmhaus der Farm Eureka 99 befindet sich genau in der Mitte des Kartenausschnitts, die Lage der beiden Spitzkoppen (oben links) und die der Stadt Usakos (Mitte rechts) können zur geographischen Einordnung des Monazitvorkommens von Eureka herangezogen werden.

Das Monazitvorkommen von Eureka

Carbonatite und vor allem alkalische Intrusivgesteine, Agglomerate und Breccienkomplexe sowie auch Kimberlite sind in größeren und kleineren Vorkommen in Namibia relativ weit verbreitet. Dazu gehören etwa die Intrusivkomplexe Messum, Brandberg, Erongo und Okorusu, aber auch die Auas Berge, SW Windhoek, die Gibeon-Kimberlit-Provinz, der Groß-Brukkaros-Komplex u.a. Die Carbonatite selbst sind altersmäßig entweder dem Präkambrium (Namibium, 900-550 Millionen Jahre) oder dem Mesozoikum zuzuordnen. Zu letzterer Gruppe gehört etwa der Komplex von Kalkfeld auf der Farm Eisenberg 78. Eureka ist dagegen präkambrisch, wie z.B. auch die Carbonatit-Komplexe von Marinkas Kwela und Karasburg im Süden Namibias.

Beim Carbonatit von der Farm Eureka, ca. 38 km westlich von Usakos gelegen, handelt es sich um ein vergleichsweise kleines Vorkommen. Es sind maximal 2 m dicke, in streichender Auslängung über wenige hundert Meter verfolgbare an- und abschwellende Gänge, die Gesteine der Damara-Folge durchschlagen. Die grobkörnige Matrix besteht aus Dolomit, mit etwas Feldspat und sehr untergeordnet Calcit. Es handelt sich hier somit um einen Beforsit (Dolomit-Carbonatit).

Mineralogisch wichtig ist das Vorkommen durch seinen Gehalt an Monazit. So liegt der Gehalt an Oxiden der Seltenerd-Elemente bei etwa 30 - 40 Gew.-%. Das Vorkommen war in der Vergangenheit auch Gegenstand von Prospek-

tionsaktivitäten: Ausdehnung und Teufenerstreckung des Carbonatits wurden mit einem Bohrprogramm untersucht. Es wurden damit gesicherte Erzreserven von 30.000 Tonnen, mit einem Gesamtgehalt von etwa 1.900 Tonnen Seltenerd-Elementen nachgewiesen. Trotzdem hat das Vorkommen nur eine geringe wirtschaftliche Bedeutung (zum Vergleich: die Jahresförderung von Monazit aus Seifenlagerstätten liegt heute bei mehr als 10.000 Tonnen!). Das Vorkommen von Eureka wird somit wohl auch weiterhin nur mineralogische Bedeutung haben.

Aber die Monazitkristalle stellen aufgrund ihrer Brillanz und Größe noch allemal sammelnswerte Objekte dar. Die rötlichbraunen bis orangebraunen, harzglänzenden Monazite sind dicktafelig ausgebildet, mit ausgezeichneter Spaltbarkeit nach (001) und (100). Da sie im Gestein eingewachsen sind, können kristallographisch gut entwickelte Individuen nicht so leicht „gewonnen" werden. Mit etwas Glück kann man aber beim Aufschlagen der den Monazit führenden Beforsit-Matrix optisch ansprechende Stufen erhalten. Und das Material ist im Schutt der alten Schurfröschen noch sehr reichlich, wie sich der Verfasser vor einiger Zeit selbst überzeugen konnte!

Über weitere Mineralien dieses interessanten Vorkommens ist derzeit noch wenig bekannt. Von den lokalen Prospektoren wird Magnetit in wenige Millimeter großen, flächenreichen und stark gerundeten Oktaedern angegeben. Grobspätiger Dolomit bildet die Matrix, in die die Monazitkristalle eingewachsen sind, Calcit ist mittels XRD nur untergeordnet nachzuweisen. In an Störungen gebunden Verkieselungszonen findet sich lokal orange- bis rotbrauner, splitterig brechender Opal, in den Bruchstücke von Monazit eingebettet sind. Mittels XRD-Analyse ließen sich neben Opal-CT noch Quarz und Goethit nachweisen. Quarzkristallrasen kleiden kleine Kavernen aus.

Großes Bild oben. Beachtliche 4,5 cm Kantenlänge weist der abgebildete Monazitkristall vom Vorkommen auf der Farm Eureka bei Usakos auf. Sammlung und Foto Bode.

Darunter. Im Schutt der alten Schurfröschen ist noch reichlich Monazit zu finden. Foto Niedermayr.

Das Boltwoodit-Vorkommen von Goanikontes in der Namib

Andreas G. Palfi, Ralf Wartha, Gerhard Niedermayr und Steffen Jahn

Das Boltwoodit-Vorkommen Goanikontes befindet sich ca. 35 km von der Stadt Swakopmund entfernt im Landesinnern nahe dem Swakop-Fluss. In der Vergangenheit wurde die Fundstelle vielfach als „Boltwooditvorkommen von Arandis" bezeichnet, was jedoch falsch ist und zu Verwechslungen mit dem Zinnvorkommen im Marmor von Arandis führen kann. Auch die im Mineralienhandel früher übliche Bezeichnung „Rössing" ist nicht richtig, obwohl das Vorkommen nicht allzuweit von der bekannten Rössing-Uranium-Mine entfernt liegt, in der Boltwoodit aber nicht vorzukommen scheint. Die spektakulären, in den letzten 25 Jahren auf den Mineralienmarkt gekommenen namibischen Boltwoodite stammen sämtlich aus dem hier beschriebenen Vorkommen von Goanikontes.

In der unmittelbaren Umgebung des Bergbau-Claims zeigt die Namibische Wüste (Namib) eine durch starke Zerklüftung gekennzeichnete Topographie mit steilen Gebirgskämmen und breiten, sandgefüllten Tälern. Vom gesamten Gebiet geht selbst für Nichtgeologen eine unglaubliche Faszination aus, wofür in erster Linie die unzähligen Gesteinsgänge (dykes) sowie unterschiedlich gefärbte Pegmatite, Granite und Dolerite, welche in die gefalteten, metamorphosierten Sedimente (Metasedimente) intrudierten, verantwortlich sind.

Die Vegetation ist spärlich und hauptsächlich nur nach den alle paar Jahre auftretenden Regenfällen zu beobachten. Die unterschiedlichen

Goanikontes liefert die schönsten Boltwoodite der Welt. So ist es nicht verwunderlich zu sehen, wie intensiv hier Mineraliensammler mit der Suche nach diesem gelben, sekundären Uranmineral beschäftigt sind. Foto Henkel.

Pflanzen und Insekten nehmen deshalb infolge einer einzigartigen Anpassung den größten Teil des von ihnen benötigten Wassers aus dem vom Meer heranziehenden Frühnebel auf.

Zur Geologie

Die präkambrischen (900 bis 720 Millionen Jahre alten) Metasedimente des Gebietes sind ehemalige Sandsteine, Kalksteine, Schiefer und durch glaziale Vorgänge entstandene Ablagerungen. Intensive, vor ca. 720 bis 500 Millionen stattfindende tektonische Aktivitäten waren einerseits die Ursache für die Faltung der Sedimente sowie andererseits auch für die Intrusion größerer und kleinerer Granitkörper. Die das Ausgangsprodukt dieser Granite darstellenden Magmen entstanden aus dem teilweisen magmatischen Aufschmelzen („partial melting") älterer Metasedimente. Infolge der Kombination von Intrusionen und starker tektonischer Aktivität wurden alle Sedimente metamorph umgeprägt. Die spätgebildeten, lokal als Alaskite bezeich-

neten granitischen Intrusionen, egal ob Gänge, Lagergänge oder massive Körper, zeigen eine deutliche Anreicherung mit Uranmineralien wie u.a. Uranophan-beta, Betafit und Uraninit. Der größte unter diesen Körpern ist die durch die Rössing Uranium Ltd. (RTZ/CRA Group) in Abbau stehende Uranlagerstätte Rössing (Rössing-Uranium-Mine), die sich ca. 40 km nordöstlich von Goanikontes befindet.

Das letzte geologische Großereignis fand vor ca. 120 Millionen Jahren statt und führte zur Intrusion zahlloser doleritischer Gänge und Lagergänge. Seitdem sind durch die Erosion alle jüngeren Sedimente abgetragen worden, wodurch ein Szenario entstand, welches an bestimmten Plätzen an Mondlandschaften erinnert.

Die hier insgesamt bewusst knapp gehaltenen geologischen Informationen lassen sich im Detail bei MOUILLAC et al. (1986) bzw. ROESENER & SCHREUDER (1992) nachschlagen.

Die Uranmineralisation von Goanikontes

Die eigentliche Lagerstätte Goanikontes führt eine primäre Uranmineralisation in Alaskiten, vergleichbar mit der Rössing-Uranium-Mine, nur mit geringeren Gehalten. Es ist also eine primäre, in Alaskiten sitzende „Uranlagerstätte Goanikontes" von einem nordöstlich davon gelegenen „Boltwooditvorkommen Goanikontes", mit sekundärer Uranmineralisation zu unterscheiden.

Die Boltwoodit-Mineralisation befindet sich in einer ein bis zwei Meter mächtigen Carbonat-Silikat-Alterationszone, die eine Bruch- oder Faltenzone nachzeichnet. Diese Alterationszone ist zwar über 700 m streichende Länge aufgeschlossen, die Mineralisation ist jedoch auf das Gebiet des Claims beschränkt. Wir nehmen an, dass die carbonat- und silikatreichen Fluide die nahegelegenen Uran-reichen Alaskitkörper „auslaugten", woraufhin das gelaugte Uran als Boltwoodit-Mineralisation in der oben erwähnten Zone abgesetzt wurde. Es ist ferner anzunehmen, dass diese Mineralisation beträchtlich jünger ist, als jene in den Damara-zeitlichen Alaskiten und wohl mit dem Auseinanderbrechen des Superkontinents Gondwana in Verbindung zu bringen ist. Mit diesem Auseinanderbrechen ging die Intrusion unzähliger basischer bis saurer Gesteine vor sich, die recht gut die für die Laugung nötigen Fluide geliefert haben können. Diese Annahmen sind allerdings durch exaktes Datenmaterial noch nicht belegbar.

Die Boltwoodit-Mineralisation wurde zuerst in den frühen 1970er Jahren vom nun verstorbenen Prospektor Horst Bachran ca. 800 m von der aktuellen Fundstelle entfernt beobachtet. Er zeigte einige dieser Stufen Sidney Pieters, einem der bekanntesten namibischen Mineraliensammler und -händler, der sie wiederum der Smithsonian

Oben. Die bis zentimetergroßen, radialstrahligen Boltwooditbüschel sitzen auf schwarzem Calcit. Sammlung Nägele.

Unten. Die Abbausituation im Jahr 1998. Foto Wartha.

Institution in Washington/USA zur Identifizierung übersandte (ANONYMUS 1975).

In der Sammlung des Naturhistorischen Museums in Wien befindet sich eine Boltwooditstufe aus der „Namib (Gebiet Rössing)", die der österreichische Sammler Franz Lammer (Lammerit) bereits 1975 von Sid Pieters erworben hatte und im gleichen Jahr an das NHM vertauschte. Zwei weitere Stücke mit der Fundortangabe „Langer Heinrich" kamen durch Tausch mit dem mittlerweile verstorbenen österreichischen Mineralienhändler Walter Knobloch in die Sammlung des NHM. Wie man sieht, laufen die namibischen Boltwoodite unter einer ganzen Reihe von Fundortnamen! Diese erste Lokalität lieferte allerdings nur einige wenige Stufen. Horst Bachrans Sohn Berndt fand die heutige Abbaustelle um 1995 und baute sie seit dieser Zeit ab. Aus diesen sporadischen Abbauaktivitäten stammt der Großteil der in den verschiedenen Sammlungen überall auf der Welt zu findenden Boltwoodite von Goanikontes.

Namibia Minerals kaufte den Claim im März

Unten. Das Boltwooditvorkommen von Goanikontes befindet sich in einem Gebiet mit steilen, stark zerklüfteten Gebirgskämmen und breiten, schutt- und sandgefüllten Tälern.

Geologische Übersichtskarte zur Uranmineralisation von Goanikontes. Die an einer Störungszone angelegte Boltwooditfundstelle befindet sich nordöstlich des Alaskitkörpers von Rössing. Aus ROESENER & SCHREUDER (1992).

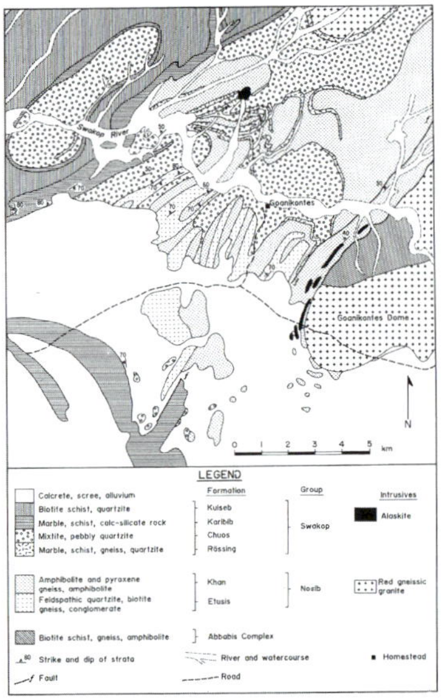

Oben. Um an frisches Material zu kommen, muss gelegentlich gesprengt werden. Der oben abgebildete Filmstreifen zeigt eine mit der Auslösung der Sprengung (rechts) beginnende Bildfolge im jeweiligen Abstand von ca. zwei Sekunden. Foto Henkel.

1998. Seitdem wurde nur eine Säuberungsaktion mit einer kleinen Sprengung von ca. 400 Tonnen durchgeführt, um die Alterationszone freizulegen. Den entstandenen Abraum, ebenfalls ca. 300 bis 400 Tonnen, beräumte der Prospektor Dantjie Truter mit einem Radlader. Anfangs war der Erstautor die einzige Hilfe für Dantjie, was sich vor allem im „im Wege stehen" und dem Retten einiger schöner Stufen vor der Schaufel des Radladers manifestierte. Unnötig zu sagen, dass nach der Arbeit eines Tages eine braune Staubkruste die gesamte Ausrüstung sowie uns selbst überzog. Später wurden einige Zwanzig der zwei bis drei Meter tiefen Sprenglöcher selbst gebohrt, was für uns die ersten wirklichen Erfahrungen eines tagelangen Bohrens mit einem Preßlufthammer brachte. Nach dem Ende der Bohrarbeiten waren wir beide vollständig durchgeschüttelt ... Das Bohren verkomplizierte sich ferner durch unzählige kleine und größere, hauptsächlich mit Calcit gefüllte Hohlräume.

Die Sprengung, bei der einige große Gesteinsblöcke über 300 m und einen kleinen Bergrücken hinweg flogen, gestaltete sich spektakulär. Es ist schon erstaunlich, was 30 kg ANFEX bewirken können ...

Leider wurden infolge der unweigerlichen Füllung der Bohrlöcher mit Sand die meisten der Calcitkristalle „sandgesprengt". Ferner zeigte sich bei der Entfernung des Materials aus der zerstörten Carbonatzone, daß der Großteil der Boltwooditmineralisation infolge der Einwirkung des einsickernden Grundwassers aufgelöst und unser Ergebnis damit alles andere als außergewöhnlich war. Nichtsdestotrotz konnten wir eine Anzahl exzellenter Stufen bergen.

Die Mineralien

Der **Boltwoodit**, $H(K,Na)[UO_2|SiO_4]\cdot 1{,}5H_2O$, wird in leuchtenden, gelben bis orangefarbenen, gewöhnlich bis 1 cm großen, nadeligen Kristallen oder seltener in Form kompakter kugeliger Aggregate gefunden, wobei letztere aus radialstrahlig angeordneten, nadeligen Einzelkristallen bestehen. Aus den alten Funden

Unten. Mondlandschaft mit Sprengung! Die Aufnahme entstand in etwa vom gleichen Punkt wie die auf der gegenüberliegenden Seite. Die im Text erwähnten Gesteinsgänge sind durch ihre helle Farbe in den dunklen Meta-Sedimenten deutlich sichtbar.

Oben. Zu den größeren Boltwooditen gehört dieses, einen Durchmesser von etwa 2 cm aufweisende, kugelige Aggregat aus radialstrahligen, dünnadeligen Boltwooditkristallen. Das Kristallaggregat sitzt auf farblosem bis weißem Calcit. Sammlung Nägele, Foto Bode.

Links. Vor einigen Jahren wurde das Vorkommen bei Goanikontes schon einmal intensiver untersucht. Dabei kam auch ein Radlader zum Einsatz. Foto Wartha.

Oben. Hier kristallisierte der satt eigelbe Boltwoodit in bereits als wirrstrahlig zu bezeichnenden Aggregaten freistehender, nadeliger Kristalle, wobei die Matrix von braunen Calcit-Skalenoedern gebildet wird. Die Bildbreite beträgt 2 cm. Sammlung Bode.

Rechts. Offensichtlich durch Kristallisation in einer engen Kluft bedingt entwickelten sich diese Boltwoodit-Massen nur in zwei Dimensionen, wodurch sich lediglich radialstrahlige Kristallaggregate bilden konnten. Der Durchmesser der einzelnen Aggregate beträgt jeweils 2 cm. Sammlung Nägele, Fotos Bode.

Oben. Ausgesprochen attraktiv angeordnet sitzen diese aufgeschlagenen, kugeligen Aggregate auf ihrer Matrix aus weißem Calcit. Der starke Farbkontrast wird noch durch die schwarzen Beläge gesteigert, bei denen es sich vermutlich um oxidische Mangan-Mineralien handelt. Die Bildbreite beträgt 7 cm.

Links. Im Vergleich zu kugeligen oder büscheligen Kristallaggregaten sind diese freistehenden, dicknadeligen bis fast dünnprismatischen Boltwoodit-Einzelkristalle als ausgesprochen selten zu bezeichnen. Dazu kommt im vorliegenden Fall die aparte orange Farbe, die sich von der sonst vorherrschenden eigelben Farbe deutlich unterscheidet. Die Bildbreite beträgt 5 cm. Sammlung Soltau, Fotos Bode.

Oben. Divergentstrahlig angeordnete Boltwoodit-Kristalle sind hier zu Kristall-Aggregaten verwachsen, die keine Zwischenräume mehr aufweisen. An der Oberfläche der Kugeln zeigen sich jedoch die schönen Endflächen der einzelnen Kristallnadeln. Solche aufgeplatzten Kugeln, die im Grunde nur noch Halbkugeln darstellen, sind viel häufiger als unversehrte kugelige Aggregate. Die Höhe der Stufe beträgt 6 cm.

Rechts. Eine wunderschöne, 4 cm breite Stufe mit einer perfekten Boltwoodit-Kugel, die auf fast schwarzen Calcitkristallen sitzt. Beide Stufen Sammlung Soltau. Fotos Bode.

sind kugelige Boltwooditaggregate bis 3 cm Durchmesser auch heute noch im Besitz einige namibischer Sammler, man erzählt sogar von Boltwooditkugeln bis zu Tennisballgröße! An einigen Stellen sind die gelben Nadeln gan oder teilweise von einem schwarzen, Minera überzogen, das eventuell Psilomelan sein könnte. Charakteristisch für den Boltwoodit von Goanikontes ist eine rötlichorange Fluoreszen im langwelligen UV-Licht, während das Minera unter kurzwelligem UV-Licht nicht fluoreszier Die schönsten Stufen bestehen aus einer Matri aus schwarzem Calcit, dem der Boltwoodit in Kristallen oder kugeligen Aggregaten aufsitzt.

In den oberflächennahen Bereichen ist de Boltwoodit entweder vollständig oder zumindes teilweise aufgelöst; im letzteren Fall werden die Überbleibsel dieser Auflösung von Filmen durchsichtigen **Gipses** überzogen. Der Zweit autor konnte ein blassgrüngelbes Mineral als **Weeksit**, $(K,Ca,Ba)_2[(UO_2)_2|Si_6O_{15}]\cdot 4H_2O$, identi fizieren, während die Identität smaragdgrüner stark fluoreszierender, dünner, hexagonale Plättchen noch nicht geklärt ist. Es ist gut möglich dass hier noch weitere seltene Uran-Sekundär mineralien nachgewiesen werden.

Das häufigste mit Boltwoodit vergesellscha tete Mineral ist wasserklarer, oft aber scheinba pechschwarzer, skalenoedrischer und auch rhomboedrischer **Calcit.** Die schwarzen Calcite treten immer in der Nachbarschaft größere Boltwooditkonzentrationen auf.

Es handelt sich dabei aber sicher um eine Fremdfärbung, da diese „schwarzen" Calcite nur auf den ersten Blick vollkommen schwar erscheinen. Bei genauerer Betrachtung erkenn man, dass die schwarze Färbung durch Einwach sungen dichter Rasen dünnster Nädelchen und feinster Körnchen verursacht wird. Es handel sich dabei um Mangan-Oxide und um Urani nit. Mittels XRD-Analyse waren Psilomelan Kryptomelan und Pyrolusit sowie gelegentlic auch Uraninit nachzuweisen. Uraninit konnte auch mittels energiedispersiver Röntgenmik roanalyse in Form feinster Körnchen im Calci bestimmt werden. Weiche, bräunliche Überzüge auf Calcitrasen stellten sich als Gemenge aus Goethit und Rancieit heraus.

Nach einer Sprengung leuchten nicht nur die grellgelben Boltwoodite, sondern auch die Sammleraugen. Allerdings sind solche vollbesetzten Drusen nicht häufig. Und wie bekommt man die Stücke dann auf ein Sammler-gerechtes Format ...? Foto Henkel

Mattschwarze Krusten über skalenoedrischem Calcit auf einer 1977 erworbenen Boltwoodit-Stufe in der Sammlung des Naturhistorischen Museums in Wien stellten sich durch eine XRD-Analyse als **Psilomelan** heraus.

Quarz in Kristallen ist generell ziemlich selten. Die wenige Millimeter großen Kriställchen sind kurzprismatisch entwickelt und weisen normal-rhomboedrischen Habitus auf. Weiße, feinkristalline Krusten über Calcit haben sich ebenfalls als aus Quarz bestehend erwiesen; es handelt sich dabei um Chalcedonüberzüge. In der Verwitterungszone sind Goethit ebenso wie große **Gips**kristalle recht häufig. Auch der Gips ist mitunter durch Einwachsungen von feinsten Mn-Oxid-Härchen schwarz gefärbt.

Wie aus den vorliegenden Ausführungen hervorgeht, ist die wissenschaftliche Bearbeitung der Mineralien, die detaillierte analytische und mineralogische Untersuchungen an den Mineralien dieser Fundstelle noch lange nicht abgeschlossen.

Es dürfte auch klar sein, dass neben den spektakulären Boltwooditen von Goanikontes hier zahllose weitere interessante und sehr seltene Mineralien gefunden werden können. Während in den letzten Dekaden unzählige weitere Boltwooditvorkommen in vielen Ländern der Welt beschrieben worden sind, ist das Vorkommen von Goanikontes nach unserem Wissen weltweit die einzige Boltwooditmine.

Namibia Minerals beabsichtigt in Zukunft eine geologische Kartierung der unmittelbaren Umgebung des Bergbau-Claims durchzuführen.

Blick in eine Druse: wie aufgestreut sitzen die gelben Boltwoodit-Pusteln auf den teilweise schwarz gefärbten Calcit-Skalenoedern. Die Bildbreite der in der Sammlung des Naturhistorischen Museums Wien aufbewahrten Stufe beträgt 3,5 cm. Foto Bode.

Literatur

ANONYMUS (1975): What's New in Minerals? - Miner. Rec. **6**, 250-252.

MOUILLAC, J.L.; VALOIS, J.-P.; WALGENWITZ, F. (1986): The Goanikontes Uranium Occurrence in South West Africa/Namibia. - In: ANHAEUSSER, C.R. & MASKE, S. (EDS.), Mineral Deposits of Southern Africa Vol. II, 1833-1843, Johannesburg (Geol. Soc. South Africa).

ROESENER, H.; SCHREUDER, C.P. (1992): Uranium. - In: GEOLOGICAL SURVEY OF NAMIBIA (EDS.), The Mineral Resources of Namibia, 7.1–1 - 7.1–55, Windhoek.

Kamphaugit-(Y) von der Rössing-Mine

Ole V. Petersen,
Robert A. Gault & Steffen Jahn

In den frühen 1990er Jahren erhielt der Erstautor dieses Artikels vom mittlerweile verstorbenen Professor Oleg von Knorring (Leeds, Großbritannien) eine große, hauptsächlich aus dunklem Rauchquarz und sekundären Uranmineralien bestehende Stufe, die von Knorring selbst 1983 in der Rössing-Mine gesammelt hatte. Eine unausgesprochene Voraussetzung für dieses Geschenk sollte allerdings die Bestimmung der weißen, auf der Stufe befindlichen knäuelartigen Quasten („Pompons") sein.

Nachdem vorläufige Versuche zur Identifizierung der „Pompons" zu keinem Ergebnis geführt hatten, gelang ihre Beschreibung als Kamphaugit-(Y) nach dem Erscheinen der Arbeit von RAADE & BRASTAD (1993). Jedoch verhinderte der Tod von Professor v. Knorring im Jahr 1994 zunächst die Zusammenstellung eines Artikels, da nun Hintergrundinformationen sowohl zur Rössing-Mine als auch zur Mineralstufe nicht mehr zur Verfügung standen. Der jetzt vorliegende Namibia-Band bietet die Möglichkeit, nun auf den Kamphaugit-(Y) hinzuweisen.

Die Rössing-Mine

Die nach den bis 2.382 ft. (ca. 726 m) hohen Rössing-Bergen (die wiederum ihren Namen von Nonus von Rössing, dem Chef der Otavi-Minen- und Eisenbahngesellschaft OMEG hatte) benannte Uranlagerstätte von Rössing befindet sich ca. 70 km NE von Swakopmund entfernt in der Wüste Namib in Namibia. Das Vorhandensein radioaktiver Mineralien in diesem Gebiet wurde zwar bereits 1910 festgestellt, jedoch führten erst Untersuchungen des 1953 gegründeten Louw-Syndikates unter Beteiligung der Anglo-American Prospecting Company in den Jahren 1955 bis 1958 zum Nachweis einer Reihe von radioaktiven Mineralisationen. Eine dieser Lokalitäten, die sogenannte SJ-Anomalie, erwies sich zwar als bedeutend, da die Uranmineralisation zum größten Teil aus Uraninit bestand, jedoch verließ die Anglo-American Prospecting Company das Syndikat. Erst im Jahre 1966 gelang es dem Louw-Syndikat, mit Rio Tinto South Africa Ltd. einen Interessenten für weitergehende Untersuchungen zu gewinnen. Es folgte ein großangelegtes Explorationsprogramm mit geologischen Kartierungen, radiometrischen Flächenuntersuchungen, untertägiger Großbeprobung und der Errichtung einer Pilotanlage zur Aufbereitung im Jahre 1973. Es stellte sich heraus, dass es sich hier um eine riesige Lagerstätte mit armen Uranerzen (Erzgehalt ca. 0,05 %) handelt. 1970 erfolgte die Gründung der Rössing Uranium Ltd. Nachdem im März 1976 der Probebetrieb begann, konnte im Januar 1978 die kommerzielle Produktion aufgenommen werden. Im Jahre 1979 erreichte die Rössing-Mine erstmal ihre volle Produktionskapazität - 5.300 Tonnen reines U_3O_8 konnten von Walfischbai nach Übersee verschifft werden - und sie war damals die größte Uranlagerstätte der Welt. Aktuelle Abbaupläne der Rössing Uranium Ltd. sehen einen Abbau bis in das Jahr 2012 vor. Letztlich wird die (z.Zt. rückläufige) Nachfrage nach Uran auf dem Weltmarkt sowie der zuletzt etwas stabilere Weltmarktpreis für Uran über die Zukunft der Rössing-Mine entscheiden (BERNING 1986, PACKEISER 1996).

Der terassenförmige, 350 m tiefe Tagebau der Rössing-Mine weist heute eine Größe von rund 3 x 1 km auf; jede einzelne Abbautrasse ist 15 m hoch. Unter den momentan 1.300 Beschäftigten sind 89 % Namibier - der größte Teil der leitenden Angestellten hat jedoch deutsche Vorfahren. Eine ausführliche, reich bebilderte Beschreibung der Gewinnung und Verarbeitung der Erze der Rössing-Mine gibt PACKEISER (1996).

und während der Damara-Orogenese syntektischen Bedingungen (d.h. einer magmatischen Assimilation) unterworfen wurde. In der Folge entstanden alaskitische Schmelzen, die in stratigraphisch höheren Schichten Platz nahmen. Im zentralen Damara-Belt stellt der pegmatitische Alaskitkörper von Rössing mit einem Alter von 468 ± 8 Millionen Jahren einen der jüngsten Intrusivkörper dar (BERNING 1986).

Uraninit, häufig in idiomorphen, bis 0,3 mm großen Kristallen, dominiert in den Alaskiten unter den primären radioaktiven Mineralien bei weitem, Betafit kommt nur untergeordnet vor, noch seltener ist Brannerit. Alle sitzen einschlussartig in rauchfarbenem Quarz, Mikroklin, Mikroklinperthit und Biotit, können aber auch zwischen diesen Mineralien oder in Sprüngen und Spaltrissen in ihnen auftreten. Sie verwitter-

Links. Detailblick auf die einst größte Uranlagerstätte der Welt, den 3 x 1 km großen und 350 m tiefen Tagebau der Rössing-Mine. Jede einzelne Abbauterasse weist eine Höhe von 15 m auf. Foto Niedermayr.

Unten. Riesige Bagger beladen die Transportfahrzeuge. Foto Henkel.

Zur Geologie und Mineralogie

Genetisch ist die Uranlagerstätte Rössing an eine Migmatitzone gebunden, in der uranführende magmatische Gesteine und das metamorphosierte Nebengestein (mit Metasedimenten und -vulkaniten) sowohl konkordant als auch diskordant aufeinander folgen und mitunter auch in Wechsellagerungen vorkommen. Die Uranmineralisation der Rössing-Mine wie auch der zahllosen ähnlichen, aber kleineren Vorkommen der Umgebung (vgl. Goanikontes, Seite 160 in diesem Buch) sitzt in Gesteinen, die in der Vergangenheit als Pegmatite, „Kaligranite" bzw. Alaskite bezeichnet wurden. Der letztere Begriff (im petrologischen Sinne ursprünglich ein helles, fast nur aus Quarz und Alkalifeldspat bestehendes Gestein, heute eine Synonym für Alkalifeldspatgranit) hat sich durchgesetzt. Der Alaskit bildet bereichsweise in den Metasedimenten konkordante oder diskordante Gänge, aber auch große, unregelmäßig konturierte Körper mit Fremdgesteinsxenolithen. Die Uranmineralisation ist außerordentlich absetzig; sehr verbreitet sind arme, gering mineralisierte Bereiche sowie auch vollständig ausgelaugte Zonen. Als Quelle des Urans in den Alaskiten wird das präkambrische Grundgebirge angesehen, das nach seiner Abtragung im Spätpräkambrium in der Etusis-Formation wieder zur Ablagerung kam ten an Ort und Stelle zu einer Vielzahl von meist gelben Uransekundärmineralien, welche die Primärmineralien entweder pseudomorposieren oder dünne Filme bzw. gelegentlich auch schöne Kristalle bilden. Das unter diesen Sekundärmineralien mit Abstand häufigste und auch bekannteste ist Uranophan-beta. Daneben kennt man von hier Carnotit, „Gummit" (ein gummiartig

aussehendes, das erste Umwandlungsprodukt des Uraninites darstellendes Gemenge sekundärer Uranmineralien), „Metahaiweeit" (ein 1959 beschriebenes, von der IMA nicht anerkanntes Ca-U-Silikat; vgl. BLACKBURN & DENNEN 1997), Metatorbernit, Thorogummit, Torbernit und Uranophan (BERNING et al. 1976, BERNING 1986). Von BACKSTRÖM (1970) nannte „Rössingit" von der Rössing-Mine als neues Mineral, es sind aber keine Beschreibungen des auch von der IMA nicht anerkannten Minerals bekannt. Insgesamt besteht die Uranmineralisation zu 55% aus Uraninit, zu 5% aus Betafit und zu 45% aus sekundären Uranmineralien.

Kamphaugit-(Y)

ist ein seltenes, doch von mehreren Fundstellen bekanntes Mineral, das aber immer nur in kleinen Mengen vorzukommen scheint. Die Typlokalität für Kamphaugit-(Y) ist die Skarnlagerstätte Hørtekollen bei Lier in Buskerud, Norwegen, von wo ihn RAADE & BRASTAD (1993) erstmals beschrieben. Sie erwähnten auch zwei weitere norwegische Lokalitäten, den Høydalen-Pegmatit bei Tørdal und den Steinbruch im Tangen-Pegmatit unweit Kragerø, in denen Kamphaugit-(Y) vor bzw. während der Untersuchungen am Material von der Typlokalität gefunden wurde. Nach RAADE & BRASTAD (1993) stellen aber sowohl der unzureichend beschriebene und von MINEEV (1974) „Calciotengerit" genannte „Tengerit" aus Kasachstan (STEPANOV 1961) als auch das unbenannte, von VERWOERD (1963) erwähnte Ca-Y-Carbonat aus dem Transvaal, Südafrika, sowie ferner auch die weißen, von HOGARD (1972) unter dem Namen UN-21 beschriebenen Krusten aus dem Evans-Lou-Pegmatit in Quebec, Kanada, sämtlich Kamphaugit-(Y) dar. Der Großteil des in jüngerer Zeit auf den Markt gekommenen Kamphaugit-(Y) stammt von Cala Francese, Insel La Maddalena bei Sardinien, Italien (ORLANDI 1997).

Die vorliegende Stufe aus der Rössing-Mine besteht hauptsächlich aus grobkristallinem, dunklen Rauchquarz. Drusige, grobkristalline Bereiche auf zwei Seiten der Stufe werden reichlich von gelblichweißem, nadeligen Uranophan, Gruppen gut ausgebildeter, komplexer, oranger Uranophan-beta-Kristalle (deren Einzelkristalle

Die Rössing-Mine ist eine weltbekannte Fundstelle für Uranophan-beta in ausgezeichneter Qualität. Oben erkennt man kleine, gelbe Kristalle auf einer 4 cm breiten Fläche, unten ist ein divergentstrahliges Kristallbüschel mit bis 7 mm großen Kristallen zu sehen. Beide Stufen Sammlung NHM Wien, Fotos Bode.

1 mm Größe erreichen) sowie bis 2 mm großen, hellvioletten Fluorit-Kuboktaedern überzogen. Der Kamphaugit-(Y) bildet weiße, perfekte, einzeln aufsitzende Kügelchen bis nahezu 1 mm Durchmesser.

Kamphaugit-(Y) von der Rössing-Mine ist optisch einachsig negativ, die in weißem Licht mit der Immersionsmethode gemessenen Brechungsindizees betragen $\varepsilon = 1{,}631 \pm 0{,}002$ bzw. $\omega = 1{,}664 \pm 0{,}002$ und sind damit nur geringfügig höher als die des Kamphaugit-(Y) von der Typlokalität mit α (ε) = 1,627 ± 0,002 bzw. $\beta \simeq \gamma$ (ω) = 1,663 ± 0,002. Die Kügelchen bestehen aus farblosen, durchsichtigen, nach {001} plattigen Kristallen mit perfekten, einachsigen Interferenzbildern, die keinerlei Anzeichen anomaler Zweiachsigkeit, wie am Material von der Typlokalität beschrieben, aufweisen.

Das XRD-Diffraktogramm des Kamphaugit-(Y) von der Rössing-Mine läßt sich leicht mit den Werten der tetragonalen Elementarzelle, wie sie von RAADE & BRASTAD (1993) vorgeschlagen wurde, indizieren. Die verfeinerten Werte der Elementarzelle des Kamphaugit-(Y) von der Rössing Mine lauten a = 7,418 ± 0,005 Å bzw. c = 21,80 ± 0,03 Å und stimmen mit den Werten der Elementarzelle vom Originalfundort a = 7,437 ± 0,002 Å bzw. c = 21,79 ± 0,01 Å überein.

Die chemische Zusammensetzung des Kamphaugits-(Y) von der Rössing-Mine wurde mit einer Elektronenstrahl-Mikrosonde des Typs JEOL 733 bestimmt. Dabei wurde wellenlängendispersiv bei einer Anregungsspannung von 15 kV, einem Strahlstrom von 20 nA und einem Strahldurchmesser von 40 µm gemessen. Es wurde das Vorhandensein von 28 chemischen Elementen überprüft, von denen allerdings nur die unten genannten nachgewiesen werden konnten. Ein energiedispersiver Scan für alle Elemente mit einer Ordnungszahl über 8 zeigte, dass keine weiteren Elemente nachgewiesen werden können. Als Standards wurden Albit (Na), Calcit (Ca), YIG (Y), Phlogopit (F) und eine Reihe von SEE-Phosphaten für die Seltenerd-Elemente (SEE) verwendet. CO_2 und H_2O wurden aus der auf der Strukturanalyse von ROMMING et al. (1993) basierenden Stöchiometrie berechnet. Die Durchschnittsgehalte aus zwei Analysen betragen in Gewichts-Prozenten:

Na_2O - 0,11; CaO - 15,11; Y_2O_3 - 27,12; Nd_2O_3 - 1,47; Sm_2O_3 - 2,03; Gd_2O_3 - 3,57; Tb_2O_3 - 0,81; Dy_2O_3 - 5,58; Ho_2O_3 - 1,27; Er_2O_3 - 2,59; Tm_2O_3 - 0,37; Yb_2O_3 - 1,07; CO_2 - 27,7; F - 0,81; H_2O - 7,93; O = F - 0,34. **Summe: 96,5 %**

Pr und Lu wurden in Spuren nachgewiesen. Der geringe Wert für die Summe lässt sich auf extrem kleine, aber zahllose Hohlräume zwischen den separaten Kristallen des untersuchten Kügelchens zurückführen.

Die auf 4 Kationen berechnete chemische Formel kann als $(Ca_{,88}Na_{,01})_{\Sigma,89}(Y_{,78}Dy_{,10}Gd_{,06}Er_{,04}Sm_{,04}Nd_{,03}Ho_{,02}Yb_{,02}Tb_{,01}Tm_{,01})_{\Sigma 1,11}[(F_{,14}OH_{,86})|(CO_3)_2]\cdot H_2O$ geschrieben werden. Es scheint klar zu sein, dass in der Struktur Calcium von geringen Mengen von SEE substituiert wird, sodass die vereinfachte Formel für den Kamphaugit-(Y) von der Rössing-Mine wie folgt lautet: $(Ca,SEE)(Y,SEE)[(OH)|(CO_3)_2]\cdot H_2O$. Diese Formel stimmt gut mit der vereinfachten Formel $Ca(Y,SEE)[(OH)|(CO_3)_2]\cdot H_2O$ überein, die durch eine Kristallstrukturanalyse am Kamphaugit-(Y) der Typlokalität ermittelt wurde.

Diskussion

Der Kamphaugit-(Y) von der Rössing-Mine ist wie der der Typlokalität ein spät und bei niedrigen Temperaturen gebildetes Mineral; mit der möglichen Ausnahme des Kamphaugit-(Y) von der Insel La Maddalena, Italien, bildete sich Kamphaugit-(Y) in allen anderen bekannten Vorkommen durch Zersetzung eines Vorläuferminerals.

Weiße, ca. 1 mm große, aus Kamphaugit-(Y) bestehende „Pompons", die von orangegelben Uranophan-beta-Kristallen sowie rosa über hell- bis tiefviolett gefärbtem Fluorit auf schwarzem Quarz begleitet werden. Foto Petersen.

Literatur

BACKSTRÖM, J.W.v. (1970): The Rössing uranium deposit near Swakopmund, South West Afrika. A preliminary report. - In: IAEA (ed.), Uranium Exploration Geology, IAEA, Wien, 143-150.

BERNING, J. (1986): The Rössing uranium deposit, South West Africa/Namibia. - In: ANHEUSER, C.R. & MASKE, S. (eds.), Mineral Deposits of Southern Africa, Vols., I and II, Geol. Soc. S. Afr., Johannesburg, 1819-1832.

BERNING, J.; COOKE, R.; HEMSTRA, S.A.; HOFFMAN, U. (1976): The Rössing Uranium Deposit, South West Africa. - Econ. Geol. **71**, 351-368.

HOGARD, D.D. (1972): The Evans-Lou pegmatite, Quebec: A unique yttrium-niobium-bismuth-vanadium mineral assemblage. - Mineral. Record **3**, 69-77.

BLACKBURN, W.H.; DENNEN, W.H. (1997): Encyclopedia of Mineral Names. - Canad. Miner. Special Publication **1**, 360 S.

MANDARINO, J.A. (1999): Fleischer's Glossary of Mineral Species 1999. - 225 S., Tucson (Mineral. Rec. Inc.).

MINEEV, D.A. (1974): Lantanoidy v rudakh redkozemelnykh i kompleksnykh mestorozhdenii (Lanthanoids in rare earth ores and in complex places of origin). - 240 pp Moscow (Nauka).

ORLANDI, P. (1997): Zibaldoni di mineralogia italiana. - Riv. Min. It. **2**, 179-185.

PACKEISER, A. (1996): Rössing Namibia, weltgrößter Urantagebau. - Bergbau **47** (2), 56-60.

RAADE, G.; BRASTAD, K (1993): Kamphaugite-(Y), a new hydrous Ca-(Y,REE)-carbonate mineral. - Eur. J. Miner. **5**, 679-683.

ROMMING, C.; KOCHARIAN, A.K; RAADE, G (1993): The crystal structure of kamphaugite-(Y). - Eur. J. Miner. **5**, 685-690.

SREPANOV, A.V. (1961): New and rare minerals in alkali granites of Kazakhstan (in russ.). - Trudy Kazakhskogo Nauchno-Issledovatelskogo Instituta Mineralnogo Syrya **5**, 147-161.

VERWOERD, W, J. (1963): Rare-earth minerals in South African carbonatites. - Ann. Geol. Surv. South Africa **2**, 119-129.

Das Spinell-Vorkommen bei Okahua

Andreas G. Palfi und Ralf Wartha

Das Vorkommen befindet sich 30 km südlich von Otjiwarongo im zentralen Namibia, nahe der geteerten, von Windhoek in den nördlichen Landesteil führenden Hauptstraße. Die Claims befinden sich auf der Grenze zweier privat bewirtschafteter Farmen, zu denen ein Zugang meistens nicht erlaubt wird.

Verwitterungsbeständigere Kalksilikatgesteine (Skarne) bilden hier auf dem ansonsten flachen Land kleine Hügel, wie es auch auf dem Gebiet der beiden Claims der Fall ist. Dichtes Buschwerk sowie unzählige resistente Akazienbäume bedecken das Gelände. Hier gibt es, insbesondere auf den Hügeln, noch eine Vielzahl wilder Tiere, zu denen Geparden, Kudus und kleinere Antilopen, Warzenschweine, Paviane und Schlangen, zu zählen sind.

Die Geologie des Gebietes ist komplex. Petrographisch besteht es aus präkambrischen Metasedimenten, in die unzählige Pegmatite und Aplite intrudiert sind. Zu den Metasedimenten zählen reine Marmore, Kalksilikatgesteine (Skarne), welche „unreine" Marmore repräsentieren, Quarzschiefer- sowie Chlorit-Biotitschiefer. Die Pegmatite sind grob- und gleichkörnig und führen keinerlei exotische Mineralien. An dieser Stelle soll darauf hingewiesen werden, dass sich die Pb-Zn-Lagerstätte Joumbira nur 15 km südwestlich des Spinellvorkommens befindet.

Die Spinellfundstelle bei Okahua wurde während einer geochemischen Routineexploration entdeckt, bei der im Boden erhöhte Zinkgehalte nachgewiesen wurden. Eine anschließende Untersuchung fand nicht, wie erwartet, eine Mineralisation mit Sphalerit, sondern nur schwarze, kubische Kristalle. Diese wurden anfänglich als Zinkspinell (Gahnit) angesehen. Weitere Untersuchungen konnten aber keinen signifikant höheren Zinkgehalt nachweisen.

Bei unserem Besuch dieser Fundstelle fanden wir nicht nur Spinell, sondern auch weitere interessante Skarnmineralien, woraufhin wir 1998 entschieden, uns die Rechte in Form zweier Claims zugunsten von „Namibia Minerals" zu sichern.

Vor allem größere Spinelle von Okahua, wie der abgebildete, eine Kantenlänge von 2,5 cm aufweisende Kristall, zeigen deutliche Anlösungserscheinungen. Sammlung König, Foto Bode.

Schurfarbeiten an der Spinellfundstelle von Okahua - mitten im Busch. Einsamer kann man beim Sammeln kaum sein! Fotos Wartha.

Oben. 1,5 cm großes, aus zwei miteinander verwachsenen Spinellkristallen bestehende Aggregat. Sammlung Bode.

Kleines Bild. Ein nahezu perfektes Oktaeder mit einer Kantenlänge von 1,5 cm zeigt dieser freistehende Spinellkristall. Sammlung König. Fotos Bode.

Drei einzelne Fundstellen mit unterschiedlicher Mineralisation

Namibia Minerals hat im beschriebenen Gebiet, mit Ausnahme des oberen, nur sehr schwer zu erreichenden Vorkommens, in kleinerem Maßstab, oftmals mit Hilfe von Kompressor und Presslufthammer, eine Reihe von Schürfen, angelegt. Die Mineralisation ist äußerst variabel und kann der Einfachheit halber in drei unterschiedliche Lokalitäten unterteilt werden.

Die nur einige wenige Meter über der Ebene liegende Titanitfundstelle liefert bis zu 12 cm lange, purpurbraune Titanitkristalle. An den Stellen, wo Calcit häufiger ist, kommen nach dem Aussäuern große, bräunlichgraue Diopsidkristalle zum Vorschein. Zusätzlich werden im grobkörnigen Marmor zusammen mit bis millimetergroßen, undeutlichen Chondroditkristallen kleine, 2 bis 4 mm große und perfekt ausgebildete Spinellkristalle gefunden. Unzählige schlanke, bis 3 cm große, lichtblaue Apatitkristalle können ebenso gesammelt werden, die meisten dieser Apatite sind aber aufgrund von mikroskopisch kleinen Rissen in den Kristallen zerstört.

Das eigentliche Spinellvorkommen (Fundstelle 2) befindet sich etwa 40 m oberhalb der Titanitfundstelle in einem kleinen Sattel zwischen zwei etwas verwitterungsresistenteren Skarnausbissen. Die bis 3 m mächtige Mineralisation kann über etwa 20 m verfolgt werden. Spinell wird hier in Bereichen mit massivem, purpurbraunem bis grauem Diopsid oder im grobkörnigen Phlogopit gefunden. Die im Extremfall bis zu 8 cm großen Kristalle sind von massivem Calcit umhüllt und sitzen im massiven Diopsid. Wenn das Grundwasser diese beiden Mineralien bereits angegriffen und aufgelöst hat, findet man die Spinelle gelegentlich in großen Kristallen freiliegend im Boden. Natürlich kann dasselbe durch Einwirkung schwacher Säuren auf die frische, den Spinell enthaltende Calcit-Diopsid-Matrix erreicht werden.

Die Kristalle sind oft perfekt, größere Spinelle sind aber meist deformiert oder zeigen bereits Anlösungserscheinungen. Spinell kann ferner in einer geringmächtigen, aus Biotit bestehenden Schicht gefunden werden.

Die obere Titanit-Spinell-Chondrodit-Fundstelle befindet sich wiederum 30 m über der vorigen Fundstelle und ist in Aufbau und Mineralisation der zuerst beschriebenen Lokalität sehr ähnlich.

Nach unserem Wissen sind außer der chemischen Identifizierung des Spinells noch keine mineralogischen Untersuchungen an dem beschriebenen Material durchgeführt worden. Von uns wurden eine Anzahl weiterer akzessorisch auftretender Mineralien gefunden, die hier infolge des Mangels an adäquaten Möglichkeiten zur Identifizierung aber nicht weiter erwähnt oder beschrieben werden sollen.

In jedem Fall erfordert der Zugang in das Gebiet einige Kletterei sowie etwas Buschrodearbeit. Da aber zur Belohnung einige spektakuläre Stufen sowie eine außergewöhnliche Fernsicht winken, lohnt sich der Aufwand.

Ein Name geht um die Welt: Tsumeb

Steffen Jahn

Die Liste der bisherigen Publikationen über Tsumeb ist lang. Sie umfasst eine Vielzahl von Spezialarbeiten über Mineralbeschreibungen, geologische und lagerstättenkundliche Abhandlungen sowie zahlreiche populärwissenschaftliche Artikel. Dieser Liste eine neue Publikation hinzuzufügen ist nicht Ziel dieses Artikels - dazu wäre eine weitere umfangreiche Monographie erforderlich. Die wohl modernste Arbeit über Geologie und Mineralisation von Tsumeb sowie der Kupferlagerstätten des übrigen Otaviberglandes findet sich in SCHNEIDER & SEEGER (1992).

Tsumeb, das ist ein Name mit besonderem Klang, eine Lagerstätte der Superlative, absolut einmalig in ihrer mineralogischen Bedeutung. Man kann wohl ohne Übertreibung behaupten, dass es keinen ernsthaften Sammler gibt, dem der Name Tsumeb fremd wäre, dass es keine ernstzunehmende Sammlung ohne Stufen von Tsumeb gibt - und das weltweit!

Wulfenit (oben), Fördergerüst des De Wet-Schachtes in Tsumeb. Sie sind in der ganzen Welt bekannt.

Es gibt keine zweite Lagerstätte, die über einen Zeitraum von fast hundert Jahren in allen Phasen mineralogisch und ästhetisch so viel außergewöhnliches Material geliefert hätte. Die immense Zahl von über 260 verschiedenen Mineralien wurden von dieser Lokalität nachgewiesen - damit immerhin zwischen 1/15 und 1/20 aller überhaupt bekannten Mineralien, und das in einem Erzkörper, der nur wenige Dutzend Meter Durchmesser aufweist! Zwar gibt es auch andere Lagerstätten mit ähnlich reichhaltigem Mineralienangebot, wie z.B. Långban in Schweden, Franklin in New Jersey/USA oder der Mont Saint-Hilaire in Quebec/Kanada, aber keiner dieser Fundpunkte erreicht die Faszination von Tsumeb. Der Grund dafür ist die Tatsache, dass eine Vielzahl der hier gefundenen Kristalle größer und und von sehr viel besserer Qualität ist als von irgend einem anderen Ort der Erde und dass die Paragenesen so ungewöhnlich sind.

Ein weiteres Faszinosum ist die recht hohe Zahl der von hier erstbeschriebenen Mineralien. Deren Geschichte beginnt 1906 mit der Veröffentlichung von SCHNEIDER über den Otavit, $Cd[CO_3]$ und endet (vorläufig!) im Jahre 2004, als ROBERTS et al. der Mineralienliste von Tsumeb das Mineral Eyselit, als vorerst letzte und 62. Erstbeschreibung von Tsumeb, gleichzeitig die 265. in Tsumeb überhaupt gefundene Spezies, hinzufügten. Jedoch liegen der I.M.A. bereits weitere Neubestimmungen von Tsumeb zur Anerkennung als neues Mineral vor ...

Unter den Mineralien der Lagerstätte von Tsumeb gibt es eine ungewöhnlich hohe Anzahl von Spezies mit z.T. hohen Gehalten an den Elementen Gallium, Germanium und Cadmium. Die vier weltweit einzigen Gallium-Mineralien (Gallit, Söhngeit, Gallobeudantit und Tsumgallit) wurden sämtlich hier entdeckt und treten bis auf den Gallit auch nirgendwo anders auf. Von den weltweit 22 bekannten Germanium-Mineralien gibt es in Tsumeb 15, davon wurden allein 12 zuerst hier entdeckt. Von den 14 bekannten Cadmium-Mineralien sind immerhin vier auch in Tsumeb gefunden worden. Unter diesen haben drei (Otavit, Andyrobertsit und Keyit) hier ihre Typlokalität, für Andyrobertsit ist Tsumeb der weltweit einzige Fundort geblieben.

Etwas zur Geschichte...

Lange bevor die Weißen in Südwestafrika oder gar Europäer Kenntnis von dem nahmen, was später als Tsumeb weltberühmt wurde, gewannen die ortsansässigen Buschleute (San) im Otavibergland an geheimgehaltenen Plätzen oxidische, fast generell aus Malachit bestehende Kupfererze, die sie an die befreundeten Ovambos vor allem gegen Schmuck und Vieh tauschten. Die Ovambos schmolzen das Kupfer auf primitive Weise mit Holzkohle aus den carbonatischen Erzen aus und verarbeiteten es zu kleinen Handwerkszeugen, daneben auch zu Waffenverzierungen und Schmuck. Die verheirateten Ovambo-Frauen trugen schon damals bis zu acht Pfund schwere Ringe.

Der erste schriftliche Hinweis auf die Kupfererze des Otavibergiandes stammt aus dem Tagebuch des britischer Forschers Sir Francis Galton, der mit seinen Begleitern Ch. Anderson und I. Allen am 26. Mai 1851 am nördlich vom heutigen Tsumeb gelegenen Otjikoto-See rastete und Kupfererze transportierende Gruppen von San und Ovambos beobachtete. Seine Tagebuchaufzeichnungen enthalten allerdings keinen Hinweis auf die Herkunft der Erze. Damals war „Tsumeb“ noch der berühmte „Grüne Hügel“, bei dem es sich nach SCHNEIDERHÖHN (1929) um eine 180 m lange, 40 m breite und 12 m hohe Anreicherung aus Kupfer-Sekundärmineralien handelte, die fast vollständig aus Malachit bestand. Wie VEDDER 1929 (in BARTELKE 1976) darlegt, leitet sich der Name der Stadt Tsumeb von dieser Anreicherung grüner Sekundärmineralien her - „Otjisume“ bedeutet (merkwürdigerweise in der Sprache der Herero,

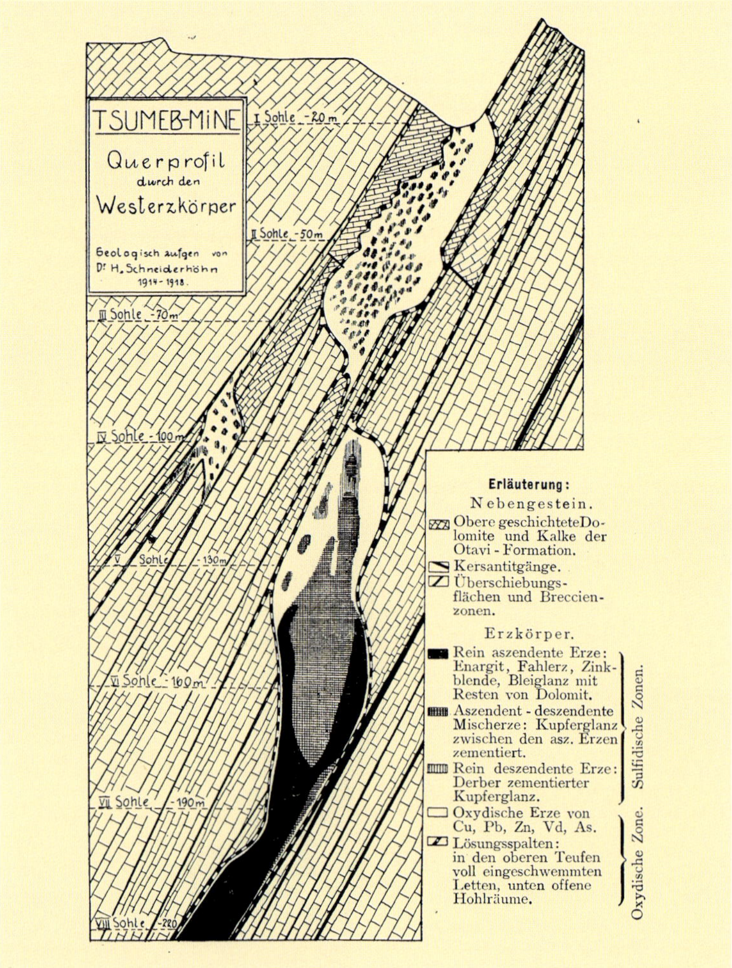

Das von Hans Schneiderhöhn in den Jahren von 1914 bis 1918 aufgenommene Querprofil durch den Westerzkörper von Tsumeb zeigt die Verteilung der Teufenzonen in Tsumeb bis zur 8. Sohle (aus SCHNEIDERHÖHN 1929).

die hier überhaupt nicht lebten) „Ort der grünen Frösche“ bzw. „Ort der grünen Algen“. Aus der Silbe otji- („Ort“) entstanden später „Osume“ und „Sumeb“. In den ersten Berichten der South West Africa Co. (vgl. unten) war hingegen von „Soomep“ die Rede; dieser Ausdruck vereinfachte sich schließlich zu „Tsumeb“.

In der Zwischenzeit hatte Reichskanzler Otto von Bismarck am 24. April 1884 Südwestafrika zum deutschen Schutzgebiet erklärt - Auslöser war zwar eine Bitte des deutschen Händlers Adolf von Lüderitz um den Schutz seines Besitzes, Hintergrund wohl aber vor allem die Hoffnung auf den Nachweis reicher Bodenschätze.

Im Auftrage des Deutschen Reiches - und nicht zuletzt auch mit deutschem Geld - wurde am 18. August 1892 die South West Africa Company mit dem Auftrag der Ausbeutung der Kupferlagerstätten im Otavibergland, von denen zunächst nicht allzu viel Konkretes bekannt war, gegründet.

Nur einen knappen Monat später erhielt die Gesellschaft am 12. September eine Konzession über 50.000 km² - allerdings mit den Auflagen, eine Eisenbahnlinie in den Norden des Landes zu bauen, bis 1896 mindestens 600.000 Reichsmark für die Entwicklung des Konzessionsgebietes zu investieren und - unverzüglich eine Expedition auszurüsten und dorthin zu entsenden. Dies erfolgte noch im gleichen Jahr.

Historische Postkarte der Tsumeb-Mine zu Anfang des 19. Jahrhunderts. Archiv G. Grundmann.

Ende 1892 erreichte die Expedition unter Mathew Rogers nach einigen Problemen mit den Eingeborenen das Otavibergland im Gebiet der späteren Gruben Gross Otavi und Klein Otavi (Kombat) und hörte dort gerüchteweise von weiteren, geheimgehaltenen Lagerstätten, wo Buschmänner Kupfererze abbauen. Die eigentliche Entdeckung von Tsumeb vollzog sich, als Rogers am 12. Januar 1893 an den Ausbiss der Tsumeb-Erze gelangte und als erster Weißer den „Grünen Hügel“ sah. Am 21. Januar 1893 schrieb er seinen legendären Brief - den ersten schriftlichen Report über Tsumeb - an die Direktoren seiner Gesellschaft in London, der so den ersten professionellen Bericht über einen Aufschluss, der später zu der berühmtesten Lagerstätte der Welt werden sollte, darstellt: *„... in the whole of my experience I have never seen such a sight as was presented before my view at Soomeb, and I very much doubt that I shall ever see such another in any other locality...“* (SÖHNGE 1967)

Rogers, der in Tsumeb eine Reihe von Prospektionsarbeiten durchführte und bis 1894 vier bis zu 20 m tiefe Schächte abteufte, konnte zwar die Abbauwürdigkeit der Lagerstätte feststellen. Aufgrund der quasi nicht vorhandenen Transportwege zur Küste und der niedrigen Rohstoffpreise musste die Aufnahme des Abbaus aber vorerst unterbleiben. In Anerkennung seiner Verdienste bei der Entdeckung von Tsumeb wurde nach Kapitän Rogers das 1986 von hier zuerst beschriebene Mineral Mathewrogersit benannt.

Hier kommen all' die schönen Mineralien her: Seigerriss durch Erzkörper und Nebengestein der Kupfererz-Lagerstätte Tsumeb von Strunz, Söhnge und Geier (1958). Aus STRUNZ 1958.

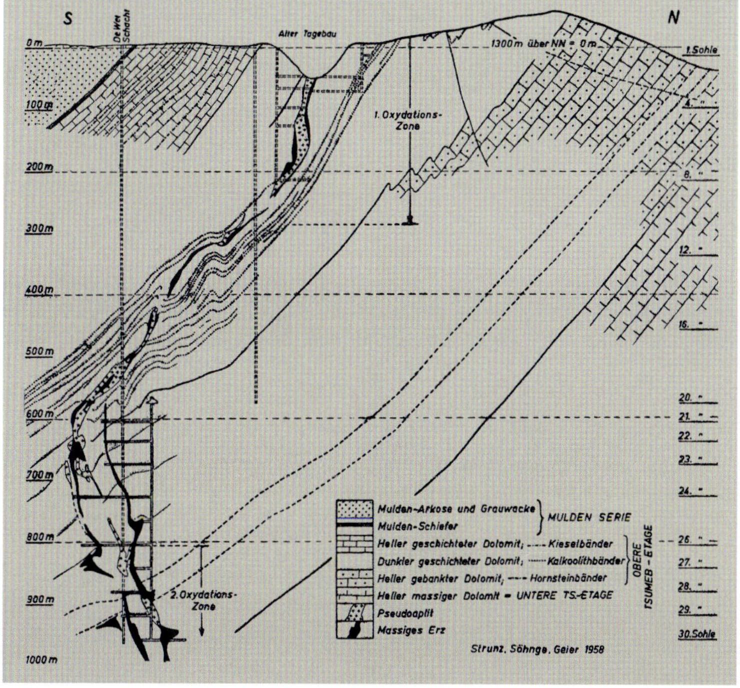

Zum Erhalt der Konzession war nun noch der Bau der Eisenbahn erforderlich, den die South West Africa Co. durch die von ihr unter erneuter Beteiligung von deutschem Kapital am 6. April 1900 gegründete Otavi-Minen- und Eisenbahngesellschaft (O.M.E.G.) betreiben ließ. Die O.M.E.G. rüstete wiederum eine Expedition unter der Leitung von Christopher James aus, die Tsumeb am 13. August 1900 erreichte. Hier wurden durch die mitgebrachten 33 Bergleute zwei neue, je ca. 50 m tiefe Schächte geteuft und in ca. 20 bzw. 48 m Teufe zwei Sohlen mit mehreren Querschlägen aufgefahren. Nicht ganz ein halbes Jahr später wurde am 28. Dezember via Ochsenkarren die erste Erzlieferung von 9 Tonnen nach Swakopmund verschickt, ein weiteres halbes Jahr später waren die Prospektionsarbeiten beendet. Es waren 250.000 Tonnen Reicherz mit 12,6% Cu und 25,3% Pb sowie 190.000 Tonnen ärmere Erze mit 2,9% Cu und 24,4% Pb nachgewiesen worden. James vermutete in der Tiefe weitere Reicherze mit geringeren Kupfer- und höheren Bleigehalten und ermittelte wahrscheinliche Reserven für ca. 8,5 Jahre. Da sich der Bau einer Eisenbahn James zufolge unter diesen Umständen nicht lohnen würde, begann man im September 1903 in Swakopmund lediglich mit dem Bau einer Schmalspurbahn. Am 25. August 1906 erreichte diese nun 570 km lange Bahn Tsumeb. Mit der Verschiffung der Erze konnte im Juli 1907 begonnen werden - nur ein halbes Jahr vor dem Ende der Frist, zu der der ordnungsgemäße Bergbau nachgewiesen sein musste.

Da sich Tsumeb in einem trockenen Karstgebiet befindet, musste anfangs das für Bergbau, Aufbereitung und Verhüttung sowie die Versorgung der Arbeiter unentbehrliche Wasser durch eine 1907 gebaute Wasserleitung aus dem 21 km nördlich liegenden Otjikoto-See herangeschafft werden. Später stieß man aber auf der 70 m-Sohle auf immer reichlicher fließende Wässer, die auf der 220 m-Sohle mit einer Tagesleistung von 1.800 m³ zutage gefördert und als Trink- und Wirtschaftswasser genutzt wurden.

In den ersten Jahren wurde die Lagerstätte im Tagebau bis in eine Tiefe von ca. 50 m abgebaut, ab 1909 ging man zum Tiefbau über. Man teufte einen Hauptförderschacht ab, der später allmählich mit zwei Fördertürme und einem Fahrturm bis auf 220 m vertieft wurde. Westlich des ersten Schachtes und im größeren Abstand vom Erzkörper wurde im Jahre 1922 ein zweiter Förderschacht, der nach dem Grubenmanager Friedrich Wilhelm Kegel benannte Friedrich-Wilhelm-Schacht, abgeteuft. Er erreichte bereits 3 Jahre später die 8. Sohle.

Das war einmal, das kommt nicht wieder ...: Die „Internationale Trinkstunde" in Tsumeb. In den 60er und 70er Jahren des letzten Jahrhunderts trafen sich einige Steinbegeisterte jeden Vormittag um 11 Uhr im Laden von Fritz Kaufmann (Bild Mitte, mit Mütze). Kaufmann betrieb ein Textilgeschäft. Obwohl zu manchen Zeiten Alkoholverbot galt, wurde pünktlich um 11 Uhr im Hinterzimmer von Kaufmanns Laden die Flasche herumgereicht, und einige Leute meinen, es blieb meistens nicht bei der einen Flasche hochprozentigem ...

Darunter. Es grüne die Tanne, es wachse das Erz ... Auch die Bar im Minen-Hotel in Tsumeb war damals Treffpunkt wichtiger „Stein-Leute". Wir sehen (von links): Gerhard Grude, Uli Hasse, der Bankmanager der Barcleys Bank und Erich Hellinghausen.

September 1996: Streikposten, „bewaffnet" mit dicken Knüppeln und Macheten, blockieren die Zufahrt zur Tsumeb-Mine. Foto König.

Rechts: Zeitungsausriss der „Windhoeker Allgemeinen" vom 7. Oktober 1996.

Allgemeine Zeitung

N$ 1,00 (inkl. MwSt.) (RSA 89c exkl. MwSt.)

Redaktion: Postfach 2127, Windhoek, Telefon: 230331, Fax: 220225
Vertrieb: Postfach 56, Windhoek, Telefon: 230331 Anzeigenabteilung Fax: 245 200

Montag, 7. Oktober 1996

80. Jahrgang Nr. 190

Sieben Wochen Streik und Terror beendet

Premier und Kabinett griffen nach langem Zögern ein

Windhoek - (Hf) Sieben Wochen Streik, Arbeitsanarchie und Terror gegenüber abeitswillige Kollegen und Werksabotage gingen am Samstag um Mitternacht zu Ende, nachdem es Premierminister Hage Geingob und einigen Kollegen seines Kabinetts in hartnäckigen Verhandlungen gelungen war, eine Schlichtung zu erzielen.

Bereits seit Donnerstag hatte Geingob sich von den meisten Verpflichtungen seines Terminkalenders losgesagt, um selbst bei den wiederholt festgefahrenen Verhandlungen zwischen der Bergarbeitergewerkschaft Namibias (MUN) und der Bergbaugesellschaft Gold Fields den Vorsitz zu führen. Seine Festrede zum 75jährigen Bestehen der Juristenvereinigung Namibias am Donnerstag ließ er von Justizminister Tjiriange verlesen. Die Arbeit an den drei Kupferminen von Gold Fields, Tsumeb Corporation Ltd. (TCL), Kombat und Otjihase bei Windhoek, kann ab heute wieder beginnen. Die rückkehrenden Arbeiter finden in vielen Fällen zerstörte und vandalisierte Büros vor. Zudem treffen sie eine erkaltete Schmelzanlage in Tsumeb an, die unter Millionenaufwand erst nach Wochen wieder betriebsfähig sein dürfte.

Infolge der beschädigten bzw. lahmgelegten Abteilungen - ein Tatbestand, den Geingob in den Verhandlungen anerkannt hat - sind vorübergehend oder permanent 800 Arbeitsplätze verlorengegangen. TCL wird sich nun mit MUN erneut zusammensetzen müssen, um zu beraten, wann und mit welcher Abfindung die Inhaber dieser verwirkten Arbeitsplätze nach Hause geschickt werden. Als längeres Nachspiel sind nun auch noch mehrere Gerichtsverfahren wegen Sachbeschädigung und Körperverletzung abzuwickeln.

Unter Geingobs Vorsitz vereinbarten die Parteien eine Angleichung auf eine Gehaltszulage von 10,5 Prozent, nachdem sowohl die MUN von ihrer Höchstforderung von 13,5 Prozent abgerückt und Gold Fields bereit waren, von 7,5 Prozent aufzurücken. Hinter dieser Einigung liegen knappe sieben Wochen mit Gerichtsentscheiden gegen die Streiker, Vandalismus, Aussperrung vonseiten der Streiker, Werksabotage, verbale und physische Gewalt sowie Übergriffe auf das außerbetriebliche Leben in Tsumeb und Otjihase.

Es dauerte rund fünf Wochen, bis die Regierung erste, zaghafte Anstalten unternahm, in den Streik einzugreifen und eine Schlichtung herbeizuführen, die nun nach Geingobs Initiative Gestalt angenommen hat. Noch vergangene Woche bereiste Arbeitsminister Moses Garoeb die bestreikten Minen, um mit öffentlichen Äußerungen verbaler Gewalt die Partei für die Streiker zu ergreifen und die Betriebsleitung des Rassismus zu bezichtigen. Garoeb bewirkte laut Nampa aber, daß die Streiker ihre Kieries und Pangas aus der Hand legten, Schlagwaffen, mit denen sie wochenlang ihre Militanz dokumentierten und Nicht-Streikende aussperrten, wenn sie von ihrem Verfassungsrecht Gebrauch machen wollten, ihrer Arbeit nachzugehen.

Moses Garoeb hatte letzte Woche noch behauptet, MUN habe durchweg große Selbstbeherrschung ausgeübt und mit guter Absicht verhandelt, während TCL „alle verfügbaren Mittel eingesetzt habe, um aus dem Disput eine schwarz-weiße Angelegenheit zu machen.

Während seiner Besuche bei den Minen hatte Garoeb sich sehr kritisch über die Berichterstattung der namibischen Presse über den Streik geäußert. Die Presse habe die Wahrheit über den Streik verzerrt.

Bereits 1907 war die erste Hüttenanlage zum Schmelzen des Erzes errichtet worden - die jedoch nur Erze mit geringeren Gehalten aufschmolz und als Kupferstein und Werkblei verkaufte. Erze mit Gehalten über 6% Kupfer und 10% Blei wurden lediglich angereichert und dann exportiert. Hiervon wurden 400 Tonnen an die Königlich Sächsischen Hüttenwerke in Freiberg geliefert, unter denen der damalige Leiter der Mineralien-Niederlage der Bergakademie Freiberg, Wilhelm Maucher, eine Tonne für die Mineralien-Sammlung bzw. die Mineralien-Niederlage aussuchen durfte. Dieses Material bildete die Grundlage für die erste Beschreibung der Mineralien von Tsumeb (MAUCHER 1908).

Hier soll nun der historisch-geschichtliche Überblick enden und ein Sprung gemacht werden in die Neuzeit. Für das Verständnis der „fehlenden" knapp 90 Jahre sei neben dem erwähnten Sonderheft des Mineralogical Record die Lektüre von SÖHNGE (1967), dem hier weitgehend gefolgt wurde, sowie BARTELKE (1976) und KELLER (1984) empfohlen.

Das Ende

Besitzer der Kupfergruben von Tsumeb, Kombat und Otjihase sowie der Hüttenanlage in Tsumeb war Mitte der 1990er Jahre TCL (Tsumeb Corporation Ltd.), die zu 100% Gold Fields Namibia gehörte. Nach der großen, sieben Wochen währenden Streikwelle in seinen Gruben von August bis Oktober 1996, die die geplante Förderung auf den oberen Sohlen stoppte und in deren Verlauf u.a. durch Erlöschen der Öfen in der Hütte Tsumeb Millionenschäden entstanden, entschloss sich TCL, den Abbau in Tsumeb, der teufenwärts zu diesem Zeitpunkt auf dem Niveau der 48. Sohle angelangt war, nicht wieder aufzunehmen. Als Grund wurde damals hauptsächlich der niedrige Kupferpreis auf dem Weltmarkt angegeben. Bereits im Juni 1996 waren die Pumpen abgeschaltet worden, die Grube lief in den folgenden Monaten langsam voll. Durch die komplizierte Karsthydrologie bedingt trat aber eine Stabilisierung des Wasserstandes im Bereich der 3. Sohle, ca. 80 m unter der Oberfläche, ein.

TCL wurde Ostern 1998 liquidiert. Nachdem die TCL-Gruben von Otjihase, Kombat und Khusib Springs sowie die Hütte von Tsumeb nach ihrer durch Gold Fields Namibia verfügten, abrupten Schließung im April 1998 zwei Jahre lang nicht arbeiteten, übernahm im März 2000 der neue Eigentümer Ongopolo Mining and Processing Limited (OMPL) die Geschäfte. In der zweiten Junihälfte 2000 nahm auch die Hütte in Tsumeb ihre Arbeit wieder auf und produzierte bis Ende September 2000 rund 5.500 Tonnen Kupfer und ca. 10,2 Tonnen Silber. Etwa die Hälfte des erzeugten Kupfers kam dabei aus den Ongopolo gehörenden Gruben, der Rest stammt aus Kupfergruben außerhalb Namibias. Da der Weltmarktpreis für die Tonne Kupfer, im April 1998 bei durchschnittlich 1.763 US-$, Mitte September wieder die Marke von 2.000 US-$ erreichte, sind die Aussichten für die namibische Kupfergewinnung ausgesprochen günstig. Ende Oktober, wenn der Abbau in der Otjihase Mine wieder in vollem Umfang aufgenommen worden ist, werden bei Ongopolo 840 Arbeiter beschäftigt sein.

Im Sommer 2000 wurde in Namibia „Tsumeb Specimen Mining" (TSM) gegründet. Dieses „Tsumeb Specimen Mining Project" arbeitete auf eine eventuelle Wiedereröffnung der Grube mit dem Ziel eines Schaustufen-Bergbaus hin. Die Pumpen wurden im Juli 2000 wieder angestellt, das Wasser stand Mitte November 2000 bereits wieder 198 m unter der Oberfläche im Bereich der 8. Sohle, wurde dort gehalten und über den Schacht Nr. 1 mit einer Leistung von 600 m^3 pro Stunde weiter abgepumpt, wobei der geschätzte Zulauf weniger als 120 m^3 pro Stunde betrug. Am 2. Oktober 2000 fiel dann der Startschuss: auf dem Niveau der 4. Sohle erfolgte im Rahmen dieses Projektes die erste Sprengung.

Die Arbeiten wurden mit der Entfernung von Aufbereitungsrückständen (tailings) in der der 4. und 5. Sohle sowie auf der Rampe fortgesetzt. Die Rückstände waren nach der Schließung der Grube bzw. der Aufbereitung von Tsumeb in beträchtlichen Mengen im alten Tagebau deponiert worden und gelangten von dort in den Bereich der von der Oberfläche bis zur 11. Sohle reichenden Rampe. Sie sind zum Teil noch sehr feucht bzw. schlammig, was den Zugang zu Bereichen über der 6. Sohle sehr erschwerte.

Es waren mehrere Orte für den Mineralstufenabbau vorgesehen. Im Allgemeinen handelte es sich dabei um die von TCL stehengelassenen Resterzblöcke, von denen der größte, zwischen den Sohlen 3 und 5 befindliche Block noch einen gewinnbaren Erzgehalt von 50.000 t beinhaltete.

Dem damals aufgestellten Betriebsplan zufolge sollte der Erzblock, ausgehend vom hangenden Nebengestein auf dem sogenannten 5 no1 level entlang des Kontaktes bis zum Liegenden spiralförmig umfahren werden. Vom Liegenden des Blockes aus sollte dann so vorgerichtet werden, dass die maximale Erzmenge abgebaut werden kann. Pressluft, Wasser und Elektrizität waren auf dem „5 no1 level" installiert; die Vorrichtung hat ebenfalls begonnen. Bei der Bemusterung der alten, leider nur teilweise kompletten Gruben-Aufzeichnungen ergaben sich Hinweise darauf, dass weitere, mindestens 100.000 t umfassende Blöcke nicht abgebauten Erzes zwischen der 8. und der 12. Sohle vorhanden sind.

Mittlerweile hat sich gezeigt, dass die Ergebnisse dieses Projektes die Hoffnungen und Erwartungen nicht ganz erfüllt haben. Allerdings waren schon auf den Münchner Mineralientagen 2001 erste Ergebnisse zu sehen - aus einer mit Ton gefüllten Spalte konnten unzählige große Azurit-Malachit-Stufen sowie einige gute Stufen mit Duftit und Mottramit geborgen werden …

Etwas zur Geologie und Mineralogie

Zuerst einige geographische Fakten: Tsumeb (Verwaltungseinheit Tsumeb Distrikt) befindet sich unter 19°15' südlicher Breite und 17°42' östlicher Länge im Otavibergland in Nord-Namibia auf einer Höhe von 4.232 feet (1.290 m). Es liegt 275 Meilen (440 km) nördlich von Windhoek und ist durchgehend auf Asphaltstraßen zu erreichen. Tsumeb bildet auch den Endpunkt der wichtigsten Eisenbahnstrecke des Landes.

1975: Blick in die Privatsammlung von Erich Hellinghausen. Die Kostbarkeiten von damals sind heute in den Sammlungen der ganzen Welt verstreut. Foto Grude.

Bei Tsumeb handelt sich um eine Polymetall-Lagerstätte, die hauptsächlich im präkambrischen Hüttenberg-Dolomit (Otavi-Group, Damara-Sequenz) sitzt.

Die Mineralisation ist vom Mississippi-Valley-Typ; der bis auf eine Tiefe von 1.800 m verfolgbare Erzkörper hat eine komplexe, schlotförmige Gestalt von ca. 80 x 25 m, der mit 50° nach Süden einfällt und im wesentlichen der Schichtung des dolomitischen Nebengesteins folgt. Er enthält große Linsen und kleinere Gänge und Schmitzen des dominierenden primären Kupfer-Erzminerals Tennantit.

Die überwiegende Zahl der Mineralien (über

Tsumeb einst und jetzt: das große Bild zeigt den Tagebau und die Bergwerksanlagen im Mai 2000, das kleine Foto die Anlage um 1920.

200) ist sekundärer Natur und tritt in den zwei Oxidationszonen auf. Auch dieses ist bisher ein weltweit einzigartiges Phänomen! Während die erste Oxidationszone von der Erdoberfläche bis zur 11. Sohle reicht, erstreckt sich die in den 1950er Jahren in etwa 800 m Tiefe aufgeschlossene zweite Oxidationszone von der 24./25. bis zur 35. Sohle.

Gründe für ihre Ausbildung sind neben der intensiven Verkarstung des Gebietes die Existenz einer altangelegten, bis zur Oberfläche reichenden Ruschelzone, die „North Break Fracture Zone". Über sie erreichten Sauerstoff- und CO_2-reiche Wässer die Primärerze und unterwarfen diese einer intensiven Oxidation - die zweite Oxidationszone konnte entstehen. Die sogenannte dritte Oxidationszone - eigentlich nur die tiefsten Ausläufer der zweiten Oxidationszone - ist erst Ende 1990 angefahren worden. Sie beginnt bereits in einer Tiefe von 1.350 m auf dem Niveau der 42. Sohle und ist zumindest im Bereich der 48. Sohle noch nachzuweisen.

Tsumeb war zwar von Anbeginn an fast zu jedem Zeitpunkt ein Fundpunkt herrlich ausgebildeter Mineralien, jedoch gab es selbst unter diesen Funden noch legendäre Höhepunkte. Dazu gehören die 1929 von Sam Gordon auf der 8. Sohle entdeckte Azurit-Druse, der 1975 aufgeschlossene, mit Dioptas gefüllte riesige „Raum", der 1990 entdeckte, fast vollständig mit bis 4 cm großen Calcitkristallen auf Mottramit ausgekleidete Kristallpalast auf der 43. Sohle sowie das berühmte, 1994 aufgefundene „Easter Pocket", wieder auf der 8. Sohle, aus dem eine Unmenge von herrlich kristallisiertem Azurit kam.

Weiter auf Seite 186

Mineralienübersicht Tsumeb

Akanthit	+
Adamin	++++
Agardit-(Y)	?
Alamosit	++
Albit	++
Almandin	++++
Anatas	++
Andyrobertsit	1999
Anglesit	+++++
Anhydrit	++
Ankerit	++++!
Antimonit	?
Aragonit	+++++
Arsenbrackebuschit	+
Arsendescloizit	+
Arseniosiderit	+
Arsenogoyazit	+?
Arsentsumebit	++++
Atacamit	++
Aurichalcit	++++!
Austinit	++
Azurit	+++++
Bartelkeit	+
Baryt	+++
Bayldonit	++++
Beaverit	++
Betechtinit	++++!
Betpakdalit	++
Beudantit	++++!
Biehlit	2000
Bindheimit	?
Biotit	+++
Bornit	++++++
Brianyoungit	?
Briartit	+++
Brochantit	++++!
Brucit	2006
Brunogeierit	+
Calcioandyrobertsit	1999
Calcit	+++++++
Caledonit	++
Carrollit	+
Cerussit	++++++
Chalkanthit	++++!
Chalkosin	+++++++
Chalkophanit	+
Chalkophyllit (?)	+
Chalkopyrit	++++
Chenevixit	+
Chrysokoll	++++!
Chudobait	+
Cinnabarit	+
Claudetit	++
Clausthalit	?
Connellit	+++
Cornwallit	?
Corkit	+
Coronadit	+++
Covellin	++++
Cubanit?	?
Cuprit	++++
Descloizit	+++
Devillin	++
Digenit	+++++
Dioptas	+++++!
Djurleit	+++++!
Dolomit	+++++++
Duftit	+++
Dundasit	+++
Ekatit	2001
Elyit	+
Enargit	++++++
Epidot	++
Erythrin	+
Eyselit	2004
Fahleit	1988
Famatinit	+++
Fayalit	+++
Feinglosit	1997
Ferberit	?
Ferrilotharmeyerit	1991
Fleischerit	+
Fluorit	+++
Fraipontit	++
Furutobeit	?
Gaitit	+
Galenit	+++++++
Gallit	+++
Gallobeudantit	1996
Gartrellit	?
Gebhardit	+
Gerdtremmelit	+
Germanit	+++++
Germanocolusit	?
Gips	++++
Glaukodot	+
Goethit	+++++
Gold	+
Graphit	++++
Gratonit	+
Greenockit	+++
Hämatit	++++
Hedyphan	+
Helmutwinklerit	++
Hemimorphit	+++!
Heterogenit	++
Hidalgoit	++
Hörnesit	+
Hydrocerussit	++++
Hydrozinkit	++++
Idait?	?
Ilmenit	++++
Iowait	?
Itoit	1960
Jamesit	+
Jarosit	++
Johillerit	+
Kaolinit	+++++++
Karminit	+++!
Kasolit	+
Kassiterit	?
Kegelit	++
Keyit	++!
Klinochlor	++++
Klinoklas	++
Konichalcit	+++++
Koritnigit	++
Köttigit	+
Kupfer	++++
Lammerit	+
Langit	+
Larsenit	++
Lavendulan	++
Leadhillit	+++
Legrandit	+
Leightonit	+
Leiteit	+++
Lepidokrokit	+++
Linarit	++++
Linneit	+
Lithargit	?
Ludlockit	+++
Lukrahnit	2001
Luzonit	++
Macphersonit	?
Maghemit	+
Magnesit	?
Magnetit	++++
Maikainit	2003
Malachit	++++++
Markasit	?
Massicotit	?
Mathewrogersit	+
Mawsonit	+++!
Mawbyit	?
Mennige/Minium	?
Melanotekit	++
Metacinnabarit	+
Metazeunerit	C
Mikroklin	?
Millerit?	?
Mimetesit	+++++
Minrecordit	+
Mixit	+
Molybdenit	++
Molybdofornacit	+
Montmorillonit	+++
Mottramit	+++++!
Muskovit	+++++
Nadorit	+
O'Danielit	+
Ojuelait	+
Oligoklas	+++++++
Olivenit	++++
Orthoklas	+++
Otavit	++
Otjisumeit	+
Ovamboit	2003
Palygorskit	+
Paradamin	+
Parkinsonit	2006
Parnauit	+
Patronit	+
Perroudit	2005
Pharmakosiderit	++
Philipsbornit	+
Phlogopit	++
Phosgenit	+++
Planchéit	++++
Plattnerit	+
Plumbojarosit	++
Plumbotsumit	+
Posnjakit	++
Powellit	+
Prosopit	+
Prosperit	+
Pyrit	++++++
Pyrolusit	+++++
Pyromorphit	++
Pyrrhotin	+
Quarz	+++++++
Queitit	+
Realgar	++
Reinerit	+
Renierit	+++++
Rhodochrosit	+
Romanèchit?	?
Rosasit	++++!
Roselith-beta	+
Rutil	++++
Schaurteit	+++
Scheelit	?
Schneiderhöhnit	++
Schultenit	++
Schwefel	+
Scotlandit	?
Segnitit	?
Seligmannit	++
Serpierit	+++
Sewardit	2002
Shattuckit	++
Siderit	++++
Sidpietersit	1999
Silber	++++
Silberamalgam	?
Skorodit	+++
Smithsonit	+++++
Söhngeit	++
Spertiniit	+
Sphalerit	C
Stannin	++
Stannoidit	?
Stibiconit	+
Stolzit	++
Stottit	++
Stranskiit	++
Stromeyerit	+++!
Sulvanit	+
Susannit	?
Talk	++++++
Tenanntit	+++++++
Tenorit	++++!
Thaumasit	++
Thometzekit	+
Titanit	++
Tremolit	?
Tsumcorit	++++
Tsumebit	++
Tsumgallit	2003
Tungstenit	+
Umangit	+
Vanadinit	++
Warikahnit	+
Wilhelmkleinit	1999
Willemit	+++++!
Witherit	++
Wittichenit	?
Wulfenit	+++++
Wurtzit	++
Zharchikhit	2001
Zinkgartrellit	2000
Zinkit	+?
Zinkrosasit	1980
Zinkroselith	+
Zirkon	++++

Es bedeuten:

fett/kursiv:	Typlokalität Tsumeb
+++++++	sehr häufig
++++++	häufig
+++++	mäßig häufig
++++	spärlich, aber in kleinen Mengen weit verbreitet
+++	selten
++	sehr selten; 3 - 4 Vorkommen mit < 50 Stufen
+	extrem selten; nur ein Vorkommen mit < 10 Stufen
!	Tendenz zur nächstgeringeren Kategorie

Traum aus Tsumeb: Kupfer in skelettartig verwachsenen Kristallen, die ein Kupferbäumchen bilden. Es ist 2,5 cm hoch und befindet sich in der Sammlung der Ecole de Mines in Paris. Foto Medenbach.

Pracht-Kristalle von Azurit. Sie sind bis zu 2,5 cm lang. Sammlung Henkel, Foto Medenbach.

In diesem Zusammenhang ist es nicht uninteressant zu wissen, dass nahezu alle in den Handel gekommenen Tsumeb-Stufen von den Minenarbeitern illegal geborgen und an Händler weiterverkauft wurden. Eine Illustration dieser Praxis findet sich im Dioptas-Artikel auf Seite 192 in diesem Buch. Illegal war die Bergung von Mineralien übrigens deshalb, weil bereits eine Anordnung des Grubenmanagements aus den 1910er Jahren den Grubenarbeitern das Mineraliensammeln untersagte.

In Tsumeb sind von 1905 an insgesamt nahezu 30 Millionen Tonnen Erz mit einem Metallinhalt von über 4 Millionen Tonnen Metall gefördert worden. Davon entfallen etwa die Hälfte auf Kupfer, die andere Hälfte wird von Blei und Zink sowie Silber, Cadmium, Arsen, Antimon und Germanium gebildet.

Oben. Dickprismatische Mimetesitkristalle, etwa 2,2 cm lang. Sammlung Grude.

Links. Malachit in feinnadeligen Kristallen bis zu 1 cm Länge auf Calcit. Foto Lieber.

Unten ganz links: Calcit mit epitaktsich eingewachsenen grünen Duftitkristallen. Bildbreite 6 cm. Sammlung TU Berlin, Foto Medenbach.

Unten Mitte. Mimetesitkristalle mit einem Überzug von Gerdtremmelit. Bildbreite 3 cm. Sammlung Grude, Foto Bode.

Unten. Alte Sufe mit einer Pseudomorphose von Bayldonit nach Mimetesit. Oben rechts sitzt noch ein kleiner Azuritkristall. Kristallhöhe ca. 1,8 cm. Sammlung Grude, Foto Bode.

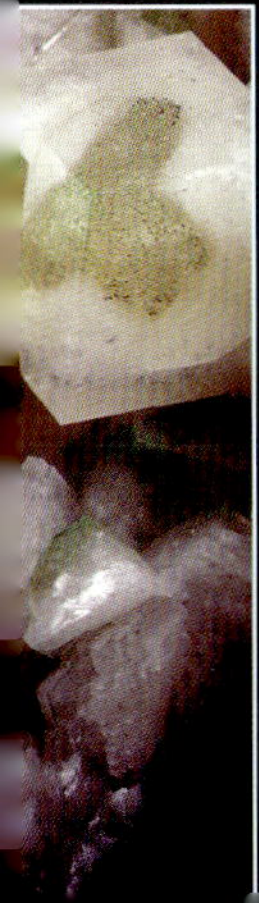

Links. Kleiner Stein, große Wirkung: Sternförmig angeordnete Mimetesitkristalle sitzen in einer Druse. Breite der Stufe 5 cm. Sammlung und Foto Medenbach.

Oben. Ungewöhnliche Stufe: durch Cuprit rötlich gefärbte Cerussite, begleitet von ged. Kupfer. Höhe 6,2 cm. Darunter. Auf Dolomit sitzende Mimetesitkristalle. Höhe der Stufe 20 cm. Sammlung Sacco. Foto Cairncross.

Klassiker aus Tsumeb: Herrliche Gruppe mit Azuritkristallen (Höhe 1,8 cm), die teilweise schon in Malachit umgewandelt sind (oben).

Oben rechts. 6 cm breite Stufe mit schönen Cuprodescloizitkristallen, der kupferhaltigen Varietät von Descloizit. Sammlung Grude.

Rechts. Wulfenitkristall mit einer Kantenlänge von 1,7 cm, der von Mottramitkristallen begleitet wird. Sammlung Grude, Fotos Bode.

Literatur

BARTELKE, W. (1976): Die Erzlagerstätte von Tsumeb/Südwestafrika und ihre Mineralien. - Der Aufschluss **27**, 393-439.

GEIER, B.H. (1973/74): Mineralogische Studie der Blei-, Zink- und Kupferlagerstätte Tsumeb. - J. S.W.-Afrik. Ges. **28**, 35-52.

KELLER, P. (1984): Tsumeb. - Lapis **9** (7/8), 13-63.

KEY, Ch.L. (1977): The best of Tsumeb. - Miner. Rec. **8** (3), 48-50.

Klassiker und Top-aktuelles nebeneinander. Oben. Ein neues Mineral von Tsumeb: Biehlit. Das feinnadelige Antimon-Molybdän-Mineral wurde nach Friedrich-Karl Biehl benannt, der sich intensiv mit den Mineralien von Tsumeb beschäftigte. Sammlung Nägele.

Rechts. Der Klassiker: Pseudomorphose von Bayldonit nach Mimetesit. Höhe der Stufe 5 cm. Sammlung König, Fotos Bode.

MAUCHER, W. (1908): Die Erzlagerstätte von Tsumeb im Otavi-Bezirk im Norden von Deutsch-Südwestafrikas. - Z. prakt. Geol. **16**, 24-32.

PINCH, W.W.; WILSON, W.E. (1977): Minerals: a descriptive list. - Miner. Rec. **8** (3), 17-37.

ROBERTS, A.C.; SEWARD, T.M.; REUSSER, E.; CARPENTER, G.J.C.; GRICE, J.D.; CLARK, S.M.; MARCUS, M.A. (2004): Eyselite, $Fe^{3+}Ge^{4+}_3O_7(OH)$, a new mineral species from Tsumeb, Namibia. - Can. Mineral. **42**, 1771-1776.

SCHNEIDER, O. (1906): Vorläufige Notiz über einige sekundäre Mineralien von Otavi (Deutsch Süd-West-Afrika), darunter ein neues Cadmium-Mineral. - Centralbl. Mineral. Geol. Paläntol. **13**, 388f.

SCHNEIDER, G.I.C.; SEEGER, K.G. (1992): Copper. In: THE MINERAL RESSOURCES OF NAMIBIA, Ministry of Mines and Energy, Geological Survey, Windhoek, S. 2.3–52 - 2.3–69.

SCHNEIDERHÖHN, H. (1929): Das Otavibergland und seine Erzlagerstätten. - Z. prakt. Geol. **37**, 87-116.

SÖHNGE, G. (1967): Tsumeb - a historical sketch. - 92 p., Windhoek (South West Africa Sci. Soc.).

Vom feinsten: Dioptase aus Tsumeb

Steffen Jahn

Unter den vielen Besonderheiten aus Tsumebs gewiss nicht artenarmem Mineralieninventar (vgl. KELLER (1984), PINCH & WILSON (1977) stellt der Dioptas - sowieso schon eines der schönsten Mineralien überhaupt - vielleicht das Nonplusultra dar. Von diesem Mineral - lange Jahre selbst im Weltmaßstab nur von ganz wenigen Fundstellen bekannt - kamen im Laufe des vergangenen Jahrhunderts aus „Tsumeb/Namibia" zahllose Stufen, die weltweit zu den besten Vertretern ihrer Art gehören, wenn die Dioptase von anderen Fundstellen auf der Welt nicht sogar an ihnen gemessen werden müssen! Jedenfalls lieferte Tsumeb zwar nicht die größten, aber die nach nach Meinung vieler Sammler besten und schönsten Dioptase der Welt.

Die herrlichen, bis 5 cm, häufig aber um 1 cm großen Kristalle sind stark glänzend, mitunter völlig durchsichtig und bieten mit ihrer smaragdgrünen Farbe auf einer Matrix aus weißem Calcit einen prächtigen, oft spektakulären Anblick. In der ersten Oxidationszone nicht allzu häufig, sind enorme Mengen Dioptas vor allem zwischen 1972 und 1977 in der zweiten Oxidationszone gefunden worden. Ein Hauptfundpunkt war dabei der Abbau Ost 19 auf der 32. Sohle. An den säuligen bis kurzprismatischen Kristallen dominieren gewöhnlich die Formen {110} und {021}. Neben Dioptaskristallen mit der gewöhnlichen, smaragdgrünen Farbe wurden in den 1970er Jahren auch solche mit ungewöhnlichen, blaugrünen bis türkisblauen Farbtönen (GEIER 1973/74) angetroffen, welche nach KELLER (1984) aber auch durch thermische Manipulation entstehen können. Wie KELLER ausführt, ist Dioptas fast immer im verkieselten Nebengestein angetroffen worden und wurde meist von älterem Dolomit sowie jüngerem Calcit begleitet. Gelegentlich kristallisierte Dioptas in einer zweiten, jüngeren Generation auf Calcit. Neben dem relativ häufigen Duftit und hellblauem, pulverige Überzüge, radialstrahlige Aggregate sowie feinfaserige Massen bildenden Plancheit sind nur ca. zehn weitere Begleitmineralien bekannt geworden, zu denen Chrysokoll, Shattuckit, Minrecordit und Molybdofornacit zählen. Nach KEY (1977) kamen die (auch im Weltmaßstab!) besten Stufen aus einem 1975 gefunden Pocket auf der 32. (3.300 ft-) Sohle. Es handelt sich um auf weißem Calcit aufgewachsene Dioptaskristalle, denen wiederum wundervolle weiße Cerussitkristalle in Edelsteinqualität aufsitzen.

Oben. Der schöne, etwa 1,5 cm große Dioptas-Kristall wird von kugelig-warzigen Bayldonit-Aggregaten begleitet.

Rechte Seite. Perfekt ausgebildeter Dioptas (Höhe 1,3 cm) von Tsumeb, der auf Konicalcit sitzt. Fotos Medenbach.

FAHLE (1980) blickte in einem sehr lesenswerten Artikel am Beispiel Namibia hinter die Kulissen des Mineralienhandels: der den Dioptas betreffende Abschnitt soll deshalb hier im Original wiedergegeben werden:

„Angebot und Nachfrage steuern auch im Mineralienhandel die Preise. So kamen ab November 1977 kaum noch Dioptase - sie sind das Zugpferd aller Tsumeb-Mineralien - aus der Grube. Die Preise kletterten.

Ein halbes Jahr später, im April 1978, wurde eine große „Tasche" (pocket) voll Dioptas angeschossen. Die Minenleitung erfuhr davon und legte gleich die Hand darauf. Man wollte das Dioptasvorkommen offiziell abbauen und öffentlich versteigern, auch um den im vorerwähnten Mineralogical Record erhobenen Vorwurf der Wissenschafts- und Sammlerfeindlichkeit zu begegenen.

Der Stollen, der zur Kluft führte, wurde mit einer Stahltür gesichert - und diese mehrfach von den Minenarbeitern aufgebrochen. Sie fühlten sich um ihr gutes Gewohnheitsrecht betrogen. Es setzte einige Entlassungen, worauf tatsächlich bis Ende Juni des gleichen Jahres so gut wie kein Dioptas aus der Mine herauskam. Zum Verkauf gelangeten zunächst 105 Partien, für die schriftliche Gebote gemacht werden mußten. 30 Händler steigerten sich dabei auf die Rekordsumme von 62000,- DM. Der Markt blieb trotzdem wie leergefegt, und die Preise verharrten weiterhin auf ihrem hohen Niveau.

Im Oktober 1979 bot die Minenleitung erneut Dioptas zum Verkauf an, diesmal etwa 185 Partien. Viele Händler jedoch, verschreckt durch die Erfahrungen des ersten Verkaufs, paßten. Nur 5 erschienen, teilten die Partien freundschaftlich unter sich auf und kauften fast zum Reservepreis. Der Erlös für die Mine: ganze 55000,- DM."

Literatur

AHLE, R. (1980): Blick hinter die Kulissen Mineralienhandel - am Beispiel Namibia. - Mineralien-Magazin **1980** (6), 280-284.

Guchab im Otavibergland, die Quelle der ersten namibischen Dioptase

Steffen Jahn

Über die Mineralienhandlungen von W. Maucher in München und A. Berger in Wien-Mödling gelangte diese interessante Dioptas-Stufe aus Guchab in die Sammlung des NHM Wien. Bildbreite 6 cm.

Dioptas gehört sicher zu den schönsten Mineralien. Die Typlokalität dieses Kupfersilikats liegt zwar nicht in Namibia, sondern im mehr als 10.000 km entfernten Kupfervorkommen von Altyn-Tyube im heutigen Karaganda-Distrikt, Zentral-Kasachstan. Hier wurde das Mineral ursprünglich für Smaragd gehalten, bevor es vor ca. 200 Jahren von R. J. HAUY erstbeschrieben wurde. Namibia lieferte aber im Laufe des vergangenen Jahrhunderts zahllose Stufen, die weltweit zu den besten Vertretern ihrer Art gehören. Hier ist zuerst Tsumeb zu nennen - der namibische Erstfundort für Dioptas ist jedoch das ebenfalls im Otavibergland gelegenen Guchab. *„Das neue Vorkommen kann, was Reichtum, Größe und Schönheit der Dioptaskristalle anbetrifft, vollkommen neben die beiden andern bekanntesten Vorkommen vom Berge Altyn-Tübe in der Kirgisensteppe und von der Grube Mindouli in Französisch-Kongo gestellt werden“* (HENGLEIN 1921).

Das NW von Guchab gelegene Teufelstal bildet einen der schönsten Teile des Otaviberglandes. Die Beobachtungen von Schneiderhöhn (vgl. Text) sind hier gut nachvollziehbar. Foto Jahn.

Lage von Guchab

Die Vorkommen von Guchab (auch Uchab), liegen im Grootfontein Distrikt zwischen Grootfontein und Otavi im südöstlichen Otavibergland, nördlich der von Otavi über Kombat nach Grootfontein führenden Straße, auf dem Gebiet der Farm Guchab 596. Bereits bei KRUSCH (1911) findet sich die Angabe *„km 54 der Bahnlinie Otavi-Grootfontein"*. Tsumeb ist ca. 55 km Luftlinie nördlich des Kupfer-Vorkommens von Guchab gelegen, Kombat befindet sich nur etwa 10 km in westlicher Richtung. Der Lagerstättenteil Rodgerberg Mine (der „Neue Abbau" von SCHNEIDERHÖHN 1921) befindet sich etwa 1 km östlich der Guchab Mine; das Vanadium-Vorkommen des „Schlangental-prospects" ist ca. 1,5 km westlich von Guchab gelegen.

Die Euphorie, die SCHNEIDERHÖHN (1921) bei der Beschreibung des Otavitals erfasste - und die der Autor dieser Zeilen mehr als 75 Jahre später „vor Ort" gut nachvollziehen konnte - sei mit dem folgenden Zitat belegt:

„Das 50 km lange Otavital zwischen Otavifontein und Guchab gehört zu dem landschaftlich schönsten Teil des Otaviberglandes und des ganzes Nordens von Südwestafrika. Der 500 - 2000 Meter breite, ebene, grasbedeckte, baum- und buschfreie Talboden trägt das beste Ackerland des Nordens, wie die von Jahr zu Jahr steigenden Maisernten zeigen. Jäh und unvermittelt steigen zu beiden Seiten, besonders an der nördlichen Talseite die steilen Felswände Hunderte von Metern auf, bestanden mit einer dichten, undurchdringlichen Baum- und Buschvegetation; abenteuerlich geformte Felszacken und Nadeln ziehen sich in langen Reihen über die Berghänge hin, und tief eingeschnittene schmale Schluchten durchbrechen öfters den Ost-West streichenden Gebirgswall [...] Die Nordseite von der Otavitalpforte bis Guchab wird von einem geschlossenem Gebirgsmassiv gebildet, welches die höchsten Berge des Otaviberglandes und überhaupt des ganzen Nordens von Südwest enthält. Die durchschnittliche Gipfelhöhe wird 1900 m sein, die Kammhöhe vielleicht 1800 m [...] Östlich Guchab ist ein tiefer, schmaler Durchbruch, die Guchabpforte, welche die Bahn benutzt, um auf die Fläche von Awagobib zu kommen. Diese tief in das geschlossenen Bergland eingesenkte tischglatte Fläche zieht sich bis Grootfontein hin und geht nach Osten, Nordosten und Südosten lückenlos über in die unermeßlichen Sandsteppen und Oberflächenkalkgebiete des Sandfeldes, das schon zur Kalahari gehört."

Geschichte

Eine gute Zusammenfassung der geschichtlichen Entwicklung im Lagerstättengebiet von Guchab bieten SCHNEIDER & SEEGER (1992).

Kapitän Mathew Rogers (vgl. weiter unten) erreichte im Auftrag der und mit einer von der South West African Co. ausgerüsteten Expedition Ende 1892 die Kupfererzvorkommen Groß Otavi und Klein Otavi (Asis/Kombat) im Otavital und gelangte am 12. Januar 1893 nach Tsumeb. Obwohl Rogers ursprünglich die verschiedenen Lagerstätten des Otavitals untersuchte, verlagerte er im Oktober 1893 den Hauptteil seiner Tätigkeit nach Tsumeb und ließ nur ein kleines Team im Otavital, um die Prospektion um Guchab herum fertigzustellen.

Weil es an Transportwegen insbesondere für die bedeutendste Lagerstätte im Gebiet mangelte und weil nur unter diesen Bedingungen die Konzession zum Erzabbau zu erhalten war, hatte die South West Africa Co. am 6. April 1900 die Otavi-Minen- und Eisenbahngesellschaft (O.M.E.G.) gegründet. Diese entsandte eine weitere Expedition unter Christopher James ins Otavibergland, die Tsumeb am 13. August 1900 erreichte und hier u.a. zwei Schächte teufte. James wandte seine Aufmerksamkeit aber auch Guchab zu und ließ hier mehrere Untersuchungsstollen vortreiben. Im Jahre 1904 gab es in der Guchab Mine zwei von Osten unter die ausstreichenden Erze vorgetriebene vertikale Stollen, die den Erzkörper aber nicht antrafen (KUNTZ 1904). Bis zur Vervollständigung des Schienenstranges der Grootfontein-Eisenbahn im Otavital 1907/08 tat sich hier aber nicht weiter. Die O.M.E.G. nahm Guchab wieder in Betrieb und startete Explorationsarbeiten in Groß Otavi und Klein Otavi.

In den Jahren zwischen 1908 und 1911 wurden in Guchab in Klüften und Hohlräumen eines dolomitischen Kalksteines auftretende, sekundäre Kupfererze der Oxidationszone abgebaut, wobei das Primärerz aus Chalkosin bestand. Im genannten Zeitraum sind dabei ca. 2.540 t Erz gewonnen und exportiert worden, davon 1.800 Tonnen silberhaltigen Kupfererzes (Durchschnittsgehalte 33% Kupfer und 400 g/t Silber) allein in den Jahren 1907/1908 sowie 500 Tonnen Erz (mit durchschnittlich 29% Kupfer und 320 g/t Silber) im Jahr 1909 (KRUSCH 1911). Nach dem 1. Weltkrieg kam es nur noch zu minimalen Bergbauaktivitäten.

Aus dem von 1919 bis 1931, hauptsächlich aber zwischen 1924 und 1927 in Förderung stehenden Lagerstättenteil Rodgerberg Mine kamen in den drei Jahren von 1924 bis 1927 etwa 6.800 Tonnen Erz mit 10% Kupfer sowie 1.980 Tonnen Erz mit 36% Kupfer (SCHNEIDER & SEEGER 1992). Die Erze erschöpften sich

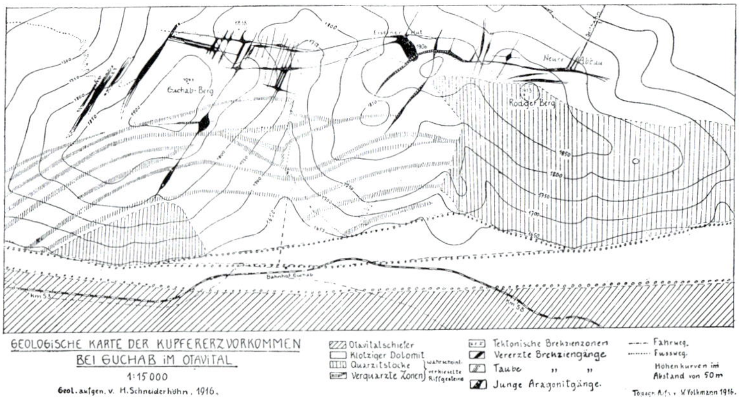

Geologische Karte der Kupfererzvorkommen von Guchab. Aus SCHNEIDERHÖHN (1921).

Die Reste der Guchab Mine, wie man sie von der Straße zwischen Kombat und Grootfontein beim Blick in die Guchab-Schlucht sieht. Die roten Pflanzen der Gattung Bougainvíllea markieren alte Grubenbaue. Foto Roger Dixon.

Darunter. Geologische Karte des Gebietes um Guchab.

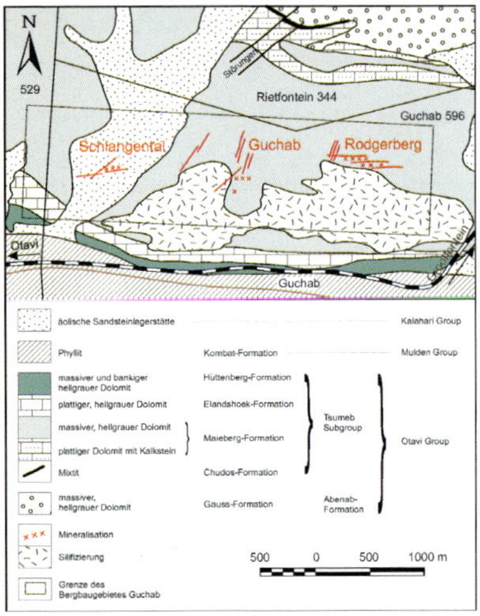

Brief von Mineralienhändler Böttcher an Prof. M. Bilowsky, der von 1901-1930 Kustos der Mineraliensammlung des Berliner Museums für Naturkunde war und dessen Nachfolge Hugo Strunz im Jahre 1941 antrat. Böttcher schrieb: „Hochgeehrter Herr Professor, ... meinem Versprechen gemäß, gestatte ich mir Ihnen die Photographie des von Ihnen besichtigten Dioptases zu übermitteln. Mit vorzüglicher Hochachtung ergebenst Ernst Böttcher."

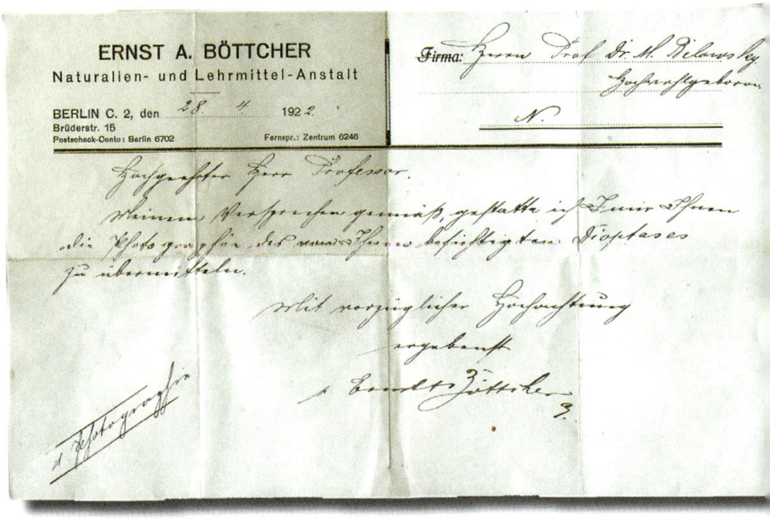
ERNST A. BÖTTCHER
Naturalien- und Lehrmittel-Anstalt
BERLIN C. 2, den 28. 4. 1922
Brüderstr. 15
Postscheck-Conto: Berlin 6702
Fernspr.: Zentrum 0246
Firma: Herrn Prof. Dr. M. Bilowsky
Hochwohlgeboren
N.

Hochgeehrter Herr Professor,
Meinem Versprechen gemäß, gestatte ich mir Ihnen die Photographie des von Ihnen besichtigten Dioptases zu übermitteln.
Mit vorzüglicher Hochachtung
ergebenst
Ernst Böttcher

einer Teufe von 27 m unter dem originalen Zugangsstollen; SCHNEIDERHÖHN (1921) machte darauf aufmerksam, dass die Erze in Teufen von ca. 50 m unter der jeweiligen Oberfläche verschwunden sind und bereits nach 10 m eine deutliche Verarmung eintrat.

Geologie

Einen umfassenden Überblick zu den geologischen Verhältnissen der Lagerstätte gab bereits SCHNEIDERHÖHN (1921); ihm kann hier weitgehend gefolgt werden. Genetisch handelt es sich wie bei Tsumeb um ein Vorkommen des sogenannten „Mississippi-Valley-Typs", das hier in der Elandshoek Formation (Damara Sequence, Otavi Group) sitzt. In einem schwer zugänglichen Gelände in den Bergen nördlich von Guchab ist im massiven Dolomit der Elandshoek-Formation über ca. 1,5 km ein zwischen 150 m und 300 m breiter, vererzter Streifen aufgeschlossen, der aus ca. 50 „Längs- und Quergängen" besteht. Die Gänge streichen in 1750 m bis 1900 m Seehöhe aus. Die Vererzung dieser keine „einfachen Spaltenfüllungen" bildenden, sondern eigentlich mineralisierte Zonen darstellenden Gänge ist stark absetzig: erzreiche und kalkspatarme Trümer bzw. Linsen wechseln sich bereits auf kurzen Distanzen mit Gangarten, Breccien und Nebengesteinsbruchstücken ab. Einzelne Zonen mit Erzschnüren sind generell zwischen 2 und 4 m mächtig. Wo sich die Gangzonen scharen und/oder durchsetzen, bilden sich größere, Erzstöcke genannte mineralisierten Zonen, von denen der sogenannte „Eiserne Hut" mit Dimensionen von 80 x 50 m der größte ist. Er nimmt den gesamten, 30 m hohen Gipfelbereich eines 1.905 m hohen Berges ein, welcher sich ca. 170 m hoch über dem östlichen Talschluss der Guchabschlucht erhebt. Morphologisch stellt der „Eiserne Hut" das höchste Erzvorkommen im Bergbaugebiet von Guchab dar und repräsentiert hier auch den auffälligsten und mächtigsten Ausbiss von Kupfererzen.

Die ganze oberste Partei im Bereich des Eisernen Hutes besteht SCHNEIDERHÖHN (1921) zufolge aus *„wildzerissenen und löcherig zerfressenen Felsen einer mannigfaltig zusammengesetzten Brekzie"*, in der sich Blöcke aus Dolomit, Quarzit und Hornstein befinden, welche von einer aus kalkig-dolomitischem und schieferig zerriebenem Material bestehenden Grundmasse umgeben sind. Diese Grundmasse wird in alle Richtungen von *„papierdünnen bis zentimeterschmalen Quarzadern und Quarzknauern und auch von dezimeterstarken Kupferglanzadern, die ebenfalls nach allen Rictungen streichen"*, durchzogen und durchädert. Im Ausgehenden ist diese Grundmasse, insbesondere natürlich ihre dolomitischen Bestandteile, angeätzt und ausgelaugt - stehen blieben lediglich die Quarzadern und größeren Breccienblöcke. *„So entstand wohl dieser eigenartige Ausbiß, eine löcherige tiefzerfressene und zermorschte Masse bizarr geformten Quarzgeäders, mit großen und kleinen Dolomit- und Quarzitbrocken darin, alle Wände und Hohlräume besetzt mit Quarzkriställchen, überzogen mit tiefrotbraunem Brauneisen und zahlreichen grell gefärbten Kupferoxydationsmineralien, das Ganze schlechthin die typische Erscheinung eines „Eisernen Hutes"* (SCHNEIDERHÖHN 1921)

Die meist nach jeweils 50 m verdrückten Erzkörper befinden sich innerhalb zweier steil einfallender, Ost bzw. Nordost streichender Kluftsysteme, wobei die Kupfermineralien mit Produkten einer Calcitisierung und/oder Verkieselung vergesellschaftet sind.

Prinzipiell lässt sich das Bergbaugebiet Guchab in die beiden Teilbereiche „Guchab Mine" und „Rodgerberg Mine" („Guchab-Ost") unterteilen. Die nördlich des 1.913 m hohen, markanten Rodgerberges (benannt nach dem ersten Begutachter von Guchab wie auch Tsumeb Mathew Rogers, Namenspatron für das aus Tsumeb erstbeschriebene Pb-Fe-Cu-Silikat/Germanat Mathewrogersit) gelegene, von SCHNEIDERHÖHN als „neuer Abbau" bezeichnete Rodgerberg Mine befindet sich in einer dichten, grauen, lokal stark verkieselten Dolomitbreccie, in der eine unregelmäßig ausgebildete, mindestens 4 m mächtige Erzzone sitzt. Der primäre, ausschließlich derbe Chalkosin bildet vor allem in der Mitte der Gänge und Linsen reine, über handbreite Massen.

Die Hauptmenge des in Guchab geförderten Erzes entstammt den eigenartigen, den Erzgängen aufsitzenden, sandgefüllten Schlotten im Dolomit. Hier fanden sich unregelmäßige bis rundliche (aber niemals abgerollte!), maximal bis faustgroße Knollen, die aus radialfaserigem Malachit bestanden und meist einen Chalkosin-Kern aufwiesen. SCHNEIDERHÖHN (1921) vermutete hierbei eine konkretionäre Entstehung innerhalb der Sandmassen infolge chemischer Ausfällung des Kupfers aus Lösungen und Kristallisation um bevorzugte Sammelpunkte.

Die Mineralien von Guchab

„Die oxydischen Erze sind reich, mannigfaltig und z.T. sehr schön kristallisiert", fand jedenfalls bereits SCHNEIDERHÖHN (1921)...

Wie in Tsumeb bildeten sich die Sekundärmineralien nur in der Nähe von Spalten, während im massiven Erzkörper bis zur Tagesoberfläche frischer Chalkosin anstand. Dioptas (und zum größten Teil auch der Planchéit) war nur auf Längsgängen zu finden, während sich das Auftreten von Azurit auf diagonal einschiebende Quarz-Chalkosin-Breccien beschränkte.

Aragonit $Ca[CO_3]$

Durch die Quarzbreccie des Eisernen Hutes setzt ein Aragonitgang, der die Ausfüllung jüngerer Spalten bildet, mit der Vererzung aber in keinem genetischen Zusammenhang steht. Der Gang ist nach SCHNEIDERHÖHN (1921) bis zu 2 m mächtig und besteht aus millimeter- bis zentimetermächtigen, konzentrisch-schaligen lagenartigen Aragonitfasern, die senkrecht zur Bänderung angeordnet sind. Einzelne Bänder weisen infolge des Gehaltes färbender Elemente unterschiedliche Farben auf: wasserklar durchsichtige und weiße Lagen wechseln dabei mit gelblich (Fe-Oxide) und lauchgrün, grünblau und himmelblau (Cu-Verbindungen) gefärbten Bereichen. Dies und der Umstand einer abwechselnd eben- und gebogen-lagenförmigen Textur verleihen diesem Material eine enorme Attraktivität - ein in den 1920er Jahren ins Auge gefasster Abbau als Dekorstein ist aber wohl niemals zustande gekommen.

Austinit $CaZn[OH|AsO_4]$

Ein aus dem „Eisernern Hut" stammendes, aber nicht in der Dioptas-Paragenese auftretendes*, grüne, prismatische und disphenoidische Kristalle bildendes Mineral wurde 1914 von HENGLEIN & MEIGEN als neues Mineral erstbeschrieben und zu Ehren des Erstfinders Dipl.-Bergingenieur W. Barth in Guchab als „Barthit" benannt. Nach SCHNEIDERHÖHN (1921) ist die Fundstelle identisch mit der mineralisierten Zone des sogenannten Eisernen Huts (vgl. oben).

Von HENGLEIN & MEIGEN (1914) wurde der „Barthit" als grasgrünes fettig-glasglänzendes Mineral bis zu 3 mm Größe beschrieben, der in Drusen eines rötlichen bis violetten Dolomits in der Regel auf bis 5 mm großen Quarz-Kristallen sowie derbem Quarz vorkommt. Gelegentlich sitzen ihm jüngerer Calcit und Malachit auf. SCHNEIDERHÖHN (1921) kannte auch Umhüllungspseudomorphosen von „Barthit" nach Quarz. Nach FISCHER (1944) zeigt sich die grasgrüne Färbung der Kristalle vorwiegend auf den rauen Flächen und ist zudem auf eine 0,1 bis 0,5 mm mächtige Zone beschränkt; *„im Innern ist das Mineral völlig farblos und durchsichtig"*.

HENGLEIN & MEIGEN (1914) präsentierten allerdings eine völlig falsche Analyse mit 64% As_2O_5, was nach FISCHER (1944) der Summe aus CaO und As_2O_5 entspricht; seine Analysen ergaben 43,2% As_2O_5 und 22,5% CaO. FISCHER stellte auch fest, dass der Kern und die grüne Außenzone annähernd gleiche Calcium-Gehalte aufweisen, in der Außenzone das Zink aber ganz oder teilweise durch Kupfer ersetzt ist („Higginsit"). Später (STRUNZ 1931, BERRY 1951, vgl. Zusammenfassung in CHUDOBA 1960, S. 557) hat sich gezeigt, dass auch der Higginsit kein eigenständiges Mineral darstellt, sondern identisch mit Konichalcit, der 71 Jahre früher erstbeschrieben wurde und dem damit Priorität zukommt. Da wiederum Austinit erst von STAPLES (1935) als neues Mineral beschrieben wurde, hätte der aus dem Jahre 1914 stammende Name Barthit an und für sich Priorität. FLEISCHER (1945) weist aber darauf hin, dass aufgrund der ursprünglichen, fehlerhaften chemischen Analyse eine Diskreditierung des Namens Barthit gerechtfertigt erscheint. Heute gilt Barthit als kupferhaltige (bis 8,5% Cu für Zn) Varietät von Austinit, die gelegentlich auch als Cuproaustinit bezeichnet wird. Korrekt müsste aber von einer zonaren Verwachsung von Austinit und kupferhaltigem Austinit gesprochen werden.

FISCHER (1948) beschäftigte sich eingehend mit der Morphologie der Austinit-Kristalle von Guchab und untersuchte dabei über 600 Kristalle > 1 mm und ebensoviel kleinere.

Originaletikett von Dr. E. Fischer zur oben abgebildeten „Barthit"-Stufe. Nach dem Tod von Fischer kam dessen Sammlung an H. Vollstädt, der Teile davon verkaufte. Über mehrere Käufer gelangte die Stufe dann an das Museum für Naturkunde in Berlin.

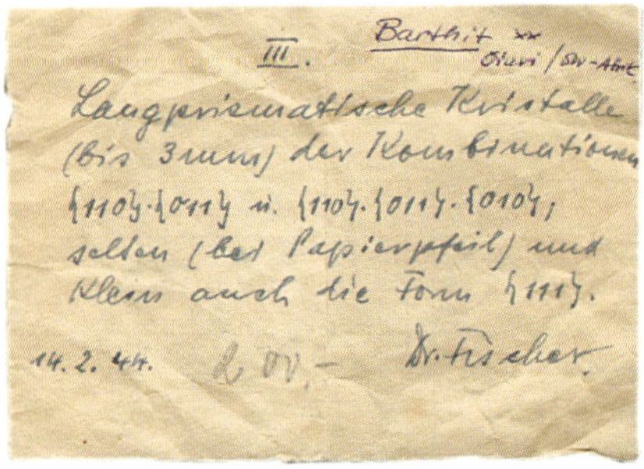
III. Barthit xx
Otavi / SW-Afr.
Langprismatische Kristalle (bis 3mm) der Kombination {110}·{011} u. {110}·{011}·{010}; selten (bei Papierpfeil) und klein auch die Form {111}.
14. 2. 44. 2 DM.- Dr. Fischer

Charakteristische, ca. 5,5 x 5 cm große Stufe aus Guchab mit grünem Austinit der Varietät „Barthit" auf Quarz. Sammlung TU Bergakademie Freiberg (Inv.-Nr. MiSa6240), Foto Massanek.

Dabei stellte sich heraus, dass die Kristalle entweder langprismatisch oder bisphenoidisch-kurzprismatisch ausgebildet sind. Für den Habitus sind dabei {111} bzw. {110} bestimmend, das ebenso wie {110} an allen Kristallen auftretende Prisma {011} bleibt ohne Einfluss auf den Habitus. FISCHER listet zehn Kombinationen auf; pro Stufe kommen immer nur Kristalle einer oder (selten) einiger weniger Kombinationen vor. Die Kristalle sind häufig stark verzerrt und auch oft miteinander verwachsen, wobei keine echte Parallelverwachsung auftritt, sondern eine Neigung zur Bildung von schwach radialstengeligen Aggregaten. Nicht selten sind Zwillinge nach (100) sowie Zwillinge, bei denen je ein Links- und Rechtskristall längs (001) verwachsen sind (obwohl HOCHLEITNER & WEINER 1995 Guchab als Fundort für Austinit aufführen, sind ihnen zufolge für das Mineral *„Zwillinge ... bisher unbekannt"*, was natürlich nicht den Tatsachen entspricht - vgl. auch ANTHONY et al. 2000). Stufen mit „Barthit" sind in den Sammlungen in Freiberg (acht Stück) und Berlin vorhanden; durch interessante Umstände gelangte auch eine ehemals Emil Fischer gehörende, Originalmaterial zur Publikation FISCHER (1944) darstellende Stufe mit „Barthit" in die Berliner Sammlung.

* Wie eine in der Lagerstättensammlung der Bergakademie Freiberg befindliche Stufe mit sowohl Austinit (Barthit) als auch Dioptas zeigt, ist diese Aussage so nicht mehr aktuell (freundliche mündliche Information von Karin Rank & Andreas Massanek).

Azurit $Cu_3[OH|CO_3]_2$

war in Guchab relativ selten und beschränkte sich SCHNEIDERHÖHN (1921) zufolge *„auf die diagonal einschiebenden Quarz-Kupferglanzbrekzien, in denen der Kupferglanz sich nur zu Kupferlasur und wenig Malachit oxydiert"*.

Brochantit $Cu_4[(OH)_6|SO_4]$

Gemäß dem bereits von SCHNEIDERHÖHN (1921) (eine *„Anzahl noch nicht näher untersuchter hellgelbgrüner bis blaugrüner Kupfermineralien"*) und HENGLEIN (1921) angedeuteten Vorkommen weiterer Kupfersekundärmineralien fanden sich auf einer Planchéit-Stufe aus der Sammlung der Bergakademie Freiberg neben pulverigen Malachit-Krusten auch kleine, charakteristisch smaragdgrün gefärbte Brochantit-Kristalle.

Calcit $Ca[CO_3]$

Calcit stellt in Guchab die Hauptgangart dar. Das Mineral ist von SCHNEIDERHÖHN (1921) in drei verschiedenen Generationen beschrieben worden, die sich auf charakteristische Weise unterscheiden. Zum einen bestand die ursprüngliche Gangart aus derben, weißen bis grauschwarzen Massen. Eine zweite Generation bildet skalenoedrische Kristalle in Drusen in der Oxidationszone und ist gleichalt mit Dioptas, während eine dritte und jüngste Generation in Begleitung von Planchéit in wasserklaren, scharfkantigen Rhomboedern kristallisiert, die häufig noch von feinen Malachit-Nädelchen bedeckt sind.

Als jüngstes Mineral sitzt Calcit in weißen, rhomboedrischen Kristallen zusammen mit Malachit auf Austinit.

Chalkosin Cu_2S

war die Hauptwertstoffkomponente der Lagerstätte und lieferte bei der Zersetzung das Kupfer für die schönen Kupfer-Sekundärmineralien. In massiver Form - Drusen sind nicht bekannt geworden - stand das Erz SCHNEIDERHÖHN (1921) zufolge am „neuen Abbau" bis zur Tagesoberfläche an. „*In der Mitte der Gänge und der reichen Linsen steht durchweg ein großstückiger, reiner Kupferglanz von über Handbreite an, erst am Rand der Gänge treten Verwachsungen auf mit mehr Kalkspat und Quarz.Hierzu gehört auch die schon erwähnte diagonal verlaufende Quarz-Kupferglanzbrekzie, wo zwischen derbem blättrigen bis feinkörnigen Quarz der Kupferglanz in derben Putzen und in ganz feinen Verästelungen sich einschiebt.*"

Covellin CuS

bildet als erstes Umwandlungsprodukt des Chalkosins blaue, metallisch glänzende Plättchen.

Cuprit Cu_2O

Grobkörnige Cuprit-Aggregate begleiten gelegentlich Dioptas in Auslaugungshohlräumen im derben Chalkosin. Nach SCHNEIDERHÖHN (1921) in bis „*eigroßen Massen*" aus rubinroten Aggregaten.

Links oben. Teilweise charakteristisch „semiparallell" verwachsene Austinit-Kristalle bis 1 cm Größe. Die Stufe gehört zum Originalmaterial von Emil Fischer für dessen Publikation von 1944. Sammlung Museum für Naturkunde Berlin.

Links. Der grasgrüne, auf wasserklarem Quarz sitzende Austinit („Barthit") wird teilweise von rhomboedrischem Calcit überwachsen. Bildbreite 3 cm, Sammlung Jahn. Fotos Bode.

Dioptas $Cu_6[Si_6O_{18}]\cdot 6H_2O$

Dioptas findet sich nach HENGLEIN (1921) *„in der Gegend von Guchab an zwei Stellen in einem schwer zugänglichen Gelände in den Bergen"*. Seine Kristallgröße schwankt *„zwischen 0,3 und 2,5 cm in Richtung der c-Achse"*; er ist meist weißem Calcit aufgewachsen oder *„schwimmend"* in diesem eingewachsen. An Formen sind hauptsächlich {100}, {111}, {122}, {-4-12} und {522} zu identifizieren. HENGLEIN unterscheidet sechs unterschiedliche Paragenesen, die auch in der Ausbildung differieren:

1. Breccienartig neben Brocken von verkieseltem Dolomit sowie Quarz. Diese nicht besonders attraktive Ausbildung war am häufigsten.

2. In 2 bis 10 cm breiten Klüften in einem gelblichbraunen Dolomit, wo in der Paragenese entweder Quarz oder Calcit dominieren und Malachit als jüngster Begleiter auftritt. Dominiert Quarz, sitzt Dioptas dessen ca. 1 cm großen Kristallen auf und wird von jüngeren, bis 2 mm großen Quarzkristallen überzogen. Diese Dioptase erreichen bis 3 cm Größe und weisen einfache Kombinationen mit {100}, {111} und {-4-12} auf.

Dominiert dagegen Calcit, sitzt der Dioptas auf skalenoedrischem Calcit und wird seinerseits von xenomorphem, farblosen Calcit bedeckt. Daneben beschreibt HENGLEIN eine Druse, in der 5 bis 12 mm große Dioptase kleineren Quarzkristallen einseitig oder schwebend aufgewachsen sind und der Rest des Drusenraumes vollständig von derbem Calcit ausgefüllt war.

3. In einem rötlichen Dolomit füllt Dioptas in bis 2 cm breiten Klüftchen massive Trümer aus, kann in Drusen aber bis 3 mm große Kristalle bilden. Kurzsäuliger Quarz ist in zwei Generationen vorhanden, in der jüngeren, über dem Dioptas sitzenden Generation kristallisierte

Oben. Gut ausgebildeter, ca. 1,5 cm großer und von Calcit begleiteter Dioptas von Guchab. Sammlung Museum für Naturkunde Berlin. Foto Bode.

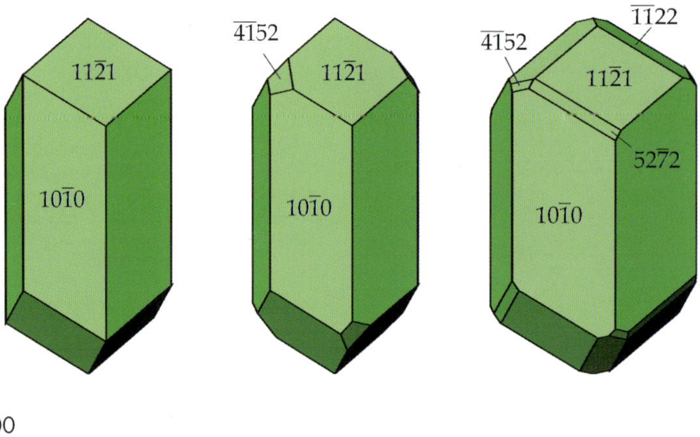

Links. Charakteristische Kristalltrachten von Dioptasen aus Guchab, gezeichnet von St. Jahn nach Angaben von HENGLEIN (1921). Der in der Mitte dargestellte Kristall entspricht in etwa dem Dioptas-Kristall auf der oben abgebildeten Stufe.

Malachit in kleinen Kristallbüscheln, kann aber auch den verbleibenden Hohlraum komplett ausfüllen. Calcit sitzt gelegentlich in rosettenartigen Gebilden auf dem jüngeren Quarz.

4. In eigenartigen Knollen bildet Dioptas mit nach innen gerichteten Kristallspitzen die äußere Hülle, der Hohlraum der Knollen ist dagegen vollständig mit faserigem Malachit ausgefüllt. Eine erste, nierige, z.T. mit „Kupferschwärze" durchsetzte Malachitgeneration sitzt gelegentlich außen auf dem Dioptas und stellt damit das älteste Mineral in diesen Knollen dar.

5. In einer Kalksteinbreccie überzieht himmel- bis hellkobaltblauer Planchéit in erdiger Form oder in zarten Krusten als älteste Bildung die Kalksteinbruchstücke, worauf später Quarz, Dioptas, Malachit und Calcit kristallisierten. Gelegentlich ließen sich kleine Planchéit-Kügelchen zwischen nierigem Malachit und Dioptas finden.

6. Schließlich wurde Dioptas auch in Auslaugungshohlräumen im derben Chalkosin, mitunter auch von grobkörnigen Cuprit-Aggregaten begleitet, nachgewiesen.

Unten. Geschenk von Dr. Edlinger aus Windhoek an den Freiberger Professor Schumacher im Jahre 1938: Eine ca. 7,5 x 7,5 cm große Stufe mit Planchéit, Malachit und Calcit von der Rodgerberg Mine, Guchab. Sammlung TU Bergakademie Freiberg (LaSa 32195), Foto Massanek.

Dolomit $CaMg[CO_3]_2$

bildet zwar - als „klotziger Dolomit" - das Nebengestein der Gänge, ein Auftreten von Kristallen ist aber nirgendwo beschrieben.

Konichalcit $CaCu[OH|(As,V)O_4]$

ANTHONY et al. (2000) erwähnen ohne weitere Angaben von Guchab auch Konichalcit.

Malachit $Cu_2[(OH)_2|CO_3]$

Wird bereits von HENGLEIN & MEIGEN (1914) als jüngster Begleiter des auf wasserhellen Quarz-Kristallen sitzenden „Barthits" genannt, *„durchtränkt und durchädert das Erz in radialfaserigen und blättrigen Massen und Trümchen"* und kommt in den Drusen *„in größeren strahligen Massen"* (SCHNEIDERHÖHN 1921) vor.

Ganz merkwürdige Bildungen stellen die von HENGLEIN (1921) beschriebenen faserigen und nierigen Malachite dar: in Achatmandel-ähnlichen Knollen findet sich außen krustenartig Dioptas mit nach innen gerichteten Kristallspitzen, wobei das Innere dieser Knollen vollständig mit faserigem Malchit ausgefüllt ist. Nieriger Malachit ist wiederum älter als der Dioptas, der sich damit räumlich und altersmäßig zwischen beiden Malachit-Varietäten befindet.

Ferner fand sich Malachit in der genannten Kalkstein-Breccie, die vollständig von zarten Krusten himmelblauen Planchéits durchzogen wird. Malachit überzieht wie Quarz, Dioptas und Calcit die Stücke dieser Breccie.

Mimetesit $Pb_5[Cl|(AsO_4)_3]$

Nach SPENCER (1927) ähnelt Willemit von Guchab den von dieser Lokalität bekannten Mimetesit-Kristallen. Aus den unter Wulfenit und Willemit angegebenen Gründen scheint es sich aber um eine Fundortverwechslung mit dem ca. 1,5 km westlich von Guchab gelegenen „Schlangental-Prospect" zu handeln - aufgrund der Abwesenheit Pb-haltiger Primärmineralien sind Sekundärmineralien des Bleis in Guchab auch nicht zu erwarten.

Planchéit $Cu_8[(OH)_2|Si_4O_{11}]_2 \cdot H_2O$

Guchab war weltweit erst der zweite Fundort des von einer Lokalität im Kongo (Bergbaubezirk um Mindouli, Prov. Shaba) erstbeschriebenen Planchéits. In einer Kalksteinbreccie überzieht himmel- bis hellkobaltblauer Planchéit in erdiger Form oder in zarten Krusten als älteste Bildung die Kalksteinbruchstücke, worauf später Quarz, Dioptas, Malachit und Calcit kristallisierten. Gelegentlich ließen sich kleine Planchéit-Kügelchen zwischen nierigem Malachit und Dioptas finden (HENGLEIN 1921). SCHNEIDERHÖHN (1921) beschrieb den Planchéit als in kobaltblauen, erdig-dichten Massen oder in kleinen feinkristallinen Sphärolithen vorkommend, der - jünger als Dioptas und Malachit - oft ein Umwandlungsprodukt beider bildet. In der Sammlung der Bergakademie Freiberg befinden sich mehrere Stufen mit Planchéit, von denen aber nahezu alle nur blaue Krusten bilden; lediglich eine Stufe zeigt radialstrahlig strukturierte Aggregate. Auf einer weiteren Stufe wird Planchéit von pulverigen Malachit-Krusten sowie kleinen Brochantit-Kriställchen begleitet.

Quarz SiO_2

In der Vergesellschaftung der Dioptas-Ausbildung No. 2 von HENGLEIN (1921) findet sich Quarz in bis 1 cm großen, älteren Kristallen unter sowie in maximal 2 mm großen, jüngeren Kristallen über dem Dioptas. Hübsche, oft völlig wasserklare Quarz-Kristalle bilden wiederum das älteste Mineral der Drusen, in denen die Austinit-Varietät „Barthit" gefunden wurde. „Barthit" bildet SCHNEIDERHÖHN (1921) zufolge auch Umhüllungspseudomorphosen nach Quarz.

Oben. Radialfaseriger Planchéit mit konzentrischer Farbverteilung von Okatumba, Namibia, gefunden 1914 von Ernst Reuning. Darunter das von Reuning geschriebene Original-Etikett.

Willemit **$Zn_2[SiO_4]$**

SPENCER (1927) beschrieb in seiner Arbeit über afrikanische Willemite eine vom Mineralienhändler W. Maucher aus München 1924 erhaltene Stufe aus Guchab, auf der stumpfe Willemit-Prismen bis 5 mm Größe zusammen mit nierigem Malachit auf massivem Chalkosin sitzen. Die Kristalle zeigen {100} und {012} und sind lediglich äußerlich schwefelgelb, im Innern aber weiß bzw. fleckig grau.

CAIRNCROSS (1997) zufolge soll die Stufe von der Rodgerberg Mine stammen. Ähnlich wie beim Wulfenit (vgl. dort) muß auf das Fehlen Zn-haltiger Primärmineralien in Guchab hingewiesen und die Möglichkeit einer Fundortverwechslung in Betracht gezogen werden. In erster Linie käme hier das ca. 1,5 km westlich von Guchab gelegene „Schlangenthal-Prospect" in Frage; diese Lokalität ist als wirtschaftlich uninteressantes Vanadium-Vorkommen bekannt geworden.

Wulfenit **$Pb[MoO_4]$**

In CAIRNCROSS (1997) findet sich ein schönes, von von W. Wilson stammendes Foto einer Stufe aus der Smithsonian Institution mit weißen, bis 1 cm großen Wulfenit-Kristallen auf kupferhaltigem Descloizit. Da beide Mineralien in keiner anderen Beschreibung von Guchab genannt werden, und insbesondere Pb-Zn-haltige Primärmineralien SCHNEIDERHÖHN (1921) unbekannt waren („*bis jetzt wurden ausschließlich Kupfererze in den Guchaber Gängen beobachet...*"), ist eine Verwechslung mit einem anderen Vorkommen aus dem Otavibergland nicht auszuschließen. Wie beim Willemit (vgl. oben) könnte es sich um das „Schlangental-Prospect" westlich Guchab handeln, zumal BÜRG (1942, S. 137) darauf hinweist, dass einige der geringfügigen Vanadium-Vorkommen des Otaviberglandes „*sich dadurch bezahlt* [machten], *daß man sehr schöne Kristalle fand, die von den britischen und amerikanischen Museen gut bezahlt wurden*". Schlangental förderte aus einem Schurfgraben entlang eines mineralisierten Jaspis-artigen Ganges 5,5 Tonnen Exporterz mit 8% Kupfer, 26,1% Blei, 10,8% Vanadiumoxid (!) sowie 30,5 Tonnen Konzentrat mit 3,3% Kupfer, 11,7% Blei und 4,7% Vanadiumoxid (SCHNEIDER & SEEGER (1992).

Unbestimmt

Bei einem in der Paragenese mit Dioptas auftretenden zeisiggrünen Mineral wurden qualitativ nur Kupfer und Arsen nachgewiesen (HENGLEIN 1921). Das bei SCHNEIDERHÖHN (1921) genannte Brauneisen dürfte Goethit sein.

Links. Dem Planchéit von Okatumba recht ähnlich sieht der von Malachit begleitete Planchéit von Guchab – auch hier ist eine konzentrische Farbzonierung vorhanden. Sammlung TU Bergakademie Freiberg (MiSa 900254), Foto A. Massanek.

Unten. Cremeweiße, dünnplattige Wulfenit-Kristalle bis 1 cm Größe auf kupferhaltigem Descloizit von Guchab, die aber wahrscheinlich eher aus dem weiter westlich gelegenen „Schlangental-Prospect" stammen. Sammlung Smithsonian Institution, Foto W. Wilson.

Literatur

ANTHONY, J.W.; BIDEAUX, R.A.; BLADH, K.W.; NICHOLS, M.C. (2000): Handbook of mineralogy. - Vol. IV, 680 S., Tucson (Mineral Data Publishing).

BÜRG, G. (1942): Die nutzbaren Minerallagerstätten von Deutsch-Südwestafrika (Mitt. Forschungsst. kolonial. Bergbau Bergakad. Freiberg No. 2). - Mitt. Gruppe Dtsch. kolonialwirtschaftl. Unternehmungen Bd. 7, 305 S., Berlin (de Gruyter).

CAIRNCROSS, B. (1997): The Otavi Mountain Land Cu-Pb-Zn-V Deposits, Namibia. - Min. Rec. 28 (2), 109-130+157.

CAIRNCROSS, B. (2000): The Desmond Sacco collection focussed on Southern Africa. - 408 S., Eigenv. D. Sacco.

CHUDOBA, F. (1960) HINTZEs Handbuch der Mineralogie. - Erg.-Bd. **II**, 958 S., Berlin & Leipzig (de Gruyter).

DALTRY, V.D.C. (1992): Type Mineralogy of Namibia. - Geol. Surv. Namibia Bull. **1**, 1-142.

FISCHER, E. (1944): Über die Kristallform, chemische Zusammensetzung und systematische Stellung des Barthit. - Z. Krist. **105**, 268-272.

FISCHER, E. (1948): Zur Morphologie des Barthit. - N. Jb. Mineral. Geol. Paläontol. Mh. **1945-1948, Abt. A.**, 71-76.

FLEISCHER, M. (1945): Discredited minerals. - Amer. Min. **30**, 550.

HENGLEIN, M. (1921): Dioptas- und Planchéitlagerstätten aus der Umgebung von Guchab im Otavigebirge Deutsch-Südwestafrikas. - Z. prakt. Geol. **29**, 53-56.

HENGLEIN, M.; MEIGEN, W. (1914): Ein kupferhaltiges Zinkmetaarseniat, benannt Barthit, von Guchab im Otavital, Deutsch-Südwestafrika. - Centralbl. Mineral. Geol. Paläontol. **1914**, 353-355.

KRUSCH, P. (1911): Die genetischen Verhältnisse der Kupfererzvorkommen von Otavi. - Z. Dtsch. Geol. Ges. **63**, 240-263.

KUNTZ, J. (1904): Kupfererzvorkommen in Südwestafrika. II. Gross-Namaqua- und Damaraland. - Z. prakt. Geol. **12**, 402-405.

SCHNEIDER, G.I.C.; SEEGER, K.G. (1992): Copper. In: The Mineral Ressources of Namibia, Ministry of Mines and Energy, Geological Survey, Windhoek, S. 2.3–51.

SCHNEIDERHÖHN, H. (1921): Die Erzlagerstätten des Otaviberglandes, Deutsch-Südwestafrika (II. Teil). - Metall und Erz **18**, 225-236 und 266-272.

SPENCER, L.J. (1927): South African occurrences of willemite. Fluorescence of willemite and some other zinc minerals in ultraviolet rays. - Min. Mag. **21**, 388-396.

STAPLES, L.W. (1935): Amer. Min. **20**, 112-119.

WEINER, K.-L.; HOCHLEITNER, R. (1995): Steckbrief Austinit. - Lapis **29** (10), 10-13.

Dioptas-Vorkommen im südlichen Kaokoland

Andreas Palfi

Omaue im Kaokoland ist eine der jüngsten namibischen Dioptasfundstellen. Die Dioptase werden hier, wie der 4 cm breite Bildausschnitt der abgebildeten Stufe zeigt, oft von attraktivem Planchéit begleitet. Sammlung Nägele, Foto Bode.

Als Explorationsgeologe mit einem immer größeren Interesse an Mineralien konnte ich an den besser bekannten Mineralvorkommen im nördlichen Kaokoland nicht ohne einen kurzen Zwischenstop vorbeifahren. Von diesen ist Omaue unter Mineraliensammlern gut bekannt, insbesondere seitdem „Camp Aussicht" für Touristen geöffnet wurde.

Gegen Ende 2003 fand man ca. 11 km südwestlich von Omaue eine Anzahl hochinteressanter Dioptasstufen, die in der mineralsammelnden Gemeinschaft beträchtliches Interesse erregten (vgl. MINERALIEN-Welt 4/2003). Für diese Lokalität existieren - in Abhängigkeit von den Personen, mit denen man sich unterhält - zahllose Namen, ich wähle hier aber auf Vorschlag von Lorrie Raaths aus Uis den Namen „Kandesei" aus. Diese Lokalität besuchte ich im Dezember 2003.

Die „Omaue Dioptas Mine"

Diese kleine, gegenwärtig aber stillliegende Grube ist relativ einfach entweder von Opuwo oder von Sesfontein zu erreichen, obwohl die letzten 5 km ein Fahrzeug mit guter Bodenfreiheit erfordern.

Bei der Omaue Dioptas Mine handelt es sich lediglich um den Ausbiss eines kleinen, bereits seit mehreren Jahrzehnten bekannten Kupfervorkommens. Seit den frühen 1980er Jahren werden hier ausschließlich Mineralstufen in Museumsqualität gewonnen (vgl. die nebenstehende Tabelle), die zu einem kleinen Teil auch von Juwelieren verarbeitet werden; die Kunde von den schönen, hier „geförderten" Dioptasen erreichte den Mineralienmarkt um 1985.

Karl Steiner, ein in Namibia gut bekannter Mineraliensammler und Prospektor, fand das Vorkommen 1980; sein Sohn Marius Steiner begann die Bergbauaktivitäten 1983 mit fünf Arbeitern sowie einem Kompressor und Presslufthämmern. Georg Jakob hat die Lagerstätte 1986 besucht und zuerst darüber berichtet (JAKOB 1987).

Um 1986 wurden einige ständige Unterkunftsmöglichkeiten errichtet, und ein Jahr später, nicht überraschend, verheiratete sich Marius mit Ilse, die damals im 50 km entfernten Opuwo Lehrerin war. Seit dieser Zeit hat sich nicht nur die Familie vergrößert, es wurden auch zusätzliche Gebäude errichtet, um mindestens acht Gästen in vier komfortablen Räumen Unterkunftsmöglichkeiten zu bieten. Marius errichtete für Besucher auch einen kleinen Campingplatz mit Duschen und Toiletten. Die Sicht vom dortigen Grillplatz ist in der Tat außergewöhnlich - daher der Name „Camp Aussicht".

Die Kupfer-Mineralisation ist in den ca. 800 Millionen Jahre alten Dolomiten der Abenab Subgroup angelegt. Diese geologische Einheit gehört zur Otavi Group, die ein wichtiges Element der Damara-Sequenz bildet. Der Talboden, in dem die Grube baut, repräsentiert eine Antiklinal-Struktur mit steil einfallenden grauen, Chert-artigen Dolomiten in den das Tal umgebenden Hügeln. Es gibt mehrere Beweise für eine weitverbreitete hydrothermale Aktivität im Kern der Antiklinal-Struktur, die zu zuckerkörnigem, bröckeligen Dolomit und einer Verdrängung der Cherts durch rekristallisierte Quarzgänge führte.

Seite 205, oben. Blick vom Hügel oberhalb des Tagebaus nach Westen. Direkt unterhalb der Bäume rechts befindet sich der Tagebau der Omaue Dioptas Mine. Das kleine Bild (Foto Niedermayr) zeigt die Halde.

Darunter. Südlicher Teil des Tagebaus mit anstehendem Chrysokoll und zwei Stollenmundlöchern. Fotos Bast.

Die Kupfermineralisation ist an nahezu horizontale Quarzgänge gebunden, wobei die Omaue Mine auf einem in den Abbauen auf dem flachen Hang über eine streichende Länge von 60 m aufgeschlossenen, deszendenten, bankigen Quarzgang baut. Der im Durchschnitt 60 cm breite Gang selbst enthält zwischen 5 und 10% Kupfer (vgl. SCHNEIDER & SEEGER 1992a).

Zu den verbreitetsten hier beobachteten Kupfermineralien zählen hellblauer Chrysokoll von Trommelstein- bzw. Cabochon-Qualität, blassblauer Planchéit, Malachit sowie außergewöhnliche Dioptas-Kristalle bis 3 cm Größe. Zusätzlich fand ich honigfarbene, durch RD-Analyse identifizierte Baryt-Kristalle und ein blaues, als Shattuckit erkanntes Mineral. Anglesit-Kristalle - wie von JAKOB (1987) angegeben - wurden nicht gefunden.

Jahr	Produktion*	Jahr	Produktion**
1985	280 kg	1990	109 kg
1986	520 kg	1991	52 kg
1987	60 kg	1992	1.012 kg
1988	130 kg	1993	300 kg
1989	190 kg	1994	149 kg
1990	109 kg	1995	55 kg
1991	68 kg	1996	476 kg

In den Jahren 1985-1996 in Omaue geförderte Dioptasmengen (aus SCHNEIDER & SEEGER 1992b (*) bzw. PIPER 1998 (**).

Links. Dioptase for sale! Marius Steiner (Mitte) hält im Camp Aussicht eine Anzahl von Stufen aus der Omaue Mine zum Verkauf bereit. Links neben ihm der Autor Andreas Palfi, ganz rechts der norwegische Mineraliensammler Hans Vidar Ellingsen.

Dioptas-Suche in Omaue. Wem würde nicht das Herz lachen angesichts dieser grünblauen Pracht auf der Chrysokoll-Halde? Fotos Niedermayr.

Die Grube war eigentlich ein kleiner Tagebau, obwohl der Eigentümer Marius Steiner gelegentlich mittels bis 20 m langer Stollen den Quarzgängen bis in den Berg hinein „nachfuhr". Ca. 1 km nordöstlich der Grube gibt es ein weiteres Chrysokoll-Dioptas-Vorkommen im gleichen stratigraphischen Horizont. Da sich die Mineralisation jedoch auf dem Grund eines engen Tales befindet, wäre ein Abbau extrem schwierig.

Familie Steiner hat für jeden Besucher ein „Willkommen", vorausgesetzt, er meldet sich an. Mineraliensucher dürfen auf den Halden gegen eine kleine Gebühr sammeln.

Die Mineralien von Omaue

Bereits von COLLINS (1985, zit. in SCHNEIDER & SEEGER 1992a) sind neben Dioptas ferner Chalkosin, Chrysokoll und Planchéit als Haupt-Kupfermineralien von Omaue erkannt worden.

Azurit $Cu_3[OH|CO_3]_2$

ist in Omaue nur selten gefunden worden.

Baryt $Ba[SO_4]$

Baryt in orange- bis honigfarbenen, bis 2 cm großen idiomorphen Kristallen ist zwar relativ selten, aber häufig von Edelsteinqualität und sitzt als jüngeres Mineral dem Dioptas auf. Es existieren auch Stufen mit idiomorphen Baryt-Kristallen, die durchsichtig sind und farblich ein grünstichiges Gelb zeigen. Solche Kristalle sitzen zusammen mit Dioptas auf einer Matrix aus kristallisiertem Calcit.

Sehr wahrscheinlich handelt es sich bei den von JAKOB (1987) erwähnten Anglesit-Kristallen um eine Verwechslung mit Baryt.

Calcit $Ca[CO_3]$

Das Mineral ist in Omaue ziemlich häufig, aber kaum in attraktiven Kristallen bekannt. Die Farbe des Calcits ist gewöhnlich grau mit grünlichen oder gelblichen Tönen bis weiß. Calcit bildet zusammen mit Quarz einen großen Teil der Matrix der Stufen. Solche Stufen können dann praktisch vollständig aus kristallisiertem Calcit bestehen, dem dann Kristalle von Dioptas, Baryt etc. aufsitzen. Wasserklare Calcit-Rhomboeder bis 1 cm Größe finden sich auf Krusten aus halbkugeligen Shattuckit- und/oder Planchéit-Aggregaten.

Chalkosin Cu_2S

Chalkosin - bereits von COLLINS (1985) erwähnt - kommt in Omaue nur in derber Form vor. Bei seiner Verwitterung entstehen

Ausgezeichneter honiggelber Baryt-Kristall zusammen mit Dioptas auf Calcit. Solche Baryte wurden eine Zeit lang irrtümlich als Anglesit bezeichnet und gehandelt. Bildbreite 4 cm. Sammlung Estrov, Foto Medenbach.

die schönen Kupfersekundärmineralien, bei denen es sich auffälligerweise zumeist um Kupfersilikate handelt.

Chenevixit $Cu_2Fe_2[(OH)_2|AsO_4]_2 \cdot H_2O$

In der ehemaligen Sammlung Broschek existierte auch ein Stüfchen mit Chenevixit, das von Omaue stammen sollte. Es würde sich um den Erstnachweis für Chenevixit für diesen Fundort handeln; Chenevixit wäre auch das erste Arsenatmineral in Omaue.

Chrysokoll $H_4(Cu,Al)_4[(OH)_8|Si_4O_{10}] \cdot 2H_2O$

Chrysokoll ist neben Dioptas quasi das einzige für Schmuckzwecke verwertbare Mineral der Lagerstätte und wurde als Rohstoff zur Herstellung von Kugeln, Eiern und anderen kunstgewerblichen Gegenständen separat gefördert. Zwischen 1985 und 1991 sind 44.267 kg Chrysokoll gewonnen und nach Windhoek verkauft worden (SCHNEIDER & SEEGER 1992b).

Dioptas $Cu_6[Si_6O_{18}] \cdot 6H_2O$

Erst seit knapp 20 Jahren bekannt, hat sich die Omaue Mine zu einer Weltfundstelle für Dioptas entwickelt. Auch ANTHONY et al. (1995) zählen die kleine Grube als wichtigen Fundort für Dioptas auf. Der Dioptas von Omaue ist, ähnlich wie der von Guchab (vgl. Seite 194), mit den Dioptasen von Tsumeb nicht ohne weiteres vergleichbar, aber aufgrund seiner Matrix aus massivem Gangquarz relativ leicht von dem der beiden anderen Lagerstätten zu unterscheiden.

Die schönen Mineralstufen mit Dioptas stammen aus häufig mit Planchéit oder Shattuckit ausgekleideten Drusen, zu denen sich die Chrysokoll- bzw. Planchéit-gefüllten Gängchen und Klüftchen („Adern") gelegentlich öffnen. Die 2-3 cm großen Dioptas-Kristalle weisen eine intensiv smaragdgrüne Farbe auf, die mitunter sogar als grellgrün bezeichnet werden kann. Die Kristalle sind zudem meist nach [001] gestreckt, damit deutlich langprismatischer als die Dioptase von Guchab oder Tsumeb und in der Regel auch durchsichtig. Doppelendige, mit einer Prismenfläche auf der Matrix liegende Kristalle sind nicht allzu selten.

Der besondere Reiz der Stufen rührt aber vom Kontrast der Farben Smaragdgrün, Dunkelblau, Orange und Weiß her, den die vergesellschafteten Mineralien bewirken. Hierbei wird die Matrix von dünnen Krusten aus samtartigem, dunkelblauem Planchéit sowie grauweißem Quarz gebildet.

**Oben. Dioptas-Kristall mit ungewöhnlicher Tracht auf Shattuckit. Bildbreite ca. 1 cm. Sammlung Bast.
Oben rechts. Kugelige Shattuckit-Aggregate mit typisch samtiger Oberfläche. Bildbreite 3 cm. Sammlung Bast.
Darunter. Aggregat aus Malachit-Kristallen von 1,2 cm Länge. Sammlung Nägele.
Rechts. Zitronengelbe Aggregate aus winzigen Mottramit-Kristallen („Duhamelit"). Bildbreite 1,2 cm, Sammlung Bast. Alle Fotos Bode.**

Der Dioptas von Omaue weist im Vergleich zu den bekannten Dioptas-Vorkommen von Tsumeb und Guchab im Otavibergland recht ähnliche genetische und paragenetische Charakteristika auf. Das Mineral wurde ausschließlich im obersten Bereich des für aride Verhältnisse charakteristisch schwankenden Grundwasserhorizontes innerhalb von Gesteinen gebildet, die sich durch Carbonat-Reichtum, tiefreichende Spaltensysteme (und damit der Voraussetzung für Zirkulation des Grundwassers) sowie einer gewissen Silizium-Zufuhrmöglichkeit aus dem Nebengestein auszeichnen.

Malachit $Cu_2[(OH)_2|CO_3]$

Ein weiteres, hier attraktive Stufen bildendes Mineral ist Malachit, der in nadeligen Einzelkristallen sowie bis 5 cm großen, divergentstrahligen Kristallbüscheln auf Calcit vorkommt. In einigen Fällen sind diese Bildungen von einer dünnen Kruste aus blassblauen Quarzkriställchen überzogen (CAIRNCROSS 2000).

Mottramit, sog. „Duhamelit“ $(Pb,Bi,Ca)Cu[(OH,O)|VO_4]$

Während intensiver Arbeiten zur Untersuchung von Duhamelit, die letztendlich zur Diskreditierung dieses Minerals führten, ist von KRAUSE et al. (2003) auch Material von Omaue untersucht worden. Dieses von Omaue stammende Mineral erwies sich als Wismut- und Calcium-haltiger Mottramit; alleiniger Begleiter war Dioptas.

Die Bi-Ca-haltige Mottramit-Varietät ist auch von G. Blaß an Material von R. Bast/Obernburg nachgewiesen worden. Hier fanden sich innerhalb von Drusen im massiven Chrysokoll Aggregate aus winzigen nadeligen Kriställchen von blassgelber bis zitronengelber Farbe. Gelegentlich sitzt dem Mottramit Baryt in kleinen, farblos-weißen Kriställchen auf.

Planchéit $Cu_8[(OH)_2|Si_4O_{11}]_2 \cdot H_2O$

Der blassblaue Planchéit ist eines der älteren Mineralien in Omaue und füllt zusammen mit Chrysokoll hauptsächlich Gängchen und Klüftchen („Adern“). Diese sind gelegentlich drusig - solche Drusen werden ebenfalls von Planchéit ausgekleidet. Auf dieser Unterlage von Planchéit finden sich dann u.a. die phantastischen Dioptase. Neben den lagenförmigen Bildungen existieren auch halbkugelige Aggregate aus feinsten Nädelchen, die von Quarz überwachsen sind.

Ein gewisser Teil der „Planchéite“ ist jedoch mit Sicherheit zum Shattuckit zu stellen.

Quarz SiO_2

Farbloser bis schwach weißer Quarz ist recht häufig und stellt bei vielen Stufen den Großteil der Matrix dar.

Shattuckit $Cu_5[OH|Si_2O_6]_2$

Bei von hier stammenden Stufen mit einem blaugrünen Mineral vermuteten Sammler bereits seit einiger Zeit das Vorliegen von Shattuckit - ohne dass bislang irgendwo ein Hinweis darauf zu finden war. Im Rahmen von Untersuchungen an meinem Material stellte sich nun eindeutig das Vorliegen von Shattuckit - einem chemisch dem Planchéit ähnlichen, im Gegensatz zu diesem aber wasserfreien Mineral - heraus.

Shattuckit bildet in Omaue die für die Mineralart charakteristisch kugeligen, samtigen Aggregate, die hier Drusen bis zu mehreren Zentimetern Größe auskleiden können. Die Aggregate bestehen aus nadeligen Kriställchen, die im Gegensatz zum Shattuckit anderer Vorkommen allerdings blassblau bis blaugrün gefärbt sind. Auf dem Shattuckit sitzen gelegentlich wasserklare Calcit-Kristalle, aber auch prächtige Dioptas-Kristalle.

Das Dioptas-Vorkommen von Kandesei

Gegen Ende 2002 kamen von dieser Lokalität einige außergewöhnliche Dioptas-Stufen. Erste Hinweise auf die neuen Dioptase waren in der MINERALIEN-Welt (MW 4/2003: 7 und MW 1/2004: 12) zu lesen. Das Datum der Entdeckung des Vorkommens ist aber geheimnisumwittert und führte zu beträchtlichen Problemen zwischen Mitgliedern der lokalen Gemeinschaft und verschiedenen Prospektoren - fast wie im Wilden Westen, aber mit „namibianischem Stil“.

Den Aufzeichnungen des Geological Survey aus dem Jahre 1988 zufolge wurden hier von Geologen einer Bergbaugesellschaft in einer nördlich streichenden Zone zahllose Kupfer-Anomalien gefunden - einschließlich der von Kandesei. Zu dieser Zeit wurde das Potential des Vorkommens als Lieferant von Mineralstufen noch nicht erkannt. Ende 2002 brachte man einige von einem lokalen Stammesangehörigen gefundene Stufen zu Lorrie Raaths nach Uis. Ein verrückter Rausch aus Abstecken von Bergbauclaims und Sichern von Abbaurechten folgte alsbald darauf. Zur Zeit meines Besuchs war die Situation schon etwas entspannter, insbesondere, weil der Kompressor nicht betriebsbereit war.

Die Geologie des Gebiet ist identisch mit der von Omaue, obwohl die strukturelle Komplexität aufgrund von Geröll auf der Oberfläche nicht sichtbar ist. Einmal mehr

Rechts. Arbeiter von Kandesei beim Durchmustern von Chrysokoll, bessere Stücke liegen daneben „aufgehaldet“. Foto Palfi.

Unten. Abbaue im neuen Dioptas-Vorkommen von Kandesei im südlichen Kaokoland im umgewandelten Dolomitgestein. Beim genauen Hinsehen kann man im unteren Bereich dieser Abbaue den anstehenden Chrysokoll erkennen. Foto Palfi.

ist die sekundäre Kupfer-Mineralisation mit einer Schicht rekristallisierten Cherts verknüpft, und der graue bis weiße Dolomit war einer sehr starken, ein feines Dolomitpulver erzeugenden Umwandlung unterworfen. Die zum Verkauf angebotenen Stufen waren nicht außergewöhnlich - vielleicht aufgrund vorheriger Besuche südafrikanischer und nordamerikanischer Mineralienhändler.

Generell variieren die Dioptase aber offensichtlich im selben Rahmen wie einst die aus der nahe gelegenen Omaue Mine. Gerüchteweise erreichten einige der doppelendigen Dioptas-Kristalle bis zu 6 cm Größe und ich war besonders beeindruckt von den flachen, bis 10 x 20 cm großen Platten, die auf einer Seite von Verwachsungen aus 0,5-1 cm großen Dioptas-Kristallen überzogen sind. Chrysokoll und massiver bis faseriger Malachit sind sehr häufig; dazu wurden auch einige kleine, aber sehr hübsche Shattuckit-Stufen gefunden, jedoch kamen von hier bis heute keine Stufen mit Baryt. Wir können aus diesem Gebiet noch mehr außergewöhnliche Stufen erwarten, aber die Preise für die besseren Stufen waren sehr hoch und werden sehr hoch bleiben.

Oben. Ausgezeichnete Stufe mit großen Dioptas-Kristallen aus Kandesei. Sammlung Soltau, Foto Bode.

Unten. Stufen aus dem neuen Vorkommen von Kandesei können Handtellergröße erreichen. Material von „Namibia Minerals", Foto Bode.

Ausblick

Zusammenfassend kann man feststellen, dass das Kaokoland auf jeden Fall einen Besuch Wert ist, sei es als „normaler", an der Natur interessierter Tourist oder als Mineraliensammler. Ich würde jedoch eine Reise in den nordwestlichen Teil aufgrund der Abgelegenheit des Gebietes und dem Fehlen einer Infrastruktur ohne detaillierte Vorbereitung und ohne einen möglichst namibianischen Führer nicht empfehlen.

Literatur Omaue

ANTHONY, J.W.; BIDEAUX, R.A.; BLADH, K.W.; NICHOLS, M.C. (1995): Handbook of minerals.- Vol. II, Part 1, 446 p., Tucson (MDP).

CAIRNCROSS, B. (2000): The Desmond Sacco collection focussed on Southern Africa. - 408 S., Eigenverlag D. Sacco.

JAKOB, G. (1987): Reise zur Dioptas-Mine „Omaue" im Kaoko-Veld. - Lapis **12** (4), 11-14.

KRAUSE, W.; KOLITSCH, U.; BERNHARDT, H.-J.; EFFENBERGER, H. (2003): Duhamelite discredited. - N. Jb. Mineral. Mh. **2003** (2), 75-96.

PIPER, D. (1998): Minerals for industrie: raw materials for development. - Namibia Brief **21**, 12-17.

SCHNEIDER, G.I.C.; SEEGER, K.G. (1992a): Copper. - In: The Mineral Ressources of Namibia, Ministry of Mines and Energy, Geological Survey, Windhoek, S. 2.3–51.

SCHNEIDER, G.I.C.; SEEGER, K.G. (1992b): Semi-precious stones. In: The Mineral Ressources of Namibia, Ministry of Mines and Energy, Geological Survey, Windhoek, S. 5.2–4.

Khusib Springs - Von schönen Wulfeniten und mehr

Steffen Jahn, Herbert Nägele

Kaum war die berühmte Tsumeb-Mine Ende 1996 geschlossen, wurde unweit von Tsumeb im Otavibergland ein neues Bergwerk eröffnet, das bis zu seiner Schließung 2004 viele schöne, auffallend gut kristallisierte Sekundärmineralien lieferte.

Die Khusib-Springs-Mine

Fährt man von Tsumeb in Richtung Grootfontein, erreicht man nach 38 km linkerhand eine Gravelpad, auf der man nach weiteren 7 km zur Khusib Springs Mine kommt. Khusib Springs ist eine relativ kleine, aber reiche Cu-Pb-Ag-Lagerstätte (des Mississippi-Valley-Typs), die 1996 zur teilweisen Kompensation der nachlassenden Förderung in Tsumeb in Produktion ging (ANONYMUS 1996), von 1997 bis 1999 aber auflässig war. Im Jahre 1996 wurden 3.218 Tonnen, 1997 schon 104.397 Tonnen Erz gefördert.

Oben. Wulfenit in klassischer Ausbildung aus einer noch jungen Lagerstätte. Das igelartige Aggregat aus spitzen Kristallen hat einen Durchmesser von 2,5 cm. Sammlung Nägele.

Links. Der Manager der Khusib-Springs-Mine, Dirk Rust. Das Stollenmundloch ist im Hintergrund zu erkennen. Fotos Bode.

Nach den Untersuchungen von CHETTY et al. (1997) ist Khusib Springs keine Lagerstätte des Berg-Aukas-Typs, sondern repräsentiert einen Subtyp des Tsumeb-Typs. Dieser Subtyp ist durch deutliche Unterschiede gegenüber dem eigentlichen Tsumeb-Typ charakterisiert, zu denen Dolomitisierung als wichtigste Alteration (im Gegensatz zur Silifizierung in Tsumeb), eine weniger komplexen Mineralogie als Tsumeb und der stratigraphischen Lage in einem niedrigeren Niveau (Maieberg-Formation gegenüber der in der Hüttenberg-Formation sitzenden Lagerstätte von Tsumeb) gehören. Seit 1999 traf man Vorbereitungsarbeiten für eine Wiederaufnahme des Abbaus; im April 2000 wurde mit der erneuten Förderung begonnen. Erkundet waren (Stand April 2000) 120.000 Tonnen Erz (mit 3,16% Cu, 2,67% Pb und 584 ppm (= g/t) Ag), was Reserven für ca. 18 Monate entsprach. Die gesamte Belegschaft bestand aus nur 28 Mann, gearbeitet wurde dreischichtig mit jeweils 6-7 Mann pro Schicht. Abgebaut wurde lediglich auf der 120 m tiefen 6. Sohle, zu der die Belegschaft nicht über einen Schacht, sondern durch einen Stollen gelangte. Die laterale Entfernung vom Mundloch bis „vor Ort" betrug dabei etwa 1 km. Gefördert wurde mit Bull-Dumpern, die jeweils 14 Tonnen Erz nach Tsumeb transportierten. Seit 2004 ist die Lagerstätte auflässig.

Rechts. Auf Anfang der 1990er Jahre geborgenen Stufen sitzt Wulfenit in Form dicktafeliger Kristalle mit „gebogenen" Pyramidenflächen auf der Tennantitmatrix.

Unten. Gelegentlich weisen die Wulfenitkristalle auch eine mehr gelbliche Farbe auf. Die Bildbreite des rechten Fotos beträgt 2,5 cm, des unteren Fotos 3,5 cm. Beide Stufen Sammlung Nägele, Fotos Bode.

Bei dieser Stufe mit knapp zentimeterlangen Wulfenitkristallen ist die Matrix aus feinkörnigem, massiven Tennantit gut zu erkennen. Sammlung Nägele, Foto Bode.

Zur Mineralisation

In einer Dolomitbreccie finden sich hier hauptsächlich massive, Tennantit-dominierte Erze, daneben treten auch Enargit, Chalkopyrit, Galenit und Pyrit auf. Das Fördergut enthielt 6-36% Kupfererz, d.h. im Mittel ca. 16% Erz im Haufwerk (Stand Mai 2000).

Tennantit ist meist derb, selten lassen sich in mit kristallisiertem, grauweißem Dolomit ausgekleideten Drusen auch bis zentimetergroße Kristalle beobachten, die lediglich das Tetraeder zeigen. Wie CAIRNCROSS (1997) anmerkt, würden sie von typischen Tsumeb-Stufen nicht zu unterscheiden sein, wäre da nicht noch Enargit, der so von Tsumeb nicht bekannt ist. Enargit kam in Khusib Springs in hochglänzenden, silbrigweißen Kristallen bis maximal 1 cm Größe vor. Daneben überzieht feinkristalliner Pyrit auf einigen Stufen bereichsweise die anderen Mineralien. Chalkopyrit, Sphalerit und Galenit wurden offensichtlich nur massig-derb angetroffen, traten mengenmäßig gegenüber Tennantit allerdings deutlich zurück.

Hauptgangmineral ist ein schmutzigweißer Dolomit, der Drusen im Erz nahezu vollständig auskleidete und die Matrix für die schönen Tennantit- und Enargitkristalle bildete. Die Dolomitkristalle sind bis 1,5 cm groß und typischerweise sattelförmig verkrümmt. In der Vergangenheit wurden von Khusib Springs wunderschöne Sekundärmineralien bekannt.

Unter diesen sind zuerst blassgelbe bis beigebraune Wulfenitkristalle auf massiver Tennantitmatrix zu nennen, die in zwei unterschiedlichen Ausbildungen beobachtet wurden.

Es handelt sich einerseits um nach {001} dicktafelige Kristalle, mit „gebogen" erscheinenden, kleinen Pyramidenflächen, die von CAIRNCROSS (1997) als plattige, garbenartig verwachsene Aggregate beschrieben worden sind.

Offensichtlich wurden aber später Wulfenitkristalle mit einem gänzlich anderen, optisch wesentlich attraktiveren Habitus gefunden, welche die für Khusib Springs zweifellos interessantesten Mineralien darstellen. Auf diesen Stufen sitzen bis 2,5 cm große und nur wenige Millimeter dünne, spitz zulaufende, igelförmige angeordnete Wulfenitkristalle, die an Mimetesit erinnern.

Sie sind von gleicher Farbe wie die oben beschriebenen bzw. von CAIRNCROSS (1997) erwähnten, hier ebenfalls auf feinkörniger, dünner Tennantit-Matrix sitzend.

Außergewöhnliche Stufen wurden auch von Kupfersekundärmineralien gebildet. Am interessantesten sind dabei die mit grünen Sekundärmineralien auf Dolomitkristallen sitzenden, extrem flachtafeligen und stark glänzenden Azuritkristalle, die bei ca. 8-10 mm Größe eine Dicke von 1,5 mm aufweisen. Aus Subindividuen aufgebaute, bis 3 cm große Azuritaggregate sind dagegen meistens matt.

Fundmöglichkeiten?

Nach intensiver Suche konnte man früher im Haufwerk auch kristallisierte Erzmineralien finden lassen, der weitaus größte Teil dieser Erze war allerdings nur derb. Heute bestehen - bedingt durch die Stillegung der Grube im Jahr 2004 - allerdings keine Fundmöglichkeiten mehr. Von Zeit zu Zeit sind aber Stücke aus dieser Grube auf dem Mineralienmarkt erhältlich.

Insgesamt handelte es sich bei der Khusib-Springs-Mine um eine Lagerstätte, aus der kleine, aber sehr feine Stufen für Sammler kamen und die den Ruf des Otavi-Berglandes als Mineralienlieferant allererster Güte auf eindrucksvolle Art untermauert hat.

Literatur

ANONYMUS (1996): Tsumeb: end of an era. - Mining Journ. **326**, No. 8371, 231.

CAIRNCROSS, B. (1997): The Otavi Mountain Land Cu-Pb-Zn-V Deposits, Namibia. - Miner. Rec. **28**, 109-130.

CHETTY, D.; VERRAN, D.; FRIMMEL, H.E.; LeROEX, A.P. (1997): The Khusib Springs Cu-Pb-Zn-Ag deposit, Otavi Mountain Land, Namibia - mineralisation of the „Tsumeb-type"? - In: PAPUNEN, H. (ed.), Research and exploration - where do they meet? (Proc. 4th Biennial SGA Meeting, 531-534, Rotterdam (Balkema).

Unter den Weltklasse-Descloiziten der Berg-Aukas-Mine stellen die hochglänzenden, tafeligen Kristalle mit speerförmigen Endflächen besonders typische Bildungen dar. Die Stufenbreite beträgt 10 cm. Sammlung König.

Berg Aukas im Otavibergland - Fundort der schönsten Descloizite

Bruce Cairncross

Die seit 1978 auflässige Grube Berg Aukas befindet sich im östlichen Teil des Otaviberglandes und liegt ca. 20 km NE von Grootfontein auf der Farm Berg Aukas 593. Für Descloizit und Willemit die weltgrößten Anreicherungen dieser Mineralien darstellend, wird sie von Mineraliensamlern auch als der Fundpunkt für Descloizit schlechthin angesehen.

Die Mineralisation am Berg Aukas wurde 1913 entdeckt, als man die Spitze des zentralen Erzkörpers (siehe unten) als kleinen, isolierten Schlot auf dem Gipfel eines Hügels bei Berg Aukas auffand. Der Bergbau begann Mitte der 1920er Jahre mit Operationen in den Alluvionen, die zur Gewinnung von ca. 700 t Erzkonzentrat führten, er wurde aber 1928 bereits wieder eingestellt. Der Abbau wurde erst 1950 wieder aufgenommen, wobei man für die Zeitspanne bis zur Schließung der Grube eine Förderung von 1,6 Millionen Tonnen Erz (mit durchschnittlich 1,22% V_2O_5, 5,23% Pb und 21,79% Zn) annimmt. Die Erzreserven zum Zeitpunkt der Grubenschließung beliefen sich auf 1,6 Millionem Tonnen mit 0,6% V_2O_5, 5% Pb und 17% Zn.

Zur Geologie

Das am Berg Aukas in drei verschiedenen Typen von Erzkörpern abgebaute Erz sitzt in Dolomiten der Gauss-Formation, die wiederum die zentralen Bereiche der Abenab-Subgroup bilden. Die räumliche Verteilung aller drei Erzkörpertypen wird sowohl durch die Stratigraphie als auch durch die Struktur kontrolliert. Sie wurden bis in Tiefen von 750 m unter der Erdoberfläche nachgewiesen, aber nur bis 600 m Teufe (19. Sohle) abgebaut. Die Mineralisation aller drei Typen besteht aus Ausfüllungen ehemals offener Räume in Karstgebieten. Die Oxidation primärer Sulfide führte dabei zur Bildung großer Anreicherungen mit den Sekundärmineralien Willemit-Smithsonit-Cerussit.

Die Descloizit-Mineralisation entstand, als in einem späten Stadium Metavanadat-reiche Lösungen entlang vertikaler Brüche in die Lagerstätte eindrangen. So handelt es sich bei den Erzen generell um Lagerstätten des Breccientyps, die auch signifikante Mengen metallreichen Gesteinszersatzes enthalten. Der nördliche Erzhorizont besteht aus drei schichtgebundenen Linsen, während der zentrale Erzkörper einen brecciierten, schlotförmigen Körper darstellt, der sich vom Dolomit bis zum hangenden Nebengestein erstreckt. Der hangende Erzhorizont ist hingegen durch N-S streichende, steil einfallende Linsen erzgefüllter Brüche charakterisiert, die oberhalb des nördlichen Erzkörpers sitzen und v.a. zwischen der 14. und 23. Sohle aufgeschlossen sind.

Die Mineralien

Zu den primären bzw. sulfidischen Mineralien der Grube Berg Aukas zählen Calcit, Chalkopyrit, Dolomit, Enargit, Galenit, Jordanit, Pyrit, Quarz, Renierit, Sphalerit, Tennantit und Tetraedrit. Sphalerit, sehr eisenarm und mit charakteristischen Gehalten an Cadmium und Germanium, bildet honigfarbene Kristalle bis 1 cm Größe. Berg Aukas ist im gesamten Otavi-Bergland die einzige große Sphalerit-Lagerstätte gewesen. Galenit, das andere wichtige Sulfidmineral, zeichnet sich durch charakteristische Silbergehalte aus. Die Suite der Sekundärmineralien wird dagegen von Aragonit, Calcit, Cerussit, Chalkosin, Covellin, Descloizit, Dolomit, Galenit, Goethit, Greenockit, Hämatit, Malachit, Quarz, Smithsonit und Willemit gebildet, von denen viele nur mikroskopisch vorkommen. STIEGLITZ & STIEGLITZ (1995) beschreiben daneben Anglesit, Leadhillit, Mennige, Mottramit, Pyromorphit, Tsumcorit und Vanadinit.

Oben. Der russische Künstler Kisselmann fertigte ein Aquarell der 10 cm großen Descloizitstufe vom Berg Aukas an (siehe Seite214).

Descloizit ist das Mineral, welches die Lagerstätte am Berg Aukas, die wohl die größte Descloizit-Anreicherung weltweit darstellt, bei Mineraliensammlern in der ganzen Welt berühmt gemacht hat. Die Descloizite dieser Lagerstätte variieren im Habitus von pyramidal über prismatisch, pseudokubisch bis tafelig. Sie haben häufig speerförmige Endflächen und weisen starken Glanz auf. Einzelkristalle bis 1 cm Größe waren häufig, Kristalle bis 3 cm nicht ungewöhnlich. Häufig sind spektakuläre, drusige Aggregate gesammelt worden, die mehrere Kilogramm wogen. Descloizit kommt am Berg Aukas in metallisch-schwarzen, grünschwarzen sowie orangebraunen Kristallen vor, kräftig rot gefärbte, transparente Kristalle sind jedoch dünn und überschreiten Größen von 5 mm nicht. Bei Matrixstufen sitzen die Kristalle auf einem orangebraunen, Fe-reichen Tonstein. Vergesellschaftete Mineralien sind selten; zu ihnen gehören Calcit, Dolomit, Smithsonit und Willemit. Zu „Traumstücken" gehören hingegen die Stufen, bei denen auf einer Matrix aus gut kristallisierten Descloiziten weiße Smithsonitkristalle förmlich „arrangiert" sind.

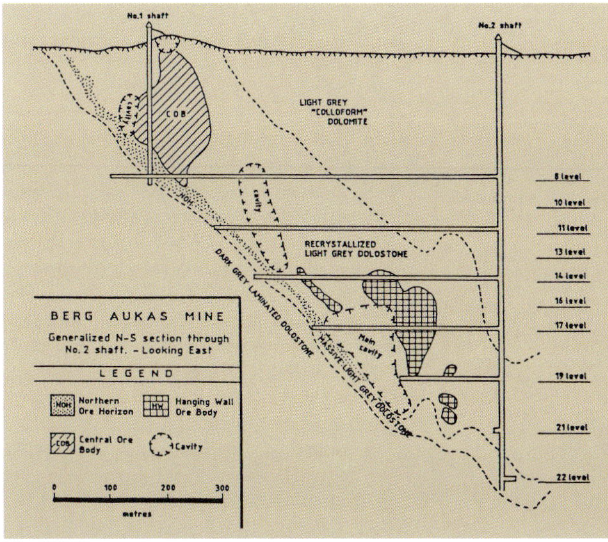

Vereinfachter Seigerriss durch die Lagerstätte Berg Aukas mit Blickrichtung Ost (aus CAIRNCROSS 1997).

Willemit war das wichtigste und verbreitetste Sekundärmineral am Berg Aukas und wurde in allen Erzkörpern gefunden. Da ca. 40% des gesamten Zinkgehaltes der Lagerstätte im Willemit gebunden sind, betrachtet man diese Lagerstätte als weltgrößte Willemit-Anreicherung.

Während massiver Willemit sehr häufig ist, treten Kristalle nur auf Klüften auf. Sie bilden nadelige, hexagonale Prismen bis 1 cm Größe, die sich meist zu Bündeln aggregieren oder radialblätterige Rosetten bilden. Ihre Farbe ist typisch weiß und blass gelbweiß bis rotbraun. Wie auch die Willemite von Abenab fluoreszieren die Willemite vom Berg Aukas nicht - die gelbgrüne Fluoreszenz dieses Minerals wird durch Spuren von Mangan verursacht, das in den Willemiten aus dem Otavibergland zu fehlen scheint.

Literatur

CAIRNCROSS, B. (1997): The Otavi Mountain Land Cu-Pb-Zn-V deposits. - Miner. Rec. **28**, 109-130.

STIEGLITZ, B.; STIEGLITZ, H. (1995): Die Vanadium-Erzlagerstätten am Berg Aukas, Namibia. - Lap. **20** (9), 26-32.

WARTHA, R.R.; SCHREUDER, C.P. (1992): Vanadium. In: THE MINERAL RESSOURCES OF NAMIBIA, Ministry of Mines and Energy, Geological Survey, Windhoek, S. 2.10-1 - 2.10-14.

Onganja - Fundort schöner Cuprite und Malachite

Bruce Cairncross

Von einer kleinen Kupferlagerstätte rund 60 km NE Windhoek kamen bereits vor fast 30 Jahren Cuprite, die von vielen als beste der Welt angesehen werden. Die Onganja-Mine, früher auch als Otjozondo 69 oder Emka-Mine bekannt, liegt zum größten Teil auf der Farm Helen 235. Die Quarz-Kupfergänge sind an den Scheitel einer leicht nach West abtauchenden Antiklinalstruktur gebunden. Onganja stellt eine Ganglagerstätte dar, die den obersten Bereich eines hydrothermalen Systems repräsentiert. Die Platznahme der Mineralisation wurde durch den Schnittpunkt zweier großer Strukturen, der NW-SE streichenden Okapura-Verwerfung und der N-S streichenden Otjituezu-Grabenverwerfung, ermöglicht.

Weltberühmt: Cupritkristalle von Onganja. Größe der Stufe 10 x 7 cm. 1973 wurde untertage ein Hohlraum angetroffen, aus dem die unglaubliche Zahl von ca. 2.000 perfekten Cupritkristallen bis maximal 14 cm Größe und einem Gewicht von 2,1 kg kamen. Foto Lieber.

Geographische Karte des Bergbaugebietes von Onganja (aus CAIRNCROSS 1996).

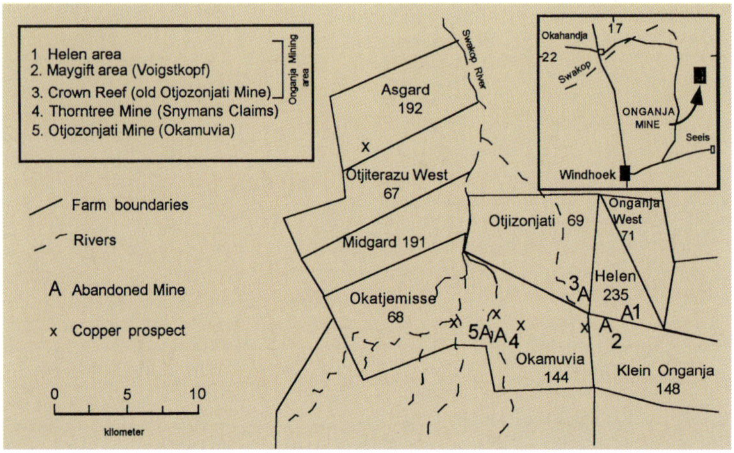

In Onganja wurden 20 bis 30 steile, brecciierte Gänge lokalisiert, die mehr oder weniger N-S bzw. im rechten Winkel zur Schieferung der Schiefer der Kuiseb-Formation streichen. Sie erreichen bei 50 bis 400 m Länge eine maximale Mächtigkeit von 20 m (Durchschnitt 0,8-1 m!), weisen aber über kurze Distanzen häufig Scharungen auf oder keilen aus. Entsprechend ihrer Mineralführung lassen sich vier verschiedene Gangtypen aushalten: Calcit-Quarz-Gänge, Quarz-Gänge, Kalifeldspat-Quarz-Gänge und Quarz-Apatit-Gänge. Die Gänge sind nicht pegmatitsch und unterscheiden sich deutlich von den andernorts in den Damara-Schiefern auftretenden pegmatitischen Quarzgängen. Calcit ist ein sehr häufiges Mineral in diesen Gängen und kommt in Vergesellschaftung mit grobkörnigem Quarz vor; insbesondere ein sehr produktiver Gang mit einer durch Rutil, Chalkopyrit und Molybdänit verkitteten Quarz-Calcit-Breccie war sehr Calcit-reich. Zu den Erzmineralien zählen Pyrit, Chalkopyrit, Chalkosin und Molybdänit; Kupfererze wurden noch in 150 m Teufe erbohrt.

Die Lagerstätte ist über mehrere Schächte bis zur 3. Sohle (ca. 75 m unter der Oberfläche) abgebaut worden. Im Jahre 1987 sind die bekannten Reserven bis in eine Teufe von 100 m mit ca. 300.00 t Erz von 2% Kupfer festgestellt worden. Unterhalb dieser Teufe sinken die Gehalte infolge sekundärer Anreicherung stark ab.

Weitere Gruben im Mining-District von Onganja sind die vom 1969 bis 1987 aktiv gewesene Otjozongo-Mine auf der Farm Okamuvia 144 sowie die etwas östlich gelegene Thorn Tree-Mine, die bis 1914 Kupfererze abbaute. Von 1981 bis 1985 kam es hier mit dem Abteufen eines 35 m tiefen, tonnlägigen Schachtes sowie dem Auffahren

Links. Die Kupferlagerstätte Onganja liegt seit 1974 still. Die Überreste, hier die Gerätehalle, zeugen noch heute von der einstigen Bergbautätigkeit. Foto Henkel.

Unten. Cupritkristalle von Onganja zeigen als tragende Form häufig das Oktaeder und sind in vielen Fällen von Malachit überzogen. Der Kristall links hat eine Kantenlänge von 9 cm. Sammlung Sacco, Foto Cairncross.

von 100 m Strecken zu neuen Aktivitäten, in deren Resultat in den Kupfererzen geringfügige Gehalte von Gold, Silber und Molybdän festgestellt wurden.

Zur Geschichte

Lange bevor Europäer hier Bergbauaktivitäten entwickelten, wurden Kupfererze in Onganja von Einheimischen abgebaut und auch verschmolzen. Im Jahre 1900 begann ein Mr. Stanley mit der zuerst auf die oberflächennahen Bereiche beschränkten Prospektion der Haupt-Kupfererzgänge. Später wurde das Gebiet in vier jeweils 1 km² große Blöcke unterteilt, die zur Hälfte von Stanley, zur anderen Hälfte die Gesellschaft Wecke & Voigts, die 1907 das Otjozonjati-Minensyndikat gründeten, abbauten. Im Jahre 1903 wurden die ersten 100 Tonnen Kupferkonzentrat nach Deutschland zur Verhüttung verschifft. Das in diesen frühen Jahren gewonnene Kupfererz war sehr hochgradig und zeichnete sich durch Abwesenheit von Pb, Zn, Ag, As, Sb und Bi aus.

Der Ausbruch des 1. Weltkrieges stoppte die Bergbauaktivitäten. Nach dem Waffenstillstand übernahm die South West Africa Company das Gebiet und baute hier bis 1934 Kupfererze ab. Später waren hier die Emka Mining and Trading Company (1959-60 und 1962-67), Rio Tinto (1960-62), Nippon Mining Company (1960-66), Navarro Exploration (1967-72) sowie Zapata Mining Company (1972-1974) aktiv. Letztendlich war die Entdeckung der Cuprite 1973 zumindest teilweise für die Schließung der Gruben verantwortlich. Das Interesse und die Nachfrage an Cupritstufen war so groß, dass das Management die Bergbauaktivitäten in der „Oxidationszone“, in der die Cuprite entdeckt wurden, fortsetzte. Das führte allerdings zu einem starken Rückgang der Menge des aus der Flotations-Aufbereitung kommenden Kupfererzes, sodass, in Kopplung mit anderen Problemen wie etwa dem geringen Kupferpreis auf dem Weltmarkt, im September 1974 das „Aus“ für Onganja kam. Insgesamt wurden hier 21.896 Tonnen Erz-Konzentrat gewonnen, in der Periode von 1968 bis 1974 allein 8.133 Tonnen mit 35-44% Kupfer.

Links. Die hübschen, fast 4 cm langen dendritischen Kupferkristalle werden von wenig Calcit und nadeligem Cuprit begleitet. Sammlung und Foto Cairncross.

Unten.
Kleinstufe mit schön ausgebildeten Cupritkristallen, die auf einer Calcitmatrix sitzen. Der größte Kristall mißt 9 mm. Sammlung und Foto Cairncross.

Die Mineralien

Das Mineral aus Onganja, bei dem Sammler auf der ganzen Welt aufblicken, ist Cuprit, dessen auf dieser Lagerstätte gefundene Kristalle mit zu den besten der Welt zählen. Im Jahre 1973 wurde untertage ein Hohlraum angetroffen, aus dem die unglaubliche Zahl von ca. 2.000 perfekten Cuprit-Kristallen bis maximal 14 cm Größe und einem Gewicht von 2,1 kg kamen. Diese Kristalle wurden meist als Einzelkristalle oder Kristallgruppen gefunden, die Matrixstufen waren, obwohl z.T. sehr schön, recht selten. Die tragende Form der meist scharfkantigen und gut ausgebildeten Kristalle ist das Oktaeder {111} oder auch das Rhombendodekaeder {110}, hinzu treten oft die meist kleinen Flächen des Würfels {100}. Die stark glänzenden Cuprite von Onganja sind, wenn ihnen der Malachit-Überzug fehlt, häufig durchsichtig und von Edelsteinqualität (z.T. auch verschliffen zu Exemplaren über 300 Karat) und zeigen die bekannte cochenillerote Farbe. Für Onganja außerordentlich charakteristisch ist aber ein teilweiser bis vollständiger, dünner, filmartiger Malachit-Überzug. Wird dieser Malachit durch Einwirkung von Säuren entfernt, haben die darunter zum Vorschein kommenden Cupritflächen eine meist narbige, matte Oberfläche.

Ein zweites für Onganja sehr bekanntes Mineral ist Malachit, der hier 1974 in Form hübscher, dunkelgrüner, mitunter sogar durchsichtiger Kristalle bis 2 cm Größe auf Calcit angetroffen wurde. Die den Malachiten von Mashamba-West (früher Zaire) ähnelnden Kristalle zeigen typischerweise glänzende Prismenflächen sowie unebene Endflächen.

Zu den weiteren hier angetroffenen, z.T. Stufen in Museumsqualität liefernden Mineralien gehören (in alphabetischer Reihenfolge) Azurit, Calcit, Chrysokoll, Fluorapatit, Goethit, gediegenes Gold, Hämatit, gediegenes Kupfer, Magnetit, Molybdänit, Quarz, Rutil, Siderit, gediegenes Silber sowie untergeordnet Baryt, Beryll, Biotit, Bornit, Brochantit, Chalkosin, Chalkopyrit, Covellin, Digenit, Ilmenit, Pyrit und Tenorit.

Literatur

CAIRNCROSS, B.; MOIR, St. (1996): The Onganja Mining District, Namibia. - Miner. Rec. **27**, 85-97.

SCHNEIDER, G.I.C.; SEEGER, K.G. (1992a): Copper. In: THE MINERAL RESSOURCES OF NAMIBIA, Ministry of Mines and Energy, Geological Survey, Windhoek, S. 2.3–88 - 2.3–90.

Die schönen Fluorite von Okorusu

Steffen Jahn

Auf halbem Wege von Windhoek in das Otavibergland erreicht man Otjiwarongo, den Hauptort des gleichnamigen Distrikts. Etwa 50 km nördlich dieser Stadt, auf der Grenze der Distrikte Grootfontein/Otjiwarongo, befindet sich die größte Fluoritlagerstätte Namibias, wo Fluorit in der Südflanke des 1.726 m hohen Okorusu-Berges im Tagebau gewonnen wird. „Okorusu" hat auf dem Mineralienmarkt einen guten Klang, kommen von hier doch z.T. sehr große Stufen mit charakteristisch grün und violett gefärbten kuboktaedrischen Fluoritkristallen. Gleichzeitig ist Okorusu einer der wenigen „aktiven" Mineralfundpunkte Namibias, von dem noch Mineralien in vergleichsweise großer Menge kommen.

Das Fluoritvorkommen von Okorusu ist bereits seit der deutschen Kolonialzeit bekannt und wurde in den 1920er Jahren abgebaut. Seit 1988 steht die Lagerstätte wieder in Förderung, seit Juli 1997 ist die Solvay-Gruppe der Eigentümer. Geologisch gehört die Lagerstätte zum „Okorusu Alkaline Complex", der die nordöstlichste und jüngste einer Reihe von jurassisch-cretazischen, vom Cape Cross bis nach Okorusu reichenden Ringkomplexen bildet.

Die jüngste Bildung im 32 km^2 großen Okorusu-Komplex ist ein in kleinen Intrusionen auftretender Carbonatit (Sövit), bei dessen Platznahme Fluide das sedimentäre Nebengestein in einen feinkörnigen, hauptsächlich aus Aegirinaugit, Ti-haltigem Magnetit und Calcit bestehenden Fenit umwandelten. Die dabei gebildeten Fluorit-haltigen Verdrängungskörper liegen im südlichen Teil des Komplexes. Neben solchen massiven Verdrängungskörpern (ökonomisch am wichtigsten) kommt Fluorit u.a. als unregelmäßiges Stockwerk in Breccien und als Gangfüllung entlang mächtiger Spalten vor. Neue Kartierungen führten zur Entdeckung von spätgebildeten pegmatitisch-carbonatitischen, meist durch Fluoriterze verdrängten Intrusiva. Zur Zeit sind drei Erzkörper bekannt.

Das Erz ist in weiten Bereichen drusenreich, wobei die linsenförmigen Drusen Größen von 1-5 cm, aber auch bis 1 m erreichen können. Es sind mehrere Fluorit-Generationen nachgewiesen worden, deren früheste vom „Verdrängungs-Fluorit" gebildet wird. Der danach ausgeschiedene Fluorit enthält normalerweise „Verdrängungs-Fluorit"-Kerne und zeigt eine erhebliche Farbvielfalt; neben farblosen Bildungen sind violette, grüne, farblos, blaue und gelbe Fluorite bekannt. Die meist um 5 cm, nicht selten jedoch über 10 cm Kantenlänge aufweisenden Fluoritkristalle weisen eine charakteristische Tracht aus Würfel und Oktaeder auf, bei denen das Oktaeder deutlich getreppt erscheint. Gelegentlich ist auf den Oktaederflächen auch blockiges Skelettwachstum zu erkennen. Die meisten Fluoritkristalle wurden später von einer dünnen Schicht aus Goethit, Quarz, Manganoxiden und manchmal auch Calcit überzogen, wobei besonders Goethit stalaktitische Aggregate bildet. Große, idiomorphe Barytkristalle wurden lokal nach der letzten Generation des kristallinen Fluorits abgelagert.

Literatur

HAGNI, R.D.; SHIVDASAN, P.A. (2000): Microtextural Mineralogy: Overview characterizing megascopic textures in fluorospar ores at Okorusu Mine. - JOM 52 (4), 17-20.

KOGUT, A.I.; HAGNI, R.D.; SCHNEIDER, G.I.C. (1998): Geology, mineralogy, and paragenetic sequence of the Okorusu carbonatite-related fluorite ores, Namibia. - In: HAGNI, R.D. (Ed.), Proc. Ninth IAGOD Symp., Schweizerbart, Stuttgart, 555-573.

SCHNEIDER, G.I.C.; SEEGER, K.G. (1992): Fluorite. In: THE MINERAL RESSOURCES OF NAMIBIA, Ministry of Mines and Energy, Geological Survey, Windhoek, S. 6.10–1 - 6.10–16.

Neue Fluorite aus Namibias Nordwesten

Steffen Jahn

Bisher waren gute Fluorit-Stufen aus Namibia auf wenige Fundorte wie z.B. Okorusu beschränkt. Neue Funde von einem geheimnisumwitterten Ort interessieren nicht nur Fluorit-Liebhaber, sondern auch alle Namibia-Sammler.

Seit längerer Zeit kommen aus Namibia relativ große Mengen derben Fluorits. Der Fundpunkt liegt ca. 25 km nordnordöstlich von Uis, er wird als „Otjionamewa" (Otjinamewa) bezeichnet.

Im Jahr 2004 gelangen allerdings ganz in der Nähe Funde von kristallisiertem Fluorit - hierbei fanden sich neben zahlreichen guten Stufen auch eine kleine Anzahl hochklassiger Stufen.

Der Fundort liegt unweit der Ansiedlung Sorris Sorris, etwa 40 km nördlich von Uis und damit noch etwas nördlicher als Otjionamewa. Als konkreter Name des Fundortes wird eine kleine Siedlung namens „Omehane" angegeben. Auch „Uis" sowie „Brandberg" - auf Grund der unmittelbaren Nähe dieser jedem Namibia-Kenner vertrauten Landmarke - werden als Fundortbezeichnungen verwendet. Auf den gängigen namibischen Karten 1:250.000, Blatt 2014 Fransfontein, und 1:500.000, Blatt 1914 Otjiwarongo, wird man einen Ort „Omehane" allerdings vergeblich suchen.

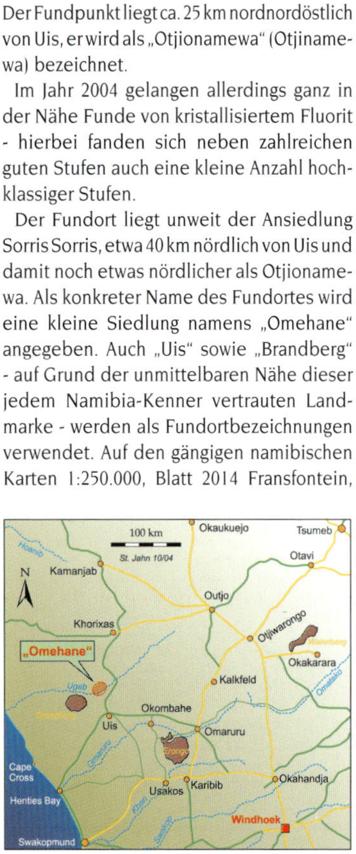

Ausgezeichnete, 12 x 8 cm große Stufe mit drei Fluorit-Kristallen bzw. -Kristall-Aggregaten auf Quarz. Kunstlicht.

Wenn er sich in der Nähe von Sorris Sorris befinden soll, dürfte er auf dem Farmgebiet von Sorris-Sorris 186 liegen. Das Ugab-Rivier bildet die südwestliche Grenze dieser Farm zum Farmgebiet Okombahe 139.

Seit langem bekannt: Derber Fluorit von Otjionamewa

Wie SCHNEIDER (1992) berichtet, sind im 25 km nordöstlich der Uis Tin Mine liegenden Gebiet von Otjionamewa, Farmgebiet Otjihorongo 150, bereits vor mehreren Jahrzehnten sporadisch kleinere Fluorit-Lagerstätten abgebaut worden. Bei der Ansiedlung von Otjionamewa existieren noch Reste von Anreicherungsanlagen; 1,8 km von diesen Anlagen entfernt finden sich auf beiden Seiten der Straße nach Otjionamewa Prospektions-Schurfgräben sowie weitere Abbaue.

Der Großteil der Fluorit-führenden Gänge sitzt in Salem-Granit, einige wenige auch im jüngeren Sorris-Sorris-Granit. Westlich der Straße wurde Fluorit in einem N-S streichenden und mit 80° steil einfallenden, teilweise brecciierten Quarzgang von 3,5 km Länge und Mächtigkeiten zwischen 0,3 und 1,5 m gefunden. Der Fluorit bildet hierin diskontinuierliche Bänder zwischen 2 und 30 cm Mächtigkeit sowie kleine Trümer und Hohlräume.

In diesem und anderen brecciierten Gängen füllt der Fluorit die Räume zwischen den Quarz-Fragmenten aus - ein wichtiges Indiz dafür, dass die Mineralisation erst nach der Brecciierung stattfand. In anderen, nicht-brecciierten Gängen außerhalb des eigentlichen Bergbaugebietes soll Fluorit in honigfarbenen Würfeln bis 5 mm Größe auf dem Quarz sitzen - auch dies ist ein Hinweis auf das späte Wachstum dieses Minerals.

In den frühen 1970er Jahren wurden Prospektionsschürfe bis in 5 m Tiefe angelegt. Vom Boden dieser Schürfe sind zwei kleine senkrechte Blindschächte geteuft worden, um den teufenwärtigen Trend des Material festzustellen. Aus Berichten geht hervor, dass 150 t „acid grade fluorite" (für die Erzeugung von Flusssäure taugliches „Fluorit-Erz" mit rund 98% CaF_2) sowie 150 t „metallurgical fluorite" (mit 90% CaF_2) gewonnen und exportiert worden sind (SCHNEIDER 1992).

SCHNEIDER (1992, in sinngemäßer Übersetzung) führte weiter aus: „*Durch Kartierungen wurden zahllose kleine, noch nicht ausgebeutete Fluorit-Vorkommen östlich und westlich des unmittelbaren Bergbaugebietes nachgewiesen. Ihr Hauptanteil ist mit Nordwest- bis Nordost-orientierten, Chalcedon-mineralisierten Verwerfungen verknüpft.*

Viele von ihnen finden sich hier in bis 0,6 m mächtigen und 2 m langen, orientierten Quarzmassen mit gele-

gentlich vorhandenen Kristallen oder Hohlraumfüllungen von Fluorit. Sowohl der Quarz als auch der Fluorit sind mit Gängen vergesellschaftet, deren Platznahme wahrscheinlich entlang von Dehnungsverwerfungen erfolgte. An manchen Stellen bildet der Fluorit auch das Zementmaterial von Breccien."

Generell sind die neuen Fluorite von „Omehane" hinsichtlich Mineralisation sowie Nebengestein gut mit dem Material von „Otjionamewa" vergleichbar, sodass man annehmen könnte, dass sich die Mineralisation von dort bis in das Gebiet von „Omehane" erstreckt. Ein gutes Unterscheidungsmerkmal beider Mineralisationen ist das viel häufigere Auftreten von Chalcedon in Otjionamewa. Natürlich bedürfen alle diese Mutmaßungen noch einer endgültigen Klärung ...

Oben. Fluorit-Kristall von 6 cm Kantenlänge und einem Phantom. Sowohl Kristall als auch Phantom zeigen im Kunstlicht violette Farbtöne.

Links. Derselbe Kristall wie oben, aber im Tageslicht fotografiert. Das Phantom im Innern des hier bläulichen Fluorits weist grünlich/violette Farbtöne auf.

Unten. Getreppter Fluorit von 6 cm Kantenlänge mit blaugrauen Flächen und violetten Kanten (Tageslicht, links) bzw. violetten Flächen (Kunstlicht, re).

Nach Kenntnis eines engagierten namibianischen Mineraliensammlers lieferte das Gebiet um Otjionamewa - obwohl mehrere Tausend Löcher gegraben worden sind - über lange Zeit lediglich derben Fluorit, der auch exportiert wurde. Kristalle waren angeblich bis vor kurzem unbekannt. Demgegenüber steht aber eine Stufe in meiner Sammlung, die ich 2000 mit der Herkunft „Erongo" erworben habe. An dieser Fundortbezeichnung gab es allerdings immer Zweifel. Die Stufe besteht aus parkettiertem hellgrünen Fluorit auf Kristallstöcke bildendem Quarz - dieses Material ist im Erongo (bisher) unbekannt.

Erst mit dem Auftauchen der neuen, nun viel größeren Fluorite aus der weiteren Umgebung

von Uis scheint klar, dass es sich beim Fundort um eben diesen Bereich handelt, und dass dieses Gebiet schon vor mindestens vier Jahren zumindest kleine Stufen mit kristallisiertem Fluorit hervorbrachte. Auch in der spärlichen Literatur wird auf seltene Funde kristallisierten Fluorits im Gebiet nördlich von Uis hingewiesen (vgl. weiter oben).

Der Neufund von Omehane

In der Umgebung von Omehane war man bislang noch nicht sehr aktiv - es gibt hier bei weitem nicht so viele Schürfe und Löcher wie in Otjionamewa. Allerdings ist die schöne Farbe des von hier bekannten derben Fluorits Grund für einen kleinen Abbau gewesen. Ein namibischer Mineralienhändler ließ vor kurzem etwa 70 kg dieses farbintensiven Fluorit-Materials abbauen und verschickte es für die Herstellung von Trommelsteinen in die USA. Wie man hört, sind auch hier in den vergangenen Jahren gelegentlich kleine Stüfchen mit kleinen Fluorit-Kristallen gefunden worden. Es ist damit wohl wahrscheinlicher, dass mein oben erwähntes Stüfchen eher von „Omehane“ als von „Otjionamewa“ stammt.

Wie unserem eingangs erwähnten Mineraliensammler berichtet wurde, gelang der Fluorit-Neufund im Sommer 2004 völlig unerwartet und nur zufällig beim Graben eines weiteren Loches; niemand hatte auch nur im Entferntesten mit Fluorit-Kristallen gerechnet. Die Freude war entsprechend groß …

Die Stufen kamen sämtlich aus einem einzigen Hohlraum. Man spricht von etwa einem Dutzend Stufen, die diesen Namen auch verdienen; lediglich eine verschwindend kleine Anzahl dieser Stufen ist „gut“ im Sinne von makellos und ästhetisch. Seit Ende Juni 2004 kommen aus diesem „Loch“ keine weiteren

Oben. Stufe mit hellgrünen bis fast farblosen, hochtransparenten Fluorit-Kristallen von 7 x 5 cm Größe. In der Mitte unten ist eine sternförmige Gruppe von Quarz-Kristallen zu erkennen. Tageslicht.

neuen Stufen mehr. Lediglich Ende Juli 2004 lieferte dieser Schurf noch eine gute Stufe, seitdem aber überhaupt nichts mehr - der Schurf wurde aufgegeben.

Man fing dann gut 50 m weiter an zu graben und wurde Anfang August 2004 auch fündig. Allerdings handelte es sich im Großen und Ganzen „nur“ um normales Material - bis auf eine einzige, aber wieder recht gute Stufe. Wie man sieht, ist die Mineralisation in Punkto Fluorit-Kristallen und insbesondere deren Qualität recht „absätzig“. Unser Namibia-Mineraliensammler hat insgesamt ca. 80 Stufen von den insgesamt etwa 150 ans Tageslicht gekommenen Stufen gesehen und kann sich so ein Gesamturteil bilden - mehr als ein gutes Dutzend echter Stufen hat der Fundpunkt nicht geliefert.

Wie unserem Mineraliensammler erklärt wurde, ist die Möglichkeit des Findens weiterer guter und möglicherweise besserer Stufen durchaus vorhanden - aber in erster Linie eine Frage der Investition zusätzlicher (Geld)-Mittel.

Die neuen Fluorite

Matrix der Fluorite ist immer weißer bis ganz schwach violetter Quarz. Mitunter sitzen die Fluorit-Kristalle auch auf Quarz-Kristallstöcken - mehreren größeren, leicht divergenten Quarz-Kristallen, die von zahllosen kleinen Quarzen überwachsen sind.

Die würfeligen Fluorit-Kristalle selbst erreichen Kantenlängen bis zu 12 cm, trivial kann man von faustgroßen Exemplaren sprechen. Es handelt sich um keine vollkommenen Hexaeder, sondern um aus zahllosen Subindividuen aufgebaute Kristalle mit deutlichen Defiziten im Bereich der Oktaeder-Ecken. Meist wirken die Kristalle ausgesprochen getreppt.

Gelegentlich divergieren die zahllosen Fluorit-Subindividuen in ihrer Anordnung, wodurch leicht gebogene bis kugelig wirkende Gruppen entstehen. Soweit bekannt, ist neben dem Quarz nur ein einziges Begleitmineral zu identifizieren. Der rhomboedrischen Form nach handelt es sich um ein Carbonat; da es deutlich limonitisiert ist, um eines mit höheren Fe-Gehalten, also etwa Siderit.

Unten. Geologische Karte der Fluorit-Lagerstätte von Otjionamewa. Aus SCHNEIDER et al. (1992).

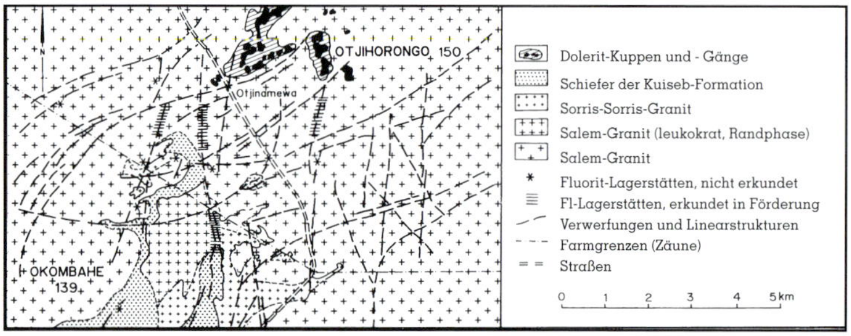

Im August 2004 gefundene Stufe aus dem zweiten Schurf. Zahlreiche Subindividuen sorgen dafür, dass die Fluorit-Kristalle gebogen bis kugelig erscheinen.

Oben. Stufe mit zahlreichen und eng miteinander verwachsenen grünen Fluorit-Kristallen, die im Bereich der Oktaederecken stark getreppt sind. Als jüngstes Mineral sitzt Sternquarz auf.

Darunter. Stark getreppte Fluorit-Kristalle mit Phantombildung. Die Ende Juli 2004 gefundene, 12 x 10 cm große Stufe war die letzte gute Stufe aus dem ersten Schurf. Kunstlicht.

Chalcedon - wie in Otjionamewa - gibt es in Omehane kaum!

Es gibt bei den Fluoriten zwei verschiedene Farbkategorien. Zur ersten Kategorie gehören grüne Fluorite, wobei das Grün von einem blaugrauen Grün bis zu einem fast farblosen Hellgrün reicht. Die grünen Fluorite zeigen einen starken Glasglanz und sind fast durchsichtig, weswegen man tief in die Kristalle hinein schauen kann. Auf den Fluoriten sitzt mitunter wieder Quarz, dieser aber in Form von „Sternquarz", mit einem gemeinsamen Kristallisationszentrum aller Kristalle. Die Quarze sind farblos bis milchig und weisen mitunter rötliche Spitzen auf.

Zur zweiten Kategorie zählen bläuliche bis bläulichgraue Kristalle mit charakteristisch violett gefärbten Kristallkanten. Im direkten Sonnenlicht wirken die Kristalle fast himmelblau, hierbei spielt möglicherweise die Wirkung der UV-Komponeten des Sonnenlichtes eine Rolle.

Die Farbe der Kristalle ändert sich bei Kunstlicht zu lila-purpur-violetten Farbtönen („Alexandrit-Effekt"), wobei die Kanten wesentlich stärker violett gefärbt sind. Diese letztgenannten, oft ebenfalls ausgesprochen durchsichtigen Fluorite weisen tief im Innern oft ein Phantom auf. Dieses Phantom ist grünlich gefärbt, hat violette Kanten und stellt ebenfalls ein Kristallaggregat dar.

Die blauen Fluorite sitzen auf dünn-plattenartig verwachsenen Quarz-Kriställchen, welche wiederum festen, lila Fluorit (mit etwas Quarz) überwachsen. Besonders schöne Stufen entstehen, wenn mehrere dieser Fluorit-Aggregate einzeln nebeneinander auf der Quarzmatrix sitzen.

Beide Farbvarietäten des Fluorits fluoreszieren interessanterweise weder im langwelligen noch im kurzwelligen UV-Licht.

Resümee

Nicht nur Fluorit-Kenner wissen, dass die Fluorit-Lagerstätte Okorusu ebenfalls in Namibia liegt. Warum nun angesichts von gerade einmal etwas über einem Dutzend Stufen von einer neuen Lokalität so ein „Rummel" um diese, wenn es in Namibia doch einen Weltfundort für dieses Mineral gibt? Nun - gerade Okorusu lieferte bisher schätzungsweise mehrere Zehntausend Fluorit-Stufen. Neben den unbestrittenen Weltstücken von dieser Lagerstätte bildet ein Großteil der von hier stammenden Fluorite allerdings lediglich sich stark ähnelnde Massenware.

Im Vergleich gerade zu diesen letztgenannten Okorusu-Fluoriten stellen die neuen Fluorite eine außerordentlich ästhetische Bereicherung des Mineralieninventars von Namibia dar. Bei dem hier beschriebenen Material handelt es sich um sehr schöne Stufen „voller Leben", die den Ruf von Namibia als „Mineralienland der Superlative" wieder einmal eindrucksvoll unter Beweis gestellt haben.

Literatur

JAHN, St. (2005): Neue Fluorite aus Namibias Nordwesten. - MINERALIEN-Welt **16** (1), 50-53.

SCHNEIDER, G.I.C. (1992): Fluorite. - In: Ministry of Mines and Energy/Geological Survey (Ed.), The mineral ressources of Namibia, 6.10–1 - 6.10–9, Windhoek.

Ein Neufund von ged. Kupfer in der Otjihase Mine bei Windhoek

Ernst A. Schnaitmann

Lage und Bergbaugeschichte

Die Otjihase-Mine befindet sich in der Region Khomas, etwa 20 km nordöstlich von Windhoek entfernt auf dem Farmgebiet von Von Francois Ost 60; mineralisierte Zonen erstrecken sich bis auf die Gebiete der Farmen Von Francois West 59 und Hoffnung 66.

Wie SCHNEIDER & SEEGER (1992) ausführen, wurde in den 1920er Jahren ein Hügel nahe der Ausbisse des Eisernen Hutes von

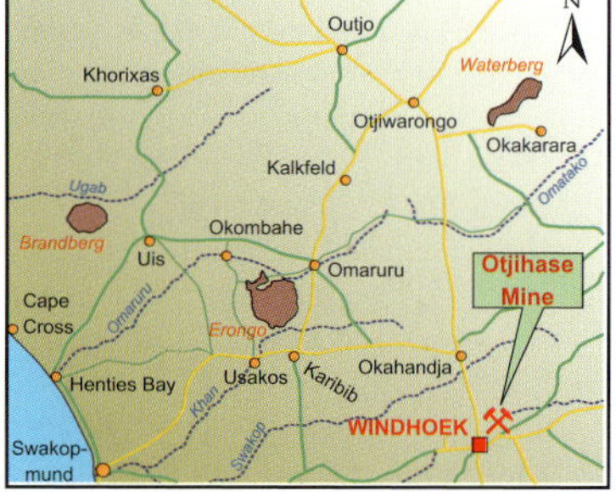

Oben. Aus der Otjihase Mine kamen kürzlich einige wenige ausgezeichnete Stufen mit gediegenem Kupfer in dendritischem Aggregaten. Stufenbreite 6 cm, Foto Schnaitmann.

Otjihase zwar „Erzberg" genannt, das Kupferpotential dieser Oxidationszone aber erst 1970 erkannt. Nach einer von 1973 bis 1975 dauernden Erkundungsphase des Erzkörpers durch die Otjihase Mining Co. ging die Otjihase Mine Ende 1975 in Förderung, wurde aber aufgrund des niedrigen Kupferpreises schon im Dezember 1977 wieder stillgelegt. Ende 1980 begann man mit der Vorrichtung von Untertageabbauen; 1982 wurde die Förderung wieder aufgenommen.

Ende 1991 betrugen die Erzreserven 10.177 Millionen Tonnen Erz mit 2,62 % Kupfer, 20 % Schwefel und 10 g/t Silber. Seit 1983 wurden monatlich durchschnittlich 70.000 Tonnen Kupfer-/Pyrit-Erz gefördert.

1991 betrug die Jahresförderung 651.797 Tonnen Erz, aus dem man 34.498 Tonnen Kupfer-Konzentrat und 127.119 Tonnen Pyrit-

Konzentrat erzeugte. Das Kupferkonzentrat hat Gehalte von 26 % Kupfer, 65 g/t Silber und 4 g/t Gold; das Pyrit-Konzentrat enthält 50 % Schwefel.

Das von der Tsumeb Corporation Limited (TCL) (100%ige Tochter von Gold Fields Namibia) betriebene Bergwerk musste wie alle TCL-Gruben (also Tsumeb, Kombat und Khusib Springs) im April 1998 schließen.

Im März 2000 wurde die Otjihase-Mine wieder eröffnet und im November 2000 erneut in Verhieb genommen - neuer Betreiber ist Ongopolo Mining and Processing Limited (OMPL, Partnerschaft aus früheren TCL-Managern und der National Union of Namibian Workers), wobei Ongopolo das Wort für „Kupfer" in der lokalen Otjiwambo-Sprache ist.

Bis Ende März 2001 wurden in der Otjihase Mine 125.000 Tonnen Kupfererz gefördert, man erwartete bei voller Auslastung eine Monatsförderleistung von 60.000 Tonnen. Ein neuer Erzblock in der Grube besitzt eine projektierte Lebensspanne von 5-7 Jahren (COAKLEY 2000).

Das Kupfer-Konzentrat wird zur Schmelzhütte von Tsumeb transportiert, wo es zusammen mit den Erzen aus Kombat im Otavibergland sowie aus Sambia verhüttet wird. Fast 100 % des Pyrit-Konzentrates werden zur Rössing-Mine zur Herstellung von Schwefelsäure transportiert; eine kleine Menge gelangt ferner für die Erzeugung von As_2O_3 zur Schmelzhütte von Tsumeb. Otjihase ist seit 1984 Namibias einziger Erzeuger von Pyrit-Konzentrat.

Die aktuelle Otjihase-Mine baut unterhalb der Geländeoberfläche ab; leider erhielt ich keine Erlaubnis zur Untertage-Befahrung.

Mir ist aber mitgeteilt worden, dass sich diese Abbaue bis in Bereiche von 100 - 200 m unterhalb der Oberfläche erstrecken.

Die Stufen aus dem Neufund stammen zwar aus dem Bergbaukomplex von Otjihase, aber nicht aus dem Bereich der eigentlichen, heute abbauenden Grube. Sie wurden im Gebiet der ursprünglichen, in der Vergangenheit abgebauten Grubenareale gefunden, und zwar in einem Bereich, der mehr oder weniger als 1. Sohle der alten Grube bezeichnet werden könnte. Die Bilder unten zeigen die genaue Lage des Fundgebietes. Im Bild unten rechts ist der Wetterschacht der alten Grube deutlich erkennbar, alle anderen Bilder zeigen das Gebiet der Tagebaue. Im Übrigen hat sich Ongopolo infolge des momentanen Anstieges des Kupferpreises entschieden, die Bergbauaktivitäten in diesem „alten Gebiet" zu intensivieren.

Links. Die Otjihase-Mine wird von „Ongopolo" - in der Sprache der lokalen Otjiwambo gleichbedeutend mit „Kupfer" - betrieben.

Rechts. In dem mit einem Kreis markierten Gebiet gelangen die Funde der Stufen mit gediegenem Kupfer. Links der alte Wetterschacht.

Rechts unten. Abbau der kupferhaltigen Gesteine mit Bagger.

Unten. Blick in die Otjihase Mine. Die Kupferlagerstätte befindet sich unweit von Windhoek in der Region Khomas und steht noch in Förderung. Alle Fotos Schnaitmann (2005).

Der neue Tagebau erreicht, bezogen auf die Geländeoberfläche, grob geschätzt 30-40 m Tiefe; er befindet sich etwa 800 m vom Hauptschacht entfernt. Zur Zeit meines Besuches waren erst 500 Tonnen Abraum entfernt worden, um an die Chalkopyrit-führenden Zonen der Erzfälle zu gelangen.

Momentan sind die Fundmöglichkeiten für Stufen mit gediegenem Kupfer zum Erliegen gekommen. Gerüchteweise wird aber davon gesprochen, in naher Zukunft innerhalb des Bergbaukomplexes einen weiteren Tagebau anzulegen.

Rechts. Gediegenes Kupfer. Stufengröße ca. 6 x 2,5 cm.

Unten. Aggregate aus Kristallen gediegenen Kupfers auf Quarz. Nur sehr wenige Stufen erreichen die in den Bildern gezeigte Qualität. Stufengröße 6 x 5 cm, Sammlung Nägele, Fotos Schnaitmann.

Geologie

Die Otjihase Mine gehört - wie die vergleichbaren Lagerstätten von Hope, Gorob und Matchless - zum Matchless Amphibolite Belt innerhalb der Kuiseb-Formation, einer auffallenden Vergesellschaftung von Linsen foliierter Amphibolite, Chlorit-Amphibol-Schiefer, Talkschiefer und Metagabbros. Dieser im Bereich von Otjihase 5 km breite Gürtel erstreckt sich innerhalb der Südlichen Zone des Damara-Orogens vom Gorob-Hope-Gebiet über 350 km bis nach Steinhausen nördlich Omitara (SCHNEIDER & SEEGER 1992).

Die Kupferlagerstätte Otjihase ist eng mit den Magnetit-Quarz-Einheiten des Matchless-Gliedes vergesellschaftet, die hier innerhalb der granathaltigen Biotit-Quarz- und Biotit-Chlorit-Schiefer der Kuiseb-Formation diskontinuierliche Lagen und Linsen aus Amphiboliten und Talk-Chlorit-Schiefern bilden.

Die Otjihase Mine stellt eine kupferführende schichtgebundene Massivsulfid-Lagerstätte dar. Das Primärerz besteht aus Pyrit, Chalkopyrit, Sphalerit und wenig Pyrrhotin; die Hauptmenge des Silbers findet sich entmischt im Chalkopyrit. Auch das Gold ist mit Chalkopyrit assoziiert. Nebengestein sind Magnetit-Quarzite, verschiedenen Schiefer und gelegentlich Amphibolit. Im oberflächennahen Bereich steht das Erz als rötlich-bräunlicher Eiserner Hut mit eisenhaltigen Schiefern und Magnetit-Quarziten an; der durchschnittliche Kupfergehalt beträgt hier 0,1%. An manchen Stellen finden sich zellige Gebilde aus Goethit mit wenig Malachit und Chrysokoll.

Die Kupfermenge ist in der mineralisierten Zone ungleichmäßig verteilt, bildet aber einen deutlich erkennbaren Erzfall nahe dem Nordrand der Lagerstätte, der in der Größe zwischen 200 und 300 m Länge und 1-7 m Mächtigkeit variiert. Es existiert zwar keine deutliche Zonierung, jedoch gibt es eine obere und eine untere Zone massiven Pyrits. Der Chalkopyrit ist an den Rändern dieser Pyritlinsen konzentriert (alle Angaben aus SCHNEIDER & SEEGER 1992).

Die Mineralien des Neufundes

Die Grube Otjihase hat in den letzten Dekaden keine für Sammler beachtenswerten Stufen geliefert. Lediglich aus der Vergangenheit sind - nicht weiter erwähnenswerte - Stufen mit Calcit, Pyrit und Chalkopyrit bekannt. Der Neufund umfasst einige Hundert zumeist plattige Stufen mit gediegenem Kupfer, die in halb verwitterten Quarzgängen gefunden

Links und unten (Detailfoto). Cuprit in kleinen Kristallen auf gediegenem Kupfer und Quarz. Stufengröße 6 x 3 cm. Sammlung Nägele, Fotos Schnaitmann.

wurden (vgl. Foto Seite 225). Sie liegen meist lose in der Gangmasse oder haften nur ein wenig auf dem angewitterten Quarz - mit ihm nur durch gelbliche Tonmineralien verbunden. Der größte Teil dieser Stufen ist relativ leicht durch Ultraschall und/oder einen Hochdruckwasserstrahl zu säubern.

Ihre Größe bewegt sich im Bereich größerer Miniaturen bis hin zur kleineren Kabinettstufen, obwohl auch eine Anzahl von größeren Stufen (bis 20 cm und darüber) geborgen wurde.

Eine leider nur recht kleine Anzahl von Stufen (wahrscheinlich nicht mehr als zehn) bildet herrlich kristallisierte, freistehende Stücke (vgl. Fotos oben und rechts). Es gibt leider nur sehr wenige Matrixstufen; es sind jene, auf denen das gediegene Kupfer durch die Tonmineralien am Quarz haftet. Wird der Ton entfernt, fallen die Kupfer-Aggregate von der Matrix ab.

Das einzige andere identifizierte Mineral im Bereich dieser Neufunde mit gediegenem Kupfer sind dünne Platten aus Cuprit-Kristallen, die immer das Kupfer überziehen. Die plattig verzerrten kubischen Kristalle erreichen 2 mm Größe und sind neben dem gediegenen Kupfer auch mit derbem Quarz vergesellschaftet (vgl. Foto oben und rechts).

Leider sind die Cuprite fast immer schlecht auskristallisiert; der Autor konnte aber die bis heute anscheinend beste Stufe mit kristallisiertem Cuprit erwerben. Bei der Betrachtung der Fotos sollte man deshalb berücksichtigen, dass nur sehr wenige Stufen existieren, die die Qualität des abgebildeten Stücke erreichen!

Weitere Mineralien in diesem Neufund sind dünne, farblose Platten aus Gips (der auf dem das Kupfer überziehenden Cuprit kristallisierte) sowie kristalline Massen aus blauem Chalkanthit, die sich auf plattigen Aggregaten eines gelblichen Glimmers (Muskovit?) fanden.

Infolge der damaligen Wetterbedingungen (sehr hohe Luftfeuchtigkeit während der Funde) ist der größte Teil des - bekanntermaßen im Wasser leicht löslichen - Chalkanthits verschwunden.

Literatur

COAKLEY, G.J. (2000): The Mineral Industry of Namibia. - U.S. Geological Survey Minerals Yearbook-2000, 23.1-23.6.

SCHNEIDER, G.I.C.; SEEGER, K.G. (1992): Copper. - In: The Mineral Ressources of Namibia, 2.3–1 - 2.3–118, Windhoek (Ministry of Mines and Energy, Geological Survey).

Der Aris-Phonolith-Komplex und seine Mineralien

Ralf Wartha, Andreas Palfi, Gerhard Niedermayr, Franz Brandstätter, Ole V. Petersen

In der Umgebung der kleinen Siedlung Aris, etwa 25 Kilometer südlich von Windhoek, finden sich mehrere Phonolith-Körper. Sie gehören neben weiteren Phonolith-Aufschlüssen zu einer Anzahl von Alkaligesteins-Intrusionen zwischen Windhoek und Rehoboth im zentralen Namibia. Sie sind, wie die Phonolithe der Klinghardt-Mountains SE von Lüderitz, späte Produkte des abklingenden tertiären, alkalischen Magmatismus entlang der Westgrenze des südlichen Afrika (MARSH 1987). Die Phonolithkörper um Aris weisen alle eine ringförmige, kuppenartige Gestalt auf, wobei die beiden größten Körper einen Durchmesser von 2 bis 2,5 Kilometer besitzen.

Oben. Der Ariskop-Quarry. Er liegt östlich der Straße Windhoek-Rehoboth. Nach intensiven Regenfällen im Frühjahr 2000 stand der Bruch teilweise unter Wasser.

Ralf Wartha beim Formatieren eines „Klingsteines“ (deutsch für Phonolith). Das Material ist äußerst hart, man kann nur mit schwerstem Werkzeug arbeiten. Fotos Bode.

Bei den Nebengesteinen handelt es sich hauptsächlich um Quarz-Feldspat-Gneise, doch treten auch lokal Glimmerschiefer und Amphibolite des Grundgebirgs-Komplexes auf.

Die massiven, fein- bis mittelkörnigen Phonolithe sind im frischen Zustand grünlichgrau gefärbt, angewittert aber rötlichbraun. Ein Charakteristikum der Phonolithe, die sich vor allem aus Alkalifeldspäten, Nephelin und Aegirin sowie akzessorischem Apatit, Zirkon und Monazit zusammensetzen, sind mit Zeolithen und anderen Mineralien gefüllte, rundliche bis unregelmäßige Kavernen oder Spalten (eigentlich miarolithische Hohlräume), deren Größe vom Millimeterbereich bis etwa 15 cm reichen kann. In den Phonolithen wurden zwei größere Steinbrüche, in denen von Zeit zu Zeit Schotter für den Eisenbahn- und Straßenbau gewonnen wurde, angelegt. Aus diesen Steinbrüchen kommen die für die Lokalität Aris bekannten seltenen und zum Teil noch immer unbekannten Mineralarten.

Die interessante Mineralogie der Phonolithe fasziniert heute Mineralogen und Sammler in gleicher Weise. Das gegenüber Kalium stark Natrium-betonte Magma verursacht eine große Zahl von Natrium-haltigen Mineralphasen, wie z.B. Villiaumit, Makatit und Tuperssuatsiait. Die Anwesenheit dieser Mineralien zeigt auch einen vergleichsweise hohen Gehalt an bestimmten Spurenelementen, wie etwa Zirkonium, Lithium und Seltenerd-Elementen.

Nachdem hier eine nicht unbeträchtliche Radioaktivität festgestellt wurde, ist der Phonolith von Aris in den frühen 1980er Jahren intensiv geochemisch untersucht worden. Die bei v. KNORRING & FRANKE (1987) angegebenen Analysenergebnisse weisen für Uran Werte um 30 ppm (1 ppm = 1 g pro Tonne) und für Thorium Werte zwischen 150 und 200 ppm auf - das ist immerhin die 12fache (U) bzw. bis 15fache Anreicherung (Th) gegenüber den Durchschnitts-Gehalten der Erdkruste!

Der Railway-Quarry-Phonolith

Der westlich der Asphaltstraße gelegene - und deshalb neuerdings auch Aris West Quarry genannte - Phonolithkörper bildet einen rundlichen, domförmigen Hügel mit ei-

Unten. Der Railway-Quarry im Jahr 2000. Er liegt auf der Westseite des Hügels und ist von der Straße aus nicht einzusehen. Foto Bode.

nem Durchmesser von etwa 800 m. Der große Steinbruch auf der Westseite des Hügels bietet eine ausgezeichnete Gelegenheit, die Internstruktur des Phonolith-Körpers zu studieren. Der Kontakt zum umgebenden Gneis ist nicht aufgeschlossen, doch sind im Phonolith selbst einige an Biotit reiche Gneislinsen beobachtet worden, die offenbar vom phonolithischen Magma aufgenommen worden sind.

Miarolithische Hohlräume und Spalten sind häufig und können bis zu 1% des Gesteinsvolumens ausmachen. Die Kavernen weisen eine unregelmäßige Form auf und erreichen 10 cm Größe. Üblicherweise sind die Hohlräume aber wesentlich kleiner und erreichen nur einige wenige Zentimeter Größe. Die Kavernen sind mit Zeolithen gefüllt, doch wurden in diesem Bruch u.a. auch Tuperssuatsiait und Makatit gefunden.

Der Ariskop-Quarry-Phonolith

Dieser Phonolith-Körper bildet einen kleinen, rundlichen Hügel östlich der Nationalstraße und wird neuerdings auch als Aris East Quarry betzeichnet. Der Kontakt zum Nebengestein ist an der Südwestseite des Bruches an dem in den Steinbruch führenden Fahrweg gut zu erkennen. Im Kontaktbereich zeigen sowohl der Phonolith als auch der Gneis starke hydrothermale Umwandlungserscheinungen.

So sind etwa die mikroskopisch kleinen Nephelinkristalle vollständig in Cancrinit umgewandelt. An dieser Lokalität ist Aegirin nur undeutlich kristallographisch entwickelt; nadelförmiger Aegirin konnte bisher nicht beobachtet werden. In kleinen Klüftchen ist Fluorit zur Auskristallisation gelangt.

Der Phonolith des Ariskop-Quarry ist jenem des Railway-Quarry ziemlich ähnlich. Der größte Teil des Gesteins weist eine porphyrische Textur mit miarolithischen Hohlräumen auf, die mit sekundären Mineralphasen gefüllt sind. Diese zeigen ebenfalls gute Übereinstimmung zur Mineralvergesellschaftung des Railway-Quarry. In manchen Gesteins-Handstücken ist Sanidin ziemlich häufig, wogegen der Gehalt an Nephelin und Cancrinit etwas niedriger ist. Die Hohlräume im Ariskop-Phonolith sind etwas größer als im Railway-Steinbruch und können bis 15 cm Durchmesser erreichen.

Mineralogisch ähnelt der Ariskop-Phonolith ebenfalls jenem des Railway-Quarry. Auch hier überwiegen Nephelin, Sanidin, Aegirin und Zeolithe als Hauptkomponenten. Akzessorische Mineralien umfassen u.a. Bastnäsit-(Ce), Villiaumit, Makatit und einige bisher noch nicht identifizierte Mineralien. Villiaumit und Makatit sind dabei relativ gut entwickelt; sie werden in einer Zone nahe am nördlichen Kontaktbereich zum Nebengestein gefunden.

Der Ariskop-Quarry stand von 2001 bis 2004 wieder in lebhaftem Abbau und lieferte in dieser Zeit eine Reihe exzellenter Mineralien. Dazu zählen sehr schöner Tuperssuatsiait sowie insbesondere - auch im weltweiten Maßstab gesehen - hervorragende, weil große, gut ausgebildeten und paragenetisch interessante Villiaumite. In den Funden aus dieser Zeit konnten so seltene Mineralien wie Korobitsynit, Nenadkevichit, Tsepinit-Na und Labuntsovit-Mn, aber auch z.B. Sérandit nachgewiesen werden. Dass die Fundmöglichkeiten auch reichlich genutzt werden, beweisen drei kurz vor der Erstbeschreibung stehende Mineralien, wodurch Aris auch eine „Typlokalität" - die insgesamt vierzehnte in Namibia - werden wird. Zwei dieser Mineralien - Na- und SEE-haltige Fluorcarbonate mit den Formeln $NaCe[F|(CO_3)_3]$ und $NaLa[F|(CO_3)_3]$ - haben Paula Piilonen und Mitarbeiter (PIILONEN et al. 2005) auf dem Rochester Mineral Symposium 2005 vorgestellt.

Ralf Wartha an der Kontaktzone des Phonoliths zum Gneis im Ariskop-Quarry. Foto Bode (2000).

Seite 231. **Der „Ariskop-Quarry" bei Windhoek stand von 2001 bis 2004 in Abbau und liefert seitdem eine Vielzahl hochinteressanter Mineralien. Die Bilder zeigen den Zustand im Jahr 2002 (oben) und 2003 (unten). Eine Neuaufnahme der Arbeiten ist geplant. Fotos Niedermayr und Bode.**

Die Mineralien

Über die Mineralparagenese der Steinbrüche von Aris existiert bisher keine zusammenfassende Arbeit. Das ist insofern etwas unverständlich, da Namibia ein traditionelles Land für Mineral-(Erst-)beschreibungen ist und einzelne Lokalitäten wie Tsumeb und Kombat sogar ihre Spezialisten haben. In der Vergangenheit sind in der Literatur vor allem Tuperssuatsiait und Natrophosphat etwas ausführlicher behandelt worden; für Tuperssuatsiait war Aris der weltweit zweite Fundort und liefert immer noch das beste Material. Wenn die Steinbrüche früher auch einen Dornröschenschlaf hielten, scheinen sich doch seit der Erstauflage des vorliegenden Buches deutlich mehr Sammler für Aris zu interessieren. Ganz offensichtlich wird auch mehr Aris-Material wissenschaftlich untersucht, wie z.B. Veröffentlichungen von NIEDERMAYR et al. (2002) und PETERSEN et al. (2004) zeigen. Weiterhin sind momentan von der IMA mindestens drei aus Aris stammende Phasen (darunter das La-Analogon von Sazhinit-(Ce)) als neues Mineral anerkannt und harren der Erstbeschreibung.

Diese gelblichen, halbkugelig ausgebildeten, bis zu 5 mm große Gebilde wurden bisher als Gyrolith angesprochen. Neue Untersuchungen ergaben aber Fluorit. Sammlung NHM Wien, Foto Niedermayr.

Aggregat subparalleler, typisch prismatischer Korobitsynit/Nenadkevichit-Kristalle von Aris, Namibia. Bildbreite ca. 2 mm. Sammlung A. Haugen & H.V. Ellingsen, Foto H. D. Müller.

Aegirin

Von KNORRING et al. (1992) erwähnen eine faserige Aegirin-Varietät, die in der Vergangenheit aufgrund makroskopischer Ähnlichkeit z.T. mit Tuperssuatsiait verwechselt wurde. Ansonsten findet sich Aegirin in maximal 1 cm kleinen, dunkelgrünen, prismatischen Kristallen in den Hohlräumen sowie als Bestandteil der Matrix. Es handelt sich um eines der häufigeren Mineralien von Aris.

Eudialyt

wurde bereits von v. KNORRING & FRANKE (1987) in Form von rosa Inkrustationen in dünnen Gängchen beschrieben.

Fluorit

Trübweiße und gelbliche, halbkugelige, bis zu 5 mm große Gebilde, früher als „Gyrolith" aufgefasst, haben sich im Zuge einer XRD-Analyse als Fluorit herausgestellt.

Fluorapatit

In den Miarolen der Phonolithe von Aris sind in der Vergangenheit recht attraktive, gelblichgrüne Apatitkristalle gefunden worden. Die langprismatischen Kristalle, für die eine einfache Tracht charakteristisch ist, sitzen dabei bevorzugt auf Mikroklin. Ähnlich wie bei den „Apophylliten" gibt es auch bei „Apatiten" keine systematischen Untersuchungen, ob es sich um Fluor- oder/und Hydroxylapatit (die hier beide vorkommen sollen) handelt.

Fluorapophyllit

ist in den Miarolen des Aris-Phonolithes nicht selten und begleitet viele andere Mineralien - darunter auch Tuperssuatsiait und Makatit. In den meisten Fällen handelt es sich um wasserklare bis leicht trübe, perfekte, bipyramidale bis langprismatische Kristalle um 1 cm Größe; angeblich sollen auch bis 10 cm große Kristalle aufgetreten sein. Inwieweit es sich um Fluorapophyllit oder um die ebenfalls von hier genannten anderen Glieder der Apophyllit-Mischkristallreihe, Hydroxylapophyllit und Natroapophyllit, handelt, ist noch nicht untersucht worden.

Kanemit

Kanemit, ein in Trona-haltigen Evaporiten bei Andjia, Kanem-Region, Tschad-See/Tschad entdecktes und unter anderem mit Makatit und Magadiit verwandtes Schichtsilikat, ist seit einiger Zeit auch aus dem Phonolith von Aris bekannt. Es ist erst in letzter Zeit von GARVIE et al. (1999) einer Strukturanalyse unterzogen

Oben. Diese weißen, tafeligen Lanthanit-(Ce)-Kristalle weisen eine Länge von 4 mm auf.

Darunter. 1,5 mm Kantenlänge weist dieser schöne, ideal ausgebildete Mangan-Neptunitkristall auf. Sammlung Bode.

Oben. Prächtig ist diese aus wirrstrahlig angeordneten, extrem dünnadeligen Kristallen aufgebaute, ca. 2 cm breite Makatitstufe aus Aris. Makatit wurde zuerst in Evaporiten des Lake Magadi in Kenia nachgewiesen, ist aber heute aus einer Reihe von alkalischen Gesteinsmassiven bekannt. Fotos Bode.

worden. Er bildet bis 1 cm große, frisch-farblosklare, aber rasch trübweiß werdende und an Gips erinnernde, lattenartige Kristalle.

Korobitsynit

Ist aus den Steinbrüchen im Phonolith von Aris bekannt (NIEDERMAYR et al. 2002). Korobitsynit fand sich in Drusen im Bruch Aris East in Form von Gruppen aus maximal 1 mm großen farblos-transparenten, prismatischen Kristallen, die einzeln oder in Büscheln auf einer Matrix aus plattigem Albit und krustigem Analcim verstreut liegen. An den Kristallen dominiert die den prismatischen Habitus verursachende Form {110}, untergeordnet sind {010} und {001} vorhanden. Mikrosondenanalysen zufolge weisen sie dünne Zonen aus Nenadkevichit auf (PETERSEN et al. 2004).

Lanthanit-(Ce)

Lanthanit-(Ce) wird nicht selten in weißen, tafeligen Kristallen bis 4 mm Länge beobachtet. In letzter Zeit ist die Existenz dieses Minerals in Aris bzw. das dominante Seltenerd-Element angezweifelt worden.

Makatit

Auch für Makatit - ein seltenes, H_2O-haltiges Na-Silikat, das erstmals im Innern von Trona-Aggregaten am Lake Magadi in Kenia gefunden wurde - kann Aris als das weltbeste Vorkommen gelten. Die perlweißen, glänzenden Nädelchen und Fasern des Makatits erreichen Längen bis zu 3 cm (!) und sind mitunter mit rosa bis karminrotem Villiaumit verwachsen. Als weiterer Begleiter wird Apophyllit angegeben.

Mangan-Neptunit

bildet perfekt entwickelte und häufig verzwillingte, schwärzlichrote Kristalle von nur wenigen Millimetern Größe, die oft sehr schön auf ihren Begleitmineralien sitzen können und deshalb offensichtlich eine späte Bildung darstellen.

Mikroklin

ist in Aris ebenfalls ein häufiges, oft in ausgezeichneten, weißen bis cremefarbenen Kristallen auftretendes Mineral. In der Paragenese können praktisch alle von hier bekannten Mineralien beobachtet werden.

Auf dieser Stufe mit einer interessanten Paragenese finden sich rote Villiaumit-Kristalle zusammen mit weißen Makatitnädelchen. Die Bildbreite beträgt im Original nur 1 cm. Sammlung und Foto Bode.

Muskovit

ist in Aggregaten aus dünnen, bräunlichgelben Täfelchen bekannt geworden.

Natrolith

ist sicherlich das häufigste in den Miarolen der Brüche von Aris beobachtete Mineral. Es füllt in derber Form vor allem kleinere Miarolen sehr oft vollständig aus, bildet aber häufig auch wundervolle, radialstrahlige Büschel dünnnadeliger bis dickprismatischer, farbloser Kristalle bis über Zentimeterlänge. Über dem Natrolith finden sich relativ häufig glasige, farblose bis deutlich bläulichgrüne Inkrustationen, bei denen es sich um Fluorit handelt.

Natrophosphat

Aris war der weltweit dritte Fundort dieses seltenen Minerals, das hier von Albit, Aegirin und Eudialyt sowie Makatit, Villiaumit und Tuperssuatsiait begleitet wurde.

Der Natrophosphat bildet farblos-durchsichtige Aggregate, die sich an der Luft langsam nach milchigweiß bis grauweiß verfärben und später nur noch durchscheinend sind; charakteristischerweise sind sie dann mit einem weißen pulverigen Film aus Villiaumit und sekundären Hydrophosphaten überzogen (PETERSEN et al. 1997).

Sphalerit

Das Vorkommen von Sphalerit ist bereits von v. KNORRING & FRANKE (1987) mitgeteilt worden. Bei diesem Mineral dürfte es sich insgesamt um eine eher seltene Spezies im Phonolith von Aris handeln.

Opal

Bisher nicht erwähnt und prinzipiell auch nicht unbedingt als ungewöhnlich zu betrachten sind farblose, größtenteils glasklare, nierig-traubige Inkrustationen über anderen Mineralphasen von U-haltigem Glasopal, der im UV-Licht eine charakteristische grell hellgrüne Fluoreszenz zeigt.

Sazhinit-(Ce)

Eine weitere, hochinteressante Mineralphase ist Sazhinit-(Ce). Er wurde erstmals aus dem Yubileinaya-Pegmatit, Mt. Karnasurt im Lovozero-Alkalimassiv auf der Halbinsel Kola, Russland, beschrieben und später auch vom Mont Saint-Hilaire und aus dem Varennes-Steinbruch bei Saint-Amable in Québec/Kanada in wenigen Stücken festgestellt.

In Aris bildet der Sazhinit-(Ce) bis zu 3 mm große, dicktafelige, längs gestreifte Kriställchen. Diese sind beige gefärbt, perlglänzend, teils aber auch stumpf, wachsartig. Das Mineral zeigt ausgezeichnete Spaltbarkeit parallel zur Tafelrichtung sowie senkrecht dazu. Die ermittelten vorläufigen Zellparameter lauten a = 7,39, b = 15,57 und c = 7,18 Å; sie sind in einigermaßen guter Übereinstimmung mit jenen Daten, die von Sazhinit-(Ce) von der Typlokalität angegeben werden. SEM-EDS-Analysen ergaben Na, Seltenerd-Elemente und Si und zeigen darüber hinaus La-reiche Zonen in den Kristallen. Ein ähnlicher Zonarbau wird von Sazhinit-(Ce) von Mont Saint-Hilaire und Varennes angegeben.

Im Übrigen haben sich alle analytisch überprüften „Iraquit-(La)"-Kristalle - einem unter Mineraliensammlern recht verbreiteten Aris-Mineral - als Sazhinit-(Ce) erwiesen.

Sérandit

fand sich in einem mit Apophyllit und Fluorit-Würfeln gefüllten Hohlraum in Form von Aggregaten aus farblosen bis weißlichen, nadeligen Kristallen (freundl. schriftl. Information von Hans Vidar Ellingsen, Oslo).

Unten. 3 mm lange, lattenartige Sazhinit-(Ce)-Kristalle.

Tsepinit-Na und Labuntsovit-Mn

Beide Mineralien wurden erstmals von PETERSEN et al. (2004) aus Aris beschrieben. Chemische und röntgendiffraktometrische Untersuchungen haben dabei die Identifizierung dieser beiden Glieder der Labuntsovit-Gruppe sicher gestellt und Aris, Namibia, als weltweit vierte Lokalität etabliert, von der das seltene Mineral Tsepinit-Na beschrieben werden konnte. Die folgenden Ausführungen zu diesen beiden Mineralien stammen im Wortlaut aus dieser Arbeit.

Tsepinit-Na-/Labuntsovit-Mn-Kristalle sind in 1 bis weniger als 3 cm großen, unregelmäßigen Hohlräumen im typischen Phonolith von Aris gefunden worden. Die Wände dieser Hohlräume sind von farblosen, fast durchsichtigen, mitunter leicht „frostigen" Analcim-Kristallen von maximal 0,5 mm Durchmesser ausgekleidet. Schwarze, schlankprismatische Aegirin-Einzelkristalle bis 0,75 mm Länge sind überall auf den Hohlraumwänden verstreut aufgewachsen. Ferner fanden sich einige wenige größere, bis 3 mm lange und gut ausgebildete, farblos-durchsichtige Natrolith-Kristalle in einigen der Hohlräume. Etwa 0,5 mm große, hellbraune und seltener auch dunkelbraune Plättchen eines Glimmerminerals haben eine variable chemische Zusammensetzung und können nicht eindeutig identifiziert werden.

Die pseudohexagonalen Tsepinit-Na-/Labuntsovit-Mn-Kristalle weisen kurzprismatischen Habitus auf. Sie bestehen aus einem weißen, etwas porösen und durchscheinendem Kern

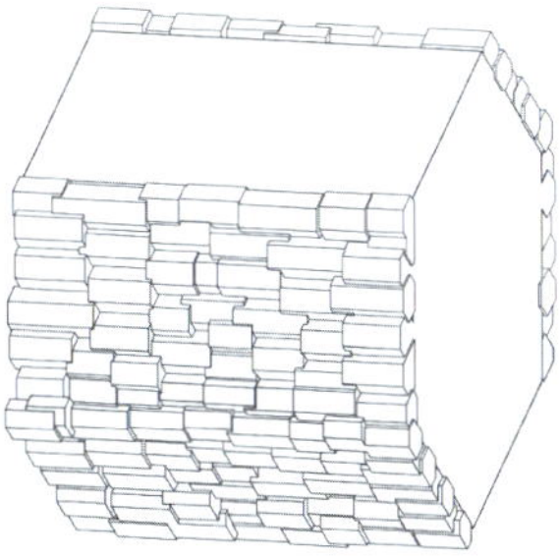

Zeichnung eines von Labuntsovit-Mn überwachsenen Tsepinit-Na-Kristalls.

Rechts oben und unten. In einem Hohlraum im Phonolith sitzende, aus mehreren Individuen in paralleler Verwachsung bestehende, weiße, durchscheinende Tsepinit-Na-Kristalle werden von durchsichtigem, hellbraunem Labuntsovit-Mn überwachsen. Bildbreite 1 cm. Sammlung NHM Wien, Foto Bode.

Links. Das schöne radialfaserige Büschel langnadeliger Tuperssuatsiait-Kristalle sitzt auf einem Rasen von Feldspat und Aegirin und hat eine Höhe von 1 cm. Der Steinbruch Aris stellt den weltweit zweiten Fundort für dieses Mineral dar; von hier kommen auch die weltbesten Stufen dieser Mineralspezies. Fotos Bode.

Links. In einem der typischen Hohlräume des Phonoliths sieht man hier ein Büschel grünlicher, 4 mm langer Kristalle, die bislang ebenfalls als Tuperssuatsiait angesehen wurden. Es scheint sich aber um eine andere Mineralspezies oder möglicherweise sogar um ein neues Mineral zu handeln. Sammlung Bode.

Großes Bild auf S. 237. Auf der 3 cm hohen Stufe finden sich phantastisch entwickelte, z.T. freistehende Tuperssuatsiaitkristalle in einem länglichen Hohlraum. Sammlung Johnston. Fotos Bode.

Aegirin*
Aenigmatit
Albit
Analcim*
Ankylit-(Ce?)
Aragonit*
„Arisit"
= Verwachsung mit Tuperssuatsiait
Baryt
Bastnäsit-(Ce)*
Biotit
Calcit
Cancrinit
Dolomit
Eudialyt*
Ferropargasit
Fluorapatit
Fluorapophyllit*
Fluorit
Galenit
Halloysit
Hämatit
Hydroxylapatit
Hydroxylapophyllit
Kaersutit
Kanemit
Kenyait
Korobitsynit
Kryolith
Labuntsovit-Mn
Lanthanit-(Ce)
Lovozerit
Magadiit
Magnetit
Makatit*
Mangan-Neptunit
Mikroklin*
Monazit-(Ce)
Montmorillonit
Muskovit
Natrolith*
Natroapophyllit
Natrophosphat
Nenadkevichit
Nephelin
Opal
Polylithionit
Pyrit
Quarz
Rhodochrosit
Sanidin
Sazhinit-(Ce)
[Sazhinit-(La)]
Sérandit
Sodalith
Sphalerit
Thornasit
Titanit*
Tsepinit-Na
Turkestanit
Tuperssuatsiait*
Villiaumit*
Wairakit?
Wurtzit-15R
Yofortierit
Zakharovit
Zinnwaldit
Zirkon

Zusammenstellung der in Aris vorkommenden Mineralien. Der Nachweis der fett gedruckten Mineralien ist analytisch unterlegt, die mit einem Stern versehenen Mineralien werden bereits bei v. KNORRING et al. (1992) genannt.

aus Tsepinit-Na, der epitaktisch, jedoch etwas unregelmäßig, mit hellbraun-durchsichtigem Labuntsovit-Mn überwachsen ist.

Tsepinit-Na/Labuntsovit-Mn treten als Einzelkristalle oder in Form weniger, zufällig oder parallel miteinander verwachsener Kristalle von 0,1 bis 0,5 mm Größe auf. Ein ausgewählter Kristall wurde auf einem zweikreisigen Goniometer vermessen; die Orientierung der Prismenachse und der a-Achse relativ zur Morphologie wurden durch Precessions-Fotografien und das Einkristall-Diffraktometer sicher gestellt. Die Kristalle sind pseudohexagonal-quasi-prismatisch nach [010] entwickelt und zeigen die Formen {100}, {010}, {001} und {201}.

In vielen Fällen überwächst der Labuntsovit-Mn den Tsepinit-Na epitaktisch auf allen Flächen in der Zone [010], in einer etwa gleichgroßen Anzahl von Fällen findet sich Labuntsovit-Mn aber nur auf den Flächen der Formen {100} und {201} und lässt die Flächen von {001} frei (vgl. die Kristallzeichnung auf Seite 235). In keinem einzigen Fall fand sich dagegen Labuntsovit-Mn als epitaktische Aufwachsung auf den {010}-Flächen des Tsepinit-Na. Versuche zur Bestimmung der optischen Eigenschaften dieser beiden Mineralphasen wurden nicht unternommen.

Beide Mineralien sind verzwillingt; die Zwillingsebene ist (001), wie durch ihre Diffraktionsbilder gezeigt wurde. Im Tsepinit-Na-Teil des Kristalls (Kern) überlappen sich alle Reflexe mit geradzahligen h und k sogar der beiden Zwillingskomponenten vollständig

Epitaktische Überwachsungen eines Minerals der Labuntsovit-Gruppe auf einem anderen Vertreter dieser Mineralgruppe sind in den Alkaligesteinsmassiven auf der Halbinsel Kola recht häufig. Normalerweise findet man dort aber Epitaxien von Vertretern der Vuoriyarvit-Tsepinit-Subgruppe auf Gliedern der Labuntsovit-Subgruppe. Es ist interessant festzustellen, dass bei den Kristallen von Aris der umgekehrte Fall eintritt. Diese Überwachsungen zeigen deutlich die signifikanten Unterschiede in der Kristallchemie zwischen Repräsentanten unterschiedlicher Strukturtypen unter den Mineralien der Labuntsovit-Gruppe. Glieder der Vuoriyarvit-Subgruppe, *in casu* Tsepinit-Na, sind immer reicher an Niob und Calcium (und Strontium) im Vergleich zu vergesellschafteten Mineralien der Labuntsovit-Subgruppe, *in casu* Labuntsovit-Mn, welche reicher an Kalium und kleinen zweiwertigen Kationen (Mangan, Eisen und Magnesium) sind. Die Kationen-Verteilung hängt nicht von der Kristallisationsreihenfolge der Mineralien ab.

Tuperssuatsiait

war bereits v. KNORRING & FRANKE (1987) aufgefallen, die ihn als nicht zuzuordnendes Fe-Silikat nennen.

Nachfolgende, umfangreiche Analysen stellten sicher, dass es sich um das höchst seltene Mineral Tuperssuatsiait handelt (v. KNORRING et al. 1992), dessen Typlokalität und bis dahin einziger Fundort vom Alkalikomplex von Ilímaussaq im Süden Grönlands war. Das hier ungewöhnlich reichlich in schönen, büscheligen Aggregaten von rotbrauner bis grünlicher Farbe auftretende Mineral bildet mehrere Millimeter große, fächerförmige Aggregate bis radialstrahlige Rosetten, die sich aus nach [100] gestreckten sowie nach {010} plattigen, stets nach (100) verzwillingten Einzelkristallen zusammensetzen. An den von Mikroklin, Aegirin, Natrolith, Eudialyt, Makatit, Villiaumit, Titanit, Apophyllit, Analcim, Aragonit und Bastnäsit-(Ce) begleiteten Tuperssuaitsiat-Kristallen wurden die Formen {100}, {010} und {hk0} festgestellt. Aris stellt das bisher weltbeste Vorkommen dieses ansonsten recht seltenen Minerals dar.

Oben. Zakharovit in gelbbraunen, samtig glänzenden, feinstkörnigen Massen über Feldspat und Aegirin. Neuere Untersuchungen ergaben, dass es sich dabei um eine ungewöhnlich Fe-reiche Varietät handelt. Bildbreite 2,5 cm. Sammlung NHM Wien, Foto Niedermayr.

vom Berg Karnasurt/Lovozero-Massiv sowie vom Berg Koashva/Khibiny Massiv auf der Halbinsel Kola, Russland, beschrieben wurde. SEM-EDS-Untersuchungen ergaben, dass es sich dabei um eine ungewöhnlich Fe-reiche Varietät dieses Minerals handeln muss: der FeO-Gehalt beträgt bis zu 28 Gew.-% bei einem MnO-Gehalt von nur etwa 5-6 Gew.-%. Die sechsseitigen Täfelchen sind nicht größer als 0,01 mm.

Oben. Ausgezeichnete Villiaumit-Würfel bis zu 8 mm Kantenlänge. Aber Achtung, das Mineral ist - genau wie Halit - wasserlöslich! Material von Namibia Minerals, Foto Bode.

Unten. Hexagonale Plättchen bis zu 0,01 mm Größe zeigt der Zakharovit, ein wasserhaltiges Natrium-Mangan-Silikat. Sammlung NHM Wien, Fotos Niedermayr.

Villiaumit

Villiaumit ist - nicht zuletzt aufgrund seiner rosa bis karminroten Farbe - eines der interessantesten Mineralien der Aris-Brüche. Er bildet zusammen mit nadelig-faserigen Makatitkristallen kleine, unter Sammlern recht begehrte Kleinstufen. In der letzten Zeit gelangen im Bruch Aris East Funde mit Kristallen bis 2 cm Größe - es soll sich um die weltgrößten schleifwürdigen Villiaumit-Kristalle handeln.

Yofortierit

Gegenüber Tuperssuatsiait mehr orangebraun gefärbte büschelige Aggregate „lattiger" Kriställchen, die bis zu 5 mm Länge erreichen können, ergaben mittels XRD den Nachweis von Yofortierit, ein wasserhaltiges Mn-Mg-Silikat, das erstmals vom Mont Saint-Hilaire beschrieben worden ist.

Zakharovit

Gelbbraune, samtig glänzende, feinstkörnige Massen über Feldspat und Aegirin stellten sich mittels XRD-Analyse als Zakharovit heraus. Es ist ein wasserhaltiges Na-Mn-Silikat, das erstmals

Literatur

GARVIE, L.A.J.; DEVOUARD, B.; GROY, T.L.; CÁMARA, F.; BUSECK, P.R. (1999): Crystal structure of kanemite, $NaHSi_2O_5 \cdot 3H_2O$, from the Aris phonolite, Namibia. - Amer. Min. **84**, 1170-1175.

MARSH, J.S. (1987): Evolution of a strongly differentiated suite of phonolites from the Klinghardt Mountains, Namibia. - Lithos **20**, 41-58.

KNORRING, O. v.; FRANKE, W. (1987): A preliminary report on the mineralogy and geochemistry of the Aris phonolite, SWA/Namibia. - Communications of the Geological Survey of S.W. Africa/Namibia **3**, 61.

KNORRING, O. v.; PETERSEN, O.V.; KARUP-MOELLER, S.; LEONARDSEN, E.S.; CONDLIFFE, E. (1992): Tuperssuatsiaite, from Aris phonolite, Windhoek, Namibia. - N. Jb. Mineral. Mh. **1992 (4)**, 145-152.

NIEDERMAYR, G.; GAULT, R.A.; PETERSEN, O.V.; BRANDSTÄTTER, F. (2002): Korobitsynite from the Aris phonolites, Windhoek, Namibia. - N. Jb. Miner. Mh. **2002 (1)**, 42-48.

PETERSEN, O.V., FOCKENBERG, T., TOFT, T. & RATTAY, M. (1997); Natrophosphate from the Aris phonolites, Windhoek, Namibia. - N. Jb. Mineral.Mh. **1997 (11)**, 511-517.

PETERSEN, O.V., NIEDERMAYR, G., PEKOV, I.V., BALICZUNIC, T.; BRANDSTÄTTER, F. (2004): Tsepinit-Na und Labuntsovit-Mn - seltene Mineralien aus dem Phonollith von Aris, Namibia. - MINERALIEN-Welt **15** (2), 44-48.

PIILONEN, P.C.; ROWE, R.; GRICE, J.D.; GAULT, R.A.; COOPER, M.; KOLITSCH, U.; LECHNER, B. (2005): Two new sodium rare-earth fluorcarbonates from the Aris phonolithe, Namibia. - oral presentation, 32nd Rochester symposium April 14-17 2005, abstract volume p. 27-28.

Das flache, etwas geneigte, bis 2.332 m hohe Plateau des Gamsberges überragt seine Umgebung um ca. 450 m und stellt so in der Landschaft um den Kuiseb eine weithin sichtbare Landmarke dar. Foto Bode. Rechts ein 14 cm langer Quarz-Zepter. Sammlung Soltau.

Die alpinotypen Klüfte aus der Gamsberg-Region

Gerhard Niedermayr
und Gabi Schneider

Wer an Alpine Klüfte und deren Mineralbildungen denkt, dem kommen unvermittelt die oft spektakulären Mineralien aus den Klüften der West- und Ostalpen in den Sinn. Ja, mittlerweile kennt man auch recht gut die alpinen Kluftmineralien aus der Himalaya-Region, die auf Mineralienbörsen angeboten werden. Die unseren Alpinen Klüften in Mineralvergesellschaftung und Ausbildung vollkommen gleichenden Bildungen aus dem Polar-Ural, aus Norwegen und aus Nordamerika (vgl. NIEDERMAYR 1993) sind ebenfalls bereits bestens bekannt, und man kann sich auch vorstellen, daß sie ähnlich entstanden sind wie die schönen Kristalle unserer Alpen. Aber alpine, oder richtiger formuliert, alpinotype Kluftmineralien in zum Teil mehr als 1 Milliarde Jahre alten Gesteinen - kann es das überhaupt geben? Natürlich kann es, wie nun spektakuläre Neufunde z.B. aus dem Damara-Faltengebirgsgürtel Namibias zeigen.

Der Gamsberg und seine Umgebung

In den letzten Jahren sind im Mineralienhandel hin und wieder Quarz, Periklin, Adular und Titanit sowie Rutil in sagenitartiger Verwachsung auf und in Quarz mit der Fundortbezeichnung „Gamsberg, Namibia“ angeboten worden. Die Ähnlichkeit mit vergleichbaren Bildungen in den Alpen war verblüffend, eine über den „Fundort Gamsberg“ hinausgehende Information, z.B. welchem Mineralisationstyp die Funde zuzuordnen sind, nicht zu erhalten.

Das Gebiet des Gamsberges liegt am Westrand des sogenannten Khomas-Hochlandes. Dieser gebirgige Landesteil weist Höhen von fast 2.000 Meter auf. Der eigentliche Gamsberg, ein großer Tafelberg südlich des Gamsberg-Passes im südwestlichen Zentral-Namibia, ist ein bekanntes Wahrzeichen dieser Gegend. Er ist Teil der großen Randstufe, die das Hochland im Osten von der tiefer gelegenen Namib-Wüste im Westen trennt. Mit einer Höhe von 2.347 Meter über dem Meeresspiegel ragt das Gamsberg-Massiv 450 Meter über das Khomas-Hochland im Osten heraus. Im Westen beträgt der Höhenunterschied zur Namib-Ebene sogar rund 1.100 Meter. Durch seine Form und Höhe ist der Gamsberg der auffälligste Berg in der Gegend und kann in einem Umkreis von 100 Kilometern gesehen werden.

Der weitaus größte Teil des Berges besteht aus rotem, grobkörnigen bis porphyrischen Granit.

Dieser Granit intrudierte vor etwa 1,1 Milliarden Jahren in Gesteine der Gaub Valley-Formation und in den Weener Quarzdiorit. Anschließend wurden über dem Granit die mächtigen Sedimente der Damara-Folge abgelagert. Zusammen mit diesen wurde der Gamsberg-Granit der Damara-Gebirgsbildung vor 650 bis 550 Millionen Jahren unterzogen und erhielt dabei seine typische, nach Nordwesten einfallende, metamorphe Textur.

Verwitterung und Abtragung entfernten während der nächsten 150 Millionen Jahre den größten Teil der Damara-Gesteine, wobei der sehr viel härtere Gamsberg-Granit als Härtling mit seiner flachen Verebnungsfläche auf einem höheren Niveau stehenblieb. Als die Sedimentation der Karoo-Folge vor etwa 300 Millionen Jahren einsetzte, muss der Gamsberg eine Insel gebildet haben, da keine der älteren Karoo-Schichten auf dem Granit abgelagert wurde. Gegen Ende der Karoo-Zeit jedoch, als fast das gesamte südliche Afrika von einer großen Wüste bedeckt war, muss die Höhendifferenz in etwa ausgeglichen gewesen sein, denn äolische Sedimente der Etjo-Formation wurden vor etwa 190 Millionen Jahren auf dem Gamsberg-Granit abgelagert. Heute bilden diese alten Dünen eine 30 Meter mächtige Lage aus hartem, silifiziertem Sandstein, der den Granit vor der Erosion schützt.

Eine interessante Beobachtung wurde vor etwa 30 Jahren gemacht. Am Gamsberg treten im Granit mit Sandstein gefüllte Spalten auf, die ein Resultat Karoo-zeitlicher Erdbeben sind. Die seismische Aktivität trat im Zusammenhang mit dem Auseinanderbrechen von Gondwanaland auf, als die Gegend um den Gamsberg von einer

Oben. Das Bild zeigt einen außergewöhnlichen Rutilquarz mit millimeterstarken, nadeligen Rutilkristallen in leicht rauchig gefärbtem Quarz. Fundort ist der Gamsberg. Die Höhe des großen Quarzkristalls beträgt 6 cm. Sammlung Soltau, Foto Bode.

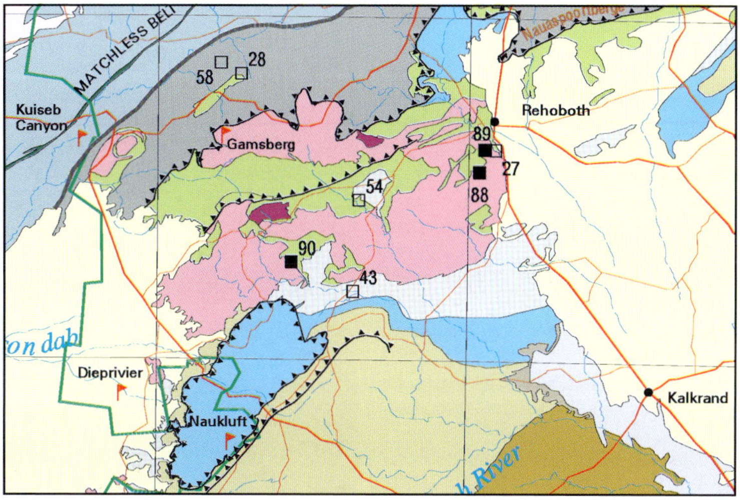

Links. Der Ausschnitt aus der Geologischen Karte von Namibia zeigt das Gebiet um den Gamsberg. Geographisch kann es durch den Kuiseb-Canyon (oben links), das Naukluft-Gebirge (unten links) sowie die Orte Kalkrand und Rehoboth (rechts) eingeordnet werden.

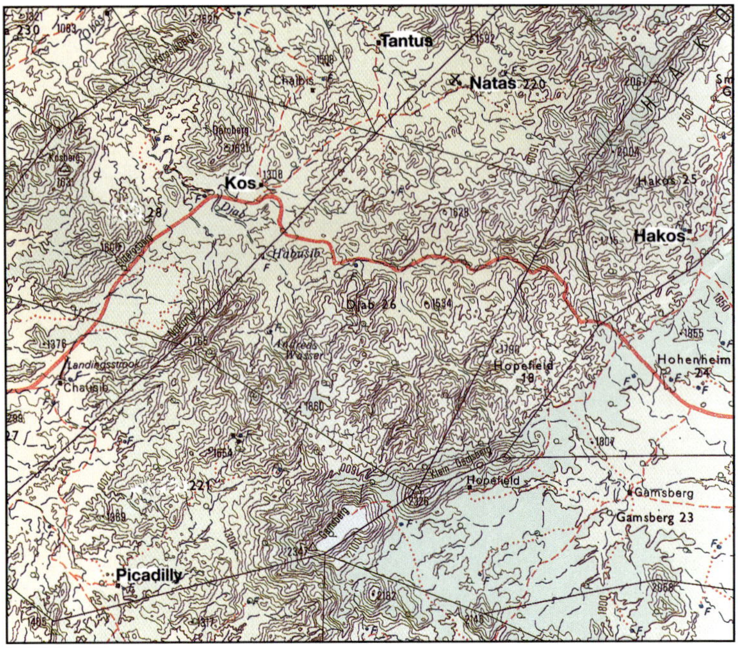

Ausschnitt aus der Karte 2316, Rehoboth im Maßstab 250.000, in der die Farmen rund um den Gamsberg hervorgehoben sind. Einige Farmer sind Sammlern gegenüber ziemlich „verschlossen“ und dulden Grabungsaktivitäten auf ihrem Gelände nicht. Darüber hinaus werden viele Fundortangaben von einheimischen Sammlern geheimgehalten.

starken Dehnung in ost-westlicher Richtung ergriffen wurde. Als sich die Spalten bildeten, war der Etjo-Sandstein noch nicht verfestigt und konnte somit in die Spalten hineinrieseln. Die Spalten sind bis zu 10 cm breit und durchdringen den Granit bis in eine Teufe von mehr als 200 Meter.

Die geologischen Voraussetzungen zur Bildung der Klüfte

Das proterozoische Damara-Gebirge, welches einen Teil des panafrikanischen Gebirgsgürtels darstellt, hat ein Alter von etwa 900 bis 500 Millionen Jahren. Es streicht in einem breiten Streifen von der Küste Zentralnamibias in nordöstlicher Richtung ins Landesinnere; ein weiterer Arm verläuft küstenparallel nördlich davon. Mächtige Meta-Sedimente mit zwischengeschalteten Vulkaniten sowie während der Gebirgsbildung intrudierte magmatische Gesteine (größtenteils Granite) bauen das Damara-Orogen auf. Weit verbreitet sind Schiefer, Marmore, Quarzite und Konglomerate. Vulkanoklastische Gesteine sind zwischengeschaltet (HOFFMANN 1983). Die Gesteine sind grünschieferfaziell bis amphibolitfaziell geprägt.

Insbesondere die Amphibolite, Schiefer und Gneise weisen eine charakteristische Mineralisierung auf, die man hinsichtlich Kluftbildung, Art des Stoffangebotes und nach Mineralinhalt mit gutem Recht als „alpinotype Kluftmineralisationen“ bezeichnen kann. So sind Quarze, Feldspäte, Rutil, Titanit und Epidot in ihrer Ausbildung von vergleichbaren alpinen Mineralisationen nicht zu unterscheiden.

Die Damara-Orogenese vor etwa 550 Millionen Jahren stellt die letzte metamorphe Prägung der Gesteine der Gamsberg-Region dar; die Klüfte, deren Mineralisierung hier beschrieben wird, sind ein Produkt der spätorogenen Hebungsvorgänge. Dann folgte Verwitterung und Gesteinsabtrag. Es ist in diesem Zusammenhang vielleicht erwähnenswert, dass bereits 1937 MARTIN, KORN und CLOOS auf die alpinotype Deckentektonik am Südrand des Damara-Orogens hinweisen.

Im internationalen Mineralienhandel wird das aus dem Gamsberg-Gebiet kommende „alpinotype“ Material meist noch immer nur mit der an sich irreführenden Bezeichnung „Gamsberg“ angeboten. Es ist aber nicht der eigentliche Gamsberg, der diese Mineralisationen liefert. Unter dieser Sammelbezeichnung verbergen sich vielmehr zum Teil weit auseinanderliegende Fundstellen im nördlichen Vorland des Gamsberges, die z.B. auf dem Gebiet der Farmen Berghof, Kos, Natas, Piccadilly, Rooisand und Tantus liegen.

Einige Farmer sind Sammlern gegenüber ziemlich „verschlossen“ und dulden intensivere Grabungsaktivitäten auf ihrem Gelände nicht. Darüber hinaus werden viele Fundortangaben von den einheimischen Sammlern zurückgehalten; ein Phänomen, das wir ja auch aus dem Alpinbereich gut kennen und welches auch hier Fundortzuweisungen und wissenschaftliche Interpretationen mehr oder weniger erschweren.

Manche Gebiete sind von einheimischen Prospektoren sehr intensiv „beschürft“ worden und auch die Kluftdichte ist hier oft als außerordentlich zu bezeichnen. Im allgemeinen sind die

bis heute ausgebeuteten Klüfte nicht besonders tief, in olivenkern-artiger Form senkrecht zur Schieferung des Gesteins ausgebildet, und mit einer eher geringmächtigen Auslaugungs-/Bleichungszone umgeben.

Feinkristalline, trübweiße bis beige gefärbte Lagen aus Calcit, Quarz und feinnadeligem Amphibol bilden nicht nur bis Dezimeter starke Krusten über den anstehenden Gesteinen, sondern finden sich auch häufig in den oberflächennahen Klüften als Inkrustationen von Quarz, Feldspäten und anderen Kluftmineralien. Diese Inkrustationen können im Säurebad entfernt werden.

Es muss an dieser Stelle betont werden, daß diese alpinotypen Kluftmineralisationen nicht nur auf die Region des Gamsberges beschränkt sind, sondern sich in streichender Auslängung des Damara-Orogens nach Osten bis in das Gebiet um Onganja nachweisen lassen. Vieles davon ist heute aus verschiedenen Gründen noch nicht bekannt bzw. genauer untersucht. Wir können also mit gutem Recht annehmen, dass in Zukunft noch weitere interessante Mineralienfunde von hier zu erwarten sein werden.

Die Fundstellen auf dem Gelände der Farm Kos (oben und links) sind außergewöhnlich reich an Quarzvorkommen. In relativ kleinen „Löchern“ wurden schon meterlange, perfekt ausgebildete Quarzkristalle gefunden - dabei sind Amethyste, Rauch-, Zepter- und Phantomquarze nicht selten. Aber auch Scheelit kommt hier in sehr großen Kristallen vor. Fotos Bode.

Die Mineralien

Amphibole

Aktinolithische Hornblenden sind als Einschlüsse in Bergkristall aus der Region des Gamsberges bekannt und es existieren auch geschliffene Steine, die wirrstrahlige, schwarzgrüne Amphibolnädelchen in Quarz aufweisen, z.B. aus dem Gebiet zwischen Nauchas und Gamsberg. Zum Teil ist schwarzgrüner Amphibol auch mit Epidot vergesellschaftet.

Anatas

Anatas wurde aus der eigentlichen Gamsberg-Region bisher noch nicht nachgewiesen, aber er ist hier durchaus zu erwarten.

Von der Farm Naos bei Rehoboth ist er nun in Form nach (001) tafeliger, an Brookit erinnernde Kristalle von bis fast 1 cm Größe, zusammen mit mehrere Zentimeter großem, dickplattigem Hämatit, festgestellt worden (Sammlung Herbert Nägele, Windhoek).

Chlorit

Dunkelgrüner, schuppiger Chlorit (vermutlich Klinochlor) ist im Bergkristall, seltener in Adular, eingewachsen, tritt aber auch als loser und teils dicht gepresster Kluftsand auf. In solchen Chloritmassen eingebettet konnten auf der Farm Tantus Rutil und Turmalin (Schörl) beobachtet werden. Typisch wurmförmig gekrümmte Chloritaggregate sind gelegentlich in Bergkristall eingewachsen. Interessant sind Stufen, auf denen Chlorit von kristallographisch gut ausgebildetem Bergkristall und dieser seinerseits wieder von Calcit überwachsen wird.

Über 7 cm lang ist dieser bemerkenswerte Epidotkristall von Nauchas/Gamsberg. Sammlung Soltau.

Epidot

Ein weiteres, schon lange bekanntes Mineral aus den alpinotypen Klüften der Gamsberg-Region ist der Epidot. Schon seit etwa 20 Jahren ist dieses Mineral in durchaus attraktiven, den etwa zur gleichen Zeit bekannt gewordenen Funden aus dem Shigar Tal in Pakistan vergleichbaren Gruppen auf dem Markt - allerdings unter der eher irreführenden Fundortbezeichnung „Naukluft".

Tatsächlich kommen die bis zu 10 cm langen Kristalle und typisch kammartig verwachsenen Aggregate aus dem Gebiet von Nauchas/Gamsberg (freundl. Mitt. Herbert Nägele, Windhoek). Es sind Bildungen in Klüften von Amphiboliten. Die Kristalle sind zwar nicht so flächenreich wie die Epidote der Knappenwand in Salzburg, weisen aber gar nicht so selten den für dieses Vorkommen so typischen Glanz auf und sind auch apart schwarzgrün gefärbt, wenn auch kaum kantendurchscheinend.

Feldspäte

Wie im alpinen Bereich treten in den Klüften der Gamsberg-Region sowohl Kalifeldspat (Adular) als auch Plagioklas (Periklin) auf. Auch hier in Namibia ist die aus dem Alpinbereich und auch von anderswo (Nepal, Pakistan, Norwegen, USA, Kanada) bekannte Gesetzmäßigkeit, dass Adular orientiert auf Periklin aufgewachsen ist, gut zu beobachten.

Adulare von bis zu 10 cm Größe, trübweiß und partiell auch von Chloritschüppchen durchwachsen, wurden gesammelt. Periklin bildet üblicherweise nicht sehr große, schneeweiße Kristalle. Er zeigt im kurzwelligen UV-Licht eine eigentümliche, intensive purpurne Fluoreszenz.

Hämatit

Von verschiedenen Lokalitäten wird Hämatit in schuppigen Belägen auf Quarz oder in plattigen Kristallen, ebenfalls auf Quarz aufgewachsen, beschrieben. Mit Rauchquarz und Rutil ist er von der Farm Rooisand bekannt. In bis mehrere Zentimeter großen, mehr oder weniger dickplattigen Aggregaten, teilweise auch von Rutil in sagenitartiger Verwachsung durchsetzt, wird er aus der Umgebung von Windhoek angegeben (Material davon befindet sich in der Sammlung von Herbert Nägele in Windhoek).

Hämatit in Vergesellschaftung von Rutil und Anatas ist von Naos bei Rehoboth bekannt.

Carbonate

Calcit und größtenteils mehr oder weniger stark limonitisierter Siderit bzw. Fe-Dolomit kommt in vielen Klüften vor. Gelegentlich soll auch Magnesit auftreten (in Vergesellschaftung mit Bergkristall; z.B. Gegend Tschudi und bei Kransnek, östlich von Windhoek). Weitere Mineralphasen sind Dolomit und Talk.

Calcit bildet oft einfache Rhomboeder bzw. mehr oder weniger dünntafelige Individuen. Er tritt aber auch in schönen skalenoedrischen Kristallen auf (z.B. Farm Kos). Er ist immer jünger als der in vielen Klüften mit ihm gemeinsam vorkommende Quarz. Calcit bildet auch die Hauptkomponente des „Calcrete", krustige Carbonate, die Gesteine und Mineralien umhüllen.

Quarz

Bis zu 300 Kilogramm schwere Bergkristalle sind aus den Klüften des Gamsberg-Gebietes bekannt geworden. Hier können die Varietäten Bergkristall, Rauchquarz und Amethyst gefunden werden.

Der Bergkristall zeigt steilrhomboedrischen Habitus bis Übergangshabitus (vgl. RYKART 1995); seltener ist normal-rhomboedrische Ausbildung. Suturen sind nur undeutlich entwickelt und Dauphinéer Zwillingsdomänen nur schwach erkennbar. Die Kernbereiche der Bergkristalle weisen aber üblicherweise Dauphinéer Verzwillingung auf, die Hüllzonen sind häufig nach dem Brasilianer Gesetz verzwillingt. Gelegentlich sind auch typisch korrodierte Quarze, wie wir diese z.B. von der Teufelsmühle im Salzburger Habachtal in beachtlich großen Exemplaren kennen, vom Gamsberg-Gebiet bekannt geworden.

An Einschlüssen sind Chlorit in charakteristisch wurmförmig gekrümmten Aggregaten, Muskovit, Turmalin, Ilmenit/Hämatit sowie Rutil, teilweise

Neben dem Epidot finden sich auch herrliche Titanite in Form von Sphen-Kristallen in den alinotypen Klüften der Gamsberg-Region. Der unten abgebildete Kristall ist etwa 2 cm lang.

Der „Star of Namibia" ...

... ist ein Quarzkristall der ganz besonderen Art, wie er weltweit wohl bisher nur ein einziges Mal gefunden wurde. Das rund 20 cm hohe Stück besteht aus einem 12 cm dicken Rauchquarz-Zepterkristall, an dem rundherum über 50 weitere Rauchquarz-Zepter in Form einer Traube gewachsen sind. Es handelt sich um einen sogenannten „Babylonquarz" mit grauweißen Prismenflächen und rauchbraunen Rhomboederflächen. Als weitere Besonderheit kommt hinzu, dass in einigen der angewachsenen Zepterquarzen noch Kristallwasser mit Luftblasen eingeschlossen ist.

Der Star of Namibia wurde erst im Mai 2000 im Bereich des Gamsberges von einheimischen Mineralienschürfern gefunden.

Sammlung Estrov, Fotos Bode.

Einschlüsse von sagenitartigem Rutil und Byssolith sind für die Quarzkristalle der Gamsberg-Region nicht gerade häufig. Der abgebildete Bergkristall weist eine Höhe von 9 cm auf. Sammlung Soltau, Foto Bode.

auch als Sagenit ausgebildet, zu nennen. Einige Privatsammler Namibias haben derartiges Material auch geschliffen vorliegen, wobei an solchen facettierten Steinen ein für Bergkristall ungewöhnlich lebhafter Glanz auffällt. Manche Bergkristalle weisen einen feinstkörnigen Überzug von Hämatit auf und wirken dann rötlich gefärbt.

Rauchquarz ist aus manchen Fundbereichen ebenfalls in beachtlichen Exemplaren bekannt geworden, wie z.B. von den Farmen Kos und Berghof. Im allgemeinen weist der Rauchquarz eine angenehme, rötlichstichige Farbe auf - geschliffene Steine sind sehr attraktiv. Auch der Rauchquarz ist von Rutilnadeln durchwachsen. Gelegentlich sind auch Amphibolnädelchen und Sagenitgitter zu beobachten. Von Berghof ist Rauchquarz mit Rutil und Muskovit bekannt (Sammlung Herbert Nägele, Windhoek). Eine leicht erreichbare und gut zugängliche Fundstelle für Rauchquarz, der allerdings meist nicht besonders gut ausgebildet ist, befindet sich im Bereich des Gamsberg-Passes.

Neben Bergkristall und Rauchquarz haben die Klüfte des Gamsberg-Gebietes auch Amethyst in hervorragender Qualität geliefert. So konnte einer der Verfasser (G.N.) in der Sammlung von Heini Soltau, Lüderitz, tief dunkelviolette und ziemlich klare Kristalle in typischer Ausbildung und bis zu ca. 8 cm Größe bestaunen und auf der Farm Kos im Schutt ausgeräumter Klüfte meist hell gefärbte Amethyste auch selber sammeln. Auch Amethyst-Fensterquarze mit bereichsweise rauchquarzfarbigen Partien kommen vor, wobei manche dieser Individuen eine charakteristische „gefrostete" Oberfläche aufweisen (Farm Kos). In diesem Fall sind nicht selten auch Aufwachsungen von Rasen trübweißer, kurzprismatischer Quarzkriställchen über Amethyst festzustellen.

Zepterquarze werden ebenfalls beobachtet, wobei hier der Amethyst, wie in den Alpen, als jüngere Generation zepterartig und in normalrhomboedrischer Entwicklung, auf steilrhomboedrisch ausgebildetem Bergkristall aufsitzt. Auch solche Zepterquarze erreichen hier gelegentlich beachtliche Dimensionen; so sind Zepterquarze von bis zu 20 bis 25 Kilogramm Gewicht bekannt geworden, die zum Teil intensiv violette Kopfbereiche aufweisen.

Die für Amethyst so typischen, langgestreckten Hämatitfäden (in der gemmologischen Literatur gelegentlich etwas phantasievoll als „Käferbeine" bezeichnet und irrigerweise auch heute noch für Lepidokrokit angesehen) treten ebenso auf wie die charakteristisch fleckige, die trigonale Symmetrie des Quarzes nachzeichnende, violette Farbverteilung.

Neben Hämatit ist in manchen Amethysten aus dem Gamsberg-Gebiet gelegentlich auch regellos im Kristall verteilter Rutil festzustellen.

Oben. Amethyst-Zepter, etwa Originalgröße. Interessant bei diesem Stück sind die sechs eingeschlossenen „Libellen". Sammlung Soltau.

Rechts. Prächtig entwickelter Zepterquarz vom Gamsberg, dessen jüngere Generation aus Amethyst besteht. Daneben weisen die Rhomboederflächen des Amethystes eine deutliche Fensterung auf. Zu allem kommt noch die Phantombildung hinzu ... Die Dame, die diesen Riesenquarz trägt, ist eine Herrero, was an dem viktorianischen Kleidungsensemble leicht erkennbar ist. Noch typischer ist der auf einen Tierkult (Rinder) zurückzuführende dreieckige Kopfputz - die beiden seitlich abstehenden Spitzen des Tuches symbolisieren Rinder-Hörner. Fotos Bode.

Unten. Auf der Farm Kos werden neben Calcit-Skalenoedern auch schöne Rauchquarze und vor allem eindrucksvolle Amethyste gefunden. Foto Niedermayr.

Die Farbe der Amethyste ist manchmal sehr intensiv; so sind bis zu 20 ct schwere facettierte Steine in der Sammlung von Heini Soltau, Lüderitz, qualitätsmäßig den besten brasilianischen Amethysten vergleichbar.

Violetter und grüner (!), teils auch rauchigbraun gebänderter Quarz tritt in einem über mehrere hundert Meter im Gelände verfolgbaren Gang auf dem Gebiet der Farm Rooisand auf, ist aber nicht mit den hier beschriebenen alpinotypen Bildungen vergleichbar, sondern einer Gangmineralisation zuzuordnen (siehe dazu den Beitrag auf Seite 255 in diesem Buch).

Rutil

Rutil ist in der Region des Gamsberges in vielen Klüften anzutreffen und dort wirrstrahlig im Quarz eingewachsen. Er bildet aber auch herrliche Sagenitgitter von bis zu mehreren Quadratzentimetern Größe in und auf Quarz und Carbonat. Gelegentlich sind auch typische Kniezwillinge nach (101), seltener auch geschlossene Wende-

Die Klüfte der Gamsberg-Region sind insbesondere auf der Farm Rooissand Quelle phantastischer Sagenite, d.h. gitterähnlich verwachsener Rutilkristalle. Die Bildbreite rechts beträgt 2,5 cm, die des unteren Bildes 3 cm. Beide Stufen Sammlung und Foto Bode.

Aus der Sammlung Nägele stammt diese Stufe mit bis zu 1,2 cm langen Rutil-Einzelkristallen. Foto Bode.

Oben. Nahezu modellartig entwickelt ist dieser knieförmige Rutil-Kontaktzwilling-Schwimmer von ca. 3 cm Breite.
Großes Bild ganz oben. Die Sagenitgitter sind mitunter so dicht, dass sie ihre Unterlage, wie diesen 5 cm langen Rauchquarz, fast vollständig überziehen. Gelegentlich sind auch regelrechte Sterne zu finden, die an die bekannten Bildungen von Ibitiara/Brasilien erinnern.
Links. Hier sind sechs einzelne Individuen zu einem sechsseitigen, geschlossenen, 2 cm breiten Viellings-Kristall verwachsen. Solche Sechslinge, deren c-Achsen in einer Ebene liegen, werden als zyklische Zwillinge bezeichnet.
Alle Stufen Sammlung Soltau, Fotos Bode.

Achtlinge, zu beobachten. Rutil ist manchmal so transparent, daβ daraus auch dunkel blutrot durchscheinende, facettierte Steine angefertigt werden können.

Rutil ist aber nicht nur aus alpinotypen Klüften des Gamsberg-Gebietes bekannt; er tritt in mit Sicherheit genetisch vergleichbaren Bildungen auch westlich und östlich von Windhoek auf und ist hier oft mit Hämatit, gelegentlich auch mit Anatas vergesellschaftet.

Scheelit

Der Scheelit ist vielleicht das ungewöhnlichste und zugleich spektakulärste Mineral der Klüfte der Gamsberg-Region. Scheelit-Gruppen bzw. Einzelkristalle mit bis zu 60 Kilogramm (!) Gewicht sind bekannt. Er tritt in den Klüften amphibolreicher Gesteine auf und ist hier nicht nur in derben Massen, sondern auch in schönen, meist aber länglich verzerrten Kristallen zu beobachten. Die Individuen sind relativ flächenarm, mit den Formen {101} und {001}. Gelegentlich sind die hell honiggelb bis trübweiβ gefärbten Kristalle so klar, dass auch geschliffene Steine angefertigt worden sind. Die besten geschliffenen Scheelite des Gamsberg-Gebietes - die vermutlich auch weltweit zu den besten ihrer Art zu zählen sind - befinden sich in der Sammlung von Heini Soltau in Lüderitz; die bis zu ca. 58 ct schweren Steine sind absolut rein, schön hell cognacfarbig und weisen eine ungewöhnliche Brillanz auf.

Facettierter Scheelit von 58 Karat vom Gamsberg. Er gehört weltweit vermutlich zu den besten, ganz sicher aber zu den gröβten seiner Art. Sammlung Soltau, Foto Bode.

In der zunächst für Kupfer und Gold bekannten Mine von Natas wurde 1911 Scheelit gefunden. Dieser Scheelit ist paragenetisch allerdings nicht mit den Scheeliten aus den alpinotypen Klüften vergleichbar, möglicherweise aber aus der gleichen primär Wolfram führenden Gesteinsserie mobilisiert worden (vgl. REUNING 1925). Interessant ist aber, dass schon dieser Autor auf eine intensive, spät-hydrothermale Überprägung der Lagerstätte hinweist; diese könnte mit der alpinotypen Kluftmineralisation und deren hydrothermalen Ereignis in Zusammenhang stehen.

Titanit

Ein weiteres durchaus als spektakulär zu bezeichnendes Mineral in den alpinotypen Klüften der Gamsberg-Region ist der Titanit. Die Kristalle erreichen bis 9,5 cm Größe (Sammlung Herbert Nägele, Windhoek) und sind in Ausbildung und

Unten. Blick auf die Natas-Mine auf dem Gelände der gleichnamigen Farm. Die Aufnahme wurde in den 1910er Jahren gemacht und stammt aus REUNING (1925).

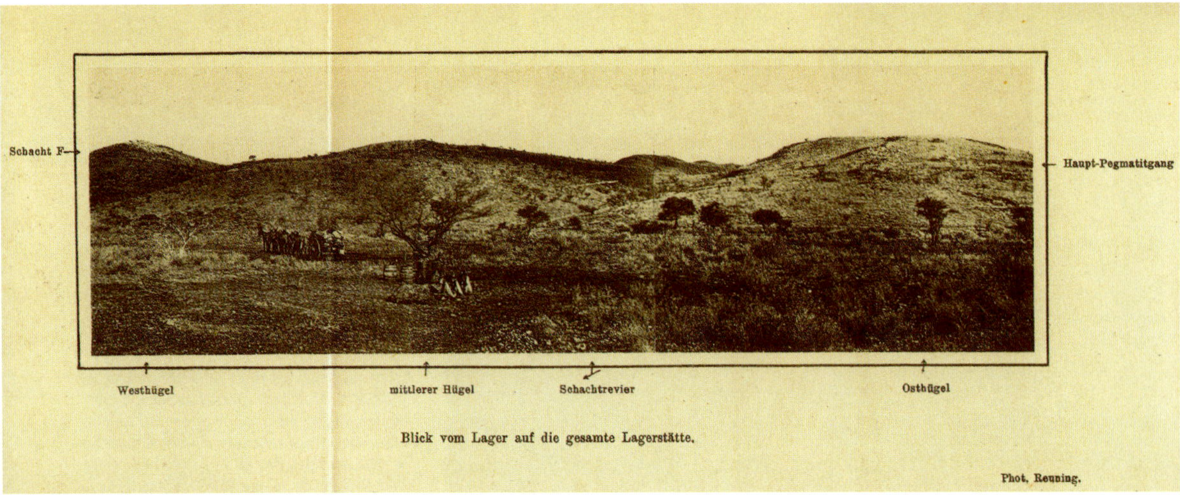

Ein idyllischer Ort: das Haldengebiet der ehemaligen Natas-Mine, im Hintergrund die Farm Natas (Bild links), unten Reste der Übertage-Anlage. Im eigentlichen Bereich der Mine kommen keine alpinotypen Kluftmineralisationen vor, es handelt sich vielmehr um eine Vererzung, die an Störungszonen gebunden ist. Wenn man hier Mineralien sammeln möchte, sollte man unbedingt vorher beim Farmeigner Hans Schurz (Bild oben) um Erlaubnis fragen. Denn: das Gewehr steht bereit ... Fotos Bode.

Färbung von Titaniten des Felbertales oder des Habachtales in den Salzburger Alpen nicht zu unterscheiden. Ölgrüne bis bräunliche und auch fast rote, plattige Einzelkristalle und typische Durchkreuzungs- und Berührungszwillinge sind bekannt. Bis etwa 1 ct große, bräunliche bis gelblichgrüne, facettierte und schön transparente, wenn auch nicht ganz fehlerfreie Steine wurden aus derartigem Material geschliffen.

Titanit ist meist mit Calcit, Feldspäten (Adular und Periklin), Rutil und Quarz sowie gelegentlich auch mit Scheelit vergesellschaftet. Ein typisches Beispiel dafür sind die Klüfte auf der Farm Tantus.

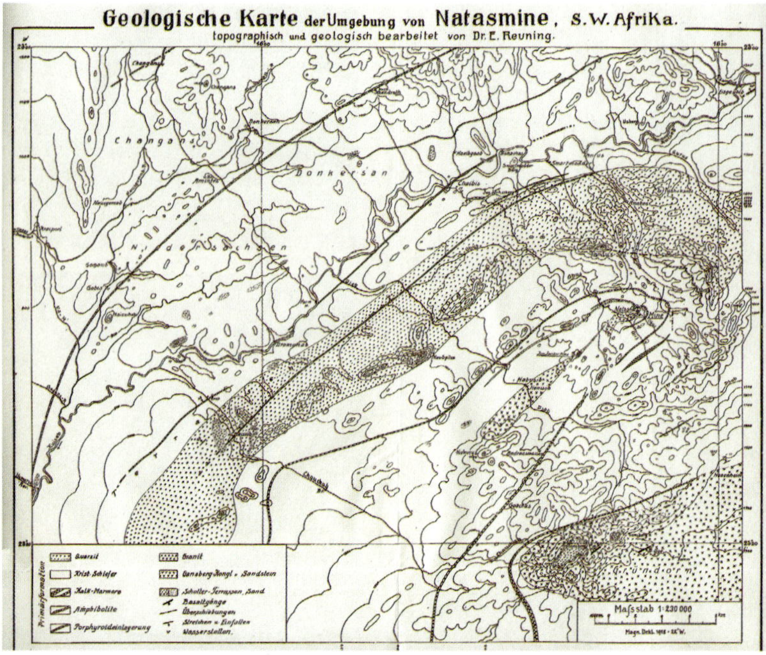

Rechts. Nachdem der erste Scheelit auf Natas 1911 gefunden wurde, beschäftigte sich Ernst Reuning in den folgenden Jahren intensiv mit der Mineralisation der Natas-Mine. Aus seiner umfangreichen Monographie von 1925 stammt auch die geologische Karte.

Unten. Auf den Halden von Natas sind auch heute noch durchaus gute Funde möglich. Das Foto zeigt einen Gangausbiss. Foto König.

Turmalin

Schwarzer Turmalin (Schörl) ist meist als Einschluss im Quarz zu beobachten, gelegentlich diesen auch durchspießend. Mehrere Zentimeter lange Prismen sind in Klüften aber auch frei ausgebildet und hier oft mehr oder weniger vollständig im Chloritsand eingebettet.

Überlegungen zur Genese der Kluftmineralisationen

Die Klüfte in der Region des Gamsberges wie im gesamten Damara-Orogen sind ein Produkt der spätorogenen Hebungsvorgänge dieses Gebirges, und ihre Bildung ist wohl in einem Zeitraum von vor etwa 550 Millionen Jahren einzuordnen. Es war die letzte metamorphe Prägung, die die Gesteine des Damara-Orogens erfahren haben. Die deutlich nebengesteinsabhängige Mineralisierung der Klüfte und deren mehr oder weniger streng senkrecht zur Schieferung bzw. zum stofflichen Lagenbau ausgerichtete Orientierung sind ein Indiz dafür, dass es sich hier um alpinotype Bildungen handelt (vgl. dazu auch PFURR et al. 1987).

Diese Mineralisationen entsprechen damit einem genetischen Typus, den erst kürzlich W. Pohl von der TU Braunschweig im Rahmen einer Tagung des Naturwissenschaftlichen Vereins für Kärnten vorgestellt und als „metamorphogen" bezeichnet hat (POHL 2001).

Auch aus anderen Bereichen des Damara-Orogens, wie etwa von Onganja II östlich Windhoek und auch südlich der namibianischen Hauptstadt, sind alpinotype Kluftmineralisationen mit Quarz, Feldspäten, Rutil und Titanit nachgewiesen worden. Wie in vielen anderen alpinen bzw. alpinotypen Gebirgen bereits bekannt, sind es vor allem Klüfte in Amphiboliten bzw. in an Amphibol reichen Gesteinen, die eine derartige Mineralisierung aufweisen. Diese Klüfte und Kluftmineralisationen finden sich auch in prä-Damara-Gesteinen, die im Zuge der gebirgsbildenden Prozesse mit überprägt worden sind.

Aber nicht nur die Nebengesteinsabhängigkeit ist ähnlich den Alpinen Klüften, sondern auch die Mineralsequenzen in den verschiedenen Klüften sind vergleichbar jenen Mineralabfolgen, wie wir sie in den Alpen beobachten können. So sind Amphibole, Epidot, Rutil und Turmalin frühe Bildungen, die von Quarz gefolgt werden bzw.

Oben. Auf dem Gebiet der Farm Tantus werden heute vor allem gute Stufen mit Titanit gefunden. Foto Niedermayr.
Links. Zur Scheelit-Varietät Cuproscheelit gehört dieser ausgezeichnete, knapp 2 cm große Kristall von Natas. Sammlung und Foto Bode.

Aus den Küften der Gamsberg-Region stammen auch herrliche Titanite (Sphen). Der ölgrüne Kristall links hat eine Länge von 5,2 cm, der auf Matrix aufgewachsene, mehr bräunliche Kristall darunter eine von 3,3 cm. Beide Stufen Sammlung Soltau, Fotos Bode.

zeitgleich mit diesem kristallisieren. Überlappend mit Quarz folgen Feldspäte, Titanit, Hämatit und Chlorit. Carbonate sind etwas jünger und möglicherweise zeitgleich mit Scheelit. Auffällig ist das Fehlen von Zeolithen und von Apatit; zumindest sind von diesen Mineralien bisher keine Funde in den alpinotypen Klüften der Gamsberg-Region bekannt geworden.

Ist die Kluftbildung selbst auf die spätorogenen Hebungsvorgänge zurückzuführen, so ist die Herleitung der für die Kluftmineralisationen notwendigen Fluide nicht so einfach zu erklären. Mineralumbildungen im Zuge retrograder Metamorphosevorgänge parallel mit Deckenbau und Hebung des Gebirges könnten dafür durchaus zumindest teilweise verantwortlich sein - dafür sprechen auch die schon vorhin erwähnte Nebengsteinsabhängigkeit der in den Klüften zu beobachtenden Mineralvergesellschaftungen und auch die Mineralabfolgen.

Abschließend muss betont werden, dass sich die hier dargelegte Interpretation der Kluftmineralisationen aus der Region des Gamsberges als alpinotype Bildungen nur auf die Beobachtungen von mittlerweile auf den europäischen Börsen angebotenem Material, von Material in verschiedenen Sammlungen in Namibia und auf eigene Feldbeobachtungen stützen kann. Wissenschaftlich erarbeitetes Datenmaterial über diese Mineralisationen wurde andernorts noch nicht publiziert.

Literatur

HOFFMANN, K.H. (1983): Lithostratigraphy and facies of the Swakop Group of the Southern Damara Belt, SWA/Namibia. - Spec. Publ. Geol. Soc. S. Afr. **11**, 43-63.

MARTIN, H., KORN, H. & CLOOS, H. (1937): Das Naukluftgebirge in Südwestafrika. - Geol. Rund., **28** (3-4), 224-228.

NIEDERMAYR, G. (1993): Alpine Klüfte. - MINERALIEN-Welt **4** (6), 57-69.

POHL, W. (2001): Definition und Bildungsmodelle metamorphogener Lagerstätten. - Carinthia II, 191./111 - 517-523.

PFURR, N.; WISSMANN, K.; AHRENDT, H.; HILL, R.S.; WEBER; K. (1987): Alpinotype thrust tectonics and basement-cover relationships in the southern margin zone of the Pan-African Damara Orogen, Rostock Area. - Commune Geol. Surv. S.W.Africa/Namibia **3**, 129-136.

REUNING, E. (1925): Die Natasmine in Südwest-Afrika, eine pegmatitisch-pneumatolytisch-hydrothermale Übergangslagerstätte mit Scheelit, Molybdänglanz, Kupfererzen und Gold. - N.Jb.Mineral.Geol.Paläontol., Beil.-Bd. **52**, Abt. A, 192-262.

RYKART, R. (1995): Quarz-Monographie, 2. Aufl. Die Eigenheiten von Bergkristall, Rauchquarz, Amethyst, Chalcedon, Achat, etc. - 462 S., Thun (Ott Verlag).

Die grünen „Amethyste" aus der Gamsberg-Region

Gerhard Niedermayr

Der Amethystgang auf der Farm Rooisand durchsetzt quarzitische Gesteine. Foto König.

Bereits 1997 erhielt der Verfasser über die Wiener Mineralienhandlung „Kaiser Mineralien" Amethystmaterial aus Namibia, das eine merkwürdige Eigentümlichkeit aufwies: die Amethyste waren nicht nur mehr oder weniger intensiv violett gefärbt, sondern teilweise auch hell-lauchgrün bis gelblichgrün. Die Hintergrundinformation zu diesem Fund besagte, dass nach Aussage des Farmeigentümers die Quarze im bergfeuchten Zustand violett gefärbt sein sollten und sich im Sonnenlicht dagegen zum Teil innerhalb kürzester Zeit in grün verfärben würden.

Das ist nicht unbedingt ungewöhnlich, da wir ja eine Reihe von Mineralien bereits kennen, die sich schon durch bloße Einwirkung des Sonnenlichtes verfärben, zum Teil ausbleichen, wie z.B. Fluorite und Apatite verschiedener Vorkommen sowie Tugtupit von Grönland. Und es heißt, daß auch die Amethyste mancher Vorkommen in Sammlungen, wenn intensiverer Lichteinwirkung ausgesetzt, ihre Farbintensität einbüßen können. Aber, solche Amethyste bleichen vielleicht aus, grün werden sie deshalb noch lange nicht. Das Material schien also interessant. Der Verfasser hatte nun Gelegenheit, im Sommer 2000 die Fundstelle zu besuchen.

Grüne „Amethyste"?

Es ist schon ziemlich lange bekannt, daß die Amethyste mancher Vorkommen bei entsprechender Hitzeeinwirkung (Tempern) ihre Farbe nicht, wie sonst üblich, auf orangebraun oder Citrin-Farbe wechseln, sondern grün werden (NASSAU 1983, EPPLER 1984). Solche grünen Quarze werden „Prasiolith" genannt. Prasiolithe sind durch die genaueren Untersuchungen von NEUMANN & SCHMETZER (1984) von Zambia, Montezuma, Tansania und auch von Blattfeld/Namibia beschrieben worden. Weitere Fundstellen der „grünen Amethyste" sind aus den USA, von den Faröer Inseln und aus Brasilien bekannt (RYKART 1995). Der Grund für die Farbänderung von violett zu grün ist bis heute noch nicht eindeutig geklärt (vgl. NEUMANN & SCHMETZER 1984), zweifellos aber vom jeweils dominierenden Farbzentrum abhängig.

Beinahe alle Bearbeiter sind sich aber darin einig, dass die grüne Färbung ehemaliger Amethyste auf künstliche oder natürliche Hitzeeinwirkung zurückgeführt werden muss. So hat etwa PARADISE (1982) einen aus Amethyst hervorgegangenen grünen Quarz aus dem Grenzgebiet von Kalifornien/Nevada, ca. 33 Kilometer nördlich Reno, beschrieben. Der Amethyst wurde hier in Geoden jurassischer Basalte gebildet und durch die Hitzeeinwirkung eines jüngeren Rhyolith-Ergusses zu Citrin bzw. auch zu Prasiolith umgefärbt.

Im Gegensatz dazu beschreiben PLATONOV et al. (1992) aus der Region von Klodzko in Unterschlesien ein Vorkommen von Prasiolith, auf das aufgrund der geologischen Gegebenheiten eine solche Deutung nicht zutreffen kann. Ergänzend zu diesen Informationen wird nachstehend der Fund von Amethyst und grünem Quarz von der Farm Rooisand beschrieben.

Das Vorkommen von der Farm Rooisand

Amethyst und eben auch Prasiolith wurden schon vor etlichen Jahren auf dem Gelände der Farm Rooisand, nördlich des Gamsberges gelegen, gefunden. Es handelt sich dabei um einen auf mehrere hundert Meter verfolgbaren,

Eine prächtige, parallel zur kristallografischen Hauptachse des Quarzes geschnittene Platte zeigt wunderschön die mehrmals alternierenden grünen und violetten Farbzonen. Auch im violett gefärbten Bereich sind gelegentlich gelblich bis grünliche Partien blockig eingelagert.
Foto Bode.

an- und abschwellenden, im Mittel nur etwa 20 cm breiten Quarzgang, der quarzitische Gesteine durchschlägt.

Es sind typisch violett-trübweiß (und auch grün!) gebänderte Quarzlagen mit schöner zonarer Struktur, die hier an einer Störungszone zur Ausscheidung gekommen sind. Selten sind auch rauchquarzfarbige Partien zu beobachten. Der Gang ähnelt damit den Amethystgängen der Böhmischen Masse und vergleichbaren Vorkommen. Einzig die gelegentliche und eigentlich gar nicht so seltene, grüne Färbung der Quarze unterscheidet das Vorkommen von der Farm Rooisand von vielen anderen Amethyst-Vorkommen weltweit.

Dort, wo die Störungszone etwas breiter ist, bildeten sich dichte Quarz-Kristallrasen; die Einzelindividuen weisen bis ca. 5 cm Durchmesser auf. Üblicherweise sind nur die Spitzen der Kristalle frei entwickelt, bei denen teilweise positives und negatives Hauptrhomboeder r und z gleichermaßen auftreten, teilweise das positive Hauptrhomboeder r dominiert. Die Prismenzone ist sowohl bei den amethystfarbigen als auch bei den grünen Quarzen nur sehr untergeordnet entwickelt; sie zeigt gelegentlich die typische Brasilianer Zwillingsstreifung.

Die Klüfte selbst sind offen, teilweise mit Lettenmaterial, aber auch mit feinerem Schutt gefüllt. Andere Mineralien, ausgenommen Goethit, konnten nicht festgestellt werden. Amethyst dominiert den Quarzgang.

Interessant ist, dass aber auch einerseits in dem frischen, aus dem Anstehenden gewonnenen Material sowohl Amethyst- als auch Prasiolith-Partien lagenartig bis fleckig abwechseln und andererseits beide Farbvarietäten auf ein- und demselben Kristallrasen zu beobachten sind. Daraus ist zu schließen, dass die für die unterschiedlichen Färbungen maßgeblichen Farbzentren in unmittelbar benachbarten Bereichen einer Kluft im Quarz eingebaut worden sein müssen. Ein Unterschied in der für die Färbung notwendigen natürlichen radioaktiven Dosis oder eine Einwirkung durch Hitze, etwa einer benachbarten Granitintrusion, kann somit nicht ausschlaggebend für die unterschiedlich gefärbten Quarze ein- und derselben Kluftpartie gewesen sein.

Auf alle Fälle aber zeigen die grünen Quarze von Rooisand das an sich für Amethyste schon lange bekannte typische Einschlussphänomen der sogenannten „Tigerstreifung", wohl durch die Brasilianer-Verzwillingung bedingte charakteristisch eng gescharte Flüssigkeitsfahnen. Das wieder kann als Hinweis gewertet werden, dass die grünen Quarze hinsichtlich ihres Innenbaues tatsächlich Amethyste sind, ihre Farbe aber einem natürlich vorgegebenen, von violettem Quarz (Amethyst) variierendem Farbzentrum verdanken.

Warum hier aber in ein- und demselben Kluftsystem auf engstem Raum sowohl violetter als auch grüner Quarz auftreten, konnte aufgrund des Geländebefundes allein noch nicht geklärt werden. Eine fast über ein Jahr in Wien dem Sonnenlicht ausgesetzte, dunkelviolett gefärbte Amethyststufe vom Gelände der Farm Rooisand veränderte ihre Farbe nicht. Allerdings ist die Intensität der UV-Strahlung in Mitteleuropa vermutlich nicht mit jener in der Region des Gamsberges vergleichbar.

Die Kluft der grünen Amethyste auf dem Gelände der Farm Roisand mit einigen geborgenen Stufen. Fotos Bode.

Literatur

EPPLER, W. (1984): Praktische Gemmologie. - 2. überarb. Aufl., 504 S., Stuttgart (Rhüle-Diebener-Verlag).

NASSAU, K.(1983): Gemstone Enhancement. History, Science and State of the Art. - 2nd Ed., 252 S., Oxford (Butterworth/Heinemann).

NEUMANN, E.; SCHMETZER, K. (1984): Mechanism of thermal conversion of colour and colour centres by heat treatment of amethyst. - N.Jb.Miner.Mh. **1984** (6), 272-282.

PARADISE, Th.R. (1982): The natural formation and occurrence of green quartz. - Gems & Gemology **18** (1), 39-42.

PLATONOV, A.N.; SACHANBINSKI, M.; WROBLEWSKI, P.; IGNATOV, S.I. (1992): Natural prasiolite from Lower Silesia, Poland. - Z. Dt. Gemmol. Ges. **41** (1) 21-27.

Durch Hämatit orange gefärbte Quarze bis zu 4 cm Länge. Erkennbar sind auch feine, im Quarz eingeschlossene Hämatit-Schüppchen sowie eine zweite, heller gefärbte Quarz-Generation. Sammlung Soltau, Foto Medenbach.

Die spektakulären Quarze vom Orange River

Gerhard Niedermayr
und Heini Soltau

Mittlerweile tauchen sie auf vielen europäischen Börsen auf, die so geheimnisvoll vielfältig gefärbten Quarze vom Orange Rivier (manchmal auch Oranje River geschrieben) im Süden Namibias, nahe bzw. an der Grenze zu Südafrika gelegen. Bergkristalle, mit verschiedensten Einschlüssen und dadurch weit variierend gefärbt, Rauchquarz, Amethyst und „Prasiolith" werden hier gefunden. Die Quarze sind mehr oder weniger stark zonar gebaut, auch Phantomquarze und Zepter sind bekannt.

Oben. Die etwa 4,5 cm große Quarzstufe wird von intensiv violett gefärbten Rasen aus oberflächlich stark korrodierten, beinahe kugelig wirkenden Fluoriten überzogen. Sammlung Soltau, Foto Bode.

Ein im Original 6 cm hoher Zepter-Quarzkristall vom Orange River. Sammlung Soltau, Foto Medenbach.

Rechts. Eine der zahlreichen Fundstellen am Orange River: zu sehen ist das „Kalkloch". Hier befand sich das „Super-Superior-Pocket", in dem auch der exzellente Quarzkristall auf Seite 205 gefunden wurde. Blick in westliche Richtung zur Farm Girtis. Foto von Bezing.

Einsam: das Fundgebiet

Diese Quarzmineralisationen sollen in einem mehrere 10er Kilometer langen Gesteinsstreifen am Orange River auftreten (von BEZING & GUTZMER 2000). Nach anderen Informationen ist es im wesentlichen nur ein ca. 800 Meter langer und nur mehrere Zehnermeter breiter Gesteinsstreifen, der die verschiedenen Kavernen („Pockets") enthält, denen die lokalen Prospektoren auch gegenwärtig noch mit Eifer nachspüren. Und jedes Pocket ist anders, aber typisch, ausgebildet.

Wie auch immer, geologisch gehört das Fundgebiet zum Namaqua-Natal-Gürtel und liegt am Nordwestrand des großen Kapvaal-Kratons. Es sind mittelproterozoische, (also 1,5 - 1 Milliarde Jahre alte), suprakrustale vulkanosedimentäre Gesteinsfolgen, die Teil des prä-jungpräkambrischen Kalahari-Kratons darstellen. Beim Nebengestein, auf dem die Quarze aufsitzen, handelt es sich um einen grobkörnigen Gneis. Gegen die „Pockets" zu ist das Gestein mehr oder weniger stark verquarzt.

Tolle Quarz-Vielfalt

Farbloser Quarz (Bergkristall) bildet oft die jüngste Quarzgeneration über „Eisenkiesel" und Amethyst. Selten sind aber auch „Pockets" gefunden worden, die nur mit wenige Zentimeter großen, klaren Bergkristallen ausgekleidet waren. Mit Bergkristall vergesellschaftet ist Epidot.

Optisch am auffälligsten sind wahrscheinlich die vielen mehr oder weniger intensiv bräunlich orange gefärbten Quarzkristalle und Kristallgruppen („Eisenkiesel"). Die nur auf dünnste Schichten in den Kristallen beschränkten orange Farbzonen variieren von einem kräftigen Orange,

Seite 261. Einmalig schöne, 7,3 cm hohe Gruppe aus Amethyst-Quarzkristallen, die milchig-weiße bis nahezu farblose Zepter tragen. Eingeschlossen finden sich rötliche Hämatitschüppchen. Sammlung Soltau, Foto Medenbach.

über bräunliche Partien zu einem intensiven Rot; auch gelbbraune Färbung kann beobachtet werden. Die Färbung ist durch unterschiedlich dichte Einwachsungen von Goethit/Lepidokrokit (?) - bzw. Hämatitplättchen und -kügelchen bedingt. Diese sind deutlich zonar, parallel den Rhomboeder- und Prismenflächen angelagert. Hämatit ist in einigen Pockets auch auf Quarz

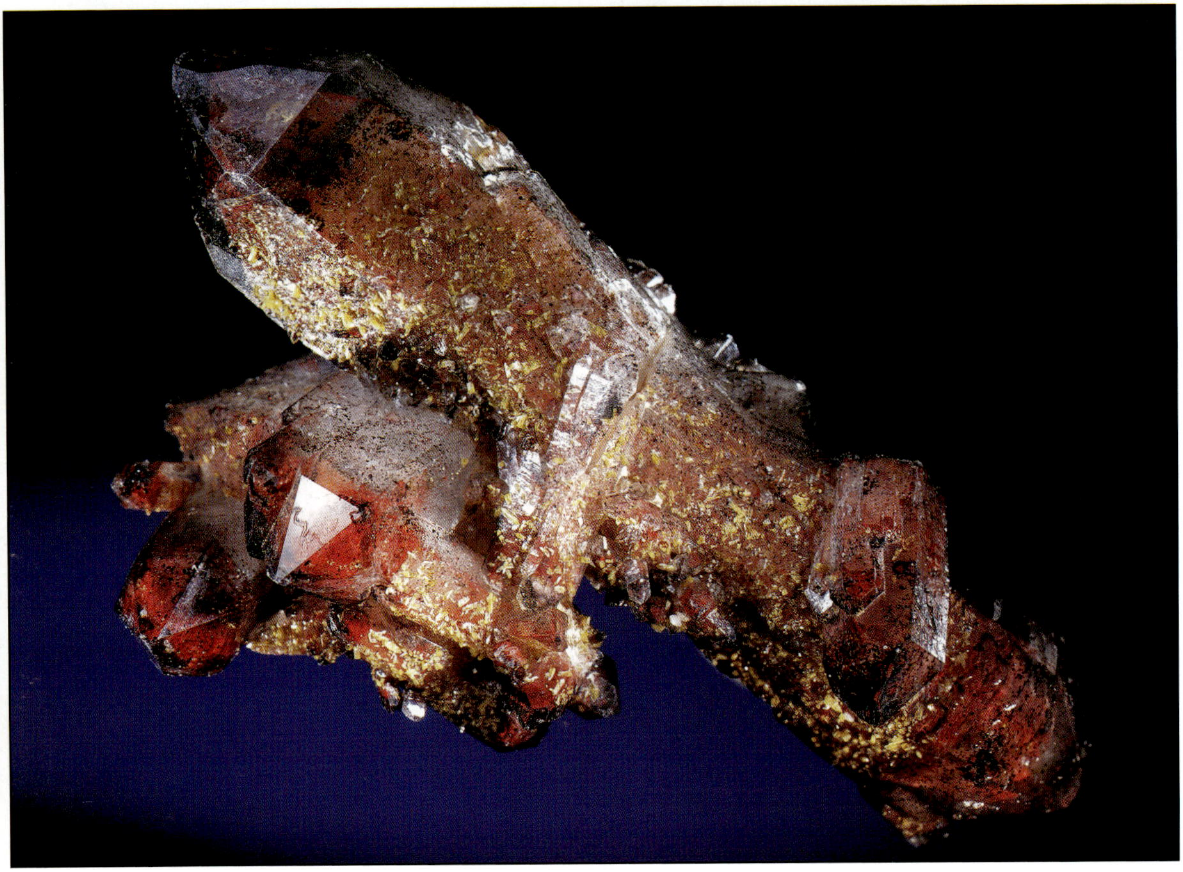

10 cm langer Quarz-Doppelender mit Phantombildung, auf dem noch weitere kleine Quarze sowie grünliche Epidote sitzen. Sammlung Soltau, Foto Medenbach.

in metallisch glänzenden Schüppchen aufgewachsen. Üblicherweise sind die Fe-Oxid- bzw. Fe-Hydroxid (?)-Schichten noch von einer nur wenige Millimeter, oft nur Zehntelmillimeter, dünnen Lage von farblosem Quarz überzogen und damit „fixiert" worden.

Sehr ansprechend sind schöne, dickprismatische Kristalle, die orange gefärbt sind, aber zum Teil eine charakteristische, fensterquarzartige Felderung erkennen lassen. Der Kernbereich dieser Kristalle ist dunkel, die Außenzone weist eine orange Färbung auf, wobei diese insbesondere an den Prismenflächen sehr intensiv ist.

Der ausgeprägte Zonarbau vieler Quarze und die für die so auffallende Färbung der Kristalle maßgebliche phantomartige Anlagerung von Fremdsubstanz weist auf ein in mehreren Schüben erfolgtes Wachstum der Kristalle hin. Immer wieder kam es zu Wachstums-Stillständen. In diesen Zeiten wurde vermutlich in erster Linie Hämatit an der Kristalloberfläche angelagert und dieser dann in der Folge möglicherweise auch in Fe-Hydroxide umgewandelt. Vielleicht geschah das auch nicht immer, woraus das gar nicht so selten zu beobachtende, zum Teil fleckige Nebeneinander von orange bis braunroten, „rostigen" Kügelchen und stark metallisch glänzenden, schwarzen Kügelchen und Blättchen resultiert. Eine jüngere Quarzgeneration hat dann diese Aufwachsungen endgültig „fixiert".

Der Habitus der Kristalle ist ausnahmslos normal-rhomboedrisch, doch sind in manchen Pockets auch typische „Sprossenquarze" (vgl. RYKART 1995) zu beobachten. Manchmal sind die Kristalle auch als sogenannte „Schwimmer" ausgebildet. Auch Zepter kommen vor; Zepterbildungen sind aber bei amethystfarbigem Quarz wesentlich häufiger.

Amethyst sitzt in manchen Pockets als mehr oder weniger intensiv violett gefärbte 2. Generation auf trübweißem, aber ebenfalls normal-rhomboedrisch entwickeltem Quarz auf - es sind ästhetische, bis zu etwa 10 cm große Zepterquarze vom Orange River bekannt. Gelegentlich ist die 2. Generation aber auch wasserklar und zepterartig auf durch Hämatiteinschlüsse orange gefarbtem Quarz („Eisenkiesel") aufgewachsen.

In vielen Fällen sind amethystfarbige Quarzpartien um trübweiße Kernbereiche zur Auskristallisation gelangt, die ihrerseits von einer jüngsten, farblosen Quarzgeneration ummantelt werden;

worden. Neuere ramanspektroskopische Untersuchungen haben aber sichergestellt, dass es sich dabei immer um Hämatit handelt.

In der Kristallisationsfolge interessant ist ein Pocket, dessen Kristalle über einem trübweißen Kernbereich eine jüngere, violette Quarzgeneration zeigt, mit scheinbar „citrinfarbiger" Außenzone. Natürlich handelt es sich hier nicht um Citrin. Die gelbe Farbe ist durch einen schmutziggelben, feinstkristallinen Belag verursacht (möglicherweise aus Fe-Hydroxid?), über den noch eine sehr dünne Schicht von farblosem Quarz folgt. Gleichzeitig mit dem gelben Belag sind tafelig bis flach-linsenförmige Baryte auf der „Amethyst-Generation" abgeschieden worden. Und auch dieser Baryt ist noch von einer dünnen Quarzschicht überzogen worden.

Rauchquarzkristalle sind bisher in den verschiedenen Pockets noch nicht beobachtet worden. Rauchquarzfarbige Kristallpartien, teils mit Amethyst zonar wechsellagernd,

Ein etwa 3 cm hoher Eisenkieselquarz mit aufsitzenden Kügelchen aus Fluorit sowie kleinen Hämatitkristallen. Sammlung Soltau. Foto Bode.

Einem stilisierten Umriss von Namibia ähnelt diese Stufe - dazu kommt, wie bei Namibia, der gleiche, erste Eindruck: gelbgrau, karg, unscheinbar ...

an der Grenzschicht sitzen da dann winzige, schwarze Kügelchen (von Hämatit?) und die Prismenkanten weisen eine charakteristische orange Färbung auf.

Die Amethystfärbung ist zum Teil auch zonar, sektorenartig in den Kristallen verteilt und solche Kristalle zeigen dann auch gar nicht so selten die typisch langgezogenen, rötlichbraunen „Fluchtspuren" von Hämatit, wie diese auch in Amethysten vieler anderer Vorkommen, und da etwa auch aus dem Alpinbereich, schon lange bekannt sind. Ähnliche Einschlüsse kann man auch in den Amethysten aus den Vulkaniten der Goboboseb-Berge beobachten. Diese eigenartigen „Käferbeine", wie sie im gemmologischen Schrifttum auch heute noch gerne bezeichnet werden, sind lange Zeit für Lepidokrokit gehalten

sind dagegen in manchen Pockets durchaus bekannt. Derartiges Material erinnert bis zu einem gewissen Grad an die Amethyste der Böhmischen Masse (zum Beispiel Maissau/Niederösterreich, Bochowice/Tschechien).

Aus einem Pocket sind auch grüne „Amethyste" nachgewiesen worden. Bei solchen Kristallen dominiert das positive Hauptrhomboeder r. Die Individuen sind schmutzig graugrün gefärbt und gut transparent. Der uns vorliegende Kristall zeigt viele Flüssigkeitsfahnen, aber keine Festkörpereinschlüsse. Charakteristisch ist aber eine sogenannte „Tigerstreifung", wie diese eigentlich für Amethyste kennzeichnend ist (vgl. EPPLER 1984). Im Prinzip könnte es sich dabei um ein getempertes, also gebranntes, Material handeln. Es ist ja schon lange bekannt, dass die Amethyste mancher Vorkommen durch Hitzebehandlung auf grün umgefärbt werden können. Solches Material wird im Handel als „Prasiolith" angeboten und kommt in erster Linie aus Brasilien (EPPLER 1984). Ob dies auch für die grünen Quarze vom Orange River gilt, kann hier nicht entschieden werden. Hinzuweisen ist in diesem Zusammenhang aber darauf, das wir nun auch ein anderes Vorkommen von „grünen Amethysten" aus Namibia, aus der Region des Gamsberges, kennen.

Oben. Das Gebiet des Orange River - zwar karst und trostlos, aber doch hochinteressant für Quarz- und neuerdings auch für Fluoritsammler. Foto Bast.

... schaut man jedoch einmal genauer hin und betrachtet beide Seiten („dreht die Stufe um"), zeigt sich Namibia mit diesen Amethystkristallen so, wie es wirklich ist: voller Überraschungen, schön und attraktiv. Stufenbreite 21 cm, Sammlung Soltau, Foto Bode.

Literatur

BEZING, L. v.; GUTZMER, J. (2000): Amethyst/Eisenkiesel-Quarze vom Orange-Fluß in Namibia. - Lapis **25** (2), 39-41.

EPPLER, W. (1984): Praktische Gemmologie. - 2. Aufl., 504 S., Stuttgart-Degerloch (Rhüle-Diebener-Verlag KG.).

RYKART, R. (1995): Quarz-Monographie. Die Eigenheiten von Bergkristall, Rauchquarz, Amethyst, Chalcedon, Achat, Opal und anderen Varietäten. - 2. Aufl., 462 S., Thun (Ott Verlag).

Perfekt ausgebildeter, auf Matrix sitzender 8 cm großer Quarz-Doppelender mit interessanter Phantombildung. Die rote Färbung rührt von feinen Hämatiteinschlüssen her. Sammlung Soltau, Foto Medenbach.

Rosh Pinah im Süden Namibias - Ein Fundort für schöne Barytkristalle

Steffen Jahn

Rosh Pinah ist eine sulfidische Blei-Zink-Lagerstätte in den Namusbergen (Farm Naumuskluft 88) im Lüderitz-Distrikt unter 16°46' E, 27°27' S, nur ca. 20 km nördlich des Orange-Rivers bzw. 165 km südlich von Aus. Sie ist Quelle der besten Baryt-Stufen Afrikas und liefert eine Reihe weiterer interessanter Mineralien. Der Name der Lagerstätte („Rosh Pinah" bedeutet Eckstein) stammt aus dem Hebräischen und bezieht sich auf das Alte Testament: „Der Stein, der von den Bauleuten verworfen wurde, ist zum Eckstein geworden. Das ist vom HERRN geschehen und ist ein Wunder in unseren Augen." (Psalm 118, Verse 22 und 23).

1989 wurden in Rosh Pinah sensationelle Funde gemacht, in deren Verlauf mit goldorangen, transparenten Barytkristallen die schönsten Vertreter dieser Mineralart auf dem afrikanischen Kontinent geborgen wurden. Die Stufe befindet sich in der Sammlung Soltau.

Geschichte und Geologie

Rosh Pinah, heute der bedeutendste Zink- und Blei-Produzent Namibias, wurde 1964 während regionaler Kartierungsarbeiten entdeckt. Die Originalkonzession hielt Moly Copper Mining and Exploration (SWA) Co. Ltd., deren Gründer Mose Eli Kahan, ein aus Europa vertriebener preußischer Jude, niemals die Vision aufgab, dass diese Lagerstätte der Grund- bzw. „Eckstein" (vgl. oben) seines Erfolges werden würde. Von 1969 an stand die damals IMCOR Zinc (Pty) Ltd. gehörende Lagerstätte Rosh Pinah in kommerzieller Produktion, bis sie 1993 aufgrund fallender Zinkpreise und Unstimmigkeiten zwischen den Anteilseignern vor der Liquidation stand. Seitdem ist sie im Besitz eines Joint Ventures aus ISCOR (Pty) Ltd. (Südafrika) und dem namibisch-malaysischen Konsortium P&E Minerals.

In der Lagerstätte wurden zu Beginn der 1990er Jahre jährlich ca. 500.000 Tonnen Erz im Kammerpfeiler- bzw. untergeordnet auch Teilsohlenerweiterungsbau gefördert. Die Erze werden verschnitten und gelangen mit Durchschnittsgehalten von 7,5 % Zink, 2 % Blei und 0,1 % Kupfer in die Aufbereitung. Mittels Flotation gewinnt man hier ein Zn-Konzentrat mit 54 % Zn und ein Pb-Cu-Konzentrat mit 47 % Pb sowie 700 ppm Ag, die in der ZINCOR-Hütte in Springs/Südafrika bzw. der Hütte in Tsumeb verhüttet werden. Aus dem Pb-Cu-Konzentrat wird auch das ursprünglich an die Fahlerze sowie an Chalkopyrit und Galenit gebundene Silber extrahiert.

Die Lagerstätte stellt eine proterozoische, submarin-vulkanogen-hydrothermale Bildung mit Pyrit-Sphalerit-Chalkopyrit-Silber-Mineralisationen dar, die in der sogenannten Rosh-Pinah-Formation, der untersten stratigraphischen Einheit des Gariep-Komplexes, sitzt. In dieser aus Schichten vulkanoklastischer Gesteine bzw. aus Sedimenten bestehenden Formation gibt es drei stratigraphische Horizonte, die hinsichtlich ihrer Mineralisation von Interesse sind. Es sind dies ein massiver Limoniterz-Horizont und ein Pyrit-Chalkopyrit-mineralisierter Horizont in den Vulkanoklastika sowie ein schichtförmiger Zn-Pb-Ag-Erzkörper in den Sedimenten, auf den sich der Abbau konzentriert. Im Grubenfeld werden die drei Einheiten „Liegendserie", „Erzhorizont" sowie „Hangendserie" ausgehalten. Die Mächtigkeit des Erzhorizontes reicht von wenigen Zentimetern bis 40 m. Er ist durch enge Verzahnungen von Quarziten, feldspatführenden Quarziten, Carbonatgesteinen sowie Tonsteinen mit massiven Sulfiderzen gekennzeichnet. Im Erzhorizont kennt man heute sechs größere, polymetallische Sulfiderzkörper. Der bereits abgebaute „Erzkörper A" stellte einen NW-SE streichenden, ovalen, 220 x 120 m großen Oberflächenausbiß dar, dessen Kern durch das Auftreten von Carbonaten wie Norsethit und Calcit gekennzeichnet war. Er wurde in einem Tagebau

abgebaut, der zuletzt einen Durchmesser von 130 m und eine Tiefe von 150 m bei einem Sohlenabstand von 25 m aufwies. Die Mächtigkeit der vererzten Bereiche im ebenfalls abgebauten „Erzkörper B" variierte zwischen 1 und 45 m. Er wurde bis 40 m unter Geländeoberfläche im Tagebau und anschließend im Tiefbau betrieben. „Erzkörper C" befindet sich ca. 300 m NW des Erzkörpers B und weist erzführende Bereiche von durchschnittlich 30 m Mächtigkeit auf. Der „Mountain-Erzkörper" stellt wie der „Northern Ore Field II-Erzkörper" eine Antiklinal-, der 120 m E des letzteren gelegene „Northern Ore Field I-Erzkörper" dagegen eine Synklinalstruktur dar. Das „südliche Erzfeld" befindet sich 160 m westlich des Erzkörpers A. Durch den Aufschluss der vier in Förderung stehenden Erzkörper wurde die Bedeutung der carbonatischen Gesteine als bevorzugter Ausscheidungs- bzw. Imprägnierungshorizont für die sulfidischen Erze deutlich. Carbonatgesteine bilden unregelmäßige Körper, aber auch Gänge und Verdrängungsstrukturen. Es existieren zwei Haupttypen: dunkelgraue, dolomitische sowie hellgraue und generell grobkörnigere, Barium-reiche Carbonate.

Fast alle genannten Fakten und Daten stammen aus PAGE & WATSON (1976), SCHNEIDER (1991), Van VUUREN (1986) sowie WARTHA & GENIS (1992); in der Primärliteratur finden sich auch weiterführende Angaben zu der hier nur sehr grob charakterisierten Lagerstätte.

Die Mineralien von Rosh Pinah

Baryt ist ein hier relativ häufig vorkommendes Mineral, das üblicherweise in farblosen bis weißen Kristallen gefunden wird. Im Jahre 1989 wurden in Rosh Pinah aber sensationelle, goldorange, transparente Barytstufen geborgen, deren maximal 5 cm große Kristalle zu radialblätterigen Aggregaten arrangiert sind. Schwimmeraggregate zeigen dabei komplett ausgebildete „Sterne" solcher Aggregate. Auf den schönsten Stufen, die Größen bis 30 x 20 cm erreichen können, sitzen orangerote Kristalle auf einer brecciierten Matrix.

Unter den Sekundärmineralien sind die Barium-Mineralien Norsethit, Benstonit, Barytocalcit, Witherit und Celsian zu nennen, obwohl die meisten dieser Mineralien nicht in Sammlerqualität vorkommen. Benstonit wurde in schönen, mehrere Zentimeter großen, freistehenden Kristallen geborgen. Norsethit und Barytocalcit treten gelegentlich in Form grobkörniger Gänge in anderen Carbonatgesteinen auf.

Zu den für Sammler interessanten Erzmineralien zählen Markasit, Galenit und Sphalerit. Letzterer bildet mitunter recht hübsche, idiomorphe, dunkelbraune bis schwarze Kristalle bis ca. 3 cm Größe. Zu den weiteren, innerhalb der Erzhorizonte in Form von Imprägnationen, Füllungen in Blasenhohlräumen, Trümern sowie Massivsulfidkörpern auftretenden Erzminera-lien gehören Chalkopyrit, Tennantit und Tetraedrit, Bornit und Stromeyerit sowie Pyrit, Arsenopyrit und Pyrrhotin.

Links. Benstonit ist in Kristallen weltweit recht selten. Hier sehen wir schön ausgebildete, weiße Rhomboeder, denen ein 2 cm großer, fast farbloser Quarzkristall aufsitzt. Rechts daneben sind die Benstonitkristalle mit Markasit verwachsen. Sammlung Nägele.

Literatur

HART, K. (1998): The Skorpion Zinc Deposit, Sperrgebiet -Namibia. - Namibia Brief **21**, 38-39.

PAGE, D.C.; WATSON, M.D. (1976): The Pb-Zn deposit of Rosh Pinah Mine, South West Africa. - Econ. Geol. **71**, 301-327.

SCHNEIDER, G.I.C. (1991): Bergbauliches Länderprofil Namibia. - Erzmetall **44**, 12-22

Van VUUREN, C.J.J. (1986): Regional setting and structure of the Rosh Pinah zinc-lead deposit, South West Africa/ Namibia. - In: ANHAEUSSER, C.R. & MASKE, S. (EDS.), Mineral Deposits of Southern Africa Vol. II, 1593-1607, Johannesburg (Geol. Soc. South Africa).

WARTHA, R.R; GENIS, G. (1992): Lead and Zinc. - In: GEOLOGICAL SURVEY OF NAMIBIA (EDS.), The Mineral Resources of Namibia, 2.5–11 - 2.5–16, Windhoek.

Erstmals in Namibia gefundene Mineralien und ihre Typlokalitäten

Steffen Jahn

Von Fundstellen in Namibia bzw. Deutsch-Südwestafrika wurden bis heute 81 Mineralien erstbeschrieben. Damit steht das Land hinter Zaire bzw. Kongo an zweiter Stelle der Länder mit den meisten Mineralerstbeschreibungen in Afrika. Das erste vom Gebiet des heutigen Namibia beschriebene Mineral war Stercorit, der von HERAPATH (1850) in Guanolagerstätten auf der Insel Ichaboe nordwestlich Lüderitz entdeckt wurde.

Spitzenreiter in Namibia ist Tsumeb mit 62 Erstbeschreibungen (von Otavit, SCHNEIDER 1906, bis Eyselit, ROBERTS et al. 2004), danach folgt mit der Kombat-Mine (7 Erstbeschreibungen) wiederum eine Lagerstätte im Otavi-Bergland. Mit den 62 typomorphen Mineralien gehört Tsumeb neben Långban (Schweden), Mont Saint-Hilaire (Kanada) und Franklin (USA) zu den Lagerstätten mit den meisten Mineralerstbeschreibungen überhaupt.

Im Folgenden werden die namibischen Erstfundorte (bis auf Tsumeb, siehe Seite 177, sowie Khorixas, siehe S. 121 in diesem Buch) kurz beschrieben, wobei im Wesentlichen auf DALTRY (1992) zurückgegriffen wird:

• Kombat (Grootfontein-Distrikt) liegt ca. 50 km südlich von Tsumeb und befindet sich auf dem Gelände der Farm Asis. Die Lagerstätte wird dem Mississippi-Valley-Typ zugerechnet und sitzt im präkambrischen Hüttenberg-Dolomit (Otavi Group, Damara-Sequenz). Sie baut sich aus einer Reihe von Erzkörpern auf, zu denen Asis Far West, Asis West, Asis Ost, Kombat West, Kombat Central, Kombat East und E900 gehören. Wenn auch die Zahl der von Kombat beschriebenen Mineralien eher klein ist, ähnelt die Paragenese der von Franklin sowie Långban. Fast alle von Kombat erstbeschriebenen Mineralien wurden ausschließlich hier gefunden.

Nambulit gehört zwar nicht zu den erstmals in Namibia gefundenen Mineralien, jedoch stellen die aus der Kombat-Mine stammenden, prächtig roten Kristalle die besten der Welt dar. Kombat ist aber auch die Typlokalität für sieben Mineralien. Bildbreite 3 cm, Foto Medenbach.

• Der zonierte Seltenmetallpegmatit Van der Made (1) befindet sich auf dem Gebiet der Farm Brabant 86 westlich von Etiri (Karibib-Distrikt) und bildet die Typlokalität für Brabantit.

• Panafrikanische Seltenmetallpegmatite im Pegmatitbezirk von Karibib (2) bilden die Typlokalität für den aus der Oxidation von Eosphorit hervorgegangenen Ernstit.

• Der Sandamap-Pegmatit (3) liegt westlich Usakos und genau nordwestlich des Farmhauses der Farm Sandamap 84. Er bildet Typlokalität und einzigen Fundort für den aus der Verwitterung von Triphylin hervorgegangenen Giniit.

• Die Ida Mine (4) befindet sich im Khan-Rivier (Swakopmund-Distrikt) und stellt die Typlokalität für den kupferroten, aus dem Zerfall von Bornit hervorgegangenen Idait dar.

• Der Lithium-reiche Helikon-II-Pegmatit (5) bei Karibib ist mit 1620 m Länge einer der größten Pegmatite Namibias. Der eine komplexe interne Zonierung ausfweisende Pegmatit ist Typlokalität für Joosteit, $(Mn^{2+},Mn^{3+},Fe^{3+})_2[O|PO_4]$ (IMA No. 2005-013, KELLER et al. in press.).

• Der Pegmatit von Ariakas (6), ein unzonierter Kassiteritpegmatit, liegt auf dem Gelände der Farm Davib-Ost 61 (Karibib-Distrikt) und stellt wohl den Erstfundort für Karibibit dar.

• Die Skorpion Mine (7) befindet sich westlich von Rosh Pinah im Diamanten-Sperrgebiet und steht seit 2003 in Förderung. Es handelt sich um eine Zinklagerstätte mit oxidischen Zinkerzen. Sie ist Typlokalität für Skorpionit, $Ca_3Zn_2(PO_4)_2CO_3(OH)_2 \cdot H_2O$ (IMA No. 2005-010, KRAUSE et al. in press).

• Der Granitpegmatit Clementine II (8) befindet sich auf dem Gelände der Farm Okatjimukuju unweit Karibib und ist Typlokalität für das Phosphatmineral Stanekit.

Oben. Der 1960 von STRUNZ beschriebene Chudobait war eines der ersten neuen Mineralien aus der zweiten Oxidationszone von Tsumeb. Die Lagerstätte ist bis heute auch der einzige Fundort geblieben. Die Länge des Kristallaggregates beträgt 7 mm. Sammlung Nägele, Foto Bode.

• Ichaboe Island (9) befindet sich unweit des Douglas Point, NW Lüderitz (Lüderitz-Distrikt). Die Insel wird vorrangig aus Melanogneisen, Schiefern und Amphiboliten aufgebaut, in die granitische Magmen intrudiert sind. Aus den dortigen Guanoablagerungen wurde bereits 1850 der Stercorit erstbeschrieben.

• Durch Wechselwirkung von Fledermausguano mit dem Dolomit der 150 km E Windhoek gelegenen Arnhem-Cave (10) bildeten sich verschiedene Phosphat- und Diphosphat-haltige Phasen wie „Swaknoit", „Arnhemit", „Pyrocoproit" und „Pyrophosphit", von denen aber nur Swaknoit als neues Mineral anerkannt wurde.

• Der südlich von Windhoek liegende Phonolith-Komplex von Aris wird Typlokalität für drei Mineralien sein. Es handelt sich um das La-Analogon von Sazhinit-(Ce) (IMA No. 2002-042a, CÁMARA et al. in press.) sowie um zwei Na- und SEE-haltige Fluorcarbonate, $NaCe[F|(CO_3)_2]$ und $NaLa[F|(CO_3)_2]$ (PIILONEN et al. 2005).

Literatur

DALTRY, V.D.C. (1992): Type Mineralogy of Namibia. - Geol. Surv. Namibia Bull. **1**, 142 S.

EFFENBERGER, H.; KRAUSE, W.; BERNHARDT, H.-J.; MARTIN, M. (2000): On the symmetry of tsumcorite group minerals based on the new species rappoldite and zincgartrellite. - Min. Mag. **64**, 1109-1126.

HEREPATH, T.J. (1850): Quatern. Journ. Chem. Soc. **2**, 70 (London).

SCHNEIDER, O. (1906): Vorläufige Notiz über einige sekundäre Mineralien von Otavi (Deutsch Süd-West-Afrika), darunter ein neues Cadmium-Mineral. - Centralbl. Mineral. Geol. Paläntol. **13**, 388f.

Unten. Übersicht zu den in Namibia erstmals gefundenen Mineralien. Mit * gekennzeichnete Phasen sind gleichzeitig von mehreren Lokalitäten erstbeschrieben worden. Die Zahlen bei den Typlokalitäten beziehen sich auf deren Kurzbeschreibung im Text.

Mineral	Typlokalität	Jahr	Mineral	Typlokalität	Jahr
Andyrobertsit	Tsumeb	1999	Kombatit	Kombat	1986
Arsenbrackebuschit	Tsumeb	1976	Koritnigit	Tsumeb	1978
Arsendescloizit	Tsumeb	1982	Leiteit	Tsumeb	1977
Arsentsumebit	Tsumeb	1965	Ludlockit	Tsumeb	1970
Asisit	Kombat	1988	Lukrahnit*	Tsumeb	2001
Bartelkeit	Tsumeb	1981	Mathewrogersit	Tsumeb	1986
Biehlit	Tsumeb	2000	Minrecordit	Tsumeb	1982
Brabantit	Brabant 86[1)]	1978	Molybdofornacit	Tsumeb	1983
Briartit*	Tsumeb	1965	Namibit	b. Khorixas	1981
Brunogeierit	Tsumeb	1972	O'Danielit	Tsumeb	1981
Calcioandyrobertsit	Tsumeb	1999	Otavit	Tsumeb	1906
Chudobait	Tsumeb	1960	Otjisumeit	Tsumeb	1981
Damarait	Kombat	1990	Ovamboit*	Tsumeb	2003
Djurleit*	Tsumeb	1962	Plumbotsumit	Tsumeb	1982
Duftit	Tsumeb	1920	Prosperit	Tsumeb	1979
Ekatit	Tsumeb	2001	Queitit	Tsumeb	1979
Ernstit	bei Karibib[2)]	1970	Reinerit	Tsumeb	1958
Eyselit	Tsumeb	2004	Ribbeit	Kombat	1987
Fahleit	Tsumeb	1988	[Sazhinit-(La)]	Aris	?
Feinglosit	Tsumeb	1997	Schaurteit	Tsumeb	1966
Ferrilotharmeyerit	Tsumeb	1991	Schneiderhöhnit	Tsumeb	1973
Fleischerit	Tsumeb	1960	Schultenit	Tsumeb	1926
Gaitit	Tsumeb	1980	Sewardit	Tsumeb	2002
Gallit	Tsumeb	1958	Sidpietersit	Tsumeb	1999
Gallobeudantit	Tsumeb	1996	[Skorpionit]	Skorpion Mine[7)]	?
Gebhardit	Tsumeb	1983	Söhngeit	Tsumeb	1965
Gerdtremmelit	Tsumeb	1985	Stanekit	b. Karibib[8)]	1997
Germanit	Tsumeb	1922	Stercorit	Ichaboe[9)]	1850
Giniit	Sandamap[3)]	1980	Stottit	Tsumeb	1958
Helmutwinklerit	Tsumeb	1980	Stranskiit	Tsumeb	1960
Holdawayit	Kombat	1988	Swaknoit	Arnhem Cave[10)]	1991
Idait	Ida Mine[4)]	1958	Thometzekit	Tsumeb	1985
Itoit	Tsumeb	1960	Tsumcorit*	Tsumeb	1971
Jaffeit	Kombat	1989	Tsumebit	Tsumeb	1912
Jamesit	Tsumeb	1981	Tsumgallit	Tsumeb	2002
Johillerit	Tsumeb	1982	Warikahnit	Tsumeb	1979
Johninnesit	Kombat	1986	Wilhelmkleinit	Tsumeb	1999
[Joosteit]	Helikon II[5)]	?	Zinkgartrellit	Tsumeb	2000
Karibibit	b. Karibib[6)]	1973	Zinkrosasit	Tsumeb	1980
Kegelit	Tsumeb	1975	Zinkroselith	Tsumeb	1986
Keyit	Tsumeb	1977			

Auf Diamantensuche im Wüstensand

Olaf Medenbach

Die südafrikanische Sonne brennt unerbittlich. In der Wüste von Oranjemund wird jeder Schritt zur schweißtreibenden Anstrengung. Dort, wo sich heute der größte Erdbewegungsbetrieb der Welt befindet, mußten vor rund 80 Jahren viele vom Diamantenfieber erfaßte Abenteurer ihr Leben lassen. Der Entdeckung eines Bahnarbeiters im April 1908 hat Südafrika seinen Reichtum zu verdanken. Die Deutsche Diamantengesellschaft war maßgeblich an der kommerziellen Erschließung des Oranje-Mündungsgebietes beteiligt und hatte bis zum 1. Weltkrieg alleiniges Schürfrecht.

Oranjemund, das ist auch eine Ortschaft mitten in einem der großartigsten Wüstengebiete. Eine Oase aus einigen Dutzend Bungalows, einer Arbeitersiedlung, zwei Kirchen, einem Kino, einer Schule, einem Krankenhaus und einem kleinen Kraftwerk. Eine Farm versorgt die 3.000 weißen und über 4.000 farbigen Arbeiter mit Gemüse und Frischfleisch. Unglaublich: Mitten in der Wüste liegt ein sattgrüner Rasen-Golfplatz mit 18 Löchern und dient den Bewohnern Oranjemunds als Zeitvertreib.

Seinen Namen erhielt Oranjemund nach dem größten Fluß Südafrikas, der einige 1000 km entfernt in den Drakensbergen Lesothos entspringt. Er schwillt dann zu einem mächtigen Strom an, aber seine Mündung erreicht er nur in wirklich regenreichen Jahren. Meist verdunsten und versickern die Wassermassen in dem glühendheißen Sand der Namib. Der Oranje war es wohl auch, der vor vielen Millionen Jahren im Tertiär für die Bildung einer der größten Schatzkammern der Erde verantwortlich war. Mit seinem Geröll und Schutt wurden aus dem Inland riesige Mengen von Diamanten abtransportiert, die sich im Brandungsgebiet nördlich und südlich seiner Mündung ablagerten. Diese Diamanten sind heute Ziel einer intensiven bergbaulichen Tätigkeit im größten Erdbewegungsbetrieb der Welt und bilden eine der wesentlichen Grundlagen des Reichtums im südlichen Afrika.

Noch vor zwanzig Jahren war der eigentliche Abbau schweißtreibende Handarbeit. Nachdem die tauben Sande abgefahren waren und Bagger die zugänglichen Partien ausgeräumt hatten, kamen Arbeiterkolonnen, um selbst die letzten Krümel zu bergen. Alle Fotos Medenbach.

Von der Entdeckung des ersten Diamanten im Sand der Namib bis zur heutigen voll technisierten und mechanisierten Abbauweise rund um die Diamantenstadt Oranjemund führt ein abenteuerlicher Weg. Im April 1908 fand der schwarze Bahnarbeiter Zacharias Lewala beim Freischaufeln der Eisenbahnschienen von dem Sand von Wanderdünen einige Steine, die seine Aufmerksamkeit erregten, da er früher bei De-Beers in Kimberley gearbeitet hatte, erkannte er diese als Diamanten. Er übergab sie dem deutschen Vorarbeiter August Stauch, der sich sofort bei der deutschen Kolonialgesellschaft um die Schürfrechte bemühte und zahlreiche Claims absteckte.

Nach der Bestätigung des Fundes durch den deutschen Geologen Dr. Range setzte ein Diamantenfieber ein, das dem Goldrausch vom Clondike in nichts nachstand. Viele tausend Abenteurer strömten in die vegetations- und fast regenlose Wüste, um ihr Glück zu machen. Viele davon verhungerten und verdursteten elendig. Schon nach wenigen Monaten war bekannt, daß in einem 500 km langen und bis zu 20 km breiten Streifen entlang der Küste Diamanten vorkommen.

Wie unermeßlich reich die Vorkommen sein mußten, zeigt allein die Tatsache, daß in den ersten 6 Jahren nach der Entdeckung bereits Steine im Werte von fast 100 Millionen DM gefunden wurden. Und das, obwohl die Arbeitsmethoden und Hilfsmittel außerordentlich primitiv waren. Die meisten Diamantensucher hatten nichts außer ihren Händen, einer Schaufel und einer Waschpfanne.

Schon bald nach der Entdeckung der ersten Diamanten war klar, daß eine staatliche Kontrolle über diese wichtigen Vorkommen nötig war. Zu diesem Zweck wurde die Deutsche Diamantengesellschaft gegründet und ein ca. 100 km breiter Streifen zwischen der Mündung des Oranje und dem 26. Breitengrad zum Sperrgebiet erklärt, wo allein die Diamantengesellschaft Prospektions- und Schurfrechte erhielt. Auch wurde damals schon der Vertrieb der Funde zentral von Berlin aus gesteuert.

Nach dem 1. Weltkrieg, der eine Depression des Diamantengeschäftes und einen Regierungswechsel des ehemaligen Deutsch-Südwestafrika zum Mandatsgebiet des Völkerbundes unter südafrikanischer Verwaltung mit sich brachte, erhielten neun Gesellschaften die Rechte zum Abbau der Diamantenfelder. Diese fusionierten 1920 unter dem Vorsitz von Ernest Oppenheimer zur „Consolidated Diamond Mines of Southwest Africa Limited" (CDM). Dies alles geschah lange bevor die eigentlich wichtigen Diamantenlagerstätten überhaupt entdeckt wurden. Bei den bis dahin gefundenen Diamanten handelte es sich um solche, die von den starken Küstenwinden aus den Sedimenten separiert worden waren und sich an einigen Stellen angereichert hatten. Die großen marinen Lagerstätten blieben noch unter der Küstensandbedeckung verborgen und wurden erst 1927 entdeckt.

Mit dieser Entdeckung ist ein Name ganz eng verknüpft, der des deutschen Geologen Dr. Hans Merensky, der wohl der berühmteste Geologe im südafrikanischen Raum nach der Jahrhundertwende war. Er entdeckte auch die riesigen Platinlagerstätten des Buschveldes. Zu seinen Ehren wurde der Platin führende Horizont dieses großen Gesteinskomplexes Merensky-Reef genannt.

Der Wissenschaftler vermutete schon lange sedimentäre Diamantenvorkommen ähnlich denen Südafrikas in dem Gebiet nördlich der Mündung des Oranje. Als 1925 nahe Port Nolloth von J. F. Carstens ein Diamant gefunden wurde, reiste Merensky sofort dorthin, um mit seinen Mitarbeitern Reuning und Klinghardt zu prospektieren.

Im Januar 1927 kam dann endlich der ganz große Durchbruch, der die Theorien Merenskys voll und ganz bestätigte. Bei Alexanderbay fand man in marinen Konglomeraten unter dem Dünensand zwischen ei- bis faustgroßen Kieselsteinen und Austernschalen Diamanten. Diese typische geologische Formation bekam danach den Namen die „Austernlinie" und ist noch heute Ziel der geologischen Prospektionen und des Abbaus.

In wenigen Tagen nach dieser erregenden Entdeckung müssen geradezu märchenhafte Mengen von Diamanten gefunden worden sein. In kleinen, wenige Meter tiefen Schürfgräben folgten die Arbeiter der Austernlinie. Die Chronik berichtet, daß an einem einzigen Tag in einem Graben allein 168 Diamanten, 10 davon mit mehr als 10 Karat, gefunden wurden. Der größte hatte gar 71,1 Karat und war von herrlich blauweißer Farbe.

Glücklicherweise war Merensky ein Mann von großer Weitsicht und Verantwortungsbewußtsein. Als die Menschen im Diamantenfieber legionenweise die Wüste stürmten, reiste er umgehend nach Kapstadt, wo das Parlament tagte, um sich mit dem Ministerpräsidenten General Herzog und General Smuts in Verbindung zu setzen: „*Wenn es im Namaqualand eine Art Invasion gibt von den Ausmaßen wie bei den Entdeckungen in Lichtenburg, dann werden wir etwas erleben. Tausende von Leuten werden in dieser gottverlassenen Wüste zugrunde gehen. Dies ist nichts für einen Edelsteinsucher auf eigene Faust. Je länger Sie zögern, desto entsetzlicher könnte die Katastrophe werden.*"

Die Regierung reagierte prompt. Bereits am 22. Februar 1927 verbot sie bis auf weiteres jegliche Suche nach Diamanten. Bis dahin hatte die Hans Merensky Association innerhalb eines knappen Monats bereits 6890 Diamanten im Gewicht von 12.549 Karat mit nur wenigen Hilfskräften gewonnen.

Als die Vorsitzenden von DeBeers und Ernest Oppenheimer die phantastischen Steine aus der Alexanderbucht sahen, gerieten sie in eine panikartige Erregung. Was sollte aus dem Weltmarktpreis der Diamanten werden, wenn solche prachtvollen Steine unkontrolliert auf den Markt kamen?

Einst wurde die Feinarbeit von Hand erledigt. Heute sind Maschinen an die Stelle der Arbeiter gerückt, um möglichst wenig menschlichen Kontakt mit dem kostbaren Fördergut zu gewährleisten. Noch immer aber ist Diebstahl und Schmuggel eines der zentralen Probleme des Diamantenabbaus.

An einem anderen Tag wurde an anderer Stelle ein flacher Stein geborgen, der sich als ein Klumpen von 487 Diamanten erwies, die miteinander verbacken waren. So ist es nicht verwunderlich, daß sich die Nachricht, man würde an der Alexanderbucht die Diamanten in einem Tropenhelm aufsammeln können, wie ein Lauffeuer durchs Land verbreitete.

Nach Beratungen mit der Regierung entschlossen sie sich, obwohl sie dadurch an den Rand des Ruins getrieben wurden, alle geförderten Diamanten aus der Alexanderbucht aufzukaufen und weiterhin auch die Aktienmehrheit der Hans Merensky Association zu gewinnen. Dies war der einzige Weg für das Syndikat, weiterhin Diamantenpreis und -markt zu kontrollieren. 1930 wurde die Hans Merensky Association schließlich endgültig von der Regierung aufgekauft; seit dieser Zeit besitzen die New Consolidated Diamond Mines von de Beers das alleinige Schürfrecht auf Diamanten im Sperrgebiet.

Nach Oranjemund selbst gelangt man nur nach persönlicher Einladung durch de Beers: zum einen auf der Straße von Süden kommend über Port Nolloth, Alexanderbay und die 920 m lange Ernest Oppenheimer Brücke, die den zumeist trocken liegenden Oranje überspannt.

Rechts.
Aus der Luft offenbart sich die Dimension der Diamantenschurfe um Oranjemund. Die nahezu vegetationslose Wüste ist von den Spuren gigantischer Erdbewegungsmaschinen vernarbt. Große Areale sind bis auf das Grundgebirge entblößt. Selbst unter dem Meeresniveau wird abgebaut, wobei man die riesigen Gruben durch hohe Dämme schützt. Rekultivierung ist hier kein Thema: die Sandstürme beseitigen die Spuren des Bergbaus mit der Zeit.

Um an die diamant-führenden Schichten zu gelangen, müssen stellenweise bis zu 20 Meter tauber Küstensand beiseite geräumt werden. Die dabei aufgeschütteten Halden haben gigantische Ausmaße und beherrschen das Landschaftsbild.

Der Besucher muß sein Fahrzeug außerhalb der Sperrzone zurücklassen und wird mit einem betriebseigenen Wagen weitertransportiert, um auch hier Schmuggel zu unterbinden. Eine weitere Maßnahme gegen Schmuggel ist das Röntgen aller ausreisenden Personen und von deren Gepäck. Die farbigen Arbeiter werden aus dem Ovamboland eingeflogen, bleiben zwei Jahre kaserniert und werden vor der Heimreise strengstens kontrolliert. Der Besitz ungeschliffener Diamanten ist im gesamten Bereich Südafrikas und Namibias bei hohen Freiheitsstrafen verboten.

Bis zu tausend PS stark sind die Selbstlader, die den Sand mit schneepflugartigen Schaufeln aufnehmen.

Die zweite Möglichkeit, nach Oranjemund zu gelangen, ist der Luftweg von Kapstadt oder Windhoek. Schon weit vor Oranjemund bemerkt man aus der Luft die Spuren der Diamantenprospektion. Lange Schürfgräben durchziehen den Wüstensand; die Höhe der Dünen weit übersteigende Abraumhalden türmen sich auf, und große Rechtecke vom Sand völlig befreiter Felsen sind sichtbar.

Riesige Aufbereitsungsanlagen stehen wie Festungen im Wüstensand. Zwischen allem herrscht ein reges Treiben ameisengleicher Großmaschinen. Schon aus der Luft wirkt dieser größte Erdbewegungsbetrieb der Welt gewaltig. Dieser Eindruck verstärkt sich noch, wenn man direkt „vor Ort" ist.

Die geologische Situation der Diamantenlagerstätten ist sehr einfach. Der Untergrund besteht aus alten Schieferserien, die sehr steil stehen und zum Meer hin einfallen. Durch Erosion bildete sich dadurch ein sägezahnähnliches Relief. Unmittelbar darauf liegen diskordant verschiedene Terrassen des marinen diamantenführenden Konglomerats, der Austernlinie. Diese einige Dezimeter dicken Schichten werden von gelbem marinem Sand bedeckt.

Darauf folgen mehr oder weniger stark verfestigte terrestrische Sande, die in der Regel nicht diamantführend sind. Der Abbau selbst geschieht auf ebenso einfache wie imposante Weise. Es werden rechteckige zuvor durch Prospektionsgräben erschlossene Areale mit Seitenlänge von einigen hundert Metern bis zu den liegenden Schiefern abgetragen. Zunächst werden mit riesigen bis zu 1.000 PS starken und über 40 t fassenden Selbstladern, Bulldozern und Schrappern die bis zu 20 m mächtigen Sande abgetragen und auf Halde gekippt.

Nähert man sich den diamantführenden Partien, wird vorsichtig, zunächst mit Schaufelbaggern, dann mit riesigen staubsaugerartigen Maschinen und schließlich von Hand mit großen Menschenkolonnen weitergearbeitet. Zum Schluß wird gar der Untergrund mit einer Bürste gereinigt, so daß nur der blanke anstehende Fels zurückbleibt.

Nach dem Abbau werden die freigelegten Flächen mit dem Haldenmaterial verfüllt. Der Wind tut ein übriges, um die alte Landoberfläche wiederherzustellen. Zu diesen Verfüllarbeiten wurden früher umgebaute Sherman-Panzer benutzt, die noch heute an manchen Stellen in der Wüste stehen und rosten.

Der Abbau wird zum Teil bis 20 m unter dem Meeresspiegel fortgesetzt, indem man das Meer durch hohe Wälle eindämmt und die so entstehenden Bassins leerpumpt. Sonst wird wie auf dem Festland verfahren. Auf diese Weise wird in Oranjemund pro Jahr die unvorstellbare Menge von 30 Millionen Kubikmetern (das entspricht etwa 60 Millionen Tonnen) bewegt. Etwa ein Sechstel dieser Menge ist diamantenführend und muß weiterverarbeitet werden.

Die Aufbereitung ist ein komplexer Vorgang, bei dem zunächst durch Absieben zu kleiner Körner und Aufbrechen und weiteres Sieben der zu großen Körner alle Über- und Untergrößen entfernt werden. Dies erfolgt auf Schüttelrosten, Sieben und Backenbrechern - zum Teil schon unmittelbar neben der Abbaustelle.

Das daraus entstehende erste Konzentrat beträgt nur noch etwa 15% der Ausgangsmenge des diamantführenden Sediments. Dies wird dann durch LKW-Transport zu den Aufbereitungsanlagen gefahren.

Dort wird in großen Zyklonen eine Schweretrennung vorgenommen, indem man das gesamte Gut in eine Mischung von Ferrosilikon und Wasser mit einer Dichte von ca. 2,7 g/ccm einbringt. Der viel leichtere Sand schwimmt

Nachdem die Arbeiterkolonnen abgezogen sind, bleiben besenreine Areale des Grundgebirges zurück - allerdings nur bis zum nächsten Sandsturm. Hier erkennt man sehr gut das Relief der Schiefer, die aus abwechselnd weichen und harten Lagen aufgebaut sind und in deren Taschen die reichsten Diamantfunde gemacht werden.

nach oben und kann leicht entfernt werden. Alle schwereren Körner, u.a. auch die Diamanten mit einer Dichte von 3,5 g/ccm, sinken in dem Gemisch ab.

Auf diese Weise wird ein zweites Konzentrat gewonnen, das nur noch etwa 2% des ersten Konzentrates ausmacht. Nach einer speziellen Oberflächenbehandlung wird nun das Produkt der Schweretrennung in einem Wasserstrom über sogenannte „grease belts", das sind mit Fett bestrichene Förderbänder, geschickt, auf denen die Diamanten kleben bleiben.

Man nutzt dabei eine spezielle Oberflächenerscheinung des Diamanten aus. Er ist nämlich im Gegensatz zu den anderen Mineralien in den Konzentraten nicht von Wasser benetzbar und kann daher im Fett stecken bleiben, während die anderen Körner mit ihrer feuchten Oberfläche über die Förderbänder gespült werden. Der letzte Arbeitsgang der Diamantengewinnung ist das Auslesen der Steine vom „grease belt" und die Klassifizierung. Auf diese Weise werden pro Jahr 1,6 Millionen Karat, das sind etwa 6 Zentner, Diamanten gewonnen.

Von diesen 6 Zentnern besitzen in Oranjemund 80% Edelsteinqualität, während diese Zahl in anderen Lagerstätten nur selten 20% erreicht. Die Steine sind z.T. von außerordentlicher Schönheit. Neben den häufig vorkommenden Oktaedern gibt es auch Drillinge, Sechslinge und außergewöhnliche Kristallformen. Die Farben variieren von blauweiß über gelb zu wunderbaren pastellfarbigen Rot-, Grün- und Blautönen. Im Minengebäude in Oranjemund kann der Besucher eine Ausstellung einer Tagesproduktion und eine Kollektion außergewöhnlicher Farbsteine und besonderer Kristallformen bewundern.

Zwanzig Jahre später ...

Zwanzig Jahre sind vergangen, seit ich die Reportage des Besuchs der Diamantenminen Namibias auf den vorhergehenden Seiten schrieb, und nun stehe ich wieder an einer Bar in dieser Stadt. Während mit „Double Gin and Tonics" in Strömen der runde Geburtstag einer Mitreisenden gefeiert wird und der Beat der Hintergrundmusik jegliche normale Unterhaltung unterbindet, denke ich an die Probleme, die zu überwinden waren, diesen Ort zum zweiten Mal zu besuchen: damals, als Begleiter des berühmten „Erzvaters" Professor Ramdohr, war ich geladener und hofierter Gast der Consolidated Diamond Mines, mit Galadinner verwöhnt und von leitendem Personal geführt. Selbstverständlich mußten wir uns auch den geltenden Sicherheitsbestimmungen fügen, aber ansonsten wurden uns die Wünsche von den Augen abgelesen.

Ganz anders diesmal. Als wir den Plan faßten, eine Studentenexkursion ins südliche Afrika durchzuführen, hatte ich natürlich spontan den Wunsch, diesen außergewöhnlichen Ort wiederzusehen. Völlig blauäugig ging ich an die Vorbereitung dieses Vorhabens. Als „Afrika-Erfahrener" und der Unterstützung von guten Freunden im Geological Survey von Namibia gewiß, konnte ich in meinen schlimmsten Alpträumen nicht ahnen, was mich erwartete. Eine mehrere Zentimeter dicke Korrespondenz, über einen Zeitraum von 9 Monaten mit der CDM und zwei Ministerien geführt, zeugt noch heute von den Verwaltungshürden des Genehmigungsverfahrens. Zusätzlich mußte von jedem Exkursionsteilnehmer ein polizeiliches

Führungszeugnis eingereicht werden, bevor wir endlich die Zusage erhielten, diese Lagerstätte besuchen zu dürfen.

Keine Zollprobleme

Doch all dies war verdrängt, als wir uns, von Südafrika kommend, über Port Nolloth Oranjemund näherten. Die Grenzformalitäten wurden nicht schnell, aber dennoch erfreulich unproblematisch abgewickelt, und wir erreichten eine Stadt, die sich völlig von dem unterscheidet, was ich zwei Jahrzehnte früher kennengelernt hatte. Zwar lebt man noch immer in der Atmosphäre einer reinen Bergbausiedlung, aber die Abgeschlossenheit der ehemaligen fast unzugänglichen Enklave ist nicht mehr so direkt zu spüren.

Die jähe Ernüchterung setzte ein, als wir uns bei der Minenverwaltung einfanden. Ja, wir seien angemeldet, würden erwartet und auch von der CDM untergebracht und sogar verpflegt, aber leider, leider, könnten wir den Diamantenabbau nicht besuchen. Mike Lain, der Chefgeologe, sei nicht anwesend und daher eine Besichtigung der Mine nicht möglich. Für mich brach eine Welt zusammen, war es doch gerade er, mit dem wir über Monate korrespondiert hatten und über den schließlich die Genehmigung für unseren Besuch erteilt worden war. Seitens der Minenverwaltung zeigte man sich schließlich durchaus kooperativ, indem man uns anbot, die Auchas Mine, einen Diamantabbau ungefähr 40 km nördlich von Oranjemund in einer fossilen Flußschleife des Orange-River zu besichtigen, aber das war natürlich nicht das, weswegen wir die großen Anstrengungen im Vorfeld und die doch recht lange Anreise auf uns genommen hatten.

Das Diamanterz wird an Ort und Stelle aufbereitet. Nach dem Aussieben zu kleiner und zu großer Körner wird der Rest einer Schweretrennung unterzogen. Aus dem Konzentrat werden über „grease-belts" und durch Röntgenseparation die Diamanten gewonnen.

Zähneknirschend akzeptierten wir schließlich dieses Angebot, da wir nicht zusätzlich zu der bereits verloren geglaubten Taube auch noch den Spatz aus der Hand geben wollten. Unter der Leitung eines weiteren Geologen machten wir uns auf den staubigen Weg nach Auchas. Nach einer kurzen geologischen Einführung im Minengebäude wurden wir schließlich zu einer Aussichtsplattform oberhalb des fossilen Flußlaufs geführt, die einen Überblick über den gesamten Abbau gestattet.

Besuch doch noch möglich?

Welch herbe Enttäuschung: statt der gigantischen Erdbewegungsmaschinerie sahen wir einen vergleichsweise winzigen Tagebau, der sich in nichts von anderen Gruben unterschied.

Während wir aus sicherer Entfernung das emsige Treiben auf den unteren Sohlen verfolgten, wurde uns erklärt, daß seit 1990 abgebaut wird, daß man ca. 400.000 Karat Diamantreserven vermutet und daß hier immerhin zuweilen größere Diamanten gefunden werden als in den Küstenseifen.

Zurück in Oranjemund bezogen wir die von der Mine bereitgestellten Quartiere - die erste feste Unterkunft, seit wir uns auf dem afrikanischen Kontinent befanden. Für viele war dies ein Grund zur Freude, aber ich konnte mich mit dem Luxus der „Oppenheimer Suite", in die wir genötigt wurden, nicht anfreunden und hätte gerne mit dem gewohnten Camp unter freiem Himmel tauschen wollen.

Während des opulenten Abendessens hob sich die Stimmung der Gruppe deutlich, und es entwickelte sich eine rege Diskussion mit dem Geologen, der uns nachmittags geführt hatte. Er zeigte großes Verständnis für unsere Enttäuschung und versprach, alles zu unternehmen, um doch noch einen Besuch des Diamantenabbaus zu ermöglichen. So stehen wir nun an der Bar mit neuer Hoffnung erfüllt.

Gegen den anbrandenden Atlantik werden hohe Dämme aufgeschüttet, wodurch ein Abbau bis zu 20 m unter dem Meeresspiegel ermöglicht wird. Gewaltige Pumpanlagen entfernen das nachsickernde Meerwasser.

Das gesuchte Objekt der Begierde: Diamant-Kristall in Muttergestein. Foto Medenbach.

Problem Nr. 1: Der Diamanten-Schmuggel

Am nächsten Morgen begaben wir uns, einige noch deutlich von der Geburtstagsparty gezeichnet, sofort zur Grubenverwaltung, und, welche Freude, man teilte uns mit, daß man nun doch eine Besichtigung ermöglichen könne. Ganz offensichtlich ist auch hier ein persönlicher Kontakt mindestens so wichtig wie der hürdenreiche Dienstweg. Wir fuhren mit unseren eigenen Fahrzeugen zum Eingang der „Diamondarea No. 1", ca. 5 km nördlich von Oranjemund, wo wir eine kurze Einführung zur Geologie und eine lange und ausführliche Unterweisung in die Sicherheitsvorschriften erhielten.

Noch immer ist der Diamantenschmuggel das größte Problem des Bergbaus hier, und man unternimmt alle Anstrengungen, um ihn zu unterbinden. Wir alle müssen unsere Taschen leeren, zwei Kameras dürfen mitgeführt werden, die aber vorher und nachher gründlich untersucht werden sollen. Man ermahnt uns, verdächtige Bewegungen im Gelände zu unterlassen, nicht mit den Schuhen auf dem Boden zu scharren und uns keinesfalls zu bücken.

Ungeduldig lassen wir alle Belehrungen über uns ergehen und werden schließlich durch eine Schleuse zu einem Bus der Mine geführt: endlich stehen wir auf dem schicksalsträchtigen Diamant-führenden Sand, der in fast hundert Jahren so große Reichtümer geliefert hat.

Wir sehen den Abbau des Abraums mit riesigen, modernen Schaufelradbaggern, das

Ausräumen des kostbaren Konglomerats aus den Taschen der steilstehenden Schiefer und schließlich auch die Aufbereitungsanlage - diese aber leider nur von außen. Im Prinzip ist alles etwa so, wie ich es von meinem ersten, 20 Jahre zurückliegenden Besuch kenne, nur baut man inzwischen im Brandungsbereich bis ca. 20 m unter dem Meeresspiegel ab und dämmt den Abbau gegen das anrollende Meer mit hohen Sandwällen ab.

Eines hat sich allerdings drastisch geändert: wo früher große Arbeiterkolonnen von Hand die letzten Sandkörner von den „bedrocks" fegten, tun nun riesige Staubsauger diese Arbeit. In einem Land, in dem Arbeitskräfte so preiswert sind, geschieht dies natürlich nicht aufgrund von Rationalisierungsmaßnahmen, sondern nur, um den möglichen Kontakt von Menschen mit dem Diamanterz auf ein absolutes Minimum zu beschränken. Trotzdem gelingt es ganz offensichtlich nicht, den Schmuggel ganz zu unterbinden.

Zurück im Eingangskomplex werden wir durch einen langen Flur, dessen Wände mit großen Plakaten bedeckt sind, zur Sicherheitskontrolle geführt. Hier werden die Personen angeprangert, die gegen die Sicherheitsbestimmungen verstoßen haben. Mit Foto und Namen versehene „Steckbriefe" berichten abschreckend von den für uns teilweise gering anmutenden Verstößen und deren drakonischer Bestrafung.

Zufallsprinzip

Die eigentliche Sicherheitskontrolle ist extrem streng und eigentümlich. Zunächst werden wir alle einzeln einer strengen Leibesvisitation unterzogen. Dieser entgehen noch nicht einmal drei einzelne Streichhölzer und eine leere Samenkapsel, die sich in der vorher nicht vollständig geleerten Hosentasche einer Exkursionsteilnehmerin befinden. Dann betritt man durch eine Schleuse einen kleinen völlig leeren Raum und muß sich auf Lautsprecherkommando auf eine Markierung vor eine Wand stellen, hinter der sich ein Röntgengerät befindet. Nach dem Zufallsprinzip wird hier ein bestimmter Prozentsatz aller Personen - Arbeiter wie auch Aufsichts- und Sicherheitspersonal und Besucher - einer Ganzkörperuntersuchung unterzogen, glücklicherweise bei uns allen ohne Befund.

Abschließend haben wir auch noch die Gelegenheit, eine kleine Sammlung geschliffener und roher Diamanten im Minengebäude anzusehen, bevor wir verabschiedet werden. Wir sind glücklich, nach den anfänglichen Problemen doch noch dieses beeindruckende Erlebnis gehabt zu haben. Von der bergbaulichen Technik her ist dieser Abbau eher unspektakulär, jedoch machen die riesigen Dimensionen, die Lage in der unwirtlichen Sandwüste und die bedrückende Atmosphäre durch die strengen Sicherheitsüberprüfungen den Besuch zu einem besonderen und unvergeßlichen Erlebnis, das auch im Nachhinein die Mühen der Vorbereitung rechtfertigt.

Diamantenförderung heute

Seit 1994 werden die Diamanten von der Namdeb (Namibian De Beers), einem Zusammenschluß der ursprünglichen New Consolidated Diamond Mines und der Regierung Namibias, abgebaut. Insgesamt werden zur Zeit ca. 1,5 Millionen Karat pro Jahr gefördert, die Hälfte davon in Oranjemund und Auchas, der Rest im „off-shore" Betrieb von DeBeer's Marine und kleinen privaten Subunternehmern. In Zukunft wird sich dieses Verhältnis zugunsten der marinen Förderung verschieben, da die reichen Strandlagerstätten weitgehend erschöpft sind.

Mit Spezialschiffen wird heute durch Staubsauger-ähnliche Maschinen das diamanthaltige Konglomerat nach oben befördert und direkt an Bord aufbereitet. Foto DeBeers.

Diamanten-Abbau vom Meeresboden

Gabi Schneider

Entlang der namibischen Küste befinden sich die reichsten alluvialen Diamantenvorkommen der Welt, mit Steinen von ungewöhnlich hoher Qualität. Seit Zacharias Lewala dort 1908 den ersten Diamanten fand, wurden mehr als 70 Millionen Karat produziert, und heutzutage werden zwischen 1,5 und 2 Millionen Karat jährlich gefördert.

Die Diamantlagerstätten entstanden aus der Verwitterung Diamant-führender Kimberlite im zentralen südlichen Afrika. Von dort wurden die edlen Steine zusammen mit anderem Abtragungsmaterial durch Flüsse zur Westküste befördert. Im Bereich der Mündung des Oranje River gelangten sie schließlich in den Atlantischen Ozean, wo sie durch den Benguelastrom teilweise weiter in nördlicher Richtung verfrachtet wurden. Schwankungen des Meeresspiegels führten dazu, daß die spezifisch schwereren Diamanten im Bereich der Brandung in mehreren Strandterrassen angereichert wurden. Diese Terrassen liegen heute teilweise über und auch unter dem Meeresspiegel. Von der Brandung angelegte Aushöhlungen im anstehenden Gestein dienten außerdem als Sedimentfallen, in denen sich die Diamanten zusammen mit anderen Schwermineralien anreicherten.

Schon früh, nachdem die Geologen eine gewisse Vorstellung von der Entstehung der Diamantlagerstätte entwickelt hatten, wurde man sich darüber bewußt, daß Diamanten nicht nur längs der Küste, sondern auch auf dem Meeresboden anzutreffen sein sollten.

Als Konsequenz beinhaltete die Diamanten-Konzession, die die Deutsche Kolonialwerwaltung 1909 an die Deutsche Kolonialgesellschaft für Südwestafrika vergab, nicht nur Gebiete an Land, sondern auch im angrenzenden Meeresbereich. Zu dieser Zeit dachte jedoch niemand auch nur im geringsten daran, zu versuchen, Diamanten vom Meeresboden zu gewinnen. Die vorhandenen technischen Möglichkeiten ließen dies einfach nicht zu.

In früheren Zeiten wurde mit dem oben abgebildeten Schiff nach Diamanten auf dem Meeresgrund gesucht.

Unten. Ein echter Diamant leuchtet uns aus den Kieselgeröllen vom Meeresgrund an. Fotos Archiv Geological Survey Namibia.

1958 wurde die Idee jedoch erneut von einem texanischen Unternehmer Namens Sam Collins aufgegriffen. Er benutzte seine Erfahrung im Verlegen untermeerischer Erdölleitungen, um Methoden für den Meeresbergbau zu entwickeln. 1961 begann seine „Marine Diamond Corporation" mit der Exploration. Man benutzte Echolot, um grobkörnige Sedimente zu finden, denn in diesen hatten sich ja auch die an Land gefundenen Diamanten angereichert. Die Suche war bald erfolgreich, und nun hieß es, taugliche Abbaumethoden zu entwickeln. Zunächst wurde ein amerikanisches Panzer-Transportschiff umgebaut, es stellte sich jedoch schnell heraus, daß das Schiff in dem küstennahen Bereich, in dem man die Erzkörper gefunden hatte, manövrierunfähig war.

Als nächstes wurde eine Barge ausgerüstet, die von Schleppern gezogen wurde und keinen eigenen Antrieb hatte. In stürmischer See geriet sie in die Brandung, aus der sie sich ohne eigenen Antrieb nicht mehr befreien konnte, und wurde an Land gespült, wo sie heute noch liegt. Danach konstruierte man größere Bargen, die erfolgreicher waren. Diese pumpten das Sediment vom Meeresboden und bereiteten es in Schweretrennungsanlagen an Bord auf.

Zwischen 1963 und 1971 waren die Bargen 111, Pomona und Rockeater in Chamais Bay, Baker's Bay und Hottentott's Bay tätig und produzierten insgesamt 600.000 Karat Diamanten. Was von vielen zunächst mit Ungläubigkeit belächelt worden war, hatte sich trotz anfänglicher Rückschläge in ein äußerst erfolgreiches Unternehmen entwickelt, und Sam Collins ging als „King of Sea Diamonds" in die Geschichte des Diamantbergbaus ein.

Auch die große Diamantenfirma De Beers, die zu diesem Zeitpunkt praktisch ein weltweites Monopol in der Diamantenproduktion innehatte, mußte dies erkennen. Man trat daher in Verhandlungen mit Collins, und 1965 wurde die Marine Diamond Corporation von De Beers übernommen. Doch dann waren 1971 die Erzreserven erschöpft. Die letzte Barge kehrte noch im selben Jahr nach Kapstadt zurück. In der Zwischenzeit hatte man bei De Beers jedoch damit begonnen, aus den mit der Marine Diamond Corporation gemachten Erfahrungen zu lernen, und nach neuen Horizonten zu schauen. Für eine ganze Weile wurde ohne viel Publizität geforscht, und 1982 wurde die Tochtergesellschaft De Beers Marine gegründet. 1983 gab man bekannt, daß durch Prospektion eine riesige, wenn auch niedrig-gradige Diamantenlagerstätte auf dem Kontinentalschelf vor der Küste Namibias und Südafrikas gefunden worden war. Diese Lagerstätte befand sich jedoch in viel größerer Wassertiefe als diejenigen, die man zuvor abgebaut hatte. Völlig neue Technologien mußten daher entwickelt werden. Man fuhr mit der Beprobung und Untersuchung der Lagerstätte fort, während gleichzeitig Schiffe, die für modernen Meeresbergbau in größeren Wassertiefen ausgerüstet waren, entwickelt wurden. 1991 gewann De Beers Marine zum ersten Mal eine größere Menge Diamanten aus einer Wassertiefe von 100 Metern.

Heutzutage werden Diamanten vom Meeresboden in Tiefen von bis zu 200 Metern von mehreren Firmen gewonnen, DeBeersMarine

Das Unterwasser-Bergbauschiff Louis G. Murray gehört zur Flotte von De Beers Marine, mit dem der Abbau von Diamanten auf dem Meeresboden erfolgt. Foto De Beers Marine.

spielt aber nach wie vor eine führende Rolle. Die Namibian Minerals Corporation (Namco), Ocean Diamond Mining (ODM) und Diamond Fields International (DFI) sind wichtige andere Produzenten. Alle Firmen führen intensive Explorationsprogramme durch, um die Geologie der Lagerstätten am Meeresboden zu erforschen. Informationen werden mit Ultraschall, Seismik und Videokameras gesammelt, und Probennahme vom Meeresboden wird mit eigens dafür entwickelten Geräten durchgeführt. Forschungsschiffe sind speziell für diese Explorationsarbeiten ausgerüstet. Mit den Ergebnissen werden geologische Karten vom Meeresboden angefertigt, auf denen Gebiete mit wirtschaftlichen Erzreserven ausgehalten werden können.

Die für den Erzabbau ausgerüsteten Schiffe können dann mittels GPS genau über den ausgewiesenen Erzreserven positioniert werden, und mit dem Abbau beginnen. Hierbei werden im wesentlichen zwei verschiedene Methoden angewandt. Die sogenannte „horizontale Methode" bedient sich eines Unterwasserfahrzeuges, welches vom Schiff aus gesteuert wird. Die Unterwasserfahrzeuge sind so ausgerüstet, daß sie verfestigtes Sediment auflockern und große Sedimentmengen aufsaugen können. Sie bewegen sich dabei auf Ketten über den Meeresboden. Mittels Pressluft wird das Diamant-haltige Sedi-

Das so gewonnene Diamanten-Konzentrat wird per Hubschrauber an Land gebracht, wo die Diamanten handverlesen werden.

Die Diamanten-Schiffe arbeiten 24 Stunden am Tag, 7 Tage pro Woche und fast 52 Wochen im Jahr. Sie werden nur für anfallende Wartungen in den Hafen gebracht. Die Besatzungen werden mit dem Hubschrauber ausgewechselt.

Im küstennahen Bereich wird heute ebenfalls wieder Diamantenabbau betrieben. Kleinere Firmen, die häufig im Auftrag der großen Firmen arbeiten, benutzen Taucher, die in geringer Wassertiefe mit Schläuchen das Sediment absaugen. Die Taucher werden von Land aus mit Luft versorgt. Das Material wird am Strand gesiebt und in einer zentralen Aufbereitungsanlage in Lüderitz weiterverarbeitet. Andere kleine Firmen bedienen sich umgerüsteter Fischerboote, von denen wiederum Taucher mit Schläuchen in Wassertiefen zwischen 10 und 30 Metern operieren. Das Sediment wird an Bord gesiebt, das Konzentrat gelangt ebenfalls in die zentrale Aufbereitungsanlage.

Die Diamantlagerstätten auf dem namibischen Festland sind seit fast einem Jahrhundert in Produktion. Die Reserven neigen sich langsam dem Ende zu, und somit kommt dem marinen

ment dann durch Schläuche an Bord gepumpt. Die als „vertikale Methode“ bezeichnete Technik benutzt eine riesige Bohrkrone, die durch ein Gestänge von Stahlrohren mit dem Schiff in Verbindung steht. Das Diamant-haltige Sediment wird erst durch Drehen der Bohrkrone gelöst und dann wiederum mittels Pressluft durch Stahlrohre auf das Schiff befördert. An Bord wird zunächst die Sedimentfraktion, die die Diamanten enthält, abgetrennt, und die anderen Fraktionen, die ungefähr 85 % der Gesamtmenge ausmachen, wieder über Bord gespült. Die Diamant-Fraktion wird einer Schweretrennung und dann einer Röntgen-Sortierung unterzogen.

Modernste Schiffe mit neuester Technik sind den Diamanten auf dem Meeresboden auf der Spur. Hier sehen wir das „Vertikale Methode“ genannte Abbauverfahren, bei dem eine riesige Bohrkrone (rechtes Bild) zum Meeresgrund gelassen und das gelöste Gestein mittels Druckluft und Stahlrohren nach oben transportiert wird.

Diamantabbau immer mehr Bedeutung zu. Kamen 1997 noch 30 % aller in Namibia produzierten Diamanten vom Meeresboden, so waren es 1998 bereits 50%. Namibia ist weltweit die führende Nation auf dem Gebiet des Meeresbergbaus und von der Natur mit einer außergewöhnlichen Lagerstätte bedacht. Der marine Diamantenbergbau geht daher mit den besten Voraussetzungen ins 21. Jahrhundert.

Ganz oben. Umgerüsteter Fischerboote, von denen Taucher mit Schläuchen in Wassertiefen zwischen 10 und 30 Metern operieren. Das Sediment wird an Bord gesiebt, das Konzentrat gelangt in die zentrale Aufbereitungsanlage in Lüderitz. Darunter und linkes Bild. In den vom Meer abgetrennten Tagebauen (hier bei Oranjemund) wird jedes Steinchen sorgfältig abgepumpt.

Heini D. Soltau

Collector

Erongo. 12 x 9 cm.

Goboboseb-Berge. 7 x 7 cm.

perfectness
rarity
aesthetic

Lüderitz - Namibia
E-Mail: heini@iway.na

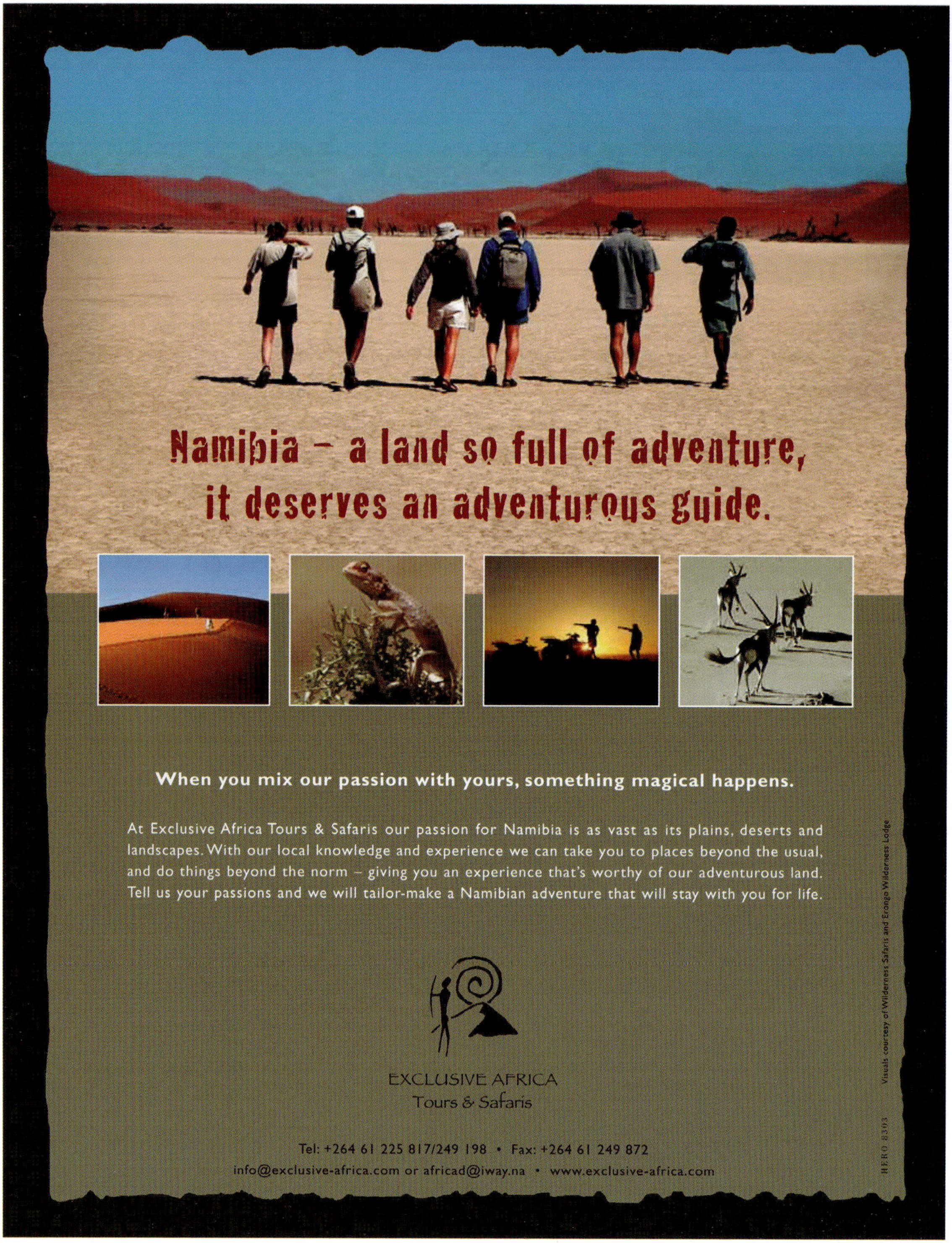

Namibia – a land so full of adventure, it deserves an adventurous guide.
When you mix our passion with yours, something magical happens.
At Exclusive Africa Tours & Safaris our passion for Namibia is as vast as its plains, deserts and landscapes. With our local knowledge and experience we can take you to places beyond the usual, and do things beyond the norm – giving you an experience that's worthy of our adventurous land. Tell us your passions and we will tailor-make a Namibian adventure that will stay with you for life.
EXCLUSIVE AFRICA
Tours & Safaris
Tel: +264 61 225 817/249 198 • Fax: +264 61 249 872
info@exclusive-africa.com or africad@iway.na • www.exclusive-africa.com
Visuals courtesy of Wilderness Safaris and Erongo Wilderness Lodge
HERO 8303

Hohenstein Lodge
- gelegen an der südwestlichen Aussenwand des Erongogebirges
- in unmittelbarer Nähe von Fundstellen vieler Gemstones
- die vielleicht interessanteste Fundstelle liegt auf halber Strecke zwischen Lodge und dem Gipfel des Hohensteins (2319 m) von der Lodge gut zu erreichen
Mehr Informationen finden Sie auf unserer homepage
www.hohensteinlodge.de
Mehr Information und Buchung über
info@hohensteinlodge.de
Hohenstein Lodge
P.O. Box 251
Usakos - Namibia
Tel. +264 64 530 900
Fax +264 64 530 931

Dank

Dieses Buch konnte nicht entstehen ohne die tatkräftige Mithilfe und Unterstützung folgender Personen, sei es durch wertvolle Hilfe bei der Untersuchung von Mineralien oder durch das Zurverfügungstellen von Informationen, Fotos oder Probenmaterial:

Prof. Dr. Rainer Altherr, Heidelberg
Dr. H.-J. Bernhardt, Bochum
Dr. Ludi von Bezing, Kimberly
Dr. Gerhard Brandstetter, Wien
Gawi Cluethe, Omaruru
Gerhard Grude, Siegburg
Manfred Henkel, Altlußheim
Marita und Walter Hoffend, Tsumeb
Mona, Norbert und
Werner Irlich, Windhoek
Stefan König, Hattingen
Winfried Linnemann, Dorsten
Sid Pieters (†), Windhoek
Martha Rousseau (†), Swakopmund
Dr. Hans-Michael Seitz, Heidelberg
Karl Sprich, Johannesburg
Patrick de Villet, Uis/Karibib
Dr. Gerd Wappler, Berlin
Andy Weyand, Tsumeb

Der Beitrag von Onganja ist Teil eines umfangreichen Artikels von Bruce Cairncross und Stuart Moir im Mineralogical Record 1996, Heft 2. Übersetzung und Veröffentlichung wurde von Dr. Wendell Wilson ebenso wie der Beitrag über den Fundort Berg Aukas (Mineralogical Record 1997, Heft 2) freundlicherweise genehmigt, wofür sich Herausgeber und Verleger herzlich bedanken.
Der Artikel „Diamanten aus dem Wüstensand" entstammt dem Katalog der 37. Münchner Mineralientage 2000. Für die Genehmigung zur Veröffentlichung danken wir Herrn Dipl.-Ing. Johannes Keilmann recht herzlich.

Die Autoren

Uli Bahmann
P.O. Box 873, Halfway House 1658,
Republik Südafrika.

Dr. Reinhard Bast
Mömlingtalring 17,
D-63785 Obernburg am Main

Prof. Dr. Bruce Cairncross
Dept. of Geology, Rand Afrikaans University,
Auckland Park 2006, South Afrika

Dr. Robert A. Gault
Canadian Museum of Nature, P.O. Box 3443,
Station „D", Ottawa, Ontario, K1P6P4

Dr. Steffen Jahn
c/o Bode-Verlag GmbH, Örter Pütt 28,
D-45721 Haltern

Olaf Kollonitsch
Martin-Vierengel-Str. 1, D-63897 Miltenberg

Dr. Olaf Medenbach
Institut für Mineralogie, Ruhr-Universität
Bochum, Postfach 102148, D-44780 Bochum

Herbert Nägele & Ernst Schnaitmann
P.O. Box 80562, Olympia,
Windhoek, Namibia

Dr. Gerhard Niedermayr
Naturhistorisches Museum Wien,
Burgring 7, A-1014 Wien.

Andreas G. Palfi
Geo-Tours Namibia, P.O. Box 23532,
Windhoek, Namibia.

Dr. Ole V. Petersen
Geologisk Museum, Københavns
Universitet, Øster Voldgade 5-7,
DK-1350 København K.

Dr. Gabriele IC Schneider
Geological Survey of Namibia,
P.O. Box 2186, Windhoek, Namibia.

Lothar Schneider
Postfach 130343, D-55725 Idar-Oberstein

Heini Soltau
P.O. Box 159, Lüderitz, Namibia.

Ralf Wartha
Geo-Tours Namibia, P.O. Box 23532,
81 Nelson Mandela Avenue,
Windhoek, Namibia.